# 乌东德水电站水库地震监测系统关键技术与水库地震本底监测应用分析

冯志仁　雷红富　等　编著

地 震 出 版 社

**图书在版编目（CIP）数据**

乌东德水电站水库地震监测系统关键技术与水库地震本底监测应用分析／冯志仁等编著.
—北京：地震出版社，2021. 10

ISBN 978-7-5028-5372-3

Ⅰ. ①乌…　Ⅱ. ①冯…　Ⅲ. ①金沙江—水力发电站—水库地震—地震预测—研究
Ⅳ. ①TV752　②P315. 72

中国版本图书馆 CIP 数据核字（2021）第 221052 号

**地震版　XM4940/TV，P（6165）**

**乌东德水电站水库地震监测系统关键技术**
**与水库地震本底监测应用分析**

冯志仁　雷红富　等　编著

责任编辑：王　伟

责任校对：凌　樱

出版发行：地 震 出 版 社

北京市海淀区民族大学南路 9 号　　邮编：100081
销售中心：68423031　68467991　　传真：68467991
总 编 办：68462709　68423029
编辑二部（原专业部）：68721991
http://seismologicalpress. com
E-mail：68721991@ sina. com

经销：全国各地新华书店

印刷：河北文盛印刷有限公司

版（印）次：2021 年 10 月第一版　2021 年 10 月第一次印刷

开本：787×1092　1/16

字数：544 千字

印张：21. 25

书号：ISBN 978-7-5028-5372-3

定价：200. 00 元

# 编　委　会

主　　编：冯志仁　雷红富　於三大　许明元

编　　委：董先勇　权录年　金　波　程万正　杜泽东
游家兴　姚梦迪　刘　迪　杨　柳　庄　严

统　　稿：冯志仁　雷红富

编委单位：中国三峡建工（集团）有限公司
中国地震局工程力学研究所
中国地震局第一监测中心

# 目　　录

# 第1章　水库地震监测系统建设的主要基础技术

目前，国内外发生水库诱发地震的最大震级分别为广东新丰江水库 $M_S$6.1、赞比亚卡里巴水库 $M_S$6.1、希腊克里玛斯塔水库 $M_S$6.3 和印度的柯依那水库 $M_S$6.4，其中柯依那水库 $M_S$6.4 地震是目前世界上最大的水库诱发地震震例。坝高 105m 的新丰江水库蓄水后发生的 $M_S$6.1 地震和坝高 103m 的柯依那 $M_S$6.4 地震都是在少震区诱发；坝高 128m 的卡里巴水库是世界上库容最大的水库，库区历史上无地震活动记载，在蓄水 4 年后发生 $M_S$6.1 地震；坝高 165m 的克里马斯塔水库虽然位于地震活跃区，但在蓄水前的 100 多年中从未观测到 $M_S \geq 6$级的天然构造地震，蓄水后却发生了 4 次 $M_S \geq 6$ 级水库诱发地震，该水库蓄水后第 6 个多月就发生了 $M_S$6.2 地震。

与相同震级的地震相比，由于水库诱发震源深度较浅、影响强度（烈度）明显偏高，所以造成的局域性破坏较严重，对水库工程及附近地区，特别是下游城镇居民的安全构成直接威胁，而且会造成较大的社会影响。在已知水库诱发地震破坏震例中，印度的柯依纳和我国的新丰江水库诱发地震造成的破坏最为严重，数百人在地震中丧生，数千人受伤，坝体结构、厂房建筑和发电设施等受到不同程度的破坏，电站停止运转，以致造成区域性的工业瘫痪。

水库诱发地震作为科学问题、也作为一个工程问题被提出，则是在 20 世纪 60 年代后，不仅受到国际学术界的关注，也受到各国政府有关部门的重视。

《中华人民共和国防震减灾法》规定：水库等重大建设工程的建设单位，应当按照国务院有关规定，建设专用地震监测台网或者强震动监测设施。我国地震行业规定：坝高 100m 以上、库容 5 亿立方米以上，且可能诱发 5 级以上地震的水库应当按照国家有关规定，设置强震动监测设施。

## 1.1　乌东德水电站

乌东德水电站工程是国家重大建设工程，乌东德水库地震监测系统是水电站工程的一个重要的技术支持工程。

金沙江下游河段为攀枝花至宜宾段，总的流向是自西南向东北，绝大部分河段为川滇两省界河。域内地势东北高西南低，金沙江河谷海拔高程 2600～1000m，沿江大都为高山峡谷，河窄岸陡。金沙江乌东德段位于青藏高原、云贵高原向四川盆地过渡地带，属西南区域地质构造不稳定地区，区域内全新世和晚更新世活动断裂相当发育、结构复杂、规模巨大、分布范围广、方向变化大、活动幅度高，构造地震活动强烈。

乌东德水电站坝址位于四川省会东县和云南省禄劝县交界的金沙江河道上，是金沙江下游河段四个水电梯级——乌东德、白鹤滩、溪洛渡和向家坝的第一个梯级。

乌东德水电站正常蓄水位为975m，防洪限制水位952m，水电站坝址控制流域面积 $40.61\times10^4km^2$，占金沙江下游流域的84%。

乌东德水电站枢纽建筑物由混凝土双曲拱坝、地下厂房、左岸泄洪洞等组成。混凝土双曲拱坝坝顶高程988m，最大坝高270m，顶拱上游面弧长326m。电站装机容量10200MW。

## 1.2 对乌东德库区有影响的主要活动断裂

影响到库区的主要断裂有普渡河断裂（F3）；汤朗—易门断裂（F4）；元谋—绿汁江断裂带（F5），见图1.2.1。

将库区划分Ⅴ段，库区Ⅰ、Ⅱ、Ⅲ段没有5级以上历史地震记载（详细内容见1.3节），库区Ⅳ段发生1877年元谋北5.0级，2008年仁和、会理交界的6.3级地震，见图1.2.1。

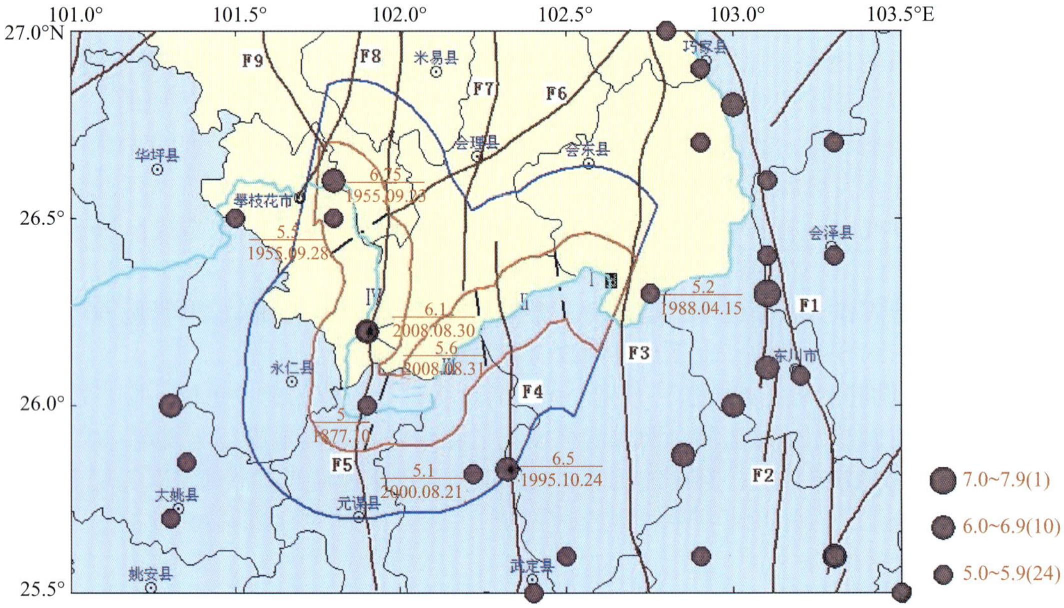


图1.2.1 对库区有影响的主要断裂和历史地震分布图

F1：小江东支断裂；F2：小江西支断裂；F3：普渡河断裂；F4：汤朗—易门断裂；F5：元谋—绿汁江断裂；F6：宁会断裂南西段；F7：安宁河东支断裂；F8：李明久断裂；F9：西番田断裂

### 1.2.1 普渡河断裂带（F3）

断裂带北延穿过金沙江后止于四川境内的NEE向麻塘断裂，往南止于峨山盆地小街附近，全长约250km。断裂自古生代以来控制两侧地质构造发育，为二级大地构造单元川滇台背斜与滇东台褶皱带之边界断裂。从结构构造及新构造活动特征等分析，可分三段。

北段（沙朗以北）：由近 SN 向主干断裂和一系列 NNE 向断裂组成宽 12～18km 的断裂带，于沙坪附近主干断裂分叉，东支沿普渡河展布，西支沿则里—小河塘一线发育。断裂由一系列左阶斜列之逆冲断层组成，多被近 EW 向断层（因民断裂等）和 NW 向横断裂切错，新构造活动表现较明显。沿断裂形成一系列第四纪槽谷和小型断陷盆地、成串温泉以及断错水系地貌。经$^{14}C$和 SER 等测年结果（俞维贤），北段强烈的活动时间为 3 万年前，属晚更新世晚期，全新世以来活动有所减弱。该段中强、小震活动频繁，最大震级 6.3 级。

中段（沙朗—剌桐关）：由数条近 SN 向正断层及 NE 向左阶斜列倾滑断层组成宽 6～12km 的断裂带，其中多处被近 EW 向断层切错。昆明西山断裂为主干断裂，其强烈的垂直差异活动性与 NE 向断裂的左旋倾滑活动共同控制昆明盆地的发育，显著、强烈的最新活动时间距今约 3 万年前，为晚更新世晚期。在断裂附近的昆明盆地西山脚，有 5 级地震的记载。

南段（剌桐关以南）：主要由一组 NE 向呈左阶斜列断裂组成宽 5～10km 的断裂带。新构造运动具有强烈的垂直差异活动和明显的左旋张性扭动特点，据断层泥石英表面形貌结构分析，该段强烈活动时间为晚更新世，最强为发生于玉溪盆地北古城的 6¼级地震（发震构造为 NW 向的玉川断裂）。

### 1.2.2　元谋—绿汁江断裂带（F5）

元谋—绿汁江断裂带或称昔格达—元谋断裂带。

断裂北起雅砻江与安宁河之间冕宁的牦牛山，向南经磨盘山、得力铺、昔格达、鱼鲊，顺金沙江、元谋盆地东缘至羊街、一平浪，于罗川附近进入绿汁江阿谷，至易门三家厂南，总体走向 SN，全长约 410km。为滇中中台陷与武定—石屏隆断束三级大地构造单元的边界断裂，形成于晋宁期，经多期构造变动，对两侧中生界有明显的控制作用。地震测深资料表明，该断裂带为一条超深断裂。根据断裂的几何结构组合形态与活动性等差异，分成三段。

北段（昔格达以北）：分东、西两支：东支磨盘山断裂，北起于马六材，与西支斜接，向南经磨盘山等，止于红石井南，长约 190km，沿断裂有多期岩浆活动，新生代以来，具左旋压扭性质，切错昔格达组（$Q_1$），晚更新世以来活动不明显；西支得力铺断裂，北起冕宁西，南经马六村、得力铺至普威盆地，长约 150km，其明显的最新活动时间为 12 万年前的中更新世。

中段（昔格达至一平浪）：断裂线性结构较单一，长约 100km，显示挤压逆冲性质，断裂对早第四纪形成的昔格达、红格、元谋、羊街等盆地有明显的控制作用，并切割昔格达组（$Q_1$）地层，显著活动时间为 15 万年前，20 世纪记录到 5 次中强地震，最大地震为 1955 年鱼鲊 6¾级地震。

南段（一平浪北以南）：由数条分支呈束状沿绿汁江延伸，多处有 NE 或 NW 向断层交切，东支绿汁江断裂，长约 100km，控制罗川等一系列小型第四纪断陷盆地的发育，最新活动时段为中更新世。西支罗川—大庄断裂，长约 80km，对一平浪、大庄等小型第四纪断陷盆地有较强的控制作用，下更新统构造变形显示其强烈最新活动时间为中更新世。为第四纪活动断裂，晚更新世活动相对较弱。昔格达—元谋断裂带，北、中段（昔格达）断裂为晚更新新世—全新活动断裂，南段（龙街以南）元谋断裂属全新世活动断裂。昔格达断裂发生过1955年鱼鲊6¾级地震及2008年仁和、会理交界6.3级地震，元谋断裂尚没有强震的记载，但现今中小地震十分密集。

### 1.2.3 汤郎—易门断裂（F4）

汤郎—易门断裂带由主干断裂与其侧旁的次级断裂组成。主干断裂北起四川会理通安附近，向南穿过金沙江后，经汤郎等止于易门盆地以南，总体走向近SN，倾向W，倾角在70°左右，在四川省境内长约180km。该断裂形成于晋宁运动，经历多期构造运动。根据断裂对地层的控制作用及其结构特征分析，断裂在印支期以右旋张拉运动为主，燕山期以来转变为以左旋压扭斜冲式活动。沿断裂发育宽达数十至百余米的破碎带，破碎带由断层角砾岩、糜棱岩、碎裂岩、挤压褶曲等组成。

新生代以来活动较为强烈，沿断裂形成一系列新生代盆地。其中的罗茨盆地为严格受断裂控制的断陷盆地，南北长约30km，东西宽仅5km，盆地内沉积了厚达450m的上第三系。沿断裂还发育断错水系、断层崖、断层三角面等断层地貌现象，罗茨以北晚更新世活动显著，罗茨以南晚更新世前活动强烈。北段1995年发生过6.5级地震，南段在断裂南端与NW向断裂的交会部位，1755年发生过6½级地震，表明该断裂是晚更新世活动断裂。

### 1.2.4 涉及库区的次级断裂

收集到涉及库区的次级断裂见图1.2.2。

**1. 德干断裂带**

属普渡河断裂的北延部分。由四川宁南安乐向南顺鲁南山东侧，过金沙江入云南，经禄劝马鹿塘到撒营盘南部终止，全长约120km，总体走向NNE。该断裂带上记录到数次中强地震，如：会东淌塘1947年5.5级、1988年5.4级，禄劝马鹿塘1893年5.0级地震等。

断裂带是库区主要断裂构造，构造活动曾对乌东德库区25km范围内的中—新生代断陷盆地起到一定的控制作用，由多条断层斜列组合而成，总体走向NNE，各条断层向南逐渐散开，剖面结构呈迭瓦状。断裂带形成于元古代的晋宁期，以华力期和燕山期构造活动最为强烈，带内分布有不同时代、不同规模的超基性、基性、中基性和酸性岩体，其中以华力西期的玄武岩规模最大，断裂断错的最新地层为中更新统。

倮佐断层为德干断裂带的主干断裂。北端与NE向菜园子—麻塘深断裂交会于糖房附近，向南经四川境内的倮佐，于新村以南过金沙江，经普德米、德干，终止于禄劝县团街附近，全长约100km。按断裂的结构和新活动性，将其分为南、北两段：北段（倮佐以北），由一组紧密排列的逆掩断层组成，全长约22km，宽约2km，总体走向15°，倾向E，倾角40°~60°，断裂破碎带宽约20m，由角砾岩和靡棱岩组成，中更新世晚期有过明显活动；南段（倮佐以南），由一组近等间距排列的逆冲断层组成，断裂带宽度可达5km，走向在330°与30°之间，断裂破碎带由碎裂岩、糜棱岩、断层泥和挤压透镜体等组成。

马店断层为德干断裂带东缘断层。其北端与NE向菜园子—麻塘断裂交会于寨排附近，向南终止于干塘子，全长约20km，总体走向20°，倾向NW，具高倾角逆冲性，断裂具压扭结构，其中发育糜棱岩和角砾岩、断层泥等。

鹿鹤断层亦为德干断裂带的东缘断层。其北始于下野租，向南越过金沙江后，终止在则

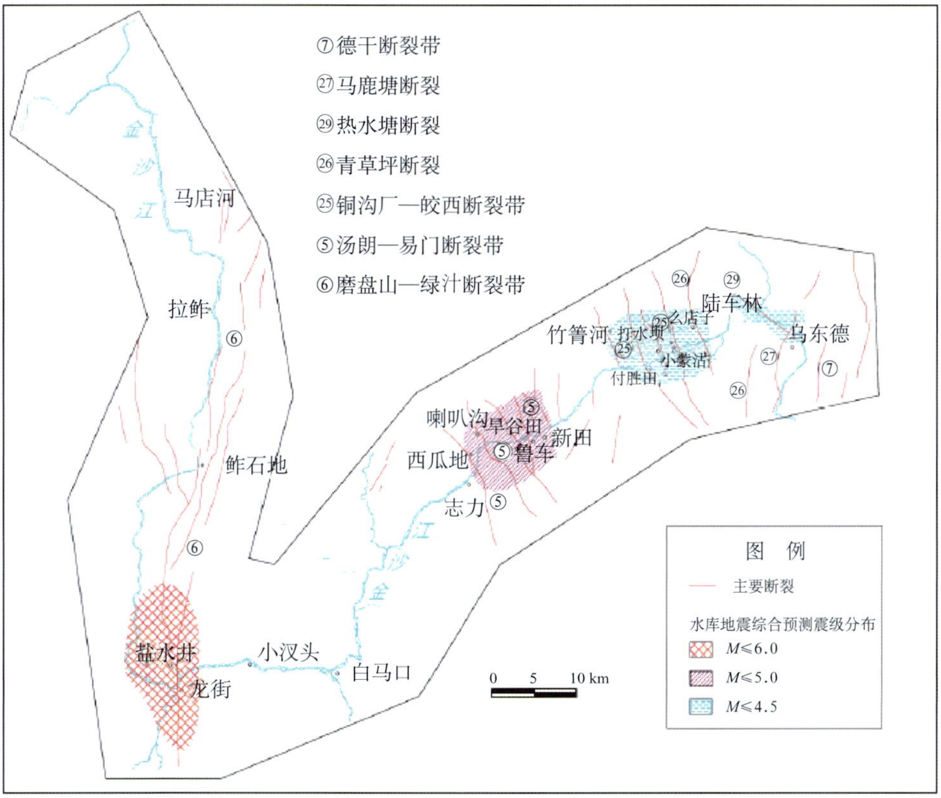


图 1.2.2　涉及到库区的次级断裂图

黑以西，全长约 40km。

青草坪断层。北起四川的田坝，向南经云南的的大松树、青草坪，止于麻科作，全长约 32km。

马鹿塘断层。邻近坝址，北起四川的大水沟，向南经田坝、阿巧、撒马基、马鹿塘，终止于撒营盘，全长约 42km。

老坪子断层。在青草坪—马鹿塘地段，包括两条长分别为 12km 和 13km 的 NW 向断层带，平面组合成右阶斜列，在孟公德一级冲洪积阶地底部的晚更新世堆积中有断裂活动迹象。

**2. 铜沟厂—皎西断裂带**

展布于汤郎—易门和德干断裂带之间，北起四川境内鲁南山西麓，向南经云南的皎平、皎西，终止于撒营盘以西的石板河附近，长约 80km。走向由南至北，从近 SN 向偏转为 NNW 向、NNE 向，断裂带宽约 12km，在金沙江隆断束以南为地堑式结构，隆断束内及其以北为梯状正断层结构，主要有三条断层。

竹青河—皎平断层：北端与菜园子麻塘断裂交会，向南消失于禄劝云龙，全长约 40km，断错最新地层为古新统—中始新统，破碎带上覆晚更新世冲洪积砂砾层。

鲁魁山—皎西断层：北起四川的鲁魁山，南经瓦厂田附近与菜园子—麻塘断裂相交切，总体走向 NE，倾向 NW，倾角大于 70°，断裂切割的最新地层为始新统，并沿断裂形成一条宽约百米的陡立带，碎裂带宽约 10m，局部可见片理化现象。

鲁南山—马阴山断层：断裂构造较为复杂，第四纪具左旋走滑活动性质，断裂切割的最新地层为古新统—始新统，在热水塘附近，横跨断裂的山脊表现出左旋位错约 200m，形成类窗棱脊断错地貌，断裂角砾岩破碎带宽约 20m，破碎带中发育溶蚀裂缝。

## 1.3 水库地震危险区域

通过分析水库地震危险区，合理确定水库地震监测系统重点监测区、规模及监测台站布设要求。

分析影响库区的地震地质构造，涉及库区的地层岩性、水文地质条件、地震活动等多种因素，将乌东德水库划分为五个库段，见图 1.2.1，各库段水库地震危险性综述如下：

**1. 坝址至陆车林库段（第Ⅰ库段）**

该库段虽有热水塘断层、青草坪断层、马鹿塘断层分布，但在前期研究中确定为不活动断层，为诱发构造型水库地震概率较小的库段。

**2. 陆车林至志力库段（第Ⅱ库段）**

分布的汤郎—易门断裂和铜沟厂—皎西断裂，汤郎—易门断裂规模较大，历史上发生过多次中强地震，在这两条断裂附近现今也时有地震发生，分析认为乌东德水库蓄水后该库段可能发生构造型水库地震。另外，该库段的皎平渡和马阴山地段，人工开采矿洞众多；局部地段岩溶也较发育；旱谷田危岩体、特大型滑坡和堆积体较多；水库蓄水初期可能发生岩溶（矿洞）塌陷型和地壳表层卸荷型水库地震。

主要诱震部位在汤郎—易门断裂带穿切的西瓜地、旱谷田、鲁车、新田一带的地段，其次是铜沟厂—皎西断裂带穿切库区的付胜田、水打坝、小蒙沽、么店子等地带。

**3. 志力至小汉头库段（第Ⅲ库段）**

无大规模活动断层穿过，岩溶不发育，不利于库水渗透和诱发水库地震，该库段不具有发生水库地震的条件。

**4. 小汉头至马店河库段（第Ⅳ库段）**

主要有磨盘山—绿汁江断裂穿过库区，为晚更新世活动断裂，历史上曾发生过多次中强地震，现今地震活动也较频繁，库段内岸坡陡峭，岩溶洞穴有一定程度的分布。水库蓄水后，有可能发生构造型、地壳表层卸荷型和岩溶塌陷型的水库地震。

分析认为，该库段是乌东德水库发生水库地震危险性最大的库段，最可能发生水库地震的地段是磨盘山—绿汁江断裂带所穿切的盐水井、龙街库段。

**5. 马店河至库尾蜜地库段（第Ⅴ库段）**

库段中地形地貌相对较缓，无大规模活动断层穿过，岩溶不发育，不利于库水渗透和诱发水库地震，不具有发生水库地震的条件。

# 1.4　水库地震研究区域

## 1.4.1　水库影响区

国家水库地震监测技术要求水库影响区为水库区及其外延 10km 的范围。根据乌东德水库流域的实际情况，确定水库地震影响区见图 1.4.1 中红线包围区域。为避免分析地震活动时与相邻梯级水库区域重叠过宽，东划至水库大坝东侧，西划至攀枝花市东侧。

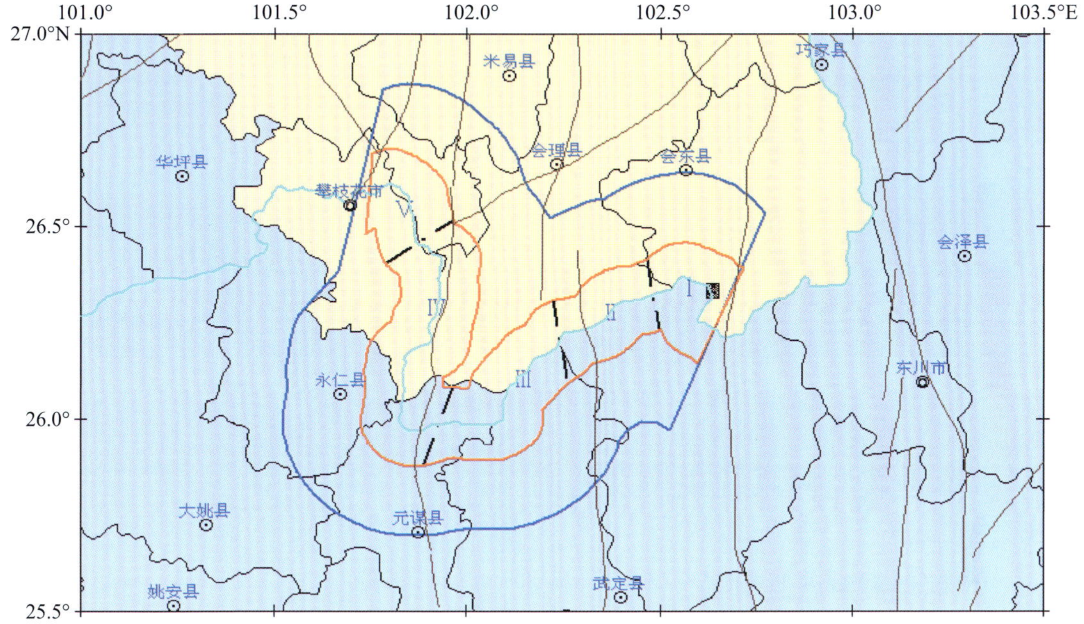


图 1.4.1　乌东德水库地震影响区范围图

红线区域为水库区两侧 10km 范围区域；蓝线区域为水库区两侧 30km 范围区域

## 1.4.2　水库地震监测区

乌东德水库影响区以及水库区周围 50km 范围内，历史上发生过 5 级以上地震的区域为水库地震监测区，见图 1.4.2 蓝色长虚线方框内区域。因存在穿过库区的地震活动断层，确定乌东德水库地震监测区为库区两侧 30km 范围区域，见图 1.4.1 中蓝线包围的区域。

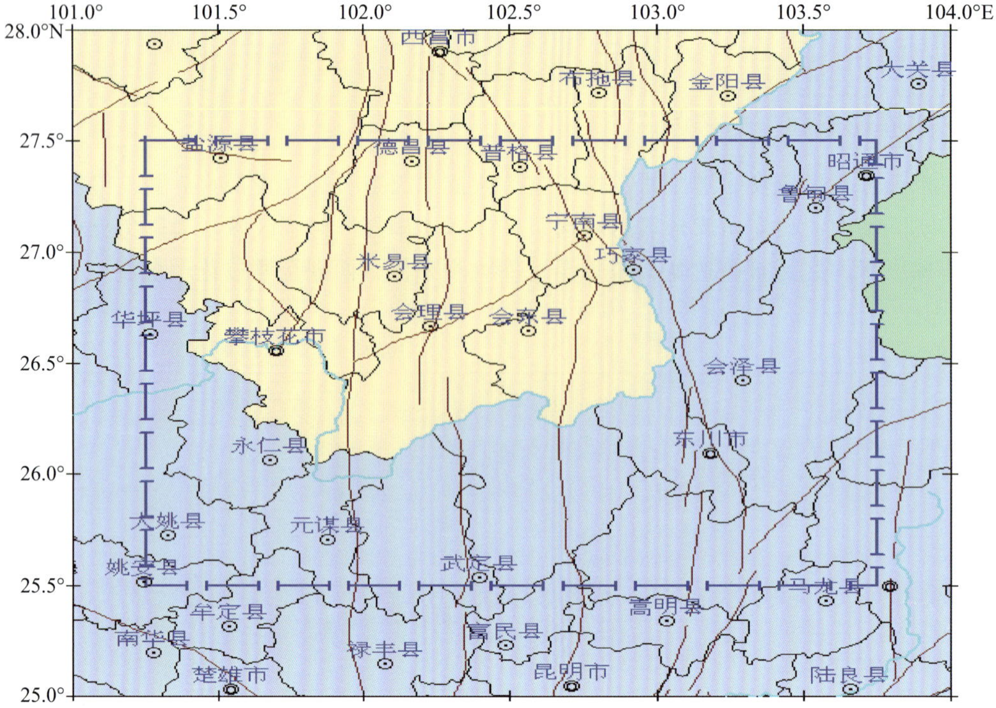


图 1.4.2 乌东德水库地震监测区图

## 1.5 水库地震监测系统规模及能力

### 1.5.1 水库地震重点监测区

按乌东德水电站库区地震、地质情况，水库地震重点监测区进一步可定义为：水库地震危险性评价认为发生水库地震可能性较大的库段、活动断层区、库首区等重点区域。将乌东德水电工程地震监测区划分为 3 类重点监测区。

Ⅰ类重点监测区：库首区（坝址下游 5~10km 和坝址上游 30km、水库两侧 10km）及水库地震预测区震级上限为 $M_S$5.0 和 $M_S$6.0 的水库地震潜在危险区。

Ⅱ类重点监测区：坝址上游 30~80km、水库两侧 10km 范围内非Ⅰ类重点监测区的区域。

Ⅲ类重点监测区：坝址上游 80km 以外至上一梯级水电站坝址下游 10km、水库两侧 10km 范围内非Ⅰ类重点监测区的区域。

对应的地震监测、定位精度如下。

Ⅰ类重点监测区：有效地震监测下限定为 $M_L$0.5，震中定位精度可达 1km，震源深度测定精度可达 2km。

Ⅱ类重点监测区：有效地震监测下限为 $M_L$1.0，震中定位精度可达 2km，震源深度测定精度可达 5km。

Ⅲ类重点监测区：有效地震监测下限为 $M_L1.5$，震中定位精度可达 3km，震源深度测定精度可达 5km。

以上监测区若发生 $M_S2.5$ 及以上地震，则地震速报，速报时间不超过 15min。

### 1.5.2 测震台网监控能力与监控范围

为保证从连续观测数据流中有效检出地震事件，地震事件初动震相信噪比取为 4 倍。S 波振幅取为 P 波振幅的 3 倍，并按照有效值的 3.3 倍来估算峰值，可有效检出地震事件的 S 波峰值振幅的估计值为测震台站台基位移噪声估计值的 40 倍。用近震震级计算公式（1.5.1）确定测震台站最小监控震级与监控范围：

$$M_L = \lg A_\mu + R(\Delta) + S(\Delta) \tag{1.5.1}$$

式中，$M_L$ 是用 S 波最大振幅计算的震级；$A_\mu$ 是以 $\mu_m$ 为单位的最大地动位移，取值为前述 S 波峰值振幅的估计值；$R(\Delta)$ 为量规函数；$S(\Delta)$ 为台站校正值，对于基岩台，$S(\Delta)$ 取值为 0；对于松软土层，$S(\Delta)$ 取值为 0.3~0.6。

量规函数 $R(\Delta)$ 与震中距的关系由表 1.5.1 给出。

**表 1.5.1　量规函数 $R(\Delta)$ 与震中距的关系**

| Δ/km | 0-5 | 10 | 15 | 20 | 25 | 30 | 35 | 40 | 45 | 50 | 55 | 60~70 | 75~85 | 90~100 |
|---|---|---|---|---|---|---|---|---|---|---|---|---|---|---|
| $R(\Delta)$ | 1.8 | 1.9 | 2.0 | 2.1 | 2.3 | 2.5 | 2.7 | 2.8 | 2.9 | 3.0 | 3.1 | 3.3 | 3.3 | 3.4 |

### 1.5.3 固定测震台站平均台站间距

实测乌东德库区测震台基平均背景噪声约为 $RMS \leqslant 1\times10^{-7}$ m/s，若位移放大率按 7~10 万倍计算，库区地震监测网络在震级下限为 $M_L0.5$ 的Ⅰ类重点监测区内的平均台距不大于 10km，在震级下限为 $M_L1.0$ 的Ⅱ类重点监测区内的平均台距不大于 20km，在震级下限为 $M_L1.5$ 的Ⅲ类重点监测区内的平均台距不大于 30km。

### 1.5.4 固定测震台网规模和台网监测能力

确定乌东德水库地震监测台站规模，除满足监测精度及监测范围，还充分考虑和利用了布设在本网络监测范围内的国家台网的测震台、强震台。

经计算，乌东德库区布设 19 个子台。设计的台站位置如图 1.5.1。

利用式（1.5.1），取 $M_L$ 依次为 0.5、1.0、1.5、2.0、2.5，计算各个台站对应每个 $M_L$ 取值的监控范围，按照 4 个台站监控区域的交集作为测震台网的监控区域，相应的 $M_L$ 取值即为测震台网对该区域的监测能力。

按照 19 个地震监测台站，计算后的监测范围如图 1.5.2。

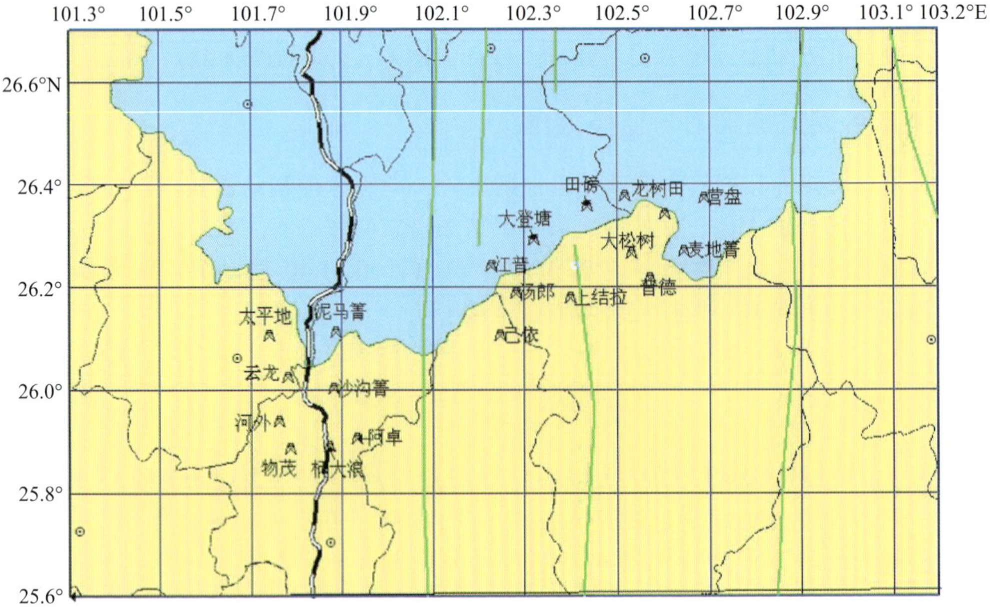


图 1.5.1　乌东德库区水库地震监测台站分布示意图

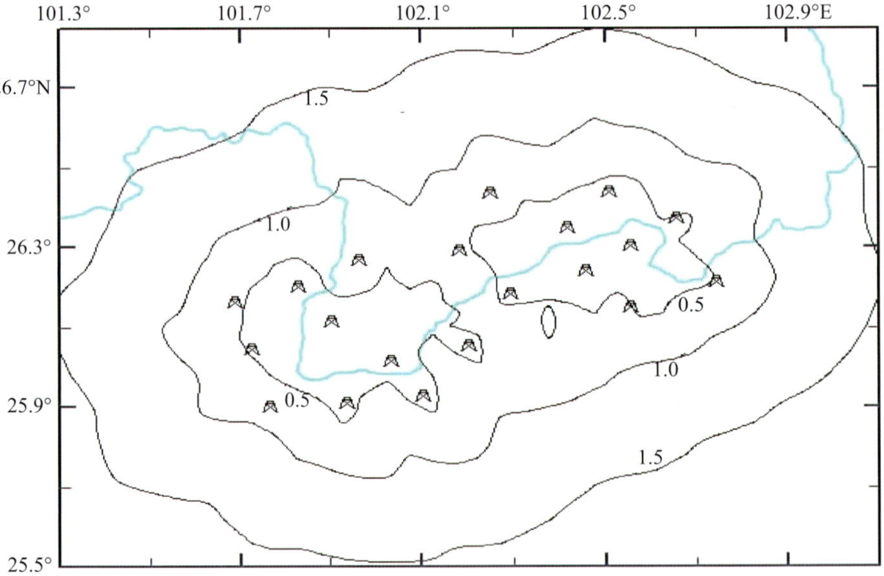


图 1.5.2　乌东德库区水库地震监测系统监测能力测算示意图

## 1.5.5　活断层强震监测台网规模

如图 1.5.3，为满足活断层强震监测的精度要求，也为达到地震速报精确定位及快速估计地震产生最大地面运动的要求，还沿大凉山断裂带（F2）南段、则木河断裂带（F3）南段、小江断裂带（F4）北段、磨盘山—元谋断裂带（F5）东北段等断裂带加密布设 3 个活断层强震监测子台。此外，在库坝区还布置 14 个边坡强震台。

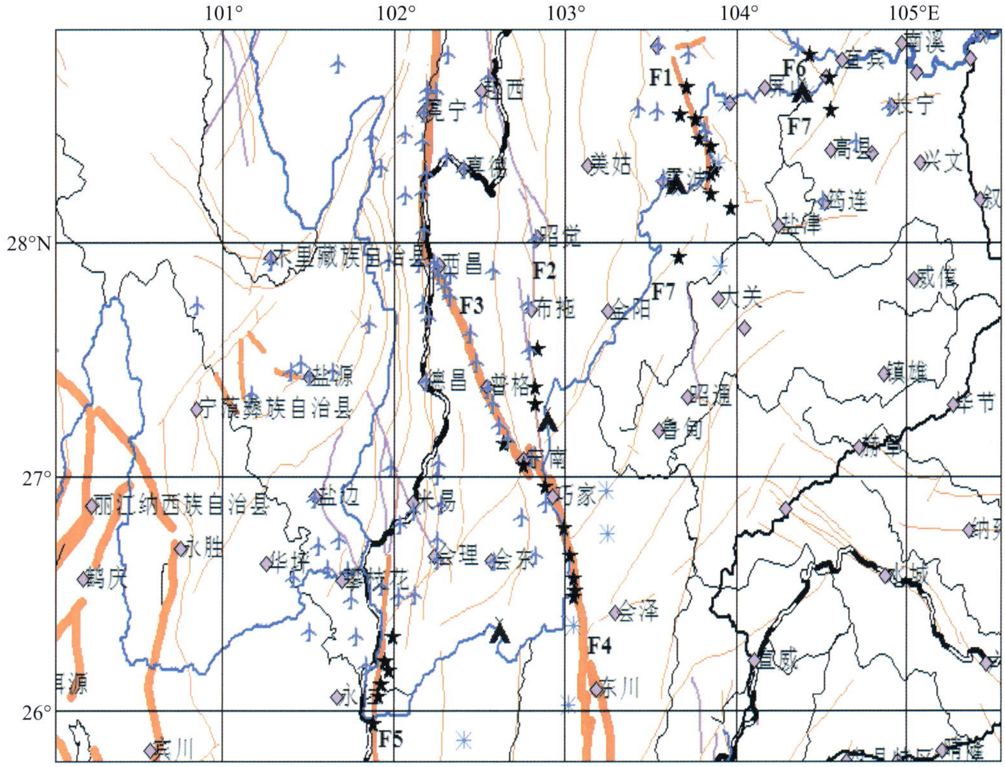


图　十五强震子台　活断层强震监测子台　坝址

例　F1. 马边—盐津断裂带; F2. 大凉山断裂带; F3. 则木河断裂带; F4. 小江断裂带;
F5. 磨盘山—元谋断裂带; F6. 乐山—宜宾断裂带; F7. 莲峰—华蓥山断裂带

图 1.5.3　活断层强震监测子台位置图

## 1.5.6　流动监测台网规模

为便于动态跟踪监视，承担乌东德水库地震临时性应急任务，乌东德水电站工程地震监测流动台网采用现场遥测组网方式。流动观测专用设备平时存放于台网分中心，依据短临预报及震情需要可在 24 小时内出动。专用流动台网的规模为 5 个遥测子台。

### 参　考　文　献

地震监测管理条例（中华人民共和国令 2004 年第 409 号）

水库地震监测管理办法（中国地震局令 2011 年第 9 号）

中华人民共和国防震减灾法（2009）

DB/T 7—2003　地震台站建设规范　重力台站

DB/T 8.3—2003 地震台站建设规范 地形变台站 第3部分：断层形变台站
DB/T 15—2005 活动断层探测方法
DB/T 18.1—2006 地震台站建设规范 地电台站 第1部分：地电阻率台站
DB/T 18.2—2006 地震台站建设规范 地电台站 第2部分：地电场台站
GB 17740-2017 地震震级的规定
GB 17741-2005 工程场地地震安全性评价
GB/T 18208.1—2006 地震现场工作 第1部分：基本规定
GB/T 19531.1—2004 地震台站观测环境技术要求 第1部分：测震
GB 21075-2007 水库诱发地震危险性评价
GB/T 31077—2014 水库地震监测技术要求
SL 516—2013 水库诱发地震监测技术规范

成尔林，1981，四川及其邻区现代构造应力场和现代构造运动特征，地震学报，3（3）：231~241
崔效锋、谢富仁、张红艳，2006，川滇地区现代构造应力场分区及动力学意义，地震学报，28（5）：451~461
崔作舟、卢德源、陈纪平等，1987，攀西地区的深部地壳结构与构造［J］，地球物理学报，30（6）：566~580
傅良魁，1983，电法勘探教程，北京：地质出版社
国家地震局震害防御司，1992，地震工作手册，北京：地震出版社
国家地震局震害防御司，1995，中国历史强震目录：公元前23世纪—公元1911年［M］，北京：地震出版社
国家地震局中国地震区划图编委会，1991，中国地震综合等震线图［M］，北京：地震出版社
皇甫岗、陈颙、秦嘉政等，2010，云南地震活动性，昆明：云南科技出版社
霍俊荣、胡聿贤、冯启明，1992，关于通过烈度资料估计地震动的研究［J］，地震工程与工程振动，12（3）：1~15
蒋福珍，2002，三江地区重力场特征和岩石圈构造［J］，武汉大学学报（信息科学版），27（2）：122~127
蒋福珍、方剑，2001，康滇地区重力场分离、密度反演与地壳构造［J］，地震学报，23（4）：391~397
蒋海昆，2010，水库地震预测方法研究，科技计划成果（20），14
阚荣举，1980，西南地区现代构造应力场与板内强震活动［J］，地震研究，3（3）：45~59
阚荣举、张四昌、晏凤桐、俞林胜，1977，我国西南地区现代构造应力场与现代构造活动特征的探讨，地球物理学报，20：96~109
李坪、汪良谋，1977，云南川西地区地震地质基本特征的探讨［M］，西南地区地震地质及烈度区划探讨［C］，北京：地震出版社
毛玉平、韩新民，2013，云南地区强震（$M \geqslant 6$）
闵子群主编，云贵地区地震危险性研究文集，昆明：云南科技出版社，353
四川省地震局工程地震研究院，2014，相关重点工程场地安全性评价报告
王博、蒋海昆、宋今，2012，水库诱发地震震级预测的统计研究，地震学报，34（5）：689~697
吴建平、明跃红、曾融生，2001，云南数字地震台站下方的S波速度结构研究［J］，地球物理学报，44（2）：228~237
谢富仁、祝景忠、梁海庆等，1993，中国西南地区现代构造应力场基本特征，地震学报，15（4）：407~417
徐彦，2013，云南地区$M_L$3.0以上中小地震震源机制解汇编（2008~2012），昆明：云南科技出版社

许忠淮、戈澍谟，1984，用滑动方向拟合法反演富蕴地震断裂带应力场，地震学报，6（4）：395～404
云南省地震工程研究院，2010，金沙江乌东德水电站预可行性研究专题报告七，金沙江乌东德水利枢纽工程场地地震安全性评价补充论证报告
张俊昌、张双林、冯巨鼎等，1989，云南现代断裂活动与地震危险性分析
张林洪、刘荣佩、周建芬、付贵海、赵江，2004，库水压力作用下不同类型断层诱发水库地震的可能性分析，地震研究，27（3）：241～245
赵翠萍等，2010，水库地震发生条件探测技术研究，科技计划成果（20），17
中国地震局工程力学研究所金沙江下游水库地震监测项目部，2012，乌东德固定测震台网临时分中心施工组织设计
中国地震局工程力学研究所金沙江下游水库地震监测项目部，2017，乌东德水电站截流前地震本底综合分析报告
中国地震局工程力学研究所金沙江下游水库地震监测项目部，2020，金沙江乌东德水电站地震本底与水库诱发地震研究报告
中国地震局震害防御司，1999，中国近代地震目录（公元 1912 年—1990 年，$M_S \geq 4.7$）［M］，北京：中国科学技术出版社
钟继茂、程万正，2006，由多个地震震源机制解求川滇地区平均应力场方向，地震学报，28（4）：337～346
Tapponnier P and Molnar P, 1977, Active faulting and tectonics of China [J], J. G. R., 82 (20): 2905-2930
Tapponnier P, Peltzer G, Le Dain A Y et al., 1982, Propagating extrusion tectonics in Asia: New insights from simple experiments with plasticine [J], Geology, 10 (12): 611-616

# 第 2 章　库区水库地震监测台网系统

库区水库地震监测系统主要构成包括固定测震网、活断层强震动固定监测网和库坝区强震动监测台阵系统。

## 2.1　固定测震监测台网

突出库首区及易诱发水库地震区作为重点，放宽对其他库段的监测要求。

### 2.1.1　监测区布设的技术方法

#### 2.1.1.1　重点监测区

台网重点监测区确定为库首和水库诱发地震危险区，具体包括：①坝址区：坝址下游 5~10km 和坝址上游 30km、水库两侧 10km；②水库蓄水可能诱发 5 级及以上构造型水库地震的库段，范围是活动断裂通过水库处上、下游 10km 和沿断裂延伸方向两岸各 15km。

重点监测区作为监测重中之重，设置的子台数量和密度最高。布设的地震监测遥测子台密度确保台网对重点监测区的微震监测能力的要求，且留有合理的余量，当个别台处于标定或待修状态而停记时，仍能确保必要的监测能力。

重点区范围以外的库水影响区，视为水库地震一般监测区。

#### 2.1.1.2　结合场地条件

按库区地震地质构造条件和测震学的要求，结合场地特点，台网布设及台站选址的主要方法如下。

（1）台网台站主要布置在重点监测区内，并确保台网地震监测能力震级下限达到 $M_L0.5$，定位精度优于 1km。

（2）台站布设时，考虑加强对库区主要活动断裂的监控。

（3）尽量使地震台站在重点监测区内均匀布设，并形成多个三角形，相邻台距一般为 10~20km。震级下限为 $M_L0.5$ 的重点监测区内的平均台距不大于 10km，震级下限为 $M_L1.5$ 的监测区内的平均台距不大于 30km。

（4）每个测震台连续测试 24 小时，台基平均背景噪声 $RMS \leq 1 \times 10^{-7}$m/s。

（5）台址远离各种干扰源，台基选择在无风化、无破碎夹层、完整、大面积出露的基岩上，岩性要致密坚硬，如石英砂岩等，不在易滑坡地段选台。

（6）在普选的基础上，按照传输可靠、台基干扰小、台站的运行和维护方便（如供电、交通、通信和安全等）的原则，择优确定台站。

（7）无线测震台信号强度≥-75dBm，信噪比≥22dB。即采用 MDS2710 电台时，当通信速率为 19200bps、误码率小于 $10^{-6}$BER 时灵敏度为-105dBm，测试信号强度为-75dBm，功率储备为 30dBm。

## 2.1.2　监测台类型及设备仪器配置

库区区域地貌特征，决定了水库地震监测台站多种类别和多种台站设备配置。根据台站位置，选择地震监测数据传输方式，将水库地震监测台站分为无线固定测震台站和有线固定测震台站；根据台站功能，分为中继测震台和一般测震台；根据监测项目，将台站分为测震含强震测项台站、测震不含强震测项台站。台站仪器配置也随着台站不同而不同。

### 2.1.2.1　无线固定测震台

即有无线通信组网方式传输数据的测震台站。台站主要设备包括：短周期地震计、地震数据采集器、超短波无线电台、太阳能电池板、蓄电池等。结构相对简单，不含其他测项，不承担数据中继任务，如图 2.1.1，台站设备配置如表 2.1.1。

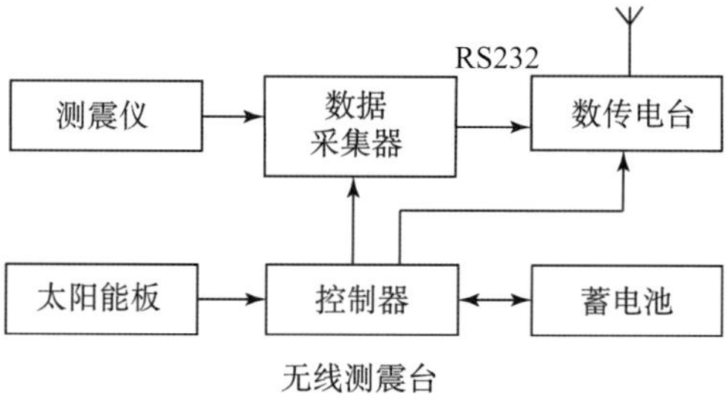


图 2.1.1　无线固定测震台站结构图

表 2.1.1　无线固定测震台站设备配置表

| 设备名称 | 型号 | 数量 |
|---|---|---|
| 短周期地震仪 | FSS-3M | 1 |
| 地震数据采集仪 | EDAS-24GN3 | 1 |
| 超短波无线电台 | MDS 2710 | 1 |
| 太阳能控制器 | PL-60 | 1 |
| GPS 天线 | MN：AN-30 | 1 |
| 超短波天线 | TDJ-230Y | 1 |
| 蓄电池 | 12V-200AH | 3 |
| 信号避雷器 | 日本钻石 CA-23RP | 1 |
| 太阳能板 | 480～600W | 1 |

续表

| 设备名称 | 型号 | 数量 |
|---|---|---|
| 天线安装杆 | 2.5m | 1 |
| 铝合金升降梯 | 6m | 1 |
| 摆线 | 短周期地震仪、加速地震仪各 1 条 | 2 |
| 低损耗天线馈线 | 15m | 1 |
| 设备安装辅料 | 各类设备连接线、防水胶带、扎带等 | 1 |

#### 2.1.2.2　无线固定测震（含强震）台

即通过无线通信组网方式传输数据的测震台站。在常规无线测震台站基础上，增加强震动观测仪器，实现测震、强震同时观测，充分利用测震台站资源，获取强震动数据，台站结构如图 2.1.2。

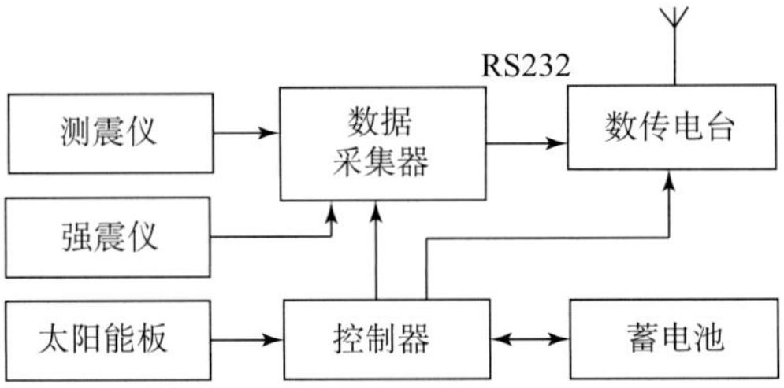


图 2.1.2　无线固定测震（含强震）台结构图

台站主要设备包括：短周期地震计、加速度地震仪、地震数据采集器、超短波无线电台、太阳能电池板、蓄电池等。具体配置如表 2.1.2。

**表 2.1.2　无线固定测震（含强震）台设备配置表**

| 设备名称 | 型号 | 数量 |
|---|---|---|
| 短周期地震仪 | FSS-3M | 1 |
| 加速地震仪 | SLJ-100 | 1 |
| 地震数据采集仪 | EDAS-24GN6 | 1 |
| 超短波无线电台 | MDS 2710 | 1 |
| 太阳能控制器 | PL-60 | 1 |
| GPS 天线 | MN：AN-30 | 1 |
| 超短波天线 | TDJ-230Y | 1 |

续表

| 设备名称 | 型号 | 数量 |
|---|---|---|
| 蓄电池 | 12V200AH | 3 |
| 信号避雷器 | 日本钻石 CA-23RP | 1 |
| 太阳能板 | 480~600W | 1 |
| 天线安装杆 | 2. 5m | 1 |
| 铝合金升降梯 | 6m | 1 |
| 摆线 | 短周期地震仪、加速地震仪各 1 条 | 2 |
| 低损耗天线馈线 | 15m | 1 |
| 设备安装辅料 | 各类设备连接线、防水胶带、扎带等 | 1 |

### 2. 1. 2. 3　无线中继测震台

此种测震台站通过在固定测震台站加设无线数据传输中继设备，实现地震监测台站数据汇集、中继功能。即接收其他测震台无线信号，同时汇集本台测震台信号，经超短波无线网络电台传送到台网中心。为保证冬季下雪或阴天设备能正常工作，中继测震台站太阳能设备配置一般适当加强，结构如图 2. 1. 3，设备连接如图 2. 1. 4，设备配置见表 2. 1. 3。

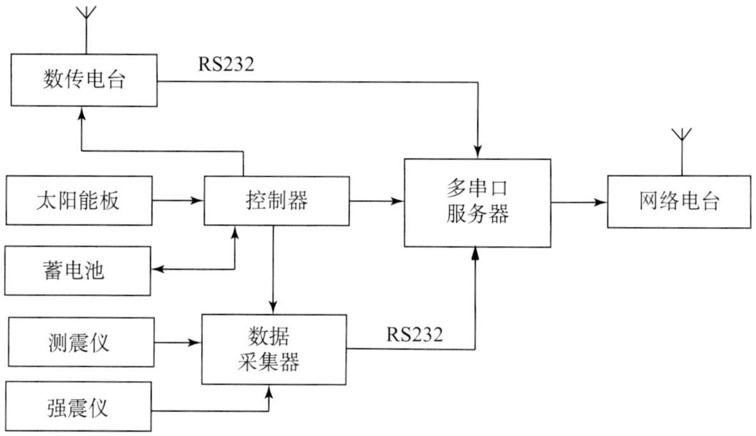


图 2. 1. 3　无线中继测震台结构图

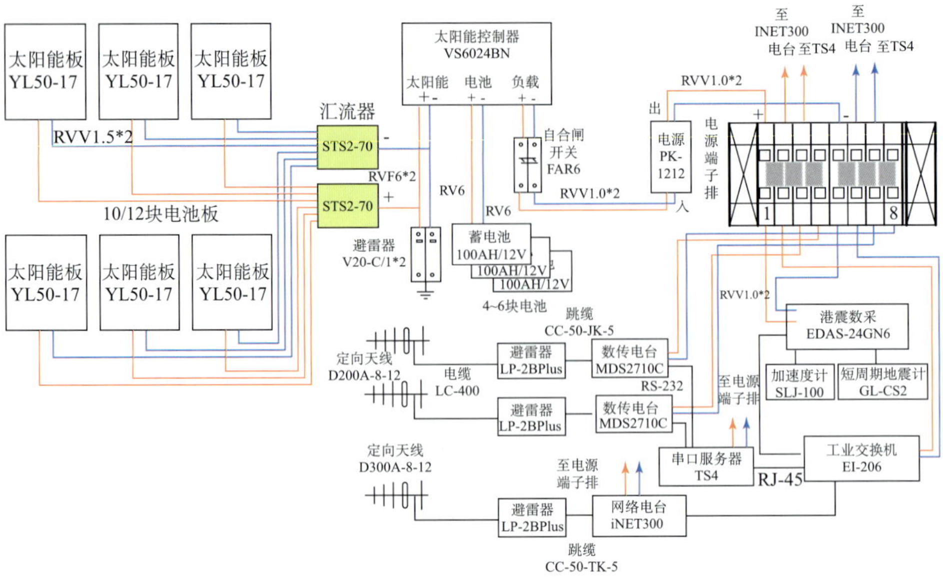


图 2.1.4　中继站设备连接图

**表 2.1.3　无线中继测震台设备配置表**

| 设备名称 | 型号 | 数量 |
|---|---|---|
| 短周期地震仪 | FSS-3M | 1 |
| 加速地震仪 | SLJ-100 | 1 |
| 地震数据采集仪 | EDAS-24GN6 | 1 |
| 超短波无线电台 | MDS 2710 | 1 |
| 超短波无线网络电台 | INET300 | 1 |
| 太阳能控制器 | PL-60 | 1 |
| GPS 天线 | MN：AN-30 | 1 |
| 超短波天线 | TDJ-230Y | 1 |
| 超短波天线 | TDJ-350Y | 1 |
| 蓄电池 | 12V200AH | 3 |
| 信号避雷器 | 日本钻石 CA-23RP | 2 |
| 太阳能板 | 600W | 1 |
| 天线安装杆 | 2.5m | 1 |
| 铝合金升降梯 | 6m | 1 |
| 摆线 | 短周期地震仪、加速地震仪各 1 条 | 2 |
| 低损耗天线馈线 | 15m | 2 |
| 设备安装辅料 | 各类设备连接线、防水胶带、扎带等 | 1 |

### 2.1.2.4　有线中继测震台

台站通过在固定测震台站加设有线（光纤等）数据传输中继设备，实现地震监测台站数据汇集、中继功能。在部分海拔较高山区，因山体阻挡无法实现无线传输的台站，采用有线中继测震，实现周边台站数据传输及组网功能。有线中继测震台的结构如图 2.1.5，设备配置见表 2.1.4。

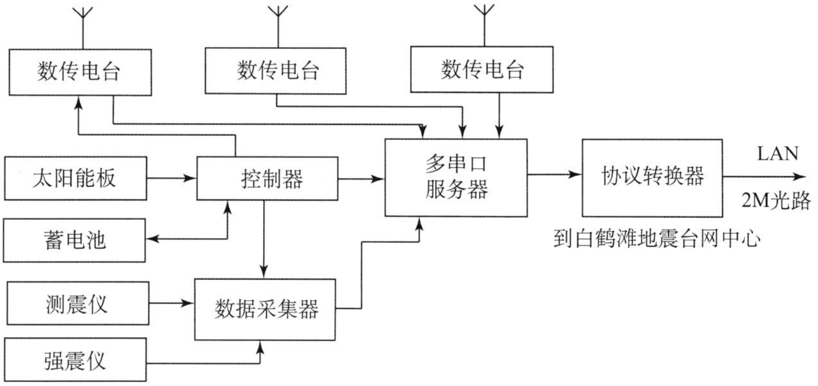


图 2.1.5　有线中继测震台网络结构图

**表 2.1.4　有线中继测震台设备配置表**

| 设备名称 | 型号 | 数量 | 备注 |
|---|---|---|---|
| 短周期地震仪 | FSS-3M | 1 | |
| 地震数据采集仪 | EDAS-24GN6 | 1 | |
| 强震加加速度计 | SLJ-100 | 1 | 可选配 |
| GPS 天线 | MN：AN-30 | 1 | |
| 超短波无线电台 | MDS 2710 | 2 | |
| 超短波天线 | TDJ-230Y | 2 | |
| 信号避雷器 | 日本钻石 CA-23RP | 2 | |
| 串口服务器 | NC604 | 1 | |
| 太阳能控制控制器 | PL60 | 1 | |
| 蓄电池 | 12V200AH | 3 | |
| 太阳能板 | 600W | 1 | |
| 天线安装杆 | 2.5m | 2 | |
| 摆线 | 短周期地震仪、加速地震仪各 1 条 | 2 | |
| 低损耗天线馈线 | 15m | 2 | |
| 设备安装辅料 | 各类设备连接线、防水胶带、扎带等 | 1 | |

## 2.1.3 监测台技术

### 2.1.3.1 地震数据采集技术

地震数据采集系统包括：地震计和数据采集器。数字地震观测具有动态范围大、观测精度高、分辨率高、系统传递函数特性稳定等优点。特别是大动态范围，可使数字地震观测系统在更宽的幅度范围内完整地记录地震波形。完整的波形数据可以更精确地测定库区的地震参数，有利于深入研究库区的地壳结构和诱发地震的规律。

乌东德水库地震监测、预测关心的仅是库区及其周边的地震活动，因而所有的台站都采用专为观测地方震和近震而设计的短周期地震观测设备。但考虑到水库诱发地震具有震源浅、震中烈度高、高频能量丰富的特点，地震观测网络所用的水库地震监测系统的高频带宽均扩至40Hz或更高，流动观测可测震级下限更低亦更靠近震源，因此上限频带按80Hz考虑，这样，可以从频谱结构上更完整地观测研究水库诱发地震。除采用短周期地震观测外，亦采用频带（DC-80Hz）强震加速度观测，强震加速度观测具有动态范围大，分辨率高等特点，且能够记录加速度0.001$g$的微小地震动到加速度为2$g$的强地震动。

乌东德水库地震监测台站数据采集系统基本技术指标如表2.1.5。数字地震观测技术参数见表2.1.6。短周期微震观测的技术参数见表2.1.7。

**表2.1.5 乌东德水库地震监测数据采集技术要求表**

| 设备名称 | | 主要技术指标 | 主要功能或用途 | 数量 |
|---|---|---|---|---|
| 地震计 | 宽频带地震计 | 频带宽度：0.05~40Hz<br>灵敏度：2000V·s/m（差分输出）<br>动态范围大于120dB<br>非线性失真小于1%<br>最大输出电压范围：±10$V_{p-p}$（单端） | （1）三分向一体结构；<br>（2）应具有标定信号输入功能；<br>（3）应具有摆锤锁止与开锁功能；<br>（4）应具有安装方位基准标志 | 1台 |
| | 短周期地震计 | 频带宽度：0.5~40Hz<br>灵敏度：2000V·s/m（差分输出）<br>动态范围大于120dB<br>非线性失真小于1%<br>最大输出电压范围：±20$V_{p-p}$（差分） | （1）三分向一体结构；<br>（2）应具有标定信号输入功能；<br>（3）应具有摆锤锁止与开锁功能；<br>（4）应具有安装方位基准标志 | |
| 数据采集器 | | 满量程输入信号：±20$V_{p-p}$（差分）<br>动态范围大于120dB<br>分辨力：$10^{-5}$V<br>频带范围：0~40Hz<br>采样率大于等于100Hz<br>时间服务小于1ms（UTC） | （1）应具有与标准UTC时间同步的功能；<br>（2）应具有标定信号输出功能；<br>（3）应具有基于TCP/IP协议的网络数据传输功能 | 1台 |

**1. 数字地震观测技术**

地震数据采集器能将多道模拟电压量和频率量的输入转换成数字量输出，具有网络、串口数据传输功能，支持大容量数据存储，具有数据采集、记录、和网络数据服务的功能。嵌入了 Mini CPU 和 Mini Linux，智能化管理内部参数和数据，支持 4 个用户同时访问。

主要特点：

高分辨率：24 位

大动态范围：135dB

高精度授时：0. 1ms

大容量存储：8G CF 卡

低延时：最小实时数据输出间隔 20 个采样点

多通道：最多可同时测量 12 个电压信号和 3 个频率信号

多协议输出：TCP/IP，FTP，RS-232

内置 Mini CPU 和 Mini Linux 操作系统

**表 2. 1. 6　数字地震观测技术参数表**

| 技术指标 | | 内容 |
|---|---|---|
| 数据采集通道数 | | 3 或者 6 个高速采集通道 |
| | | 3 或者 6 个慢速采集通道 |
| | | 3 个频率测量通道 |
| 高速数据采集通道（测震、强震） | 输入信号满度值 | ±2. 5V，±5V，±10V 或±20V，双端平衡差分 |
| | 输入阻抗 | 500kΩ（单边） |
| | A/D 转换 | 24 位 |
| | 动态范围 | >135dB（采样率为 50Hz） |
| | 系统噪声 | 小于 1LSB（有效值） |
| | 非线性失真度 | <-110dB @ 采样率为 50Hz |
| | 路际串扰 | <-110dB |
| | 通带波动 | <0. 1dB |
| | 通带外衰减 | >135dB |
| | 数字滤波器 | FIR 数字滤波器，可设置线性相移和最小相移 |
| | 输出采样率 | 1、10、20、50、100、200、500Hz |
| | 多种采样率输出 | 每个通道支持多种采样率数据同时输出 |
| | 实时数据最小输出间隔 | 20 个采样点（提供低延迟实时数据为地震预警服务） |
| | 高通滤波 | 可设 DC、10、30、100、300、1000、3000S |
| | 标定信号发生器 | 16 位 DAC，程控波形输出<br>±10V（电压输出），±20mA（电流输出） |

续表

| 技术指标 | | 内容 |
|---|---|---|
| | 环路自检 | 模拟通道输入可程控连接至标定输出或者信号地 |
| | 标定信号类型 | 方波、正弦波，伪随机二进制码信号<br>频率、幅度、周期数可设置 |
| | 本地记录格式 | EVT，可选压缩格式，支持 Mini SEED 格式，提供转换软件 |
| | 记录功能 | 支持连续数据和触发事件数据同时记录 |
| 慢速采集通道 | 输入信号满度值 | ±10V，双端平衡差分输入 |
| | 输入阻抗 | 1MΩ（单边） |
| | A/D 转换 | 24 位 |
| | 动态范围 | >135dB @ 采样率为 1Hz |
| | 实时数据输出间隔 | 1s |
| | 本地记录格式 | 压缩格式或前兆仪器数据格式 |
| 频率测量通道 | 测量范围 | 10Hz～250kHz |
| | 测量精度 | 输出数据$\times 10^{-6}$ |
| | 分辨率 | $5\times 10^{-7}$ |
| | 输入阻抗 | 1MΩ |
| | 本地记录格式 | 压缩格式或前兆仪器数据格式 |
| | 实时数据输出间隔 | 1s |
| | 测量时基稳定度 | $10^{-8}$，GPS 模块同步时 |
| 时间服务 | 授时精度 | GPS 模块同步时，时钟精度<100μs |
| | 守时精度 | GPS 模块未同步时，时钟漂移小于 1ms/day |
| | 授时输入 | IRIG-B 码时间信号 |
| | 附件 GPS 模块 | 输出 IRIG-B 码时间信号 |
| 通讯 | 通讯接口 | 两个 RS232C 串行口，一个 10M/100M 以太网口 |
| | 通讯协议 | 支持 TCP/IP、FTP、Telnet、Http 等 |
| | 参数设置 | PC 客户端软件、iOS 版客户端软件 |
| 可靠性 | 自启动功能 | 具有自检、自动复位、重启、远程控制和升级功能 |
| 记录 | 记录容量及介质 | 工业级 CF 卡（标配 8G，可扩展） |

续表

| 技术指标 | | 内容 |
|---|---|---|
| 工作参数 | 工作温度 | 温度-20～+60℃ |
| | 供电电源 | 直流 9～18V，标准 12V |
| | 平均功耗 | <2W |
| | 外形尺寸 | 200mm×300mm×88mm |
| 选件 | EDAS-24GN-SMS | 数采操作终端（iPAD32G/WiFi） |
| | GPS 避雷器 24GN-M4 | 数采专用数据避雷器 |

**2. 短周期微震观测**

应用电子反馈技术，观测频带为 2s～60Hz，提高地震计的动态范围，降低地震计的非线性失真。

主要特点：

三分向一体结构

频带宽度：2s～60Hz

电磁换能，力平衡电子反馈

大动态范围：120dB

内置隔离 DC/DC 电源变换器

体积小，功耗低

**表 2.1.7　短周期微震观测技术参数表**

| 序号 | 指标项目 | 性能指标 |
|---|---|---|
| 1 | 传感器类型 | 三分向一体，电磁换能，力平衡电子反馈地震计 |
| 2 | 等效自振频率 | 1Hz |
| 3 | 频带宽度 | 2S～60Hz |
| 4 | 测量灵敏度 | 1000V · s/m，双端电压输出 |
| 5 | 最大输出信号和失真度 | ±10V，总谐波失真度小于-80dB |
| 6 | 动态范围 | 优于 120dB |
| 7 | 输出阻抗 | 小于 100Ω |
| 8 | 标定功能 | 标定线圈内阻 70Ω，标定灵敏度 1.2V · s/m |
| 9 | 横向振动抑制 | 优于 1% |
| 10 | 最低寄生共振频率 | 大于 80Hz |
| 11 | 电源 | 直流供电+8～+20V，功耗小于 0.6W，单电源供电 |
| 12 | 工作环境 | -20～+60℃ |

续表

| 序号 | 指标项目 | 性能指标 |
|---|---|---|
| 13 | 封装 | 防水密封，相对湿度98%以上正常工作 |
| 14 | 运输防振包装 | 使用带有多层减振内衬的铝合金包装箱 |
| 15 | 整机外型尺寸（含底脚） | 外径约 $\phi$140mm，高度约 225mm |
| 16 | 整机重量 | 5kg（地震计） |

**3. 强震动观测**

强地震动观测是获取强地震动的主要手段，通过对地震动的特性（强度、频谱、持续时间）、影响范围等的观测，可为研究和发展工程抗震技术、制定和修订地震抗震设计规范、采取地震应急措施和水库抗震特性研究以及抗震设计提供基础资料。

技术参数：

噪声：$<10^{-6}g$；

测量范围：$\pm 2g$；

静态耗电电流：<10mA（三分向，±12V DC）；

零位漂移：$<1\times10^{-4}g/℃$；

动态范围（RMS）：>135dB；

运行环境温度：−25～+65℃；

阻尼常数：0.7；

输出阻抗：<1Ω；

自振频率：≥80Hz；

电源：DC 9～18V；

频带：0～80Hz 相位呈线性变化，0～100Hz；

标定：可提供自振频率和阻尼信号；

线性度：<1%；

交叉轴灵敏度：$<0.001V/g$。

数据存储转发实时系统接收强震动测项数据后，独立进行强震动事件检测，计算参考烈度值，事件触发后存储强震动波形文件（存储格式为 EDAS 格式，支持仅存储触发台站和存储全部台站两种方式，设置触发前后各 20S 的数据长度。检测方法支持电平检测和 STA/LTA 检测）。然后再人工利用 SMDP-CZ 分析软件对事件触发存储的波形文件进行原始记录导入、分析、计算、转存、整理。

### 2.1.3.2 供电技术

乌东德水库地震监测系统测震台分布于高山峻岭、人迹罕至的偏辟之地，常无稳定的市电供应，因此，使用太阳能、蓄电池供电方式，则为经济可行。

台站用电设备包括数据采集器、传感器、数传电台、串口服务器、网络电台等设备，总功率最大值约为 22.8W，工作电压 12V，太阳能直流供电，连续工作。通过测算工作电流约为 1.9A。在充分考该地区连续阴雨天所占比例及台站的维护条件，蓄电池组选择 12V/200AH 电池 4~6 只连接组成，太阳能电池板配备留有一定的余量，最大选择 8~10 块 60W 的太阳能板并联组成，可保证台站在连续无日照 7~10 天的情况下保证设备供电。

采用太阳能供电方式，无交流电源引入，降低测震台设备被雷击损坏的概率。

太阳能板主要技术性能见表 2.1.8，太阳能控制器主要技术性能见表 2.1.9，蓄电池参数见表 2.1.10。

**表 2.1.8　YL50-17 太阳能板主要技术参数表**

| 参数名称 | 参数代码 | 单位 | 数值 |
|---|---|---|---|
| 峰值功率 | $P_{max}$ | W | 50 |
| 功率公差 | $\Delta P_{max}$ | % | ±5 |
| 组件效率 | $\eta_m$ | % | 14 |
| 峰值功率电压 | $V_{mpp}$ | V | 18.5 |
| 峰值功率电流 | $I_{mpp}$ | A | 2.71 |
| 开路电压 | $V_{oc}$ | V | 22.9 |
| 短路电流 | $I_{sc}$ | A | 2.87 |

**表 2.1.9　VS602445 型控制器主要技术参数表**

| | |
|---|---|
| 控制器型号 | VS6024BN |
| 系统电压 | 12V/24V |
| 额定充电电流 | 60A |
| 额定放电电流 | 60A |
| 蓄电池端最大允许电压 | 32V |
| 放电限制电压 | 10.6V |
| 均衡电压 | 14.6V |
| 浮充电压 | 13.8V |
| 工作环境温度范围 | -25~+55℃ |

**表 2.1.10　NP100-12 型蓄电池主要技术参数表**

| 型号 | 额定电压（V） | 额定容量（25℃）/AH | | 尺寸 | | | | 质量（kg） |
|---|---|---|---|---|---|---|---|---|
| | | 20HR 1.75V/CELL | 10HR 1.75V/CELL | 长±1（mm） | 宽±1（mm） | 高±2（mm） | 总高±2（mm） | |
| NP100-12 | 12 | 105 | 100 | 330 | 172 | 215 | 243 | 30.5 |

#### 2.1.3.3 数据传输技术

各台站数据通信采用无线超短波数传电台和2M光纤数字通信相结合的方式。

金沙江流域乌东德段公网手机信号差，光纤接入资源稀缺。库首区2个台站具备无线直传条件，通过MDS iNET300型网络电台将数据汇集至台网分中心。在不具备光纤接入的台站间采用无线超短波数传电台传输数据，经中继站汇集后，再通过2M数字电路接力传输至乌东德台网中心。

例：乌东德测震台网截流后11个台站通信组网见图2.1.6。

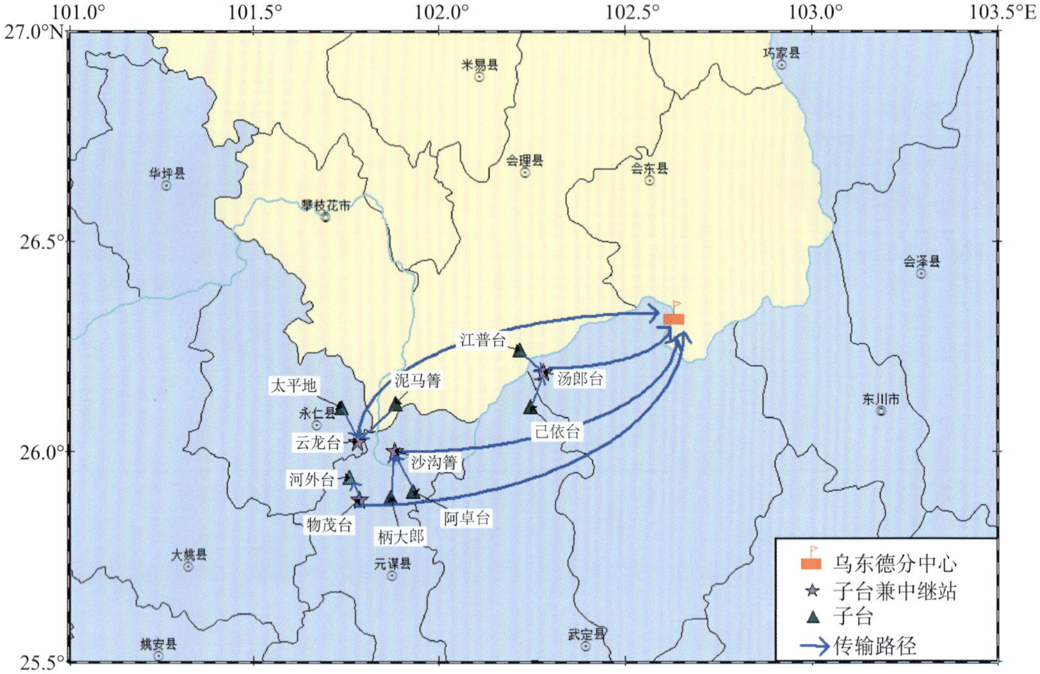


图2.1.6 乌东德测震台网截流后台站无线通信信道图

无线超短波数传电台是工业级数据传输设备，具备传输速率高、抗干扰强、绕射能力强、性能稳定、组网灵活。特别是MDS数传电台，能够与地震台站上专用设备之间实现技术无缝连接，能够充分满足测震台无人值守、无交流供电、工作环境差等特点。下面简单介绍本项目采用的数传电台和网络电台。

**1. MDS2710C**

为点对点、点对多点全数字数传电台，适用于定点、定向、长距离、小容量数据传输系统的应用。

MDS系列全数字数传电台充分应用最新的设计技术来提高用于多址系统中特许的窄带的数据遥测无线设备的性能和容量。MDS2710C利用数字信号处理（DSP）和表面安装技术在220~240MHz频率范围内提供优良的无线电性能及可靠性。

MDS2710C收发信机具有很强的干扰处理能力，因而能扩展数据发送范围并加强数据发送的可靠性。数据处理功能，如 RTS/CTS 延时、软载波延时、超时定时器和 MDS 静噪拖尾消噪器具有可编程功能。其诊断功能检测对象包括：功率输出、RSSI、各种电压电平值和内部温度。

特点：

传输数率高达 19.2kbps

数据传输转换时间快（Tx-Rx-Tx），仅为 7ms

接收灵敏度高，最高可达，-110dBm@ BER10-6，为业界少有

电台输出功率为 0.1～5W 可调

典型传输距离 30～50kM

业界唯一具有网管功能的数字电台，可远程管理网络中每一个数传电台的工作状态和参数

MDS2710C 技术参数：

运行频率：220～240MHz

频率稳定性：±1.5ppm

邻道功率：-65dBc

载波功率精度：±2dB

接收机系统技术规范

运行频率：220～240MHz

最大灵敏度：-105dBm@ BER10-6

同信道抑制：-12dB

数据特征

发送信号标准：RS-232

连接器：DB-25 凹型

数据接口频率：19.2kbps

数据延迟时间：最大 10ms

字节长度：10 或 11 位

发射机

频率范围：220～240MHz

调制类型：二进制 CPFSK

载波功率：0.1～5W

工作循环：连续

输出阻抗：50ohms

频率稳定性：±1.5ppm

通道间隔：6.25kHz 步长

杂波辐射发射：-57dBm，30MHz～1GHz

　　　　　　　-47dBm，1GHz～12.5GHz

限时计时器：30s（默认值）可选用 TOT

发射器发报：数据或者 RTS

接收器

频率范围：220~240MHz

类型：超外差双转换

频率稳定度：±1.5ppm

最大灵敏度：-105dBm@ BER10-6

杂波响应抑制：70dB

交调响应抑制：65dB

杂波辐射：-57dBm，9kHz~1GHz
　　　　　-47dBm，1GHz~12.5GHz

杂波辐射发射：-57dBm，30MHz~1GHz
　　　　　　　-47dBm，1GHz~12.5GHz

带宽：12.5kHz（2710A），25kHz（2710C）

电源

电压：额定 13.8V 直流（10.5~16V DC）

TX 供电电流：最大 2.5A

RX 供电电流：运行-150mA（标称值）
　　　　　　　备用（休眠方式）-18mA

电源连接器：电源/接口连接器的整数部分

保险丝：4 安培，自复归熔断器，内部（去掉供电电源则复归）

相反极性保护：通过一次输入的二极管

环境

湿度：在 40℃时为 95%

温度范围：-30~60℃（全部性能）
　　　　　-40~70℃（运行状态）

重量：1.6kg

外壳：铸铝外壳

诊断接口

信号标准：RS-232

连接器：RJ-11（如果脚 23 接地支持诊断通道，则可以用 DB-25 取代）

I/O 装置：MDS 手持终端或者带有 MDS 编程软件的计算机

**2. MDS iNET300**

MDS iNET300 是一款具有先进的跳频扩频技术，稳定性好，同时具有高速传输速率的无线数传电台，传输距离可达 80km，空中传输数率可达 512kbps。适用于 UL 标准一级、二类恶劣使用环境及扩展的温度范围。

主要特点：

长距离：可达 60 英里

高速率：512Mbps

安全性：多级网络安全，包括：AES-128 加密，RADIUS 认证

以太网串口网关：把现有的串口网络过渡到IP网络上
工业级的性能：符合UL标准一级二类，可在标准恶劣环境及温度范围下正常工作。
即插即用：标准配置，几乎不需设置
具有VLAN功能：允许在一个电台上通过各种不同的数据流量
技术指标：
数据速率：1Mbps/512kbps用户设置（iNET-Ⅱ900）
512Kbps/256Kbps用户设置（Inet300/900）
1.2~115.2kbps串口
频段：336~344MHz，902~928MHz美国ISM频段
扩频方式：FHSS
传输距离：最远100km@英里
运行模式：接入点/远端双网关：提供以太网口和串口连接
远端串口网关：提供2个串口
远端以太网桥：提供以太网口，可连接多个终端设备
P21冗余站：P21机箱内置两台电台
射频参数
系统增益：139dB@256Kbps，134dB@512kbps
载波功率：0.1~1W（iNET900/II900），0.1~5W（iNET300）
输出阻抗：50Ω
占用带宽：600kHz
调制方式：CPFSK
接收灵敏度：101dBm@256kbps with BER10-6
97dBm@512kbps，-92dBm@1Mbps with BER10-6
物理接口：以太网：Ethernet 10BaseT，RJ-45
串口：COM1 RS-232/V.24，DB-9F，DCE
COM2 RS-232/V.24，DB-9M，DCE/DTE
天线：TNC母头
指示灯：Lan，Com1，Com2，Power，Link
通信协议：无线：CSMA/CA载波侦听多路访问/冲突回避
以太网：IEEE 802.3，IGMP，IP
串口：PPP，Modbus，DNP.3，DF1，BSAP
环境参数：工作温度：-30~+60℃
湿度：40℃时95%非冷凝
电气参数：输入电压：10.5~30V DC（13.8V DC）
机械特性：机壳：铸铝
尺寸：3.15cm×17.2cm×11.2cm
重量：908g
安装选件：平面安装支板，导轨，19”机架

机构认证：FCC Part 15.247（DTS），UL/CSA，IC

#### 2.1.3.4 避雷技术

**1. 台站防雷系统**

由防雷接地网、接闪器、等电位连接等组成。测震台观测室防雷系统为第三类防雷建筑要求。

1）避雷针高度

安装于屋面，避雷针高度为 8m，屋面保护范围范围半径为 30m，能够保护测震台所有设备。

2）接地电阻

采用观测房和设备使用同一接地网。对于土壤电阻率≥3000Ω · m 的台站，接地电阻≤10Ω；对于土壤电阻率≤3000Ω · m 的台站，接地电阻≤4Ω。

3）接闪器安装

由避雷针和屋面女儿墙避雷带组成。将避雷针、屋面女儿墙避雷带、观测屋柱子主筋、地圈梁主筋、通信天线杆、太阳能安装支架、接地网连为一体。

4）等电位连接

为防止因观测室内各设备间的电位差而造成的损坏，在观测室设置总电位连接端子，并与接地体引下线等金属部件相互连接。

5）避雷带

沿屋顶女儿墙设由 $\phi$8～10mm 圆钢，支架间距为 1000mm，高度为 200mm，转角处间距为 500mm 组成的避雷带。

6）综合接地网

防雷接地、工作接地和保护接地共用一个接地装置，利用房屋基础主筋焊接成闭合回路，作为共用接地装置。

图 2.1.7 至图 2.1.9 为台站避雷系统构成示意图。

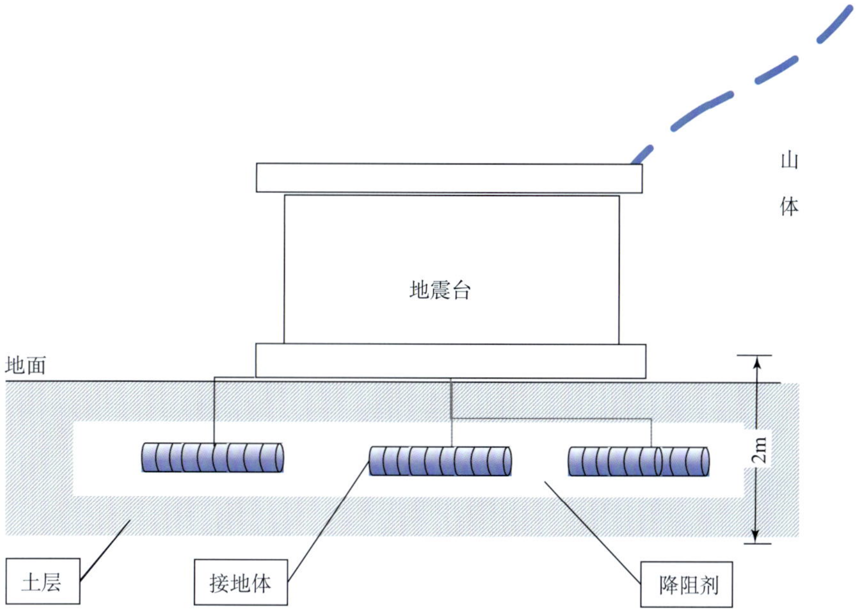


图 2.1.7　库区地震台站避雷系统构成示意图（1）

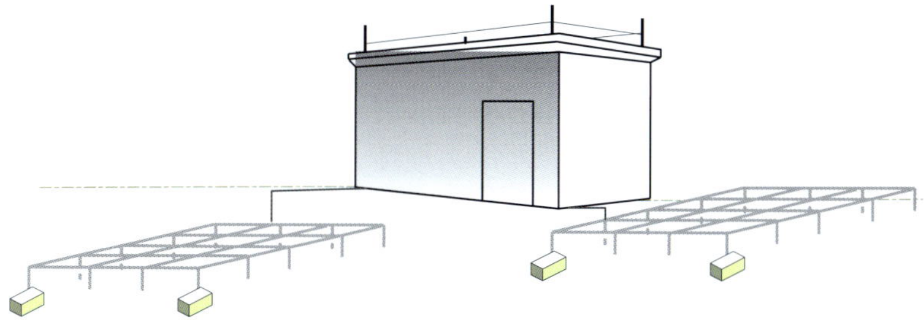

图 2.1.8　库区地震台站避雷系统构成示意图（2）

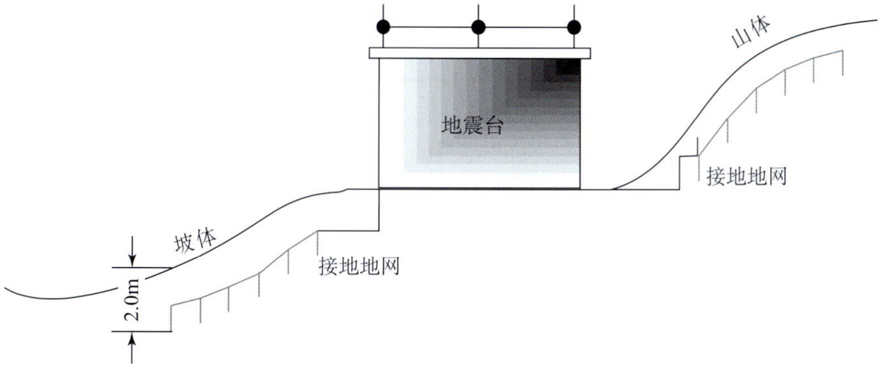


图 2.1.9　库区地震台站避雷系统构成示意图（3）

**2. 台网分中心防雷系统**

1）防雷器安装

在电源总配电柜中加装波形为 10/350μs、通流量不小于 100kA 的 DS150E 型电流保护器，作为电源第一级防护。在互投箱中加装波形 8/20μs、通流量不小于 40kA 的 DS40-400 型电流保护器作为电源第二级防护。在 UPS 电源输出柜、网络配电柜中加装波形为 8/20μs，通流量不小于 10kA 的 DS10-400 型电流保护器，作为电源第三级防护。

2）机房等电位连接

在机房内静电地板下，设备环形闭合等电位连接带，即网形接法。

## 2.2　库坝区强震动监测台阵

### 2.2.1　监测功能和区域

库坝区的边坡强震台站布设在乌东德水电站库坝区的不同高程上，一旦库区或周边地区发生中强以上地震，可在库区近场获取加速度记录，首先可直接评估地震对库坝区的影响程度；其次，实测的峰值加速度可用来检验大坝、主要水工建筑物的抗震设计；再次，在水电站建成之前，工程的前期建设阶段可取得坝区附近的强震动监测资料，利于对蓄水后及库坝区地震地面运动与地震活动的分析与对比。在库坝区附近的重要滑坡体上也布设监测台站，监测地表加速度，分析地震对滑坡体和附近场地的影响。

库坝区滑坡体的监测台站为自由场地；坝肩监测台站选定为平硐或基岩场地，分化程度与水电站坝基一致，分布在金沙江两岸，左岸为坝顶、坝中、坝底各 1 个，台站高程的高差等距。如图 2. 2. 1。

图 2.2.1　乌东德水电站库坝区强震动监测台阵台站分布示意图

### 2.2.2　场点环境振动噪声水平及其卓越频率

现场测试场点环境振动噪声水平及其卓越频率的物理量设计为加速度，采样率取为两种：50sps 和 200sps。

场地微振动的频率特性在一定程度上真实地反映了场地振动特性。通过现场测试的环境振动加速度的自功率谱进行台站微振动的频率特性分析，具体分析结果见表 2.2.1。图 2.2.2 给出左岸坝顶台站场点典型的测试加速度时程曲线。

**表 2.2.1　场地背景噪声、脉动测试表**

| 测试结果 / 点位名称 | 平均值/（$10^{-3}g$） | | | 均方根值/（$10^{-3}g$） | | | 最大值/（$10^{-3}g$） | | | 卓越周期/s | |
|---|---|---|---|---|---|---|---|---|---|---|---|
| | N-S | E-W | U-D | N-S | E-W | U-D | N-S | E-W | U-D | N-S | E-W |
| 左岸坝顶 | 0.046 | 0.042 | 0.021 | 0.057 | 0.052 | 0.026 | 0.572 | 0.805 | 0.202 | 0.133 | 0.131 |
| | 0.027 | 0.024 | 0.014 | 0.034 | 0.030 | 0.019 | 0.152 | 0.169 | 0.124 | | |

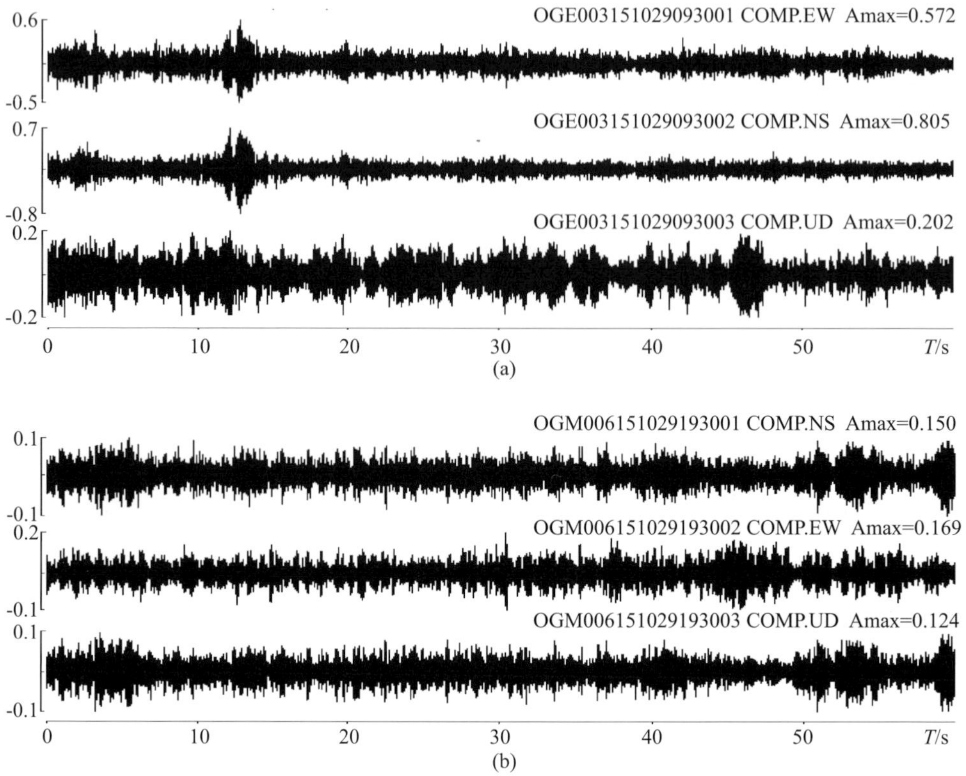


图 2.2.2　左岸坝顶场地典型脉动加速度时程曲线图

（a）白天；（b）晚上

在频率域中，对台站场址脉动加速度信号进行分析处理，计算地脉动加速度信号的傅立叶谱、功率谱，其典型谱曲线如图 2.2.3 和 2.2.4。

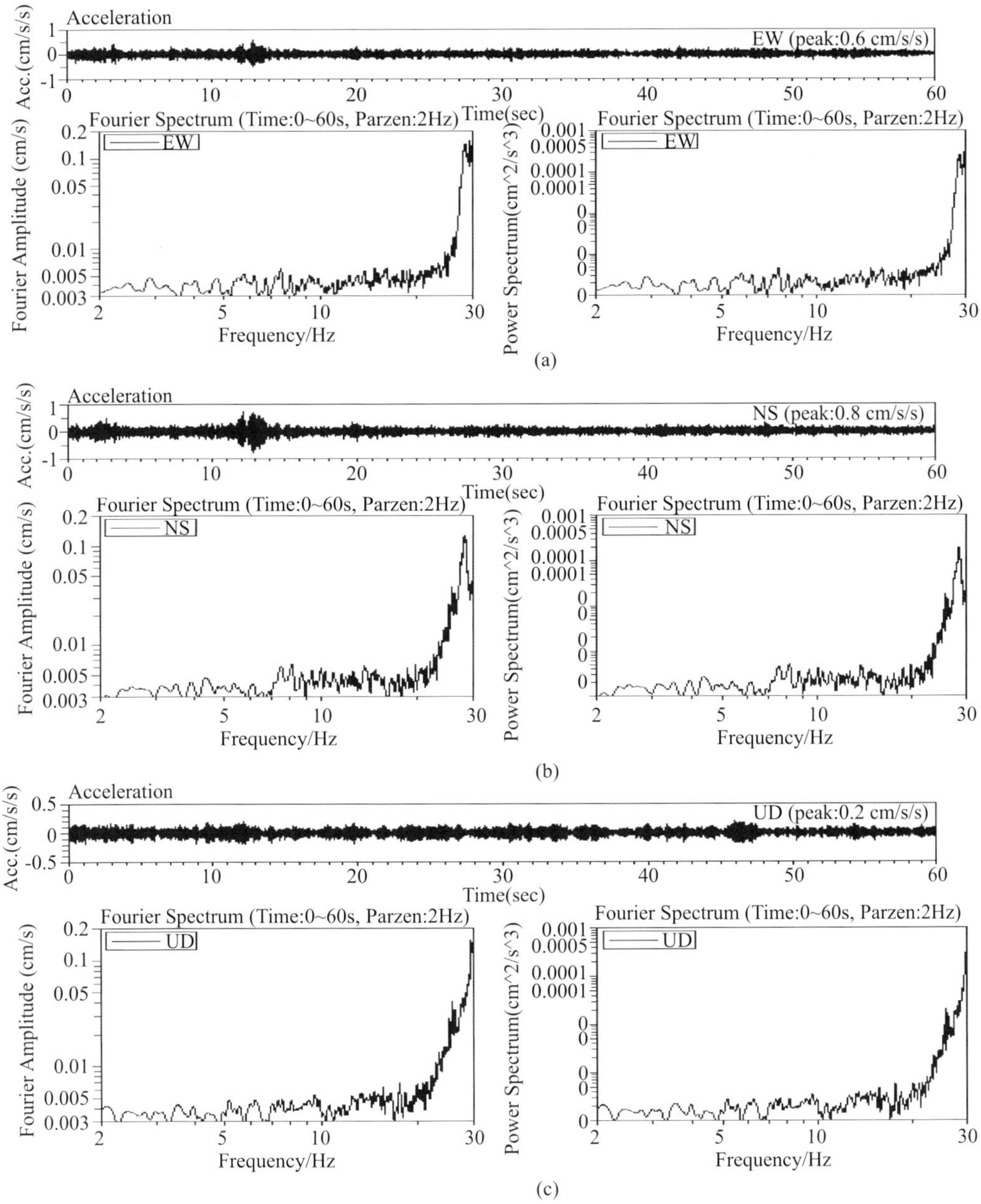


图 2.2.3　左岸坝顶白天三分向加速度时程曲线及其傅里叶谱和功率谱图

(a) 东西向；(b) 南北向；(c) 垂直向

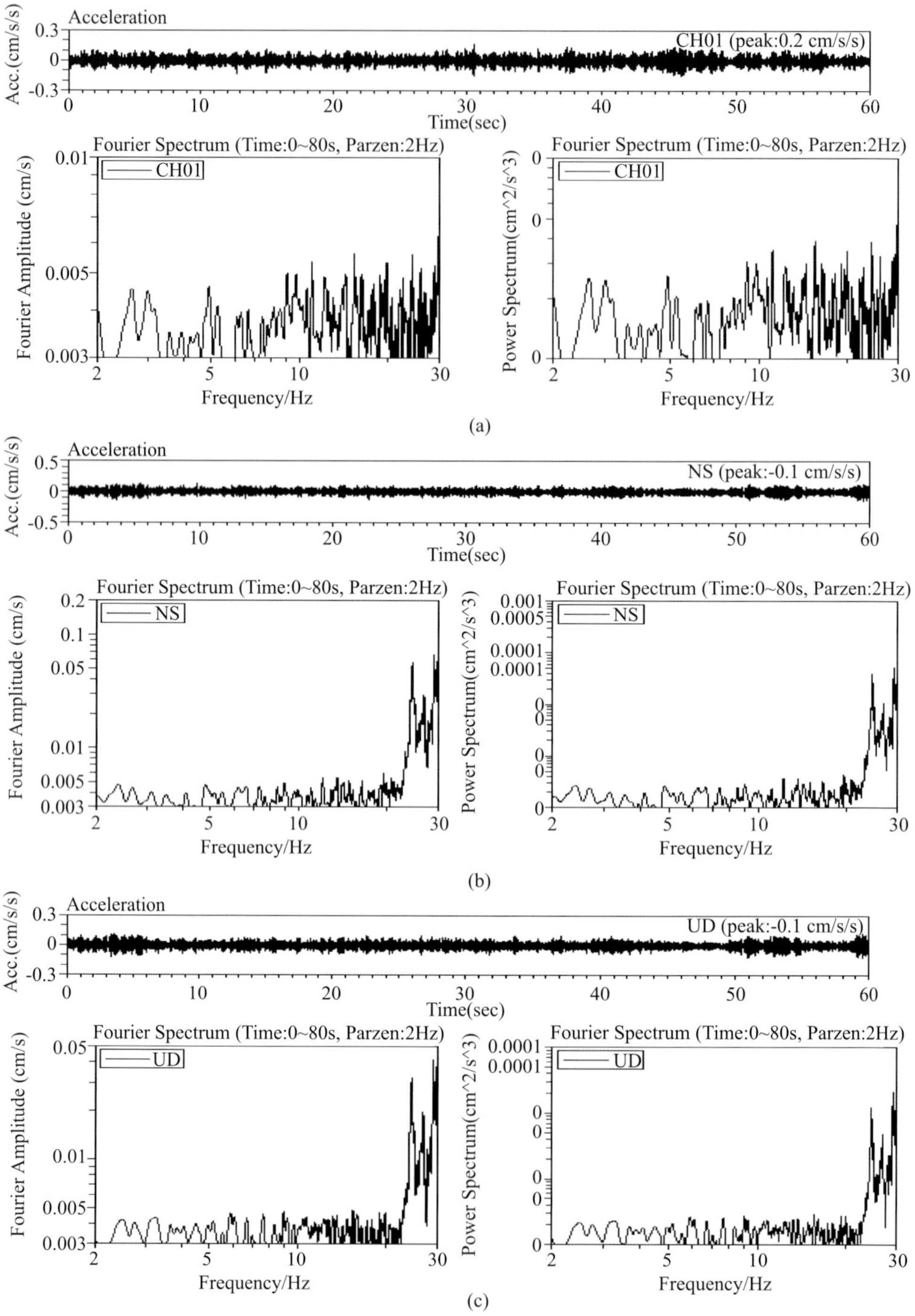


图 2.2.4 左岸坝顶晚上三分向加速度时程曲线及其傅里叶谱和功率谱图

（a）东西向；（b）南北向；（c）垂直向

## 2.2.3　强干扰环境下场地强震仪的触发设置及信号处理

### 2.2.3.1　触发设置

由于乌东德水电站工程施工，边坡强震观测台址位于干扰较强的环境之中，观测仪器设置时会出现这 2 种情况：仪器触发阈值设置较低，容易产生误触发；仪器触发阈值设置过高，漏记地震。为尽量减少这 2 种情况的发生，通过阈值触发+STA/LTA 触发算法+通道权票等多种触发机制的组合来实现观测仪器触发参数的最佳设置。

采用的两种触发算法分别为：阈值触发算法和 STA/LTA 触发算法。

阈值触发方法，主要对能被人感觉、能引起工程结构破坏的地震动感兴趣。这一方法仅仅依据任何时刻的信号是否超过预先设定的阈值作为依据，即当信号超过预先设定的阈值（通常设置为 4~10Gal）时，认为有地震事件发生。

对于环境振动干扰较强的场地，可采用 STA/LTA 触发算法。这一触发参数设置复杂，但可使仪器触发更灵敏，并可减少误触发。

**1. STA/LTA 触发算法基本原理**

STA/LTA 触发算法通过两个移动的时间窗，即短时间平均窗（STA）和长时间平均窗（LTA），对滤波地震信号进行处理，STA 测量地震信号的瞬时（instant）振幅，监测地震事件，LTA 监测平均地震噪声。首先计算地震信号绝对值，继而分别计算两种窗的平均值，最后计算两平均值的比或差，如图 2.2.5。将比值或差值不断地与预先设定的阈值比较，如果比值或差值超过设定阈值，声明一通道触发。

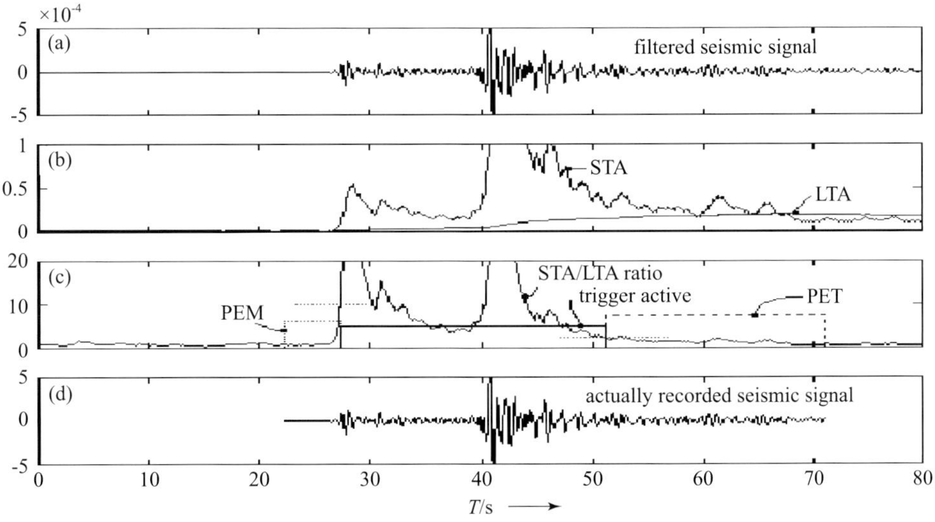


图 2.2.5　STA/LTA 触发算法基本原理图

触发阈值水平为 10，停止触发阈值水平为 4

一道触发并不意味着仪器开始记录地震信号，大多数记录器具有触发投票机制，即触发的每一道分别对应一触发票数，只有当总触发票数超过设定触发票数，记录器才开始记录地震信号。为方便起见，假设记录器仅有一个通道，因此，一通道触发等同于仪器触发，如图 2. 2. 6。

在地震事件逐渐结束时，当 STA 与 LTA 的比值或差值低于一设定值时（停止触发阈值），通道停止触发。显然，停止触发阈值小于触发阈值。

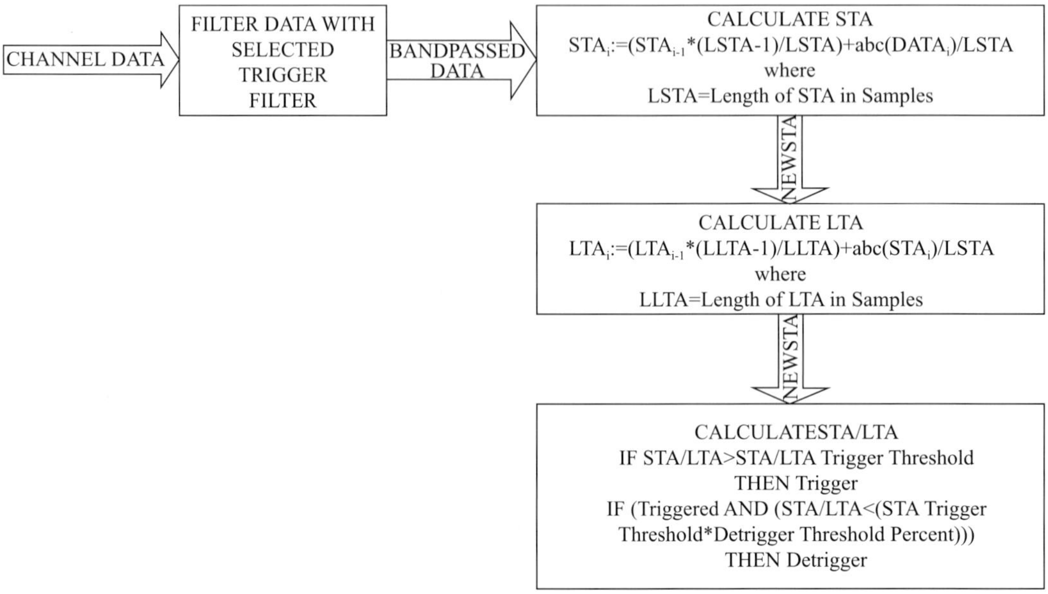


图 2. 2. 6　STA/LTA 计算流程图

STA/LTA 触发算法参数主要包括：STA 窗持时（s）、LTA 窗持时（s）、触发阈值水平、停止触发阈值水平。除此之外，仍有四个参数，即触发滤波、事前时间（s）、事后时间（s）及触发投票方法。只有通过确当的设置上述参数，方能确保仪器正确触发，记录完整的加速度波形。

STA/LTA 触发参数设置及辅助参数取决于应用目的、地震噪声条件、地震信号特征及传感器的类型。显然，对于不同台站，没有通用的参数设置准则，若要准确地设置参数，必须经过长时间的调试。

**2. STA 窗持时选择**

一般情况下，STA 窗持时必须较典型期望地震信号周期长几倍，如果 STA 太短，地震信号的平均效应就不起作用，STA 反应的不再是地震信号的平均值。STA 起着一信号滤波作用，STA 窗持时选择越短，对短持时地方震较之长持时低频远震触发灵敏。反之，STA 窗持时选择越长，对地方震触发不灵敏。由此可知，在一定程度上可通过改变 STA 窗持时，确定以测量地方震为主，或是以测量远震为主。

从误触发方面考虑，STA 窗持时也很重要。通过减小 STA 窗持时，触发方法对尖脉冲型人工噪声更敏感，反之亦然。对于环境振动影响较强的场地，应选择较大的 STA 窗持时，以减少误触发。然而，这样将降低获取持时很短的地方震级。

**3. LTA 窗持时选择**

LTA 窗测量的是地震噪声的平均振幅，LTA 窗持时应较典型非规则地震噪声脉动周期长几倍。若 STA 窗持时不变，通过改变 LTA 窗持时可改变触发算法的灵敏度。随着 LTA 窗持时越长，触发方法对地震事件越敏感。然而，LTA 窗持时选择应与 STA 窗持时选择结合，以达到最佳。

**4. STA/LTA 触发阈值水平选择**

在很大程度上，STA/LTA 触发阈值水平决定了那些地震事件将被纪录。设置值越高，将会漏记一些地震，但降低了误触发的发生。若选择较低的 STA/LTA 触发阈值水平，方法对地震事件更敏感，将会纪录到更多的地震事件。然而，增加误触发，浪费更多的数据存储空间。最佳的 STA/LTA 触发阈值水平主要取决于台站场地地震噪声条件。地震噪声水平和类型对 STA/LTA 触发阈值水平最佳设置有一定的影响。对于较寂静的环境，可选择较低的 STA/LTA 触发阈值水平，反之，对于噪声干扰较强的环境，且地震噪声完全不规则，则应选择较高的 STA/LTA 触发阈值水平。

STA/LTA 触发阈值水平的初始设置可取为 4。对于较寂静的环境，可选择更低的 STA/LTA 触发阈值水平；对于乌东德边坡强震台站噪声干扰较强的环境，STA/LTA 触发阈值水平可选为 8 或更大些。在强震观测应用中，由于环境噪声水平较高，所感兴趣的是中强地震，通常选择较高的阈值水平。

**5. STA/LTA 停止触发阈值水平选择**

STA/LTA 停止触发阈值水平决定纪录的结束。为了使纪录尽可能多的包括地震尾波纪录，应选择较低的 STA/LTA 停止触发阈值水平。另一方面，如果对地震尾波不感兴趣，可选择较高的 STA/LTA 停止触发阈值水平，这样将大大节省数据存储空间。

对于噪声干扰较强的环境，通常选择较高的 STA/LTA 停止触发阈值水平，这样可防止不断的重复出发。对于较寂静的场地及弱震应用，典型的初始值可设置为 2 或 3。对于强震，通常采用较高的值。

**6. 触发滤波的选择**

触发滤波对于 STA/LTA 触发方法及阈值触发方法是很重要的，其作用主要为消除信号中的 DC 偏移。对于所有有源传感器，其输出信号中存在一定的 DC 偏移，这种 DC 偏移如果很高，将严重影响 STA/LTA 比计算，使 STA/LTA 触发算法不灵敏；而对于阈值触发算法则有可能导致不停的触发。因此，应通过选择高通滤波消除信号中的 DC 偏移主要采用的滤波方法可分为非因果滤波和因果滤波。

**7. 投票方法参数的选择**

投票方法参数包括通道权重、触发权重、停止触发权重、外通道触发权重及按钮（Keyboard）触发权重。

通道权重为当某一通道满足触发条件时所选择的票数。在边坡强震观测中，通常取水平分量通道权重为 1，垂直分量通道权重为 2。

触发权重为使记录器触发所要求的总票数。对于多通道系统，某一通道满足触发条件，并不意味着系统触发开始记录地震事件，只有当各通道权重之和不小于触发权重，系统触发开始记录地震事件。在强震观测中，通常取触发权重为 2。

停止触发权重亦为一票数。为了使记录器停止触发，必须要求各通道权重之和小于该值。若设置为 1，即意味着在记录器停止触发前，所有投票通道必须停止触发。

乌东德库坝区边坡强震台阵触发参数的最佳设置，在经过长达 1.5 年的系统分析和研究后进行多因素综合考虑而确定。

#### 2.2.3.2　信号处理

对于背景噪声较大的台站，通过滤波和加窗函数对待分析处理的信号进行预处理，可以有效的去除信号中的噪音以及非目标频段信号，从而使得信号背景干净，突出信号本身。

**1. 滤波**

采用 Butter 滤波器对记录进行了滤波，保留比较低的频率成分，带通滤波范围 0.1～10.0Hz，滤波陡度为 3。Butter 滤波器具有通带内最大平坦的振幅特性。其幅度平方函数如公式（2.2.1）形式。

$$A(\Omega^2) = |Ha(\mathrm{j}\Omega)|^2 = \frac{1}{1+\left(\frac{\mathrm{j}\Omega}{\mathrm{j}\Omega_c}\right)^2 N} \tag{2.2.1}$$

式中，$N$ 为整数，称为滤波器的阶数，$N$ 越大，通带和阻带的近似性越好，过渡带也越陡。如图 2.2.7。

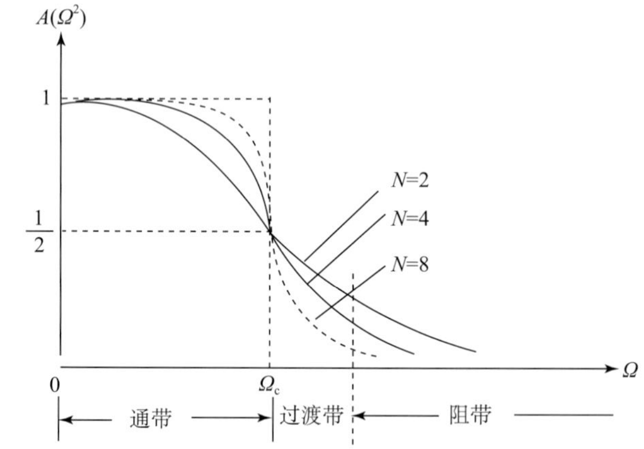


图 2.2.7　巴特沃兹 filter 振幅平方函数图

过渡带：通带→阻带间过渡的频率范围，$\Omega_c$：截止频率。理想滤波器的过渡带为 0，阻带 $|H(\mathrm{j}\Omega)|=0$，通带内幅度 $|H(\mathrm{j}\Omega)|=$ 常数，$H(\mathrm{j}\Omega)$ 线性相位。通带内，分母 $\Omega/\Omega_c<1$，相应 $(\Omega/\Omega_c)^{2N}$ 随 $N$ 的增加而趋于 0，$A(\Omega^2)\to 1$，在过渡带和阻带，$\Omega/\Omega_c>1$，随 $N$ 的增加，$\Omega_e/\Omega_c \gg 1$，所以 $A(\Omega^2)$ 快速下降。$\Omega=\Omega_c$ 时，$\frac{A(\Omega_c^2)}{A(0)}=\frac{1}{2}$，幅度衰减$\frac{1}{\sqrt{2}}$，相当于 3bd 衰减点。

**2. 窗函数**

加窗处理，时域截断会产生的频谱泄漏现象，采用加 Hanning 窗函数方法来抑制泄漏，窗函数修正了由于信号的非周期性并减小了频谱中由于泄露而带来的测量不准确性，并同时减小主瓣和旁瓣效应。

快速傅里叶变换假定了时间信号是周期无限的。但在分析时，只截取其中的一部分，因此需要加窗以减小泄露。窗函数可以加在时域，也可以加在频域上，但在时域上加窗更为普遍。截断效应带来了泄漏，窗函数是为了减小这个截断效应，其设计成一组加权系数

例如，一个窗函数可以定义为：

$$w(t)=g(t) \qquad -T/2<t<T/2 \qquad w(t)=0$$

式中，$g(t)$ 是窗函数；$T$ 是窗函数的时间

待分析的数据 $x(t)$ 则表示为：

$$x(t)=w(t)\times x(t)'$$

式中，$x(t)'$ 表示原始信号；$x(t)$ 表示待分析信号。

加窗在时域上表现的是点乘，因此在频域上则表现为卷积。卷积可以被看成是一个平滑的过程。这个平滑过程可以被看出是由一组具有特定函数形状的滤波器，因此，原始信号中在某一频率点上的能量会结合滤波器的形状表现出来，从而减小泄漏。

## 2.2.4　台阵技术

### 2.2.4.1　技术特点

技术设计与实施上，结合现代科技的特点，突出集中监控、设备技术先进、网络化通信连接等全新的理念，为大坝安全运行提供数据支撑。

（1）设备先进。采用强震动顶尖设备或国内获过奖的强震计。

（2）网络化。强震监测数据全部采用 IP 数据传输，便于组网和数据处理。

（3）模块化设计。强震动台站标准化设备，包括地震专业设备、供电系统、通信系统、避雷系统，便于台站后续的维护。

（4）标准化设计。强震动台站无论是接入交流还是采用太阳能电池板，台站设备供电系统全部使用 12V 直流供电，交换机采用 12V 直流工业交换机，确保系统稳定，提高系统可靠性。

### 2.2.4.2　技术指标

台阵技术基本情况如下：

（1）地震专业设备均为 OBSIDIAN 4X 数据采集器和 SLJ-100 加速度计。

（2）设备供电：观测房台站全部采用太阳能供电，平硐台站全部采用交流电供电。

（3）数据传输：监测子台全部采用网路电台进行传输，汇集到水电站大坝附近的联通

基站，通过联通基站和中心的光纤，实时将数据传回台网中心。

强震数据采集器仪技术指标见表 2. 2. 2，SLJ-100FBA-T 型号三分向力平衡加速度计技术指标见表 2. 2. 3。iNET300 网络电台指标见表 2. 2. 4。

**表 2. 2. 2　数字强震动记录器技术指标表**

| 序号 | 项目 | 设计技术指标 |
|---|---|---|
| 1 | 通道数 | 3+1 通道 |
| 2 | 与传感器接口 | 符合或兼容 DB/T 13—2000 有关规定 |
| 3 | 输入电平 | 5Vpp，10Vpp，40Vpp 差分输入 |
| 4 | 类型 | 每个通道均具备独立 Δ-Σ 24 位模数转换器，以及 Black Fin 数字信号处理器 |
| 5 | 滤波器 | 双精度因果/非因果 FIR 滤波器；Nyquist 频率时的衰减>140dB |
| 6 | A/D 转换 | 24 位 |
| 7 | 动态范围 | 200sps~127dB（RMS 噪声至 RMS 截止，典型值）<br>100sps~130dB（RMS 噪声至 RMS 截止，典型值） |
| 8 | 频率响应 | DC to 80 Hz @ 200 sps |
|  | 采样率 | 1、10、50、100、200、500、1000、2000、5000sps |
| 9 | 采集模式 | 连续，触发，时窗 |
| 10 | 输出数据格式 | 带符号位的 24 bit（3 bytes）数据，格式由用户选择 |
| 11 | 参数计算 | 实时计算关键参数，包括 JMA 烈度计算 |
|  | 触发 |  |
| 12 | 触发类型 | IIR 带通滤波器（有三种类型） |
| 13 | 触发选择 | 每个通道可独立选择 |
| 14 | 阈值触发 | 按满量程的百分比设定，0. 01%到 100%之间可选 |
| 15 | 票决触发 | 组合计算内部、外部及网络的触发票数 |
| 16 | 附加触发 | STA/LTA，时窗 |
|  | 存储 |  |
| 17 | 数据存储卡槽 | 内置 SDHC 存储卡槽，标配 8GB，最大支持 32Gb |
| 18 | 系统存储卡槽 | 内置 SDHC 存储卡槽，标配 4GB |
| 19 | 记录能力 | 200sps 采样率条件下，24 位存储卡每个通道每分钟记录约 42kB |
| 20 | SDHC 卡记录格式 | Linux EXT4 |
| 21 | 数据 | 数据可自动下载到仪器 USB 主端口插入的可移动 U 盘上。另外，还可以使用外部的 USB 可移动 U 盘进行并行数据（镜像）记录 |
| 22 | USB 驱动格式 | FAT32 |
|  | 固件 |  |

续表

| 序号 | 项目 | 设计技术指标 |
| --- | --- | --- |
| 23 | 类型 | 多任务操作系统，支持同时采集与检查；引导装入程序可进行远程和有选择的自动固件升级 |
| 24 | 系统控制 | 设置采样率、滤波器类型、触发类型和票决方式，进行通讯维护和事件存储 |
| 25 | 支持文件格式 | Kinemetrics EVT，MiniSEED，SAC，COSMOS，MATLAB，SUDS，SEISAN，ASCII |
| 26 | 接口 | 1 个 10BaseT 以太网口<br>3 个 RS232 串口<br>3 个 USB2.0<br>DFS 接口（RS232）<br>Linux 控制台接口（RS232）<br>POTS Modem 接口 |
| 27 | 智能报警 | 可以将系统设置成当检测到事件或自动诊断错误发生时，对通讯进行初始化操作 |
| 28 | 自动诊断 | 系统可被设置为连续检查系统电压、温度、湿度和计时系统 |
| 29 | 快速设置 | 仪器可从储存在 CF 卡中的参数文件读取参数进行设置 |
|  | GPS 授时 |  |
| 30 | 类型 | 振荡器数字锁定 GPS |
| 31 | GPS | 集成在系统中，提供计时、内部振荡器校正和定位信息 |
| 32 | 授时精度 | 精度：GPS 与 UTC 时间的偏差<1μs |
|  | I/O 与显示 |  |
| 33 | 电源输入 | 电源输入：军用接头，用于直流电源输入、外接电池连接和 1-W power LAN 接入 |
| 34 | RS-232/USB 接口 | RS-232/USB 接口：RS232C 全能接口，采用军用接头，支持 modem 控制、USB 2.0 设备连接、RS232 串口接入 |
| 35 | 以太网连接 | 10 Base-T 以太网口（M12 型接口） |
| 36 | EMI/RFI 保护 | 所有 I/O 连接线均具有 EMI/RFI 与瞬时冲击保护 |
| 37 | LED 指示灯 | LED 指示灯：显示系统、电源和事件状态、以太网链接状态与数据情况 |
|  | 供电 |  |
| 38 | 类型 | 内置高效开关电源和具有宽范围 SOH 电池充电系统 |
| 39 | 输入 | 9~28V，DC |
| 40 | 内置充电操作 | 需要 15.5V，DC |
| 41 | 外接电源模块 | 输入：100~250V，AC 50/60Hz；输出：15.5V，DC |
| 42 | 内部电池充电器 | 具备反向保护与过量放电修复功能的数字温度补 |

续表

| 序号 | 项目 | 设计技术指标 |
|---|---|---|
| 43 | 电流 | 180mA @ 12V（不包括传感器） |
| | 通信 | |
| 44 | 以太网接口 | 以太网接口：实时远程监测（多目的地 TCP/IP 协议），参数设置和事件下载（FTP/SFTP） |
| 45 | RS-232 接口 | 实时远程监测（多目的地 TCP/IP 协议），参数设置和事件下载（FTP/SFTP） |
| 46 | MODEM | 内置，远程连接，由用户端或由 OBSIDIAN 启动 |
| 47 | 远程监测 | 利用 DFS，SEEDLink、Earthworm、Antelope 兼容<br>ORB 服务器或 Altus SDS 协议传输实时数据 |

**表 2.2.3　SLJ-100FBA-T 三分向力平衡式加速度计技术指标表**

| 序号 | 项目 | 技术指标 |
|---|---|---|
| 1 | 测试分量 | 3 分量（2 水平、1 竖向） |
| 2 | 测量范围 | $\pm 2g_n$ |
| 3 | 满量程输出 | ≥±2.5V；单端、差分输出可选 |
| 4 | 频率响应 | 0~80Hz，相位为线性 |
| 5 | 动态范围 | ≥130dB |
| 6 | 线性度 | 优于 1% |
| 7 | 迟滞 | <0.1%FS |
| 8 | 横向灵敏度比 | ≤1%（包括角偏差） |
| 9 | 噪声均方根值 | $\leqslant 10\sim 6g_n$ |
| 10 | 零位漂移 | $\leqslant 500\mu g_n$/℃ |
| 11 | 静态耗电电流 | ≤10mA（±12 V DC） |
| 12 | 输出阻抗 | ≤1Ω |
| 13 | 运行环境温度 | -20~+65℃ |
| 14 | 相对湿度 | 90% |
| 15 | 封装 | 密封防水 |

注：①可提供自振频率和阻尼输出信号来检查加速度计工作情况。

②应给出加速度计输出电阻、输出极性，安装方式、安装角度范围、重量、外形尺寸以及最大能承受的极限加速度和运输过程中允许的最大冲击加速度。

**表 2.2.4　iNET300 网络电台技术指标表**

| | |
|---|---|
| 数据速率 | 空中速率：512Kbps/256Kbps 用户设置<br>串口速率：1.2～115.2kbps |
| 频段 | 336～344MH |
| 扩频方式 | FHSS |
| 传输距离 | 最远 100km 里@英里 |
| 运行模式 | 接入点/远端双网关：提供以太网口和串口连接；<br>远端串口网关：提供 2 个串口；<br>远端以太网桥：提供以太网口，可连接多个终端设备 |
| 射频参数 | |
| 系统增益 | 139dB@256Kbps，134dB@512Kbps |
| 载波功率 | 0.1～5W（iNET300） |
| 输出阻抗 | 50Ω |
| 占用带宽 | 600kHz |
| 调制方式 | CPFSK |
| 接收灵敏度 | −101dBm@256kbps with BER10−6，−97dBm@512kbps |
| 物理接口 | |
| 以太网 | Ethernet 10BaseT，RJ−45<br>串口：COM1　RS−232/V.24，DB−9F，DCE COM2 RS−232/V.24，DB−9M，DCE/DTE |
| 天线 | TNC 母头 |
| 指示灯 | Lan，Com1，Com2，Power，Link |
| 通信协议 | |
| 无线 | CSMA/CA 载波侦听多路访问/冲突回避 |
| 以太网 | IEEE 802.3，IGMP，IP |
| 串口 | PPP，Modbus，DNP.3，DF1，BSAP |
| 环境参数 | |
| 工作温度 | −30～+60℃ |
| 湿度 | 40℃时 95%非冷凝 |
| 电气参数 | |
| 输入电压 | 10.5～30V DC（13.8V DC） |
| 机械特性 | |
| 机壳 | 铸铝 |
| 尺寸 | 3.15cm×17.2cm×11.2cm |
| 重量 | 908g |
| 安装选件 | 平面安装支板，导轨，19” 机架 |
| 机构认证 | FCC Part 15.247（DTS），UL/CSA，IC |

### 2.2.4.3　台阵布局

乌东德水电站边坡强震台阵拓扑图如图 2.2.8。

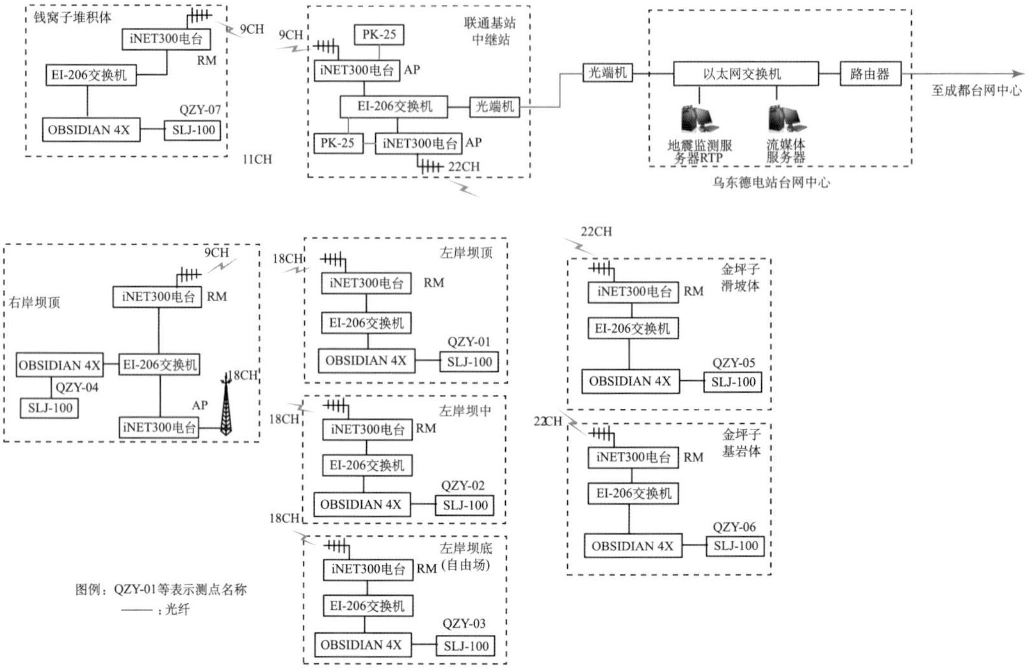


图 2.2.8　乌东德水电站库坝区强震动监测台阵拓扑图

### 2.2.4.4　技术结构

自由场观测台站全部采用太阳能供电，平硐台站全部采用交流电供电；监测子台全部采用网路电台进行传输。

两种供电方式下的台站设备连接如图 2.2.9 和图 2.2.10。台阵数据汇集结构如图 2.2.11。

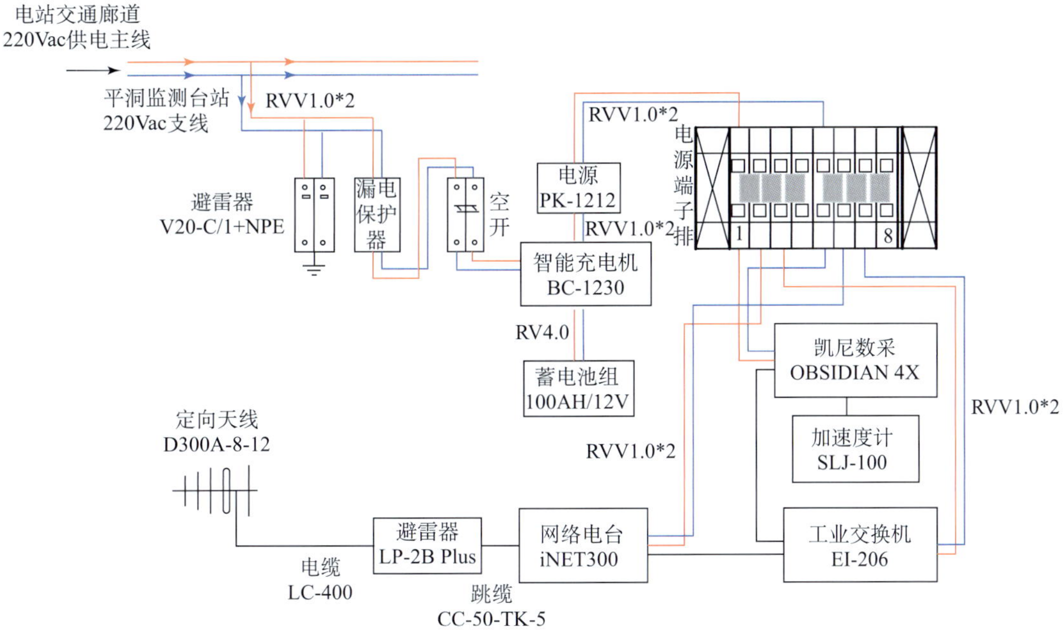


图 2.2.9　交流供电的平硐台站设备连接图

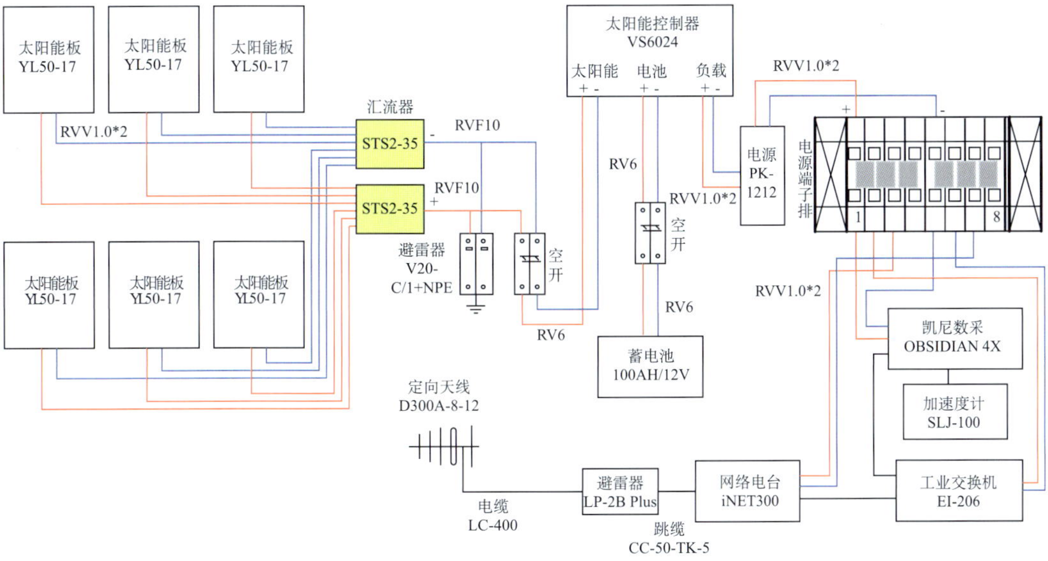


图 2.2.10　太阳能供电的观测房台站设备连接图

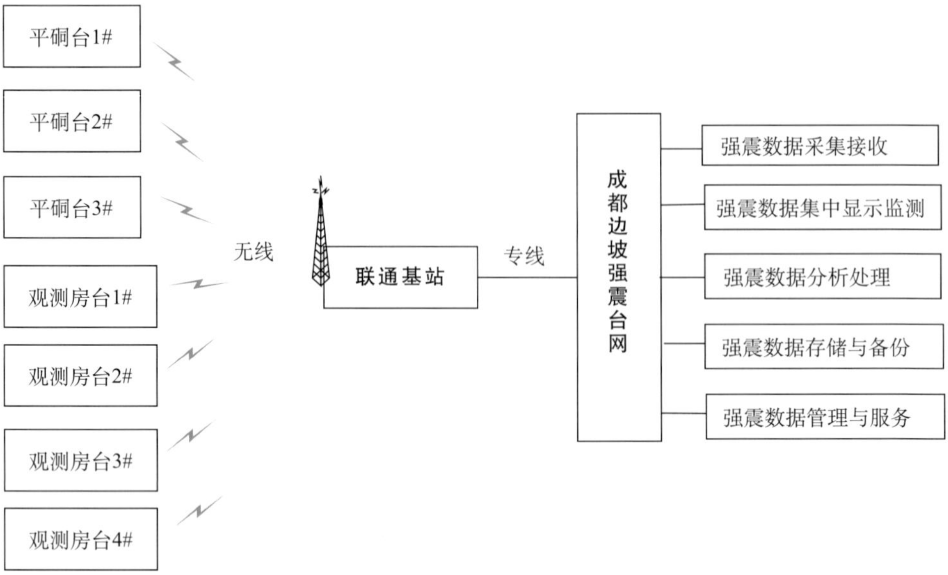


图 2.2.11 边坡强震台阵数据汇集结构示意图

## 2.2.5 台阵网络监测技术

### 2.2.5.1 数据接收、发送与分析处理

为适应库坝区边坡强震动台站的数据集中接收和处理，编制开发一套数采的台网分析处理软件，能有效的适应数采的传输协议，可同时接收库坝区边坡强震台站数采的实时数据流，具有数据校正、计算加速度和速度、位移；读取记录持续时间、峰值、计算记录的傅氏谱、功率谱、计算参考烈度等功能。也可自动处理强震动事件要的数据操作功能。

具体技术方案如下：

（1）软件方面。首先对数采进行固件升级，增加网络传输模块和数据压缩模块，然后对数采监测数据进行实时接收并能集中显示，将数据转换成较易处理的数据格式，便于台网强震分析处理。

（2）设备硬件方面。在台网中心布设 1 台服务器、1 台 kVM 切换器、1 台计算机。服务器上安装系统软件及强震监测软件，地震数据保存在服务器上；计算机作为监测终端，实时波形显示及数据处理。

强震动监测系统软件，支持在数字地震台网中心远程访问 ROCK 数据采集器，完成实时数据接收、存储、事件检测与自动处理、实时波形数据服务任务。主要功能：

（1）实时数据接收，包括基于网络从 ROCK 数据采集器接收波形数据，从流服务器、CSDP-RTP-2018 的波形数据服务器接收实时波形数据流。

（2）实时连续记录波形数据，强震事件自动检测、对检测到的强震事件自动计算参考烈度值、自动生成强震事件文件，存储烈度计算结果到强震数据库，生成 EXCEL 格式报告文件。

（3）内置波形数据服务器，可接收上传的实时波形数据、提供波形数据流服务。

（4）内置监控服务器，可接收上传的台站和软件系统运行状态信息、人工和自动地震定位信息，并提供上述数据的下载服务；支持存储监控信息到监控数据库。

（5）系统运行管理，系统监控，动态显示每个台站的工作状态，烈度计算结果。

（6）基于网络提供波形、系统运行状态、烈度计算结果数据服务。

（7）数据存储管理，系统软件总控界面，有系统设置、实时处理、系统监视、数据分析四部分功能。如图 2. 2. 12。

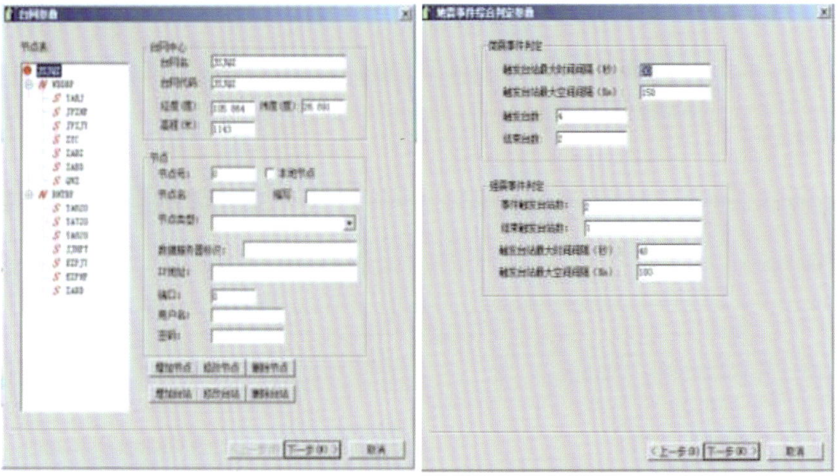

图 2. 2. 12　边坡强震监测软件参数设置界面图

完成软件参数设置后，就可用软件打开地震波形数据进行分析处理，所有的涉及到的数据处理都在“设置”菜单下完成。“功率谱”“反应谱”等灰色不可用菜单需要进行一次数据校正或参考烈度值计算后才可用。如图 2. 2. 13、2. 2. 14。

### 2. 2. 5. 2　远程监控技术

监测台网系统采用了基于标准的 TCP/IP 协议传输平台，通信传输也是基于 TCP/IP 标准，台网中心可以很方便的对水电站边坡强震台阵各个台站进行远程监控，随时查看和下载边坡强震台站数采数据，查看通信链路质量（信号强度和信噪比），了解整个系统的工作状态。

### 2. 2. 5. 3　数据存储与服务

基于对数采的软件升级及数据存储规划，台站数采可以自行空间维护，即数据超过 28G，数采自动清除最早的数据，确保数采存储不完全饱和，不会因为数采存储满了而导致新的数据不能存储或系统宕机。

在台网中心，数据存储与服务系统分为硬件部分和软件部分，配备了 IBM 3850 服务器，配置了 5 块 1T 的大容量硬盘，同时备份了 1 台 IBM3650 服务器。为方便服务器间的切换操作，我们配置了 1 台 8 通道的 KVM 显示控制器，还配置了 1 台高性能计算机用于数据监控，地震数据处理及部分数据存储分析。

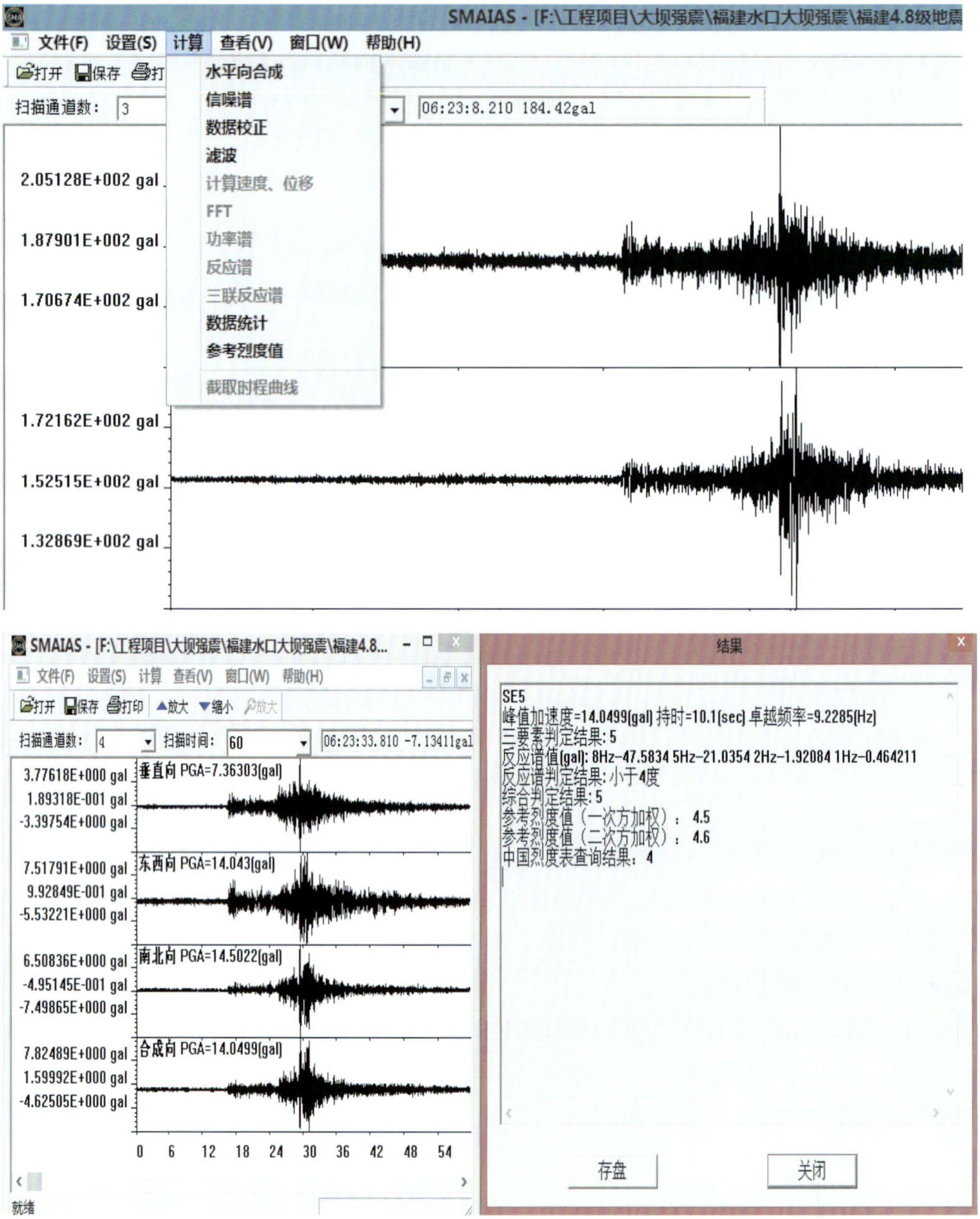


图 2.2.13　边坡强震监测软件处理结果界面图

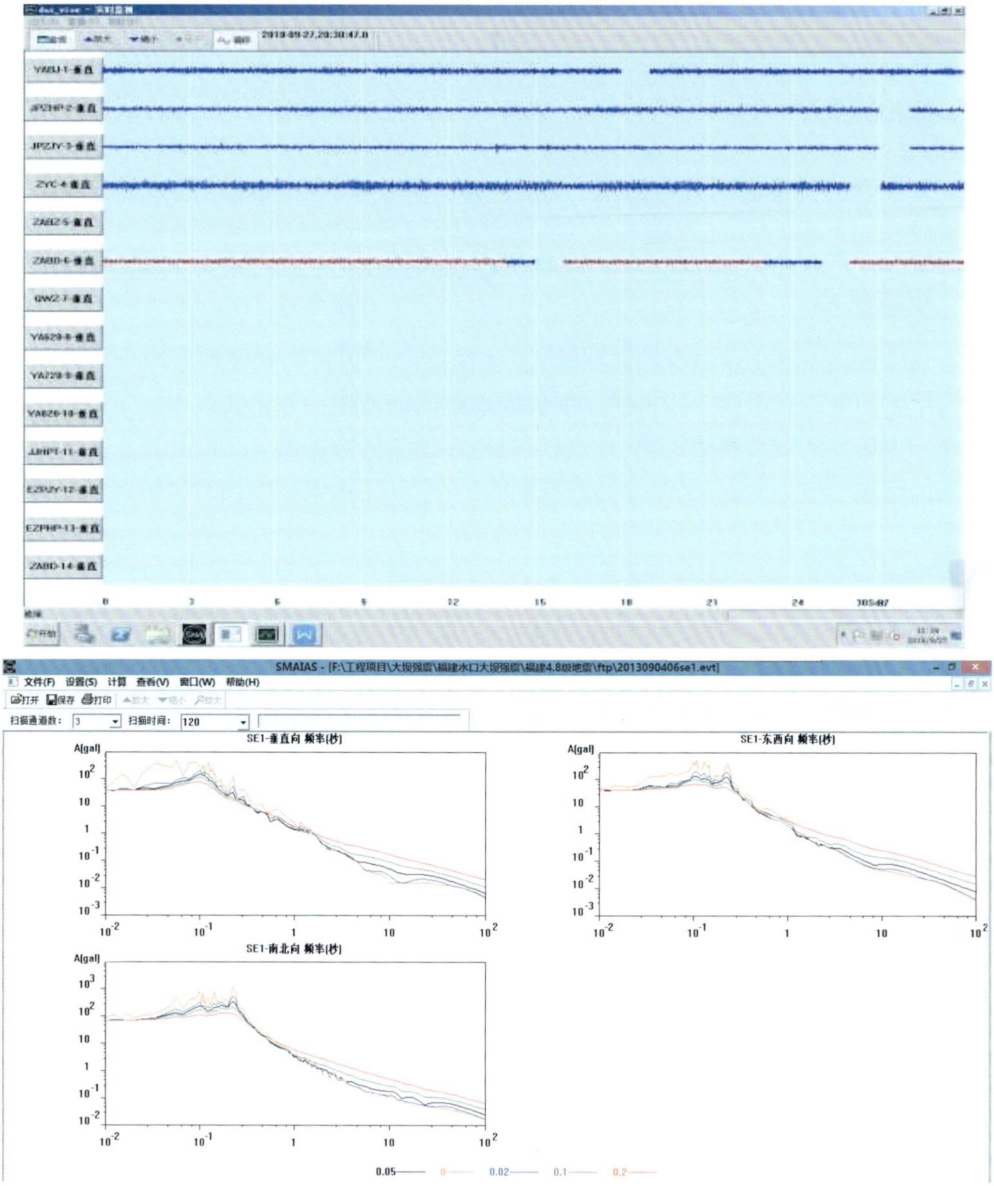


图 2.2.14　边坡强震监测软件实时波形显示图

## 2.3　活断层强震动固定监测网络

### 2.3.1　技术要求

库区活断层强震监测子台的布置基本特点如下：

（1）以则木河断裂带（F3）南段、磨盘山—元谋断裂带（F5）东北段、作为主要监测对象。

（2）沿重点监测的活动断裂带布设的子台数量能满足活断层强震监测的要求。

（3）子台布设在自由场地上，台址避开局部地形变化大的地点，如小山梁、河谷等。

（4）子台选择背景振动噪声较小的地点，台址场地的最大背景振动加速度噪声宜小于 0.0001$g_n$。

（5）子台选择有稳定的交流电源，交通方便，具备架设程控电话的条件，并有安全保障的地点。

## 2.3.2 技术特点

采用与库区强震测项相结合的监测模式，如图 2.3.1，长期有效地监测乌东德库区及附近范围内主要的晚更新世和全新世活动断裂的地震活动情况，并将获取库区及周边范围近场强震记录，为研究地震动衰减规律、活断层对地震动的影响提供可靠的基础资料。通过对强震动记录的研究，建立库区及邻近的地震动衰减关系，为水电站大坝结构抗震设计规范的修订提供依据。

图 2.3.1　水电站库区活断层强震台与强震测项台站分布图

## 2.3.3　技术指标

固态强震数据采集器技术指标见表 2.3.1，SLJ-100FBA-T 型三分向力平衡加速度计技术指标见表 2.3.2。

**表 2.3.1　数字强震动加速度仪技术指标表**

| | | |
|---|---|---|
| 1 | * 通道数 | 4 个数据通道 |
| 2 | A/D 转换 | 24 位 |
| 3 | 输入电平 | 5Vpp，10Vpp，40Vpp 差分输入 |
| 4 | * 动态范围 | 200sps~127dB（RMS noise to RMS clip-Typical）<br>100sps~130dB（RMS noise to RMS clip-Typical） |
| 5 | 频率响应 | DC to 80 Hz @ 200 sps |
| 6 | * 采样率 | 1、10、50、100、200、500、1000、2000 |
| 7 | 通道串扰 | 无，所有通道同步采样 |
| 8 | 采集模式 | 连续，触发，时窗 |
| 9 | 触发选择 | 每个通道可独立选择 |
| 10 | 阈值触发 | 按满量程的百分比，从 0.01%到 100%之间选择 |
| 11 | 票决触发 | 用算术排列组合计算内部、外部及网络的触发票数 |
| 12 | * 附加触发 | STA/LTA，Time Window 时窗触发 |
| 13 | 存储 | 不小于 4G |
| 14 | * 烈度计算 | 支持用户自行编写地震烈度计算公式 |
| 15 | * 实时数据 | 支持实时数据，可实时显示 FFT 和 PSD |
| 16 | * 自动诊断 | 系统可设置为连续检查系统电压、温度、湿度和计时系统的完整性 |
| 17 | * GPS 类型 | 内部系统集成，提供计时、内部振荡器校正和位置信息 |
| 18 | * 计时 | GPS 精度<5，UTC 时间 |
| 19 | 接口类型 | RS232 全能接口，支持 modem 控制、USB1.1 设备连接、Console 接口 |
| 20 | Ethernet 接口 | 10Base-T Ethernet 接口 |
| 21 | EMI/RFI 保护 | 所有 I/O 线具有 EMI/RFI 与瞬时保护 |
| 22 | LED 指示灯 | 系统，电源和事件状态，Ethernet 链接与数据 |
| 23 | * 输出文件格式 | 支持多种输出格式，包括 Kinemetrics EVT，MiniSEED，SAC，COSMOS，MATLAB，SUDS，SEISAN，ASCII。支持用户编写的文件格式。 |
| 24 | 外接电源 | 100~250V AC　50/60Hz　输出 15.5V DC |
| 25 | 功率 | ~145ma@ 12V（不包括传感器） |

续表

| | | |
|---|---|---|
| 26 | 包装等级 | 符合 IP67 标准 |
| 27 | ＊运行温度： | −20～+70°C |
| 28 | 湿度 | 100%RH（无凝结） |

**表 2.3.2 SLJ-100FBA-T 三分向力平衡式加速度计技术指标表**

| 序号 | 项目 | 技术指标 |
|---|---|---|
| 1 | 测试分量 | 3 分量（2 水平、1 竖向） |
| 2 | 测量范围 | $\pm 2g_n$ |
| 3 | 满量程输出 | ≥±2.5V；单端、差分输出可选 |
| 4 | 频率响应 | 0～80Hz，相位为线性 |
| 5 | 动态范围 | ≥130dB |
| 6 | 线性度 | 优于 1% |
| 7 | 迟滞 | <0.1%FS |
| 8 | 横向灵敏度比 | ≤1%（包括角偏差） |
| 9 | 噪声均方根值 | $\leq 10^{-6}g_n$ |
| 10 | 零位漂移 | $\leq 500\mu g_n/℃$ |
| 11 | 静态耗电电流 | ≤10mA（±12 V DC） |
| 12 | 输出阻抗 | ≤1Ω |
| 13 | 运行环境温度 | −20～+65℃ |
| 14 | 相对湿度 | 90% |
| 15 | 封装 | 密封防水 |

注：①可提供自振频率和阻尼输出信号来检查加速度计工作情况。

②应给出加速度计输出电阻、输出极性，安装方式、安装角度范围、重量、外形尺寸以及最大能承受的极限加速度和运输过程中允许的最大冲击加速度。

## 2.3.4 台站布局

对库区活断层强震监测子台场点进行野外勘选，包括位于大凉山断裂带的活断层强震监测子台的 4 个场点、则木河断裂带活断层强震监测子台的 2 个场点、小江断裂带活断层强震监测子台的 5 个场点、磨盘山—元谋断裂带活断层强震监测子台的 6 个场点。库区地震监测网络活断层强震监测子台二期台站地理位置如图 2.3.2、图 2.3.3。

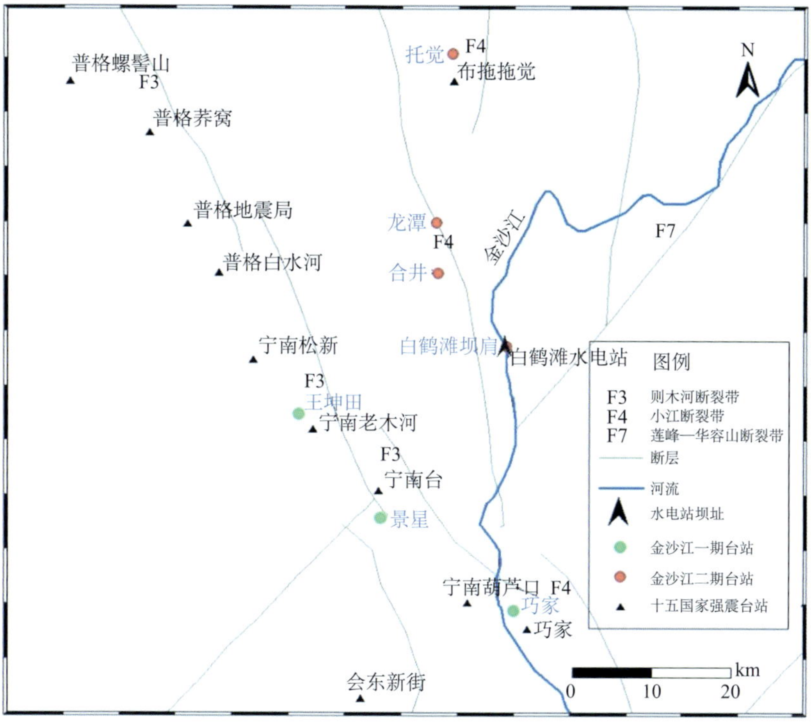


国家强震动台网中心

图 2.3.2　大凉山断裂带强震动台站分布图

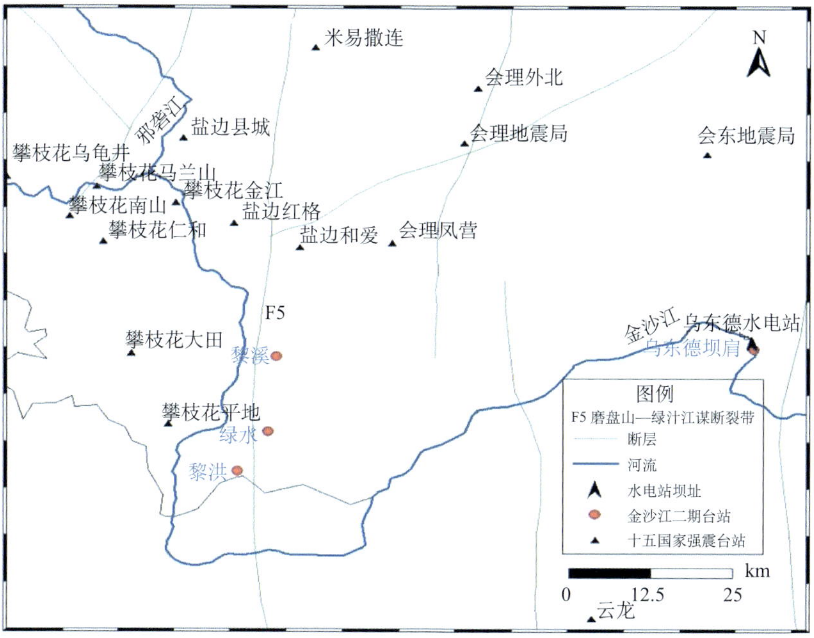


国家强震动台网中心

图 2.3.3　磨盘山—元谋断裂带强震动台站分布图

## 2.3.5　技术结构

主要是由强震动数据采集系统、供电系统、传输系统构成，如图 2.3.4、图 2.3.5。

图 2.3.4　活断层强震子台数据传输结构图

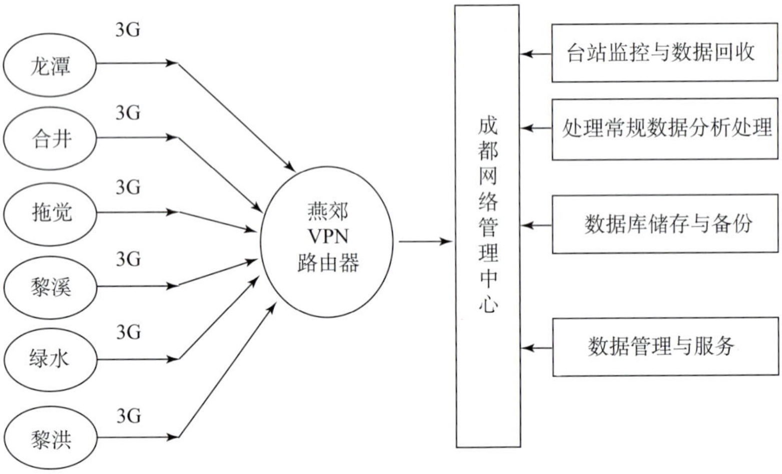


图 2.3.5　活断层强震数据汇总传输图

## 2.3.6　数据分析处理

### 2.3.6.1　数据接收与发送技术

采用 ROCKHOUND 台网管理软件，它能从一个或多个数采设备采集实时数据流，并具有一些对终端用户提供至关重要的数据操作功能。

ROCKHOUND 软件管理流程如图 2.3.6。

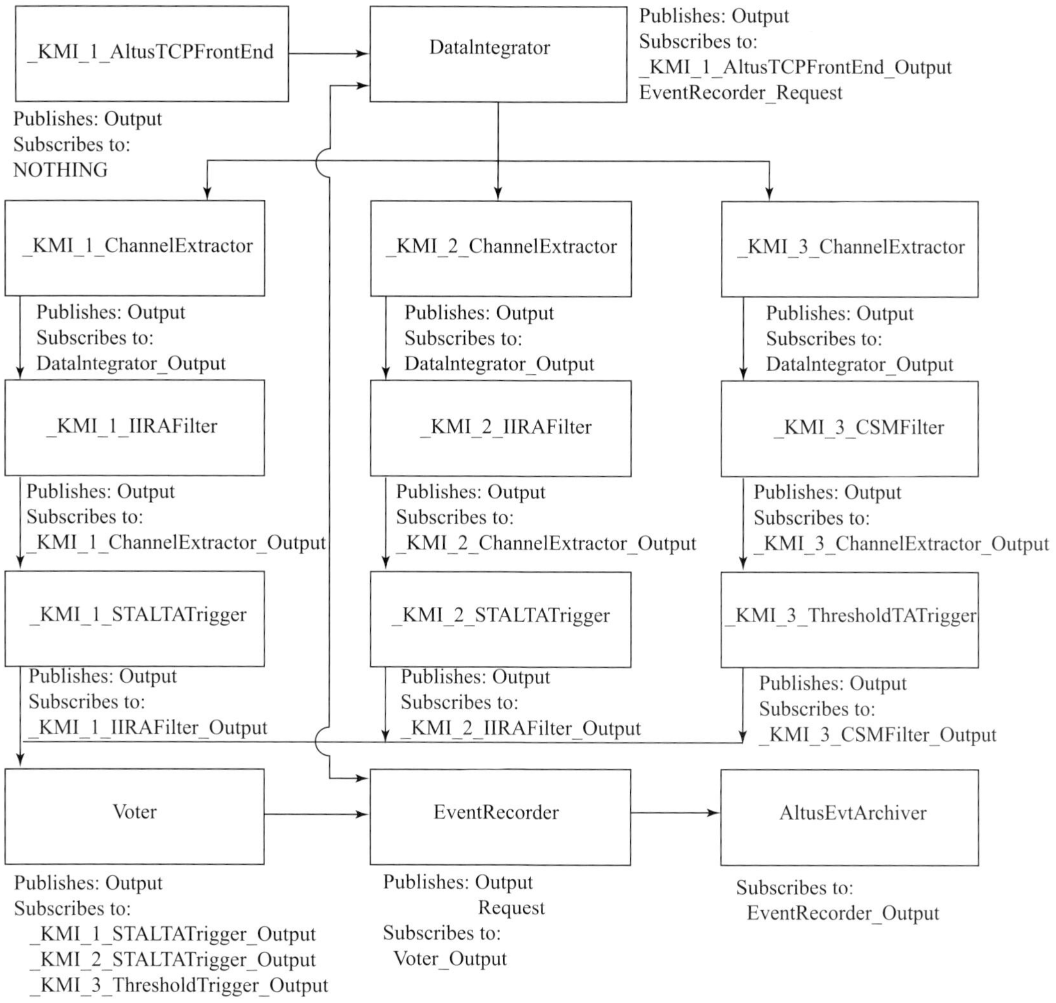


图 2.3.6　ROCKHOUND 软件管理流程图

ROCKHOUND 软件主要功能：波形的连续记录、触发事件的记录、存储管理、数据交付、数据后数据。

该软件是基于 windows 的交互式数据处理工具，具有仪器校正、数据编辑、滤波、地震动积分、傅里叶谱和反应谱计算，以及输出 v1，v2，v3 格式的文件功能。

主要特点：支撑多达 18 个数据通道、5 个阻尼值及 100 个周期值。

主要输出与功能：未校正加速度（v1 文件），校正加速度、速度和位移（v2 文件），傅里叶谱和反应谱（v3 文件）。

#### 2.3.6.2　数据分析与处理

基于数字强震仪记录的低频误差校正处理方法，编制一套实用的强震动数据常规分析处理软件（以下简称 SMDP）。并赋予强震分项特定的强震动数据处理流程、规范的元数据和统一数据格式。以便于强震动数据的存储与管理、交流与服务。

SMDP 软件的数据处理流程主要内容有：原始加速度记录进行收集整理，对原始加速度记录进行格式转换，数据导入，格式标准化处理，未校正加速度记录计算（uncorrected Acceleration），未校正加速度信号与噪声谱计算，校正加速度记录计算以及积分速度和位移计算（corrected Acceleration），校正加速度付氏谱计算，校正加速度反应谱计算，绘制相应的波形曲线。

原始加速度记录包括各种型号的数字强震仪记录，这些记录是压缩的二进制格式，所以接下来要对此格式进行转换，一般由数字强震仪厂商提供转换程序，如：GDQJ-2、EDAS-24IP 系统管理监控或分析软件就具备此功能，SMDP 软件的输入数据就是经上述步骤产出的转换后的原始数据。

数据导入，格式标准化处理，未校正加速度记录计算包括把每次地震获得的近场强震加速度记录，与强震记录有关的台站、测点、仪器等背景资料通过 SMDP 的数据导入与未校正处理界面录入本系统，并完成格式标准化处理和未校正加速度记录计算，产出标准格式的未校正加速度记录，绘制相应的波形曲线。

#### 2.3.6.3 监控技术

利用 vpn 远程访问台站，检查设备运行情况，各项技术参数是否正常，进行功能试验达到对所有台站的监控目的，为设备维护及故障排除提供技术性指导。

#### 2.3.6.4 数据存储与服务

硬件配备 PC 系列微机及打印机，建议技术指标：内存 2G 以上，主频 2GHz 以上，硬盘 300G 以上，屏幕显示分辨率：1920×1080，激光打印机或喷墨打印机分辨率 300dpi 以上。软件配备微软操作系统和办公系统软件，建议版本：Microsoft Windows 7（中文版），Microsoft Office 2003，地震数据采集器 GDQJ-2、EDAS-24IP 监控软件和 K2ASCII 软件。

## 2.4 流动监测台

配备由 5 台流动数字地震仪和一个流动数据回放分析系统组成的流动地震台网。设备根据需要进行临时布设，主要用途为以单个或是多个流动数字地震仪为单元进行地震事件记录，在现场不进行数据实时传送处理。

### 2.4.1 主要功能及技术指标

流动数字地震观测系统的整体性能为：

（1）能较完整记录微小地震时间波形数据。

（2）提供人机交互式地震事件数据检索及下载的工具。

（3）流动架设能力：具有体积小、质量轻、拆装简便、设备本身及包装结实可靠。

流动短周期地震计和流动数据采集服务器技术指标与测震台站相应设备指标一致。

### 2.4.2　设备配置

**1. 地震计与地震数据记录器**

主要观测对象是微震和超微震，选用速度平坦响应的短周期地震计。

**2. 供电设备**

设备全部适应直流 12V 供电，采用太阳能电池给蓄电池组充电联合供电的方式。

**3. 流动仪设置及数据回放设备**

笔记本计算机作为流动数字地震仪架设辅助工具，同时也作为收集临时存储在地震仪内事件数据的回放设备及现场大容量存储设备的宿主机。仪器设置及数据回放的基本软件模块包括：串口通讯控制、参数设置控制、事件触发目录检索、事件波形数据下载、事件波形数据显示等。

**4. 数字地震数据回放系统**

选用便携式微机作为人机交互平台构成。

数据处理系统的软件部分，将在固定台网所用的软件包的基础上根据流动的特点加以完善。

**5. 配置示意**

流动数字地震仪单台观测时设备配置如图 2.4.1。

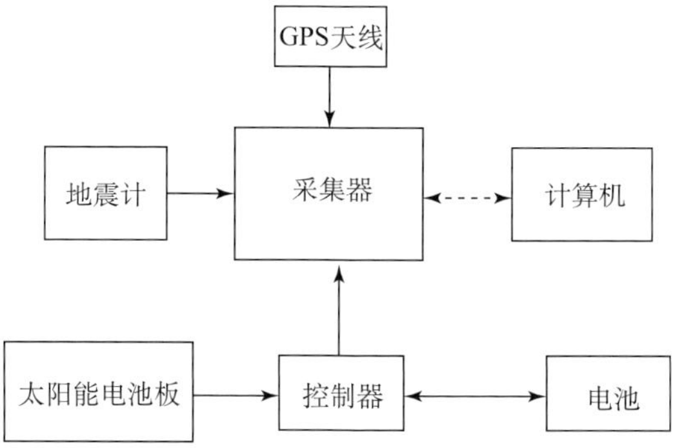


图 2.4.1　单台观测时设备配置图

## 2.5　监测台网运行设备保障技术

为能及时获取水库地震监测数据，并进行分析处理，开展观测系统运行和维护，则是最专业、最重要的手段，一般情况下，通过计算地震观测系统运行率（或波形完好率）来表征观测系统运行情况。在监测台网运行期间，保障系统运行率的一个最主要技术指标是监测设备仪器的标准标定，以使获取的波形等数字水库地震监测资料可有效、完整、准确的使用。

### 2.5.1 水库地震观测系统运行

系统日运行率、单台月运行率、台网月平均运行率、台网总体运行率统计如式（2.5.1）至式（2.5.4）。

$$日运行率=\frac{总工作时间-\sum_{i=1}^{n}第\,i\,台日中断时间}{总工作时间(台站总数\times单台日工作时间)}\times100\% \tag{2.5.1}$$

$$单台月运行率=(1-\frac{\sum_{i=1}^{n}\sum_{j=1}^{月天数}第\,i\,台第\,j\,日中断时间秒}{总工作时间(月天数\times总台数\times86400\,秒)})\times100\% \tag{2.5.2}$$

$$台网月运行率=\frac{\sum_{j=1}^{月天数}第\,j\,日运行率}{月天数}\times100\% \tag{2.5.3}$$

$$台网总体运行率=\frac{\sum_{k=1}^{n}第\,k\,月运行率}{总月数} \tag{2.5.4}$$

式中，$i$ 表示台站；$n$ 表示台网的台站数；$j$ 为参加运算的日代码；$k$ 为月代码。

### 2.5.2 水库地震观测系统标定

水库地震监测系统标定包括：脉冲标定和正弦标定。

#### 2.5.2.1 脉冲标定

根据短周期 FSS-3M 型地震计特点设置阶跃信号的宽度和幅度。FSS-3M 型地震计阶跃标定参数见表 2.5.1。

**表 2.5.1 FSS-3M 型地震计阶跃标定参数表**

| 地震计型号 | 观测频带 | 脉冲标定间隔/s | 脉冲幅度/counts |
|---|---|---|---|
| FSS-3M | 2s～40HZ | 60 | 30000 |

通过对台站数据采集器如上内容的参数设置，台网中心可以在准确的时间窗口内打开台站脉冲标定的波形文件，通过对脉冲标定的波形识别和分析，可以了解台站地震计每天的工作状态和主要参数的变化情况；通过对脉冲标定的波形连续数据跟踪观测，可以对脉冲标定的异常波形作出合理的故障判别和解释。

利用脉冲标定波形数据文件的生成，通过利用计算机专用软件对脉冲标定的数据处理，在野外台站或台网中心都可以方便地测定地震计的自振周期与工作阻尼并取得地震仪的系统幅频特性和相频特性（地震仪系统传递函数），从而为地震台站的常规维护、数字地震观测资料的完整、台网运行管理等方面的工作提供了有效的依据。

#### 2.5.2.2　正弦波标定

利用激励稳态正弦波标定方法来测定地震仪的系统灵敏度，包括地震仪的速度响应灵敏度和地震计电压灵敏度。日常的标定一般在野外地震台站测定或台网中心通过传输信道的反向通道来实现对地震仪系统的标定。

每年 2 次台网巡检，每次巡检过程中均对不同时间段的各个台站的系统正弦波标定。

数据采集器在进行初始化操作时，依据 FSS-3M 型地震计的特征，设置相应的正弦波频点个数、周期数、周期、衰减值等参数。FSS-3M 型地震计为 15 个点频（采样率 100），系统标定参数见表 2.5.2。

表 2.5.2　FSS-3M 型短周期地震计系统标定参数表

| 序列号 | 周期数 | 周期 | 衰减 |
|---|---|---|---|
| 01 | 5 | -10 | 5 |
| 02 | 8 | -5 | 5 |
| 03 | 15 | -2 | 5 |
| 04 | 30 | 1 | 3 |
| 05 | 60 | 2 | 2 |
| 06 | 150 | 5 | 1 |
| 07 | 300 | 10 | 1 |
| 08 | 450 | 15 | 1 |
| 09 | 540 | 18 | 1 |
| 10 | 600 | 20 | 1 |
| 11 | 660 | 22 | 1 |
| 12 | 690 | 23 | 1 |
| 13 | 990 | 33 | 1 |
| 14 | 1260 | 42 | 1 |
| 15 | 1320 | 44 | 1 |

### 2.5.3　地震仪标定参数

以大松树测震台为例，计算测震台网地震仪标定参数。其他台站地震仪标定参数方法如此。

**1. 地震计传递函数及其零极点**

（1）地震台 FSS-3M 型短周期地震计传递函数

$$H(s)=\frac{80.500000s^2(s+182.7)(s^2+125.0s+4.014e005)}{(s^2+4.46496s+9.99487)(s^2+272.9s+3.155e004)(s^2+110.2s+1.975e005)}$$

（2）FSS-3M 型地震计零极点：

①零点：

z1 = 0.00000e+000+0.00000e+000i　　z2 = 0.00000e+000+0.00000e+000i

z3 = −6.25000e+001+6.30709e+002i　　z4 = −6.25000e+001−6.30709e+002i

z5 = −1.82700e+002+0.00000e+000i

②极点：

p1 = −2.23248e+000−2.23851e+000i　　p2 = −2.23248e+000+2.23851e+000i

p3 = −1.36450e+002−1.13716e+002i　　p4 = −1.36450e+002+1.13716e+002i

p5 = −5.51000e+001−4.40981e+002i　　p6 = −5.51000e+001+4.40981e+002i

③归一化因子：k1 = 8.050000e+001

④增益：Gain = 2000.95v/m/s（ud）

**2. 观测台 FSS-3M 地震仪系统零极点**

①零点：

z01 = 0.00000e+000+0.00000e+000i　　z02 = 0.00000e+000+0.00000e+000i

z03 = 1.49067e+002+2.19110e+002i　　z04 = 1.49067e+002−2.19110e+002i

z05 = 3.34425e+001+2.64982e+002i　　z06 = 3.34425e+001−2.64982e+002i

②极点：

p01 = −2.23248e+000+2.23851e+000i　　p02 = −2.23248e+000−2.23851e+000i

p03 = −7.11489e+000+2.66090e+002i　　p04 = −7.11489e+000−2.66090e+002i

p05 = −1.23067e+001+2.48881e+002i　　p06 = −1.23067e+001−2.48881e+002i

p07 = −2.30299e+001+2.23483e+002i　　p08 = −2.30299e+001−2.23483e+002i

p09 = −3.48891e+001+1.83589e+002i　　p10 = −3.48891e+001−1.83589e+002i

p11 = −4.72687e+001+1.30253e+002i　　p12 = −4.72687e+001−1.30253e+002i

p13 = −5.82580e+001+6.64236e+001i　　p14 = −5.82580e+001−6.64236e+001i

p15 = −6.41115e+001+0.00000e+000i

③归一化因子：k = 1.488009e+019

④增益：Gain = 1259.25Counts/um/s

**3. 正弦波标定**

经过计算，测震台正弦波标定数据如表 2.5.3 至表 2.5.5。

**表 2.5.3　大松树台垂直向系统标定数据表**

| 序号 | 频率 (Hz) | 输入电流 (A) | 衰减系数 | 等效输入 (μm/s) | 输出幅度 (counts) | 响应灵敏度 (cnt/(μm/s)) | dB 幅度 (dB) | 归一化 |
|---|---|---|---|---|---|---|---|---|
| 1 | 0.1 | 0.002 | 5 | 21325.77 | 1067396 | 50.05 | -27.82 | 0.041 |
| 2 | 0.2 | 0.002 | 5 | 10662.89 | 2113058 | 198.17 | -15.87 | 0.161 |
| 3 | 0.5 | 0.002 | 5 | 4265.15 | 3782658 | 886.87 | -2.86 | 0.72 |
| 4 | 1 | 0.00333 | 3 | 3554.3 | 4255918 | 1197.4 | -0.25 | 0.972 |
| 5 | 2 | 0.005 | 2 | 2665.72 | 3283775 | 1231.85 | 0 | 1 |
| 6 | 5 | 0.01 | 1 | 2132.58 | 2627422 | 1232.04 | 0 | 1 |
| 7 | 10 | 0.01 | 1 | 1066.29 | 1307269 | 1226 | -0.04 | 0.995 |
| 8 | 15 | 0.01 | 1 | 710.86 | 864954 | 1216.77 | -0.11 | 0.988 |
| 9 | 18 | 0.01 | 1 | 592.38 | 718074 | 1212.18 | -0.14 | 0.984 |
| 10 | 20 | 0.01 | 1 | 533.14 | 643984 | 1207.9 | -0.17 | 0.98 |
| 11 | 22 | 0.01 | 1 | 484.68 | 584031 | 1204.99 | -0.19 | 0.978 |
| 12 | 23 | 0.01 | 1 | 463.6 | 558622 | 1204.96 | -0.19 | 0.978 |
| 13 | 33 | 0.01 | 1 | 323.12 | 392910 | 1216 | -0.11 | 0.987 |
| 14 | 42 | 0.01 | 1 | 253.88 | 281079 | 1107.14 | -0.93 | 0.899 |
| 15 | 44 | 0.01 | 1 | 242.34 | 133978 | 552.85 | -6.96 | 0.449 |

**表 2.5.4　大松树台东西向系统标定数据表**

| 序号 | 频率 (Hz) | 输入电流 (A) | 衰减系数 | 等效输入 (μm/s) | 输出幅度 (counts) | 响应灵敏度 (cnt/(μm/s)) | dB 幅度 (dB) | 归一化 |
|---|---|---|---|---|---|---|---|---|
| 1 | 0.1 | 0.002 | 5 | 24544.42 | 1270459 | 51.76 | -27.62 | 0.042 |
| 2 | 0.2 | 0.002 | 5 | 12272.21 | 2524658 | 205.72 | -15.63 | 0.165 |
| 3 | 0.5 | 0.002 | 5 | 4908.88 | 4527707 | 922.35 | -2.6 | 0.741 |
| 4 | 1 | 0.00333 | 3 | 4090.74 | 4992616 | 1220.47 | -0.17 | 0.981 |
| 5 | 2 | 0.005 | 2 | 3068.05 | 3823321 | 1246.17 | 0.02 | 1.002 |
| 6 | 5 | 0.01 | 1 | 2454.44 | 3053201 | 1243.95 | 0 | 1 |
| 7 | 10 | 0.01 | 1 | 1227.22 | 1520386 | 1238.89 | -0.04 | 0.996 |
| 8 | 15 | 0.01 | 1 | 818.15 | 1007025 | 1230.86 | -0.09 | 0.989 |
| 9 | 18 | 0.01 | 1 | 681.79 | 835813 | 1225.91 | -0.13 | 0.985 |
| 10 | 20 | 0.01 | 1 | 613.61 | 749236 | 1221.03 | -0.16 | 0.982 |
| 11 | 22 | 0.01 | 1 | 557.83 | 678402 | 1216.15 | -0.2 | 0.978 |

续表

| 序号 | 频率 (Hz) | 输入电流 (A) | 衰减系数 | 等效输入 (μm/s) | 输出幅度 (counts) | 响应灵敏度 (cnt/(μm/s)) | dB 幅度 (dB) | 归一化 |
|---|---|---|---|---|---|---|---|---|
| 12 | 23 | 0.01 | 1 | 533.57 | 648514 | 1215.41 | -0.2 | 0.977 |
| 13 | 33 | 0.01 | 1 | 371.89 | 450892 | 1212.45 | -0.22 | 0.975 |
| 14 | 42 | 0.01 | 1 | 292.2 | 314432 | 1076.1 | -1.26 | 0.865 |
| 15 | 44 | 0.01 | 1 | 278.91 | 148624 | 532.87 | -7.36 | 0.428 |

**表 2.5.5　大松树台北南向系统标定数据表**

| 序号 | 频率 (Hz) | 输入电流 (A) | 衰减系数 | 等效输入 (μm/s) | 输出幅度 (counts) | 响应灵敏度 (cnt/(μm/s)) | dB 幅度 (dB) | 归一化 |
|---|---|---|---|---|---|---|---|---|
| 1 | 0.1 | 0.002 | 5 | 24157.9 | 1297491 | 53.71 | -27.42 | 0.043 |
| 2 | 0.2 | 0.002 | 5 | 12078.95 | 2573521 | 213.06 | -15.45 | 0.169 |
| 3 | 0.5 | 0.002 | 5 | 4831.58 | 4540227 | 939.7 | -2.56 | 0.744 |
| 4 | 1 | 0.00333 | 3 | 4026.32 | 4972276 | 1234.94 | -0.19 | 0.978 |
| 5 | 2 | 0.005 | 2 | 3019.74 | 3812786 | 1262.62 | 0 | 1 |
| 6 | 5 | 0.01 | 1 | 2415.79 | 3049576 | 1262.35 | 0 | 1 |
| 7 | 10 | 0.01 | 1 | 1207.89 | 1522894 | 1260.78 | -0.01 | 0.999 |
| 8 | 15 | 0.01 | 1 | 805.26 | 1012718 | 1257.62 | -0.03 | 0.996 |
| 9 | 18 | 0.01 | 1 | 671.05 | 842742 | 1255.85 | -0.04 | 0.995 |
| 10 | 20 | 0.01 | 1 | 603.95 | 756920 | 1253.29 | -0.06 | 0.993 |
| 11 | 22 | 0.01 | 1 | 549.04 | 686635 | 1250.6 | -0.08 | 0.991 |
| 12 | 23 | 0.01 | 1 | 525.17 | 657160 | 1251.32 | -0.08 | 0.991 |
| 13 | 33 | 0.01 | 1 | 366.03 | 457675 | 1250.38 | -0.08 | 0.991 |
| 14 | 42 | 0.01 | 1 | 287.59 | 320290 | 1113.69 | -1.09 | 0.882 |
| 15 | 44 | 0.01 | 1 | 274.52 | 151158 | 550.62 | -7.21 | 0.436 |

**4. 幅频和相频特性**

地震台幅频和相频特性曲线见图 2.5.1 至图 2.5.3。幅频和相频特性数据见表 2.5.6 和表 2.5.7。

（1）垂直向。

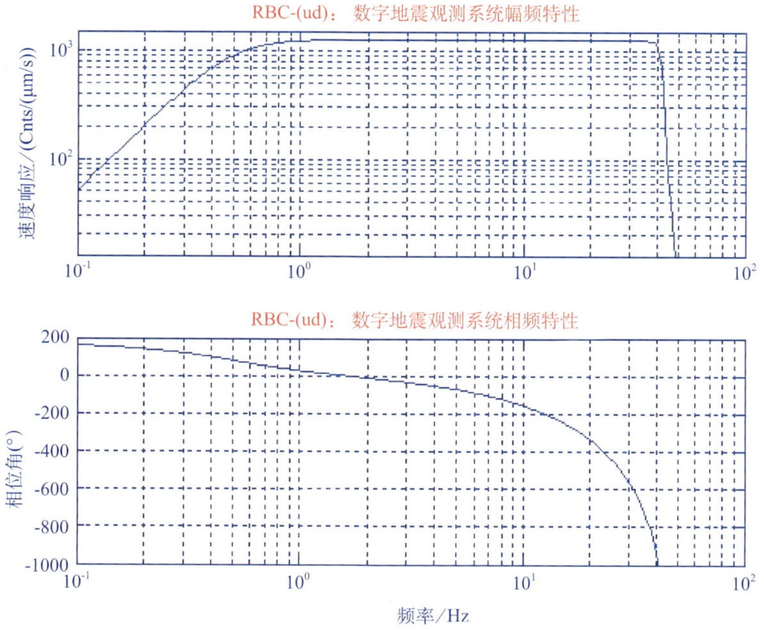


图 2.5.1　垂直向幅频特性曲线图

（2）东西向。

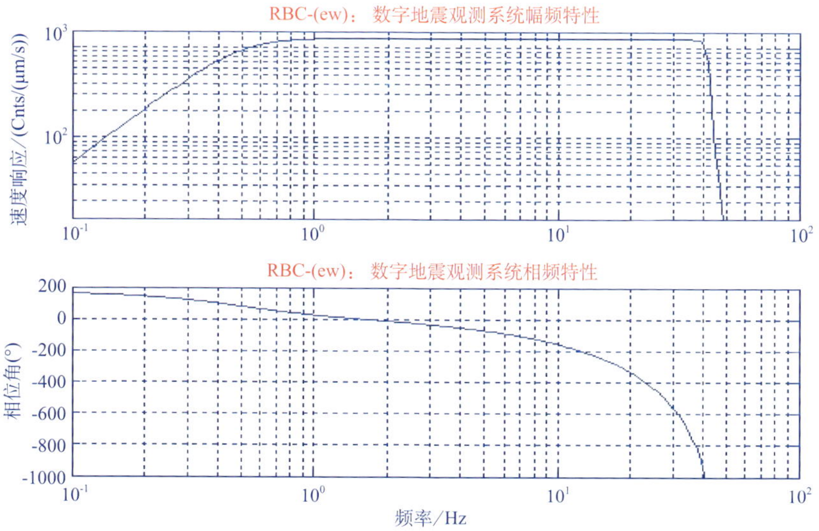


图 2.5.2　东西向幅频特性曲线图

（3）北南向。

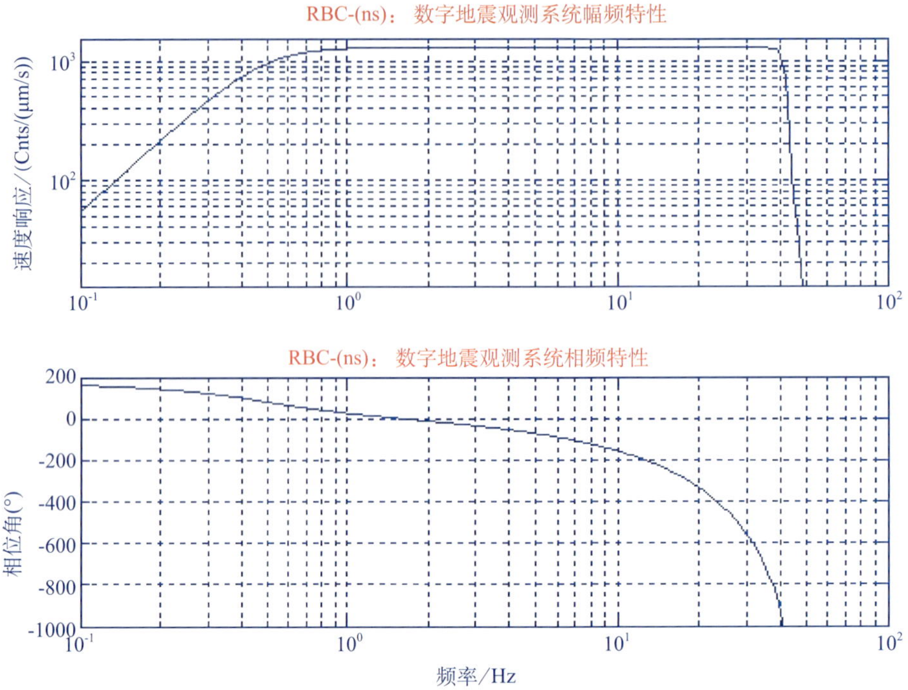


图 2. 5. 3　南北向幅频特性曲线图

（4）幅频特性数据。

**表 2.5.6　大松树台幅频特性数据表**

| 频率/Hz | UD 向幅度（cnts/(μm/s)） | EW 向幅度（cnts/(μm/s)） | NS 向幅度（cnts/(μm/s)） |
|---|---|---|---|
| 0. 1 | 50. 905 | 52. 240 | 54. 002 |
| 0. 15151 | 116. 560 | 119. 810 | 123. 778 |
| 0. 26367 | 342. 459 | 353. 505 | 364. 177 |
| 0. 39949 | 690. 148 | 713. 257 | 730. 077 |
| 0. 60528 | 1060. 070 | 1084. 590 | 1101. 199 |
| 1. 05331 | 1246. 939 | 1256. 033 | 1271. 883 |
| 1. 59591 | 1269. 246 | 1272. 310 | 1288. 932 |
| 2. 41801 | 1272. 190 | 1272. 749 | 1289. 881 |
| 4. 20785 | 1271. 425 | 1270. 755 | 1288. 180 |
| 6. 37546 | 1273. 558 | 1272. 553 | 1290. 099 |

续表

| 频率/Hz | UD 向幅度（cnts/(μm/s)） | EW 向幅度（cnts/(μm/s)） | NS 向幅度（cnts/(μm/s)） |
|---|---|---|---|
| 9.65967 | 1277.592 | 1276.441 | 1294.083 |
| 16.80985 | 1267.103 | 1265.888 | 1283.406 |
| 25.46918 | 1270.105 | 1268.866 | 1286.432 |
| 32.45474 | 1266.676 | 1265.434 | 1282.954 |
| 38.58923 | 1219.697 | 1218.498 | 1235.370 |
| 39.9488 | 1089.985 | 1088.913 | 1103.990 |
| 41.35627 | 829.477 | 828.662 | 840.135 |
| 49.1733 | 9.081 | 9.072 | 9.197 |
| 56.47805 | 1.030 | 1.029 | 1.043 |
| 58.46787 | 0.647 | 0.647 | 0.656 |
| 60.5278 | 0.415 | 0.414 | 0.420 |
| 62.6603 | 0.270 | 0.270 | 0.273 |

（5）相频特性数据。

**表 2.5.7 大松树台相频特性数据表**

| 频率/Hz | UD 向相位 | EW 向相位 | NS 向相位 |
|---|---|---|---|
| 0.1 | 163.550 | 163.610 | 163.37 |
| 0.15151 | 154.680 | 154.720 | 154.35 |
| 0.26367 | 133.890 | 133.730 | 133.09 |
| 0.39949 | 107.260 | 106.560 | 105.72 |
| 0.60528 | 73.700 | 72.450 | 71.76 |
| 1.05331 | 38.940 | 37.880 | 37.59 |
| 1.59591 | 23.320 | 22.590 | 22.43 |
| 2.41801 | 12.820 | 12.330 | 12.24 |
| 4.20785 | 2.570 | 2.290 | 2.24 |
| 6.37546 | -4.290 | -4.470 | -4.5 |
| 9.65967 | -11.770 | -11.890 | -11.91 |
| 16.80985 | -24.590 | -24.660 | -24.67 |
| 25.46918 | -37.670 | -37.720 | -37.73 |

续表

| 频率/Hz | UD 向相位 | EW 向相位 | NS 向相位 |
|---|---|---|---|
| 32. 45474 | −47. 330 | −47. 370 | −47. 37 |
| 38. 58923 | −55. 730 | −55. 760 | −55. 77 |
| 39. 9488 | −57. 640 | −57. 670 | −57. 68 |
| 41. 35627 | −59. 660 | −59. 680 | −59. 69 |
| 49. 1733 | −71. 900 | −71. 920 | −71. 93 |
| 56. 47805 | −86. 030 | −86. 050 | −86. 05 |
| 58. 46787 | −90. 490 | −90. 510 | −90. 52 |
| 60. 5278 | −95. 410 | −95. 430 | −95. 43 |
| 62. 6603 | −100. 790 | −100. 810 | −100. 81 |

## 参 考 文 献


长江勘测规划设计研究有些责任公司，2011，金沙江乌东德水电站可行性研究——防震抗震研究设计专题报告

长江勘测规划设计研究院，2011，金沙江乌东德水电站可行性研究防震抗震研究设计专题报告

陈辉、雷学、戴绘、胡兴尧，2019，水库地震监测台网干扰源及其波形特征分析，四川水力发电，期刊，31

崔仁胜、陈阳、赵翠萍、林湛、薛兵，2018，水库地震台网自动定位软件，中国地震局地震预测研究所(科技成果)

胡金山，2016，水库地震监测技术研究进展及主要问题，水电站设计，期刊，1，111

江晓涛、陈刚、柳存喜，2018，流域梯级电站水库地震监测台网规划与设计，云南水力发电，期刊，37

江晓涛、杨正刚、杜兴忠，2014，噪声分析方法在水库地震监测台站选址中的应用研究，贵州省岩石力学与工程学会 2014 年学术年会论文集，中国会议，70

景晟、张勇，2015，四川省大中型水电站库区地震监测经验及启示，四川地震，期刊，43

雷红富、於三大，2016，金沙江下游流域水库地震监测系统的数字化与信息化研究，中国水利学会 2016 学术年会论文集（上册），中国会议，41

李碧雄、田明武、莫思特，2014，水库诱发地震研究进展与思考，地震工程学报，期刊，1~871

李敬、刘少文、李志军、赖细华、朱科平，2014，水库地震监测与预测技术研究项目实施情况，华南地震，期刊，1，62

林榕光，2019，主动震源在中国区域尺度及水库地震监测中的应用，地震地磁观测与研究，期刊，70

刘先锋、李碧雄、邓建辉、曹进，2014，水库诱发地震预测方法探讨，地震工程学报，期刊，4~326

刘志坤，2014，基于背景噪声的地下结构随时间变化监测和成像研究，中国科学技术大学，博士，6，1250

柳存喜、李小伟、陈锡鑫，2018，流域化数字水库地震台网监测系统，地震地磁观测与研究，期刊，2~60

马长复，2018，水库库区边坡安全监测分析及加固措施，吉林水利，期刊，1，54

石伯勋、姚运生、曾新平、胡兴娥、汪雍熙，2015，大型水电工程水库诱发地震研究与监测，长江勘测规划设计研究院有限责任公司、中国长江三峡集团公司、中国地震局地震研究所、中国水利水电科学研

究院、长江三峡勘测研究院有限公司（武汉）、水利部长江勘测技术研究所，科技成果，3
孙玮，2015，四川水库强震动监测台网建设的若干思考，四川地震，期刊，43
王翠芳、王世元，2020，四川省主要水系流域的地震监测，地震地磁观测与研究
夏金梧，2020，三峡工程水库诱发地震研究概况，水利水电快报，期刊，268
徐志双、高小跃、李志强、吴天安、郑通彦，2020，矿震和水库地震等非天然地震的公共服务需求调查研究，中国地震
薛兵、赵翠萍、吴书贵、马文涛、林榕光，2014，水库地震监测技术要求，中华人民共和国国家质量监督检验检疫总局、中国国家标准化管理委员会，国家标准，15
尹炬尧、倪志鹏、汪林，2020，基于MW组合法周跳探测在水库安全监测中的应用，西北水电
云南省地震工程院，2010，金沙江乌东德水电站预可行性研究专题报告七——金沙江乌东德水利枢纽工程场地地震安全性评价补充论证报告
曾新平、刘富、李茂华、朱建、刘华清，2014，乌东德水电站库区天然地震本底特征研究，人民长江，期刊，1，69
中国地震局工程力学研究所金沙江下游水库地震监测项目部，2014，乌东德水电站截流前水库地震本底综合分析报告
中国地震局工程力学研究所金沙江下游水库地震监测项目部，2015，金沙江项目二期活断层强震动监测网络勘选与设计报告
中国地震局工程力学研究所金沙江下游水库地震监测项目部，2018，金沙江白鹤滩、乌东德库坝区强震动监测台阵建设与试运行项目技术报告
中国地震局工程力学研究所金沙江下游水库地震监测项目部，2018，金沙江白鹤滩、乌东德库坝区强震动监测台阵建设与试运行项目设备安装调试报告
中国地震局工程力学研究所金沙江下游水库地震监测项目部，2018，金沙江白鹤滩、乌东德库坝区强震动监测台阵建设与试运行项目施工报告
中国地震局工程力学研究所金沙江下游水库地震监测项目部，2018，金沙江白鹤滩、乌东德库坝区强震动监测台阵建设与试运行项目自检报告
中国地震局工程力学研究所金沙江下游水库地震监测项目部，2018，金沙江白鹤滩、乌东德库坝区强震动监测台阵试运行报告
中国地震局工程力学研究所金沙江下游水库地震监测项目部，2018，金沙江白鹤滩、乌东德库坝区强震动监测台阵试运行固定资产报告
中国地震局工程力学研究所金沙江下游水库地震监测项目部，2018，金沙江乌东德、白鹤滩库坝边坡强震动监测台阵建设与试运行项目强震监测软件验收报告
中国地震局工程力学研究所金沙江下游水库地震监测项目部，2018，金沙江项目二期活断层强震动监测网络技术报告
中国地震局工程力学研究所金沙江下游水库地震监测项目部，2018，金沙江项目二期活断层强震动监测网络设备安装调试报告
中国地震局工程力学研究所金沙江下游水库地震监测项目部，2018，金沙江项目二期活断层强震动监测网络试运行报告
中国地震局工程力学研究所金沙江下游水库地震监测项目部，2018，乌东德（截流前）固定测震台网财务报告
中国地震局工程力学研究所金沙江下游水库地震监测项目部，2018，乌东德（截流前）固定测震台网技术报告
中国地震局工程力学研究所金沙江下游水库地震监测项目部，2018，乌东德（截流前）固定测震台网设备

安装调试报告
中国地震局工程力学研究所金沙江下游水库地震监测项目部，2018，乌东德（截流前）固定测震台网设计报告
中国地震局工程力学研究所金沙江下游水库地震监测项目部，2018，乌东德（截流前）固定测震台网施工报告
中国地震局工程力学研究所金沙江下游水库地震监测项目部，2018，乌东德（截流前）固定测震台网试运行报告
中国地震局工程力学研究所金沙江下游水库地震监测项目部，2018，乌东德固定测震台网分中心自检报告
中国地震局工程力学研究所金沙江下游水库地震监测项目部，2018，乌东德水电站（截流后）库区地震监测系统建设固定资料及档案资料报告
中国地震局工程力学研究所金沙江下游水库地震监测项目部，2018，乌东德水电站（截流后）库区地震监测系统建设施工和设备安装报告
中国地震局工程力学研究所金沙江下游水库地震监测项目部，2018，乌东德水电站（截流后）库区地震监测系统建设施工组织设计
中国地震局工程力学研究所金沙江下游水库地震监测项目部，2018，乌东德水电站（截流后）库区地震监测系统建设试运行报告
中国地震局工程力学研究所金沙江下游水库地震监测项目部，2018，乌东德水电站库区水库地震监测系统固定测震台网自检报告
中国地震局工程力学研究所金沙江下游水库地震监测项目部，2018 金沙江项目二期活断层强震动监测网络施工报告
中国地震局工程力学研究所金沙江下游水库地震监测项目部，2018 乌东德水电站（截流后）库区地震监测系统建设技术报告

# 第 3 章　监测网络管理中心

简称管理中心，包括成都台网中心、乌东德台网分中心（业主营地），主要任务是把各个库区地震监测资料，以及水电工程的相关资料（如水文、气象等），结合库区地震地质环境，对库区地震活动进行动态跟踪分析和研究。

## 3.1　乌东德台网分中心

主要功能是汇集库区各地震监测台站回传的数据，实现地震监测数据分析、存储、处理及传输等。

地震监测数据处理系统是基于网络技术的分布式处理系统，从功能上可分为五个子系统：数据接收与发送系统、实时数据处理、人机交互处理、监控系统、数据服务系统。各子系统之间通过网络实现数据交换，同时与其他相关系统之间也通过网络实现实时数据共享，分中心整个数据处理系统结构如图 3. 1. 1。

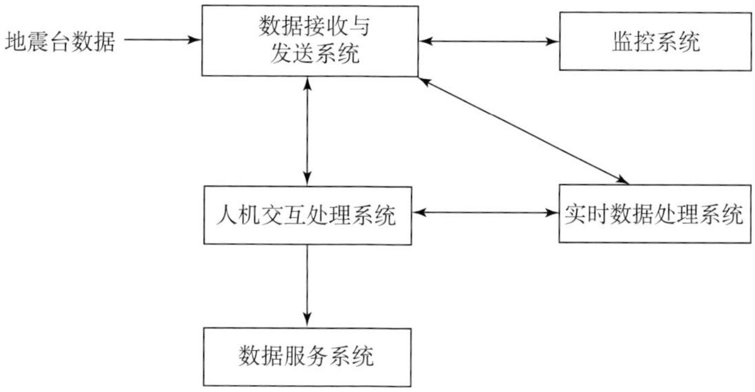


图 3. 1. 1　乌东德台网分中心数据处理系统结构图

地震分析也是台网分中心重要功能之一，主要实现地震测定，对震中进行定位、测算震源深度等，其流程如图 3. 1. 2。

### 3. 1. 1　数据接收与发送

数据接收与发送系统是数据处理系统的核心，处理系统的其他子系统通过该系统中数据服务器实现数据共享，台网中心的波形数据和定位结果数据通过数据服务器与其他相关的数据服务器进行数据交换，其主要功能为：

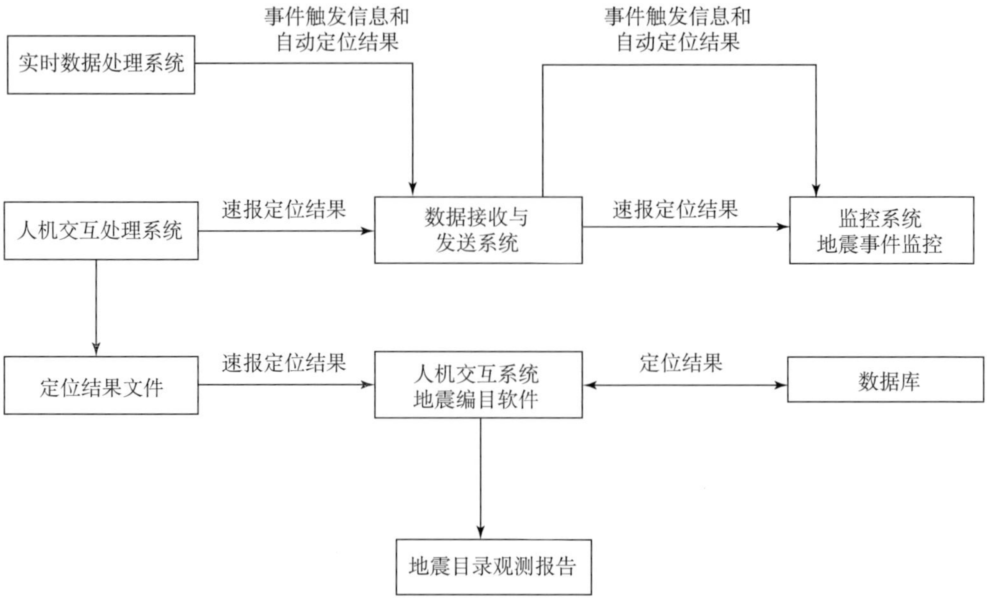


图 3.1.2　乌东德台网分中心地震分析框架图

（1）台站数据汇集：通过网口接收来自网内各台站通过系统维护中心汇集的实时连续波形数据流，并传送到数据服务器，当由于信道原因引起误码，使用反馈重发的方式纠正误码；监控通信链路，当出现链路中断时，通过数据服务器发送报警信息给监控系统。

（2）数据服务器：接收通过网络传送到数据服务器的数据，采用面向连接的工作方式，向网络内各计算机提供高实时性的波形数据服务和其它产出数据，如定位结果；数据服务器提供用户验证机制来保证数据安全性。

（3）测震数据连续记录：从数据服务器实时接收测震波形数据，在磁盘上生成以小时为单位的连续波形文件。

（4）加速度数据连续记录：从数据服务器实时接收加速度波形数据，在磁盘上生成以小时为单位的连续波形文件。

（5）数据压缩：由于连续波形数据量较大，对连续数据文件定时整理为 SEED 格式保存，由于 SEED 格式为压缩格式，因此可以更节省磁盘空间。同时测震波形数据及地震事件文件均进行两套（移动硬盘、光盘）备份方式，对于通过检查没有强震动地震事件时，原始数据只进行移动硬盘备份。

## 3.1.2　实时处理

实时处理系统完成自动地震检测、地震事件文件存储和自动定位处理任务，主要功能包括：

（1）检测台网能够感测到的地震动事件，包括地震、爆破等。

（2）根据检测结果自动生成事件文件。

（3）自动读取近震、地方震的主要震相及最大振幅。

（4）根据自动读取的震相计算地震三要素。

为保证系统运行安全，数据接收与发送系统和实时处理系统中采用双机热备份方式运行。

乌东德测震台网分中心采用JOPENS地震台网数据处理系统，通过架设于台网分中心的流服务器SSS实现数据汇集与共享。JOPENS数据处理系统架构示意见图3.1.3。

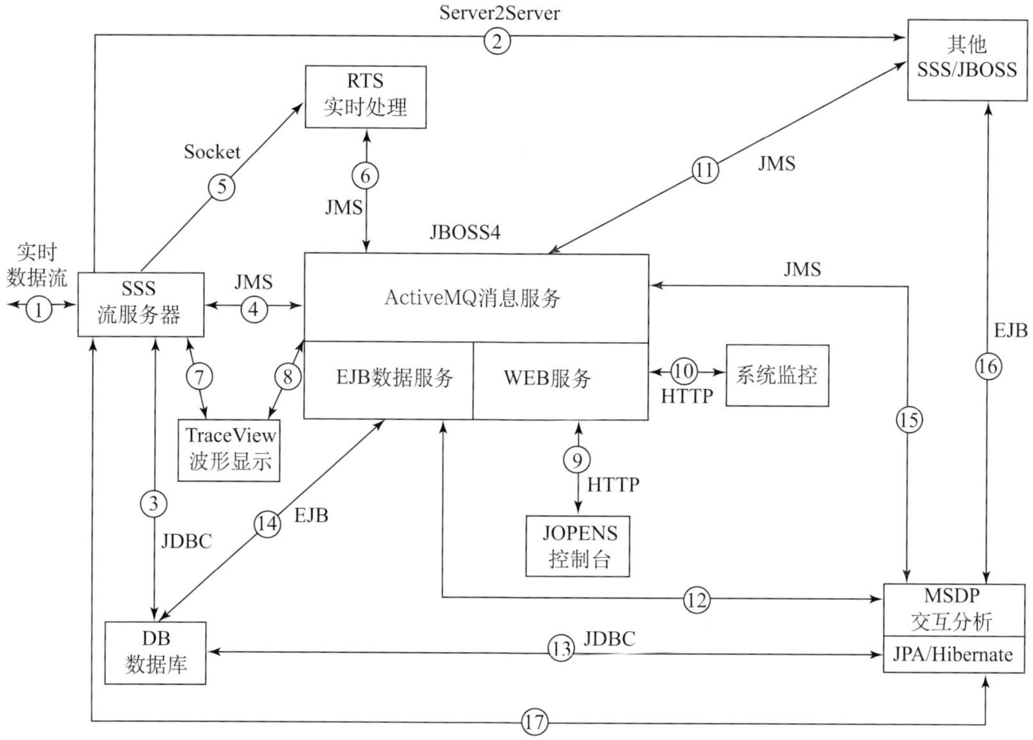


图3.1.3 JOPENS系统数据处理架构示意图

JOPENS系统主要功能：

（1）支持多种型号仪器（EDAS、TDE-324CI、Guralp、Geotech系列）。

（2）使用JAVA计算机语言开发，轻松实现跨平台运行。（Windows、FreeBSD、Linux）。

（3）流服务器实现实时波形数据IP传输，能轻松实现台网数据共享。

（4）完善的地震自动触发报警与自动定位系统，自动定位准确度高。

（5）完善的地震速报系统，轻松实现地震网路速报。

（6）完善的地震信息发布系统，轻松实现地震信息的手机短消息发送。

（7）产出符合国际标准的SEED格式数据文件、符合中国地震局规定的地震观测目录和报告。

（8）多功能的软件控制台，能实现网页方式配置台站参数、波形数据下载、地震事件查询、地震台站状态监控，信号中断报警，台网台站日志记录等功能。

（9）数据库数据存数，方便各终端用户访问和查询，并能保证数据的唯一性。

（10）实现多功能模块分布式部署，方便用户系统管理和维护，保证系统的安全性。

JOPENS 系统主要功能模块包括：波形数据流服务器 SSS、地震自动处理系统 RTS、JBOSS 消息中间件和 Web 服务器、数据库存储 Mysql、后台人机交互分析 MSDP 软件。

**1. JOPENS 系统之流服务器模块**

流服务器模块在 JOPENS 软件系统中常被简称为 SSS 模块，SSS 模块在 JOPENS 软件系统中提供各测震台站实时数据流的获取、汇集、转发和共享等服务，它可以提供实时地震数据的上传与下载，缺省的服务器端口为 5000 端口。SSS 流服务遵循 TCP/IP 协议，实行严格的用户认证机制，协议层上保证断点重发，采用 miniSEED 数据压缩格式，实现实时数据流的网络化安全传输和共享。流服务器融合了流服务器与多种型号地震数据采集器的数据接口，能从多种型号的数据采集器获取实时数据流，实现台站、分中心台网、成都中心台网节点间的准实时波形数据汇集和交换共享。

流服务器除提供在 5000 端口的 Server 服务外，还提供 ComSer2Server、Serial2Server 两个服务，分别用于流服务器从数据采集器的网口、串口获取实时数据流，另外提供 Server2Server 服务，用于在多个流服务器中间传输共享实时数据流，流服务器架构如图 3.1.4。

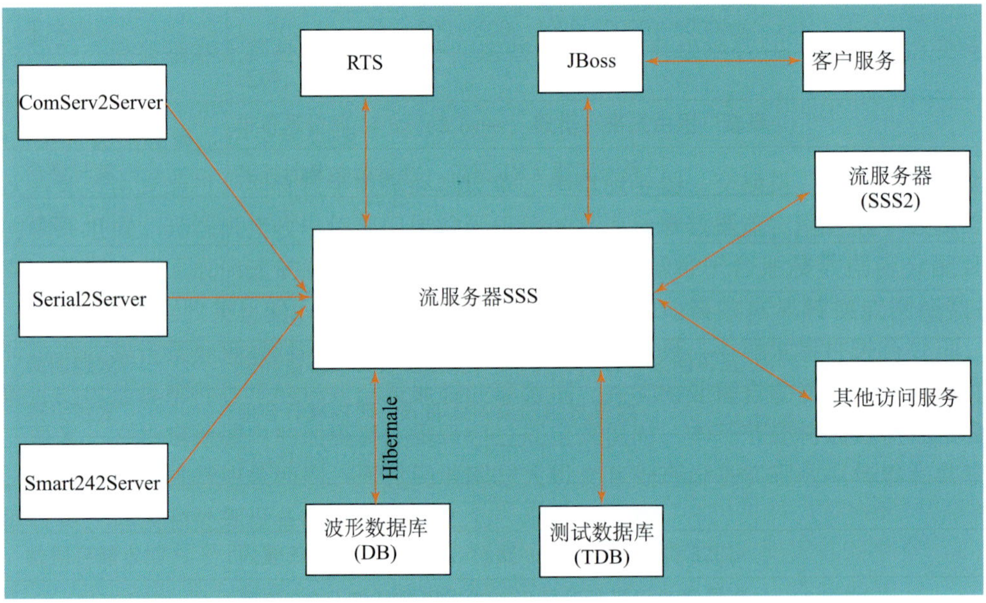


图 3.1.4　流服务器架构示意图

流服务的访问实行用户名与密码认证，并对用户分为超级用户、上传用户、下载用户三种不同的权限管理，因此任何希望登录到流服务上的用户都必须经过信息认证。

流服务将各种数据采集器的适配器整合到流服务器中，可以通过 ComServ2Server 服务获取具有 IP 功能的数据采集器输出的 IP 实时数据流，或者经过串口服务将串口数据转换为 IP 数据的实时数据流，目前支持的数据采集器类型为 EDAS 系列、SMART-24、CMG-DM24、

TDE-324CI 等类型的数据采集器。流服务通过 Serial2server 服务获取数采串口或串口多路卡的数采串口数据，目前支持 EDAS 系列、CMG-DM24、TDE-324CI 以及 DR24 等数采型号的串口数据。

流服务器通过一个 Server2Server 服务实现在两个流服务器之间传输实时数据流，流服务器还与 JBOSS 服务连接，用户可以在 JOPENS 控制台中通过 JBOSS 服务来监控流服务器的各种服务状态。流服务器各服务的功能如表 3. 1. 1。

**表 3. 1. 1　流服务器各服务的功能表**

| | 模块 | 功能 |
|---|---|---|
| SSS | Server | 数据流服务、写入数据库、数据流监视、用户访问管理 |
| | ComServ2Server | 获取 IP 协议数据 |
| | Serial2Server | 获取串口数据 |
| | Server2Server | 实现流服务到流服务的数据传输 |
| | Smart242Server | 获取 Smart24 数采数据 |

### 2. JOPENS 系统之 RTS 实时处理模块

RTS 实时处理系统利用流服务器收集到的地震台站实时数据，进行事件监测、事件触发报警、地震事件自动定位、地震信息自动速报和发送等功能的准实时地震数据处理系统。RTS 实时系统原理如图 3. 1. 5。

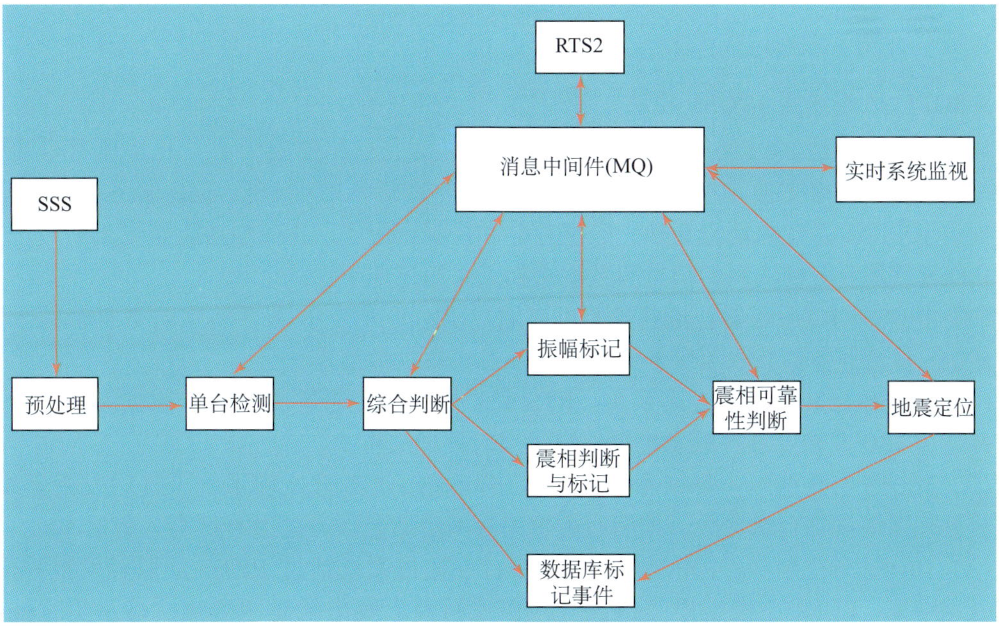


图 3. 1. 5　RTS 实时系统原理图

RTS 实时处理系统通过流服务器的某一个用户登录流服务器，下载流服务器收集到的地震台站实时数据，RTS 按照实时处理系统为每一台设定的检测参数进行事件检测，当某一台站的某一通道符合触发条件后确认该台站触发，RTS 系统进一步进入事件触发检测，当触发条件都符合预置的触发条件后，系统认为检测到事件，进而向 JBOSS 中的 ActiveMQ 服务发出触发警报，RTS 系统再进行震相自动标注，震相可靠性判断，然后通过设定的 JBOSS 服务的地址和端口连接 JBOSS 里的 EJB 服务，从数据库里取得地震台站参数，进而进行事件自动定位，然后再将定位结果通过 JBOSS 写入数据库，按照设定参数截取事件信息并通过 JBOSS 写入数据库。如果定位结果符合预置的速报条件或信息发布条件，RTS 系统还将进行事件速报和信息发送。RTS 实时处理功能如图 3. 1. 6。

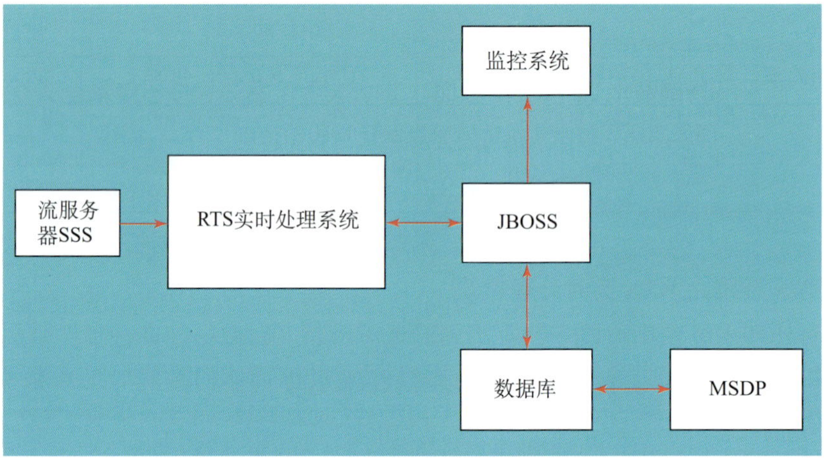


图 3. 1. 6　RTS 实时处理功能图

**3. JOPENS 系统之 JBOSS 模块**

JBOSS 服务器是 JOPENS 系统的信息与数据交换中心和控制中心，几乎所有模块都和 JBOSS 有信息和数据交换。在 JBOSS 服务器上主要运行 AMQ 服务、EJB 服务、Web 服务，分别提供 JOPENS 系统的消息交换、数据存储和控制台服务。JBOSS 功能如图 3. 1. 7。

JBOSS 模块和各模块间的消息与数据交换关系简述如下：

（1）JBOSS 与流服务器：流服务器可以通过 JBOSS 的 EJB 服务将实时数据流写入数据库，JBOSS 从流服务器获取流服务器的状态信息，提供给监控平台。

（2）JBOSS 与 RTS 实时处理系统：RTS 实时处理系统通过 JBOSS 从数据库获取台站参数，并通过 JBOSS 转发事件触发报警信息、实时处理结果。

（3）JBOSS 与数据库：数据库可以通过 JBOSS 接收实时处理系统事件触发处理结果，为实时处理系统提供台站参数，控制台配置的台网台站参数通过 JBOSS 写入数据库。

（4）JBOSS 与控制台：JOPENS 系统控制台的监控系统通过 JBOSS 获取触发报警信息、实时处理结果、EQIM 速报结果等信息，并在控制台上发出触发报警声，显示实时处理结果。JOPENS 系统控制台通过 JBOSS 配置数据库中台站参数，波形数据下载和地震报告目录

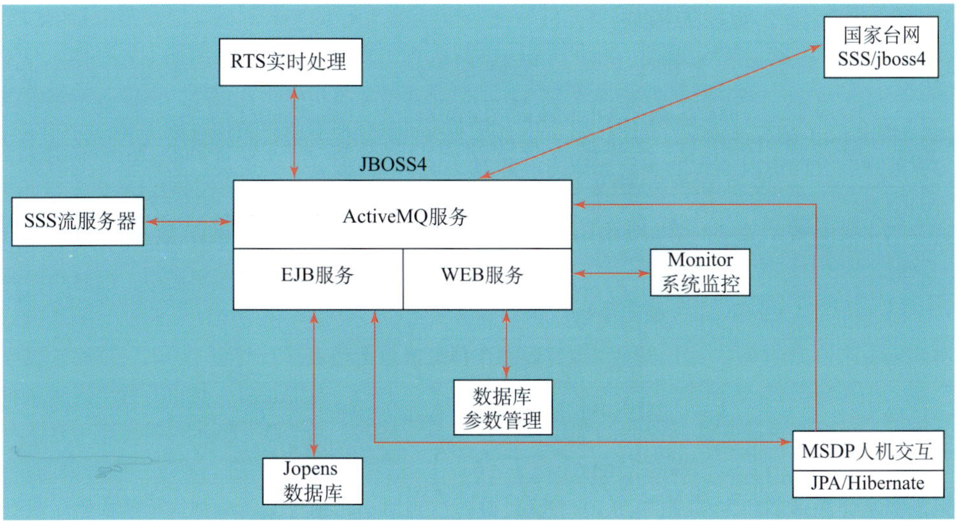


图 3.1.7　JBOSS 功能图

检索等功能。

（5）JBOSS 与 MSDP 交互分析：MSDP 通过 JBOSS 实现连续波形归档、台网观测报告和目录的产生。

JOPENS 控制台安装在 JBOSS 服务器上，JOPENS 系统将台网信息配置、流服务配置、RTS 实时系统配置、JBOSS—JOPENS 参数配置、台网产出资料管理、编目报告与目录检索生成、台网运行监控集成在一起，通过网页的形成方便用户设置参数、监控系统和调用台网产出的各种数据。测震台网 JOPENS 控制台界面如图 3.1.8。

图 3.1.8　JOPENS 控制台界面图

**4. JOPENS 系统之数据库模块**

JOPENS 系统的数据库是整个系统的数据存储中心，包括各个台站传回台网中心的连续波形数据、台站参数、台网分析处理人员提交的地震事件波形、地震震相数据、实时处理系统触发事件、触发震相等信息。JOPENS 系统使用的数据库类型为目前世界上最流行的开源数据库 Mysql，Mysql 数据库为 JOPENS 系统各个模块提供数据，当其他模块需要数据时，可以直接连接数据库或者通过 JBOSS 的 EJB 服务申请数据。JOPENS 系统数据库存储信息类型如表 3. 1. 2。

**表 3. 1. 2　数据库存储信息类型表**

<table>
<tr><td rowspan="12">JOPENS 数据库</td><td colspan="2">台站参数</td></tr>
<tr><td colspan="2">实时触发信息</td></tr>
<tr><td rowspan="2">实时定位信息</td><td>震相数据</td></tr>
<tr><td>定位结果</td></tr>
<tr><td colspan="2">事件波形数据</td></tr>
<tr><td rowspan="2">速报信息</td><td>震相数据</td></tr>
<tr><td>定位结果</td></tr>
<tr><td rowspan="3">交互定位信息</td><td>震相数据</td></tr>
<tr><td>定位结果</td></tr>
<tr><td>统一编目数据</td></tr>
<tr><td colspan="2">标定数据</td></tr>
<tr><td colspan="2">监控信息</td></tr>
</table>

注：数据库表及其结构是按照《中国数字测震台网数据规范》以及用于国际地震数据交互标准的 SEED Volume 的要求定义的。

## 3. 1. 3　人机交互分析

人机交互分析系统完成地震分析、强震动分析、编辑地震目录、加速度记录和观测报告等工作，主要包括人机交互地震数据处理软件、地震编目软件和强震动分析软件。该系统配挂光刻机，用于将每日的连续波形文件、地震事件文件、强震动记录、刻录光盘进行永久备份，也可以用作刻录保存台网数据月报、年报等重要内容。

人机交互流程如图 3. 1. 9。

**1. 人机交互地震数据处理软件**

人机交互地震数据处理软件从实时系统读取或从刻录的光盘回放波形数据文件，对地震波形数据进行震相拾取，完成地震速报定位和日常地震分析工作，其主要功能包括：

（1）综合浏览连续波形数据、事件信息等，快速交互复核地震事件，通过连续数据和地震事件的联合可视显示，在操作人员较少干预的条件下，较高效率地完成事件复核和漏检

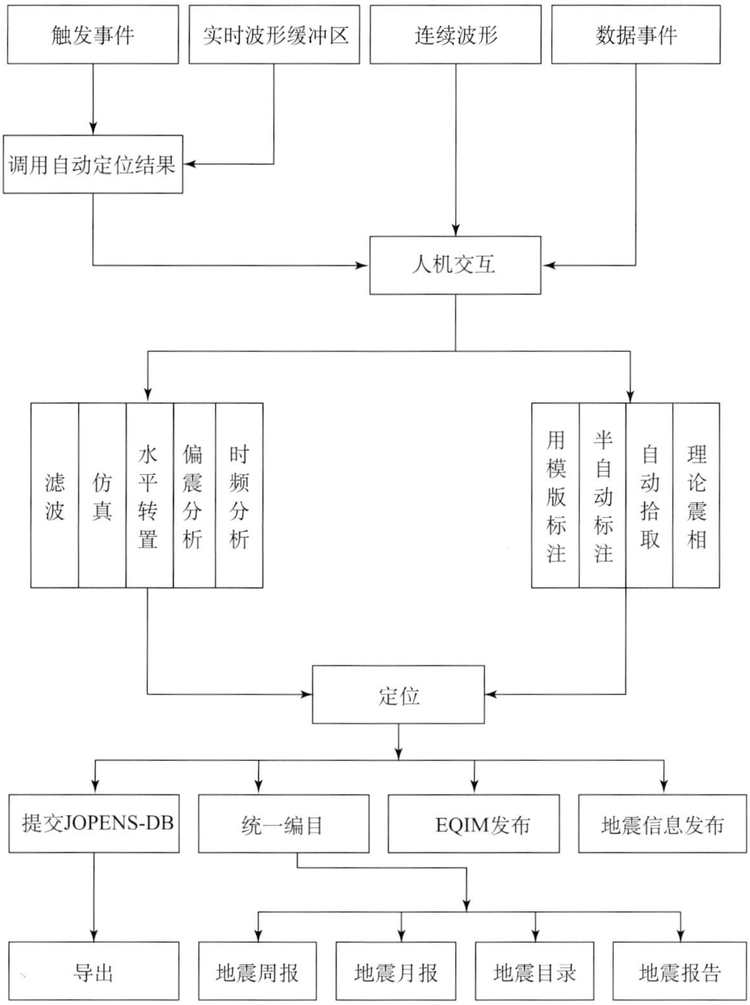

图 3.1.9　人机交互流程图

事件的数据剪辑工作。

（2）通过交互方式，结合分析人员的经验和判断能力，准确读出各震相数据。

（3）使用交互精细处理得到的震相数据，使用多种定位方法精确计算震中位置和震级。

（4）提供仪器仿真、滤波等数据处理方法处理波形数据。

（5）完成定位后，可将定位结果回传给数据接收与发送系统和数据服务系统。

**2. 地震编目软件**

地震目录编辑软件完成地震定位结果入库、地震目录数据的查询、数据编辑，地震目录的出版工作，其主要功能包括：

（1）保存地震定位结果到数据库，供地震编目和数据服务系统使用。

（2）提供地震目录（观测报告）月报和任意查询等多种查询方式检索地震目录。

（3）按照中国地震局制定的地震目录的标准格式打印地震目录。

(4) 绘制震中分布图。

**3. 监控系统**

监控系统完成整个数据处理系统运行状态监视、台站管理、地震报警等任务，该系统提供友好的图形界面，实时显示各种系统运行状态，主要功能包括：

(1) 实时系统运行状态监控：数据接收与发送系统以系统运行日志方式记录系统运行状态。

(2) 台站管理：在反向信道允许的情况下，利用台站管理软件可以通过网络直接控制网内地震台站的数据采集器，进行台站状态检测、台站测试、仪器标定、存储数据调取等工作。

(3) 波形信号监控：从数据接收与发送系统接收台站到系统管理中心、系统管理中心内部各子系统之间信号传输状态信息、动态显示传输状态；接收波形数据，在屏幕上显示波形数据流。当出现系统运行故障或传输信号中断时提供声音报警并在屏幕上显示报警信息并统计接收台站信号的误码率，定时生成报告。

(4) 地震事件监控：从数据接收与发送系统接收地震触发信息和定位结果数据，实现事件检测报警、速报结果信息发布。当实时检测到地震事件时，在屏幕上显示各台站触发状态、自动定位结果并由实时系统提供声音报警。

### 3.1.4 数据服务

系统管理中心建立地震数据库用于保存地震目录、观测数据和台网运行参数（台站参数、仪器响应参数），供地震编目和相关部门检索，同时，数据服务系统的地震事件文件和地震定位结果可供三峡集团公司领导和相关部门从外部公网或局域网通过 VPN 方式进行查询。

**1. 地震数据库**

采用微软公司的 SQL 数据库，保存地震定位结果、震相数据、台站参数、仪器参数、标定参数等，通过地震数据库管理软件可对相关数据进行录入、编辑、删除、数据备份等操作。

**2. 网络服务器**

台网中心建立 WWW 服务器和 FTP 服务器，通过 WWW 服务器在线检索地震数据库中保存的地震定位结果、台网运行参数、浏览震中分布图和最新的事件波形图；通过 FTP 服务器可下载事件波形数据和地震目录。

## 3.2 台网中心

### 3.2.1 结构与组成

金沙江下游梯级水电站数字遥测地震台网中心包括乌东德、白鹤滩、溪洛渡、向家坝等 4 个台网分中心。系统台网（网络）中心设在成都市三峡大厦。

系统台网中心主要完成台网生产数据的收集、检查、存储、管理、检索、维护与处理等任务，并进行地震速报、快报等工作，同时产出地震日报、周报、月报、年报和地震编目等。系统台网中心主要由基于网络和数据库技术的数据实时处理、数据交互处理、数据维护管理和专用供电设备等组成。

网络中心能接收多路地震波形数据收集，能连续存储高达 30 天以上的地脉动数据和 1 年的地震波形数据记录；具有地震事件检测功能，并能自动地震震相识别、地震定位；地震台站数据采集器监管；系统运行状态监控；支持基于 TCP/IP 协议的远程系统监视；自动存储系统管理；地震事件报警和系统运行状态报警；通过网络接收客户端发送的的实时波形数据、触发信息、定位结果、台站状态信息、网络通信信息、系统运行信息；提供交互数据分析系统是数字地震台网中心人机交互地震分析平台，提供友好界面，协助分析人员完成地震速报、地震事件复核、地震记录日常分析等任务。提供多个地震定位方法以保证地震定位精度和可靠性。数据管理能与人机交互系统无缝接口，产出标准格式的地震目录、观测报告，完成远程数据检，利用数据库技术和网络技术，实现对数字地震台网产出的地震目录、地震观测数据、地震事件文件的管理与检索。

地震台网中心主要完成地震数据的监护、收集、记录和分析处理任务，包括对库区有影响的地震速报。此外该系统还要完成台网的各种监视、检测功能，并产出各种数据报表与地震参数测定结果。

台网中心主要功能为：

（1）实时监视各子台的 GPS 时间、台号和差错状况。

（2）实时收集多个高增益地震台传输回台网中心的数据，并将这些数据送入计算机进行下一步处理。

（3）以计算机为核心的地震数据收集与记录系统分别以连续和事件触发方式记录地震波形数据，供实时和交互处理使用。

（4）实时收集处理设备完成地震基本参数的速报。包括对实时波形数据进行自动事件检测，并对检测出的事件自动测定基本参数。自动测定方式可以在 5~15 分钟内完成快速测定事件的时空强度参数。

（5）人机交互处理设备完成人机结合识别震相，在自动测定的基础上进一步修订地震参数。它可以提供友好的、视图化的界面，便于分析人员对记录到的地震事件波形数据进行分析处理。

（6）在连续记录的波形数据中搜寻和截取自动检测中遗漏的微震事件。

（7）对台网记录的地震事件能进行更精细的人机结合定位分析处理，同时能对一定强度的网内地震求解做出震源机制解，及进行波谱等参数的分析。

（8）编辑台网的旬报、月报、地震观测报告、地震目录；建立原始地震事件波形数据库，并将其刻录至光盘以便长期保存，提供各种数据服务和数据管理。

（9）可以提供非实时地震波形数据接收接口，用于将人工值守台和流动测震台记录到的数据以及其他相邻台网的数据并网入库。

（10）检查计算机的运行情况及所接收子台数据的工作状态和做出运行状态日志目录。

（11）通过 Internet 网或手机短信将地震速报数据快速传送给业主指定的有关负责人。

为完成上述任务并使所建成的台网中心前瞻性，保持先进性，金沙江下游梯级水电站数字遥测地震台网的中心建设时还处理好以下以几个问题：

（1）系统结构按功能分级积木化。按功能积木化的含义既表现在子系统的并行组合结构，亦表现在各部分之间的串行积木结构及设备内部软件硬件的模块化，使系统各块都有明确的分工和功用，显而易见，按此思想设计构成的系统具有组合灵活和维护维修方便的特点，随着技术进步，便于局部提高换代，有利于延长整个系统的服务期限。

（2）标准化。技术系统的内部总线，外部接口标准化的意义是显而易见的。标准化的另一个重要部份是台网中数据记录格式的标准化，尽量与国际上有关标准格式一致，如果因种种原因不能实现一致的地方，要提供格式转换软件。

（3）多操作系统实现。可以运行在主流的计算机硬件和操作系统平台，硬件平台包括 Intel 系统和 SUN Spark 系统，操作系统包括 Windows NT/2000 系统以及 UNIX/LINUX 系统。这些不同类型的计算机系统可以连接在一起而如同一个系统运行。结合模块化的思想，意味着系统可以逐步从一种类型的计算机系统升迁到另一类型的系统而不致中断。

（4）可连接。台网中心系统可以配置成一个完整独立的系统运行，可以作为一个广域分布式系统的节点运行，并可以可靠地和川滇两省局台网中心进行交互实时处理。

### 3.2.2　仪器设备配置

台网中心设备基本上都是通用 IT 设备，这些设备具有升级换代快，市场行情变化大的特点。

**1. 实时数据收集、记录和处理**

这一环节由光端机、网管数字数据终端设备、串口服务器、交换机、实时数据收集机和相应的软件组成。光端机接收电信部门传输到机房的高速地震数据流；网管数字数据终端设备将高速数据流还原成低速的子台地震数据流；数据分配器将子台地震数据流分配到两个（主、备）实时数据收集机输入端口上；串口服务器将实时地震数据流转换成网络数据流；在实时数据收集记录处理机对收集到的连续波形数据进行记录，对触发事件进行处理，当检测到事件时以地震事件数据的形式记录地震波形数据，并实时处理自动实现震相识别和计算地震三要素。在指定地域内的地震事件震级超过规定阀值时，本环节还将通过监控报警设备告警，通知值班员进行应急处理。通过局域网与人机交互处理设备实现数据传输和共享。实时数据收集、记录和处理设备配置见表 3.2.1。

**表 3.2.1　实时数据收集、记录和处理设备配置表**

| 设备名称 | 配置数量 | | | 备注 |
|---|---|---|---|---|
| | 在用 | 备用 | 合计 | |
| 光端机 | 1 对 | 1 对 | 2 对 | |
| 网管数字数据终端设备 | 1 套 | 1 套 | 2 套 | |
| 交换机 24 口 | 2 台 | 1 台 | 3 台 | |

续表

| 设备名称 | 配置数量 | | | 备注 |
|---|---|---|---|---|
| | 在用 | 备用 | 合计 | |
| 路由器 | 1 台 | 1 台 | 2 台 | |
| 串口服务器 24 口 | 2 台 | 1 台 | 3 台 | |
| 实时数据接收服务器 | 1 台 | 1 台 | 2 台 | |
| 实时速报计算机 | 1 台 | 1 台 | 2 台 | |
| 地震报警器 | 1 台 | 1 台 | 2 台 | |
| 打印机 A4 | 1 台 | | 1 台 | |
| 实时处理软件 | 1 套 | | 1 套 | |
| 操作系统软件 | 2 套 | | 2 套 | |
| 网络机柜 | 4 套 | | 4 套 | |

**2. 人机交互处理**

这一环节由人机交互处理机和打印机等外设组成。人机交互处理是为值班人员提供人机交互地震分析的工具，以便对地震波形数据进行精确分析处理。人机交互处理设备由计算机和专用处理软件构成，它通过图文并茂的友好用户界面，提供人工对事件和波形数据分析的窗口。其主要任务为：人机交互事件复核、微震拾取、震相识别和修订；提供定位程序（数分钟至 15 分钟内）完成网缘和网内地震速报（库坝内 $M_S \geqslant 2.5$ 级地震和外围 $M_S \geqslant 5.0$ 级地震均需按规定速报）。

台网中心数据收集处理系统中的人机结合处理部分的数据流程及其功能图。人机交互处理设备配置如表 3.2.2。

**表 3.2.2　人机交互处理设备配置表**

| 设备名称 | 配置数量 | | | 备注 |
|---|---|---|---|---|
| | 在用 | 备用 | 合计 | |
| 人机交互数据处理计算机 | 2 台 | 1 台 | 3 台 | 或 19 吋液晶显示器 |
| 打印机 | 2 台 | | 2 台 | |
| 交互处理软件 | 1 套 | | 1 套 | |
| 操作系统软件 | 3 套 | | 3 套 | |

**3. 地震数据、事务管理**

该环节配置数据管理计算机、CD-ROM 刻录机、大容量磁盘阵列和数据磁带机。该环节将每日记录的全部连续波形数据、地震事件记录、标定和日志等分别记录在大容量磁盘阵列和数据磁带上，并定期刻录在光盘上。处理日报、周报、旬报、月报、年报、观测报告等，并刻录保存这些台网中要产出。地震数据、事务管理设备配置见表 3. 2. 3。

**表 3. 2. 3　地震数据、事务管理设备配置表**

| 设备名称 | 配置数量 | | | 备注 |
|---|---|---|---|---|
| | 在用 | 备用 | 合计 | |
| 数据日常管理服务器 | 1 台 | | 1 台 | |
| 数据库服务器 | 1 台 | | 1 台 | |
| 数据处理计算机 | 2 台 | | 2 台 | |
| VPN 数据服务器 | | | | |
| 路由器 | 2 台 | 1 台 | 3 台 | |
| 磁盘阵列（1T 容量） | 1 套 | | 1 套 | |
| 数据磁带机 | 1 套 | | 1 套 | |
| 打印机 A3 | 1 台 | | 1 台 | |
| 打印机 A4 | 2 台 | | 2 台 | |
| 刻录机 | 1 台 | | 1 台 | |
| 传真机 | 1 台 | | 1 台 | |
| 数据库软件 | 1 套 | | 1 套 | |
| 数据库客户软件 | 1 套 | | 1 套 | |
| 操作系统软件 | 4 套 | | 4 套 | |

## 3. 2. 3　数据库

台网中心数据库软件目前应用比较有代表性的是 NEDSP-DMS 地震数据管理软件。使用 NEDSP-DMS 数据库。

金沙江下游梯级水电站地震台网中数据库有这些技术特点：

（1）与人机交互系统无缝接口，数据录入轻松快速。

（2）标准格式的地震目录、观测报告。

（3）远程数据检索。

（4）数据库与交互数据分析系配合使用，利用数据库技术和网络技术，实现对数字地震台网产出的地震目录、地震观测数据、地震事件文件的管理与检索。

**1. 数据量的分析**

台网中心产出的数据主要有：实时地脉动记录数据、地震事件数据、仪器参数数据、台站管理参数、系统标定数据、日志数据、地震目录数据、观测报告数据以及各种报告数据。其中最大的数据为实时地脉动记录数据它要占所有数据的 80% 以上，这里仅对它进行分析计算，便可得出较为实在的数据量。

台网中心接收115个固定监测子台，每天得到的有效数据量大于12.4G。

**2. 网络环境下运行的数据库**

运行在服务器上数据库主要用于地震数据及其处理结果的存储管理、基于网络的各种地震数据检索，可以用 Windows 2000 Server，SQL Server 2000 等数据库及地震行业专业的 Oracle 数据库管理系统。

**3. 数据库管理服务**

数据库管理程序提供台站数据入库程序，数据库事件转出程序，旧事件清除等一系列数据库维护实用程序，系统运行在 Windows 2000/Xp 等流行系统。具有以下功能：

（1）地震数据库：保存地震定位结果、地震事件文件信息、台站参数、仪器响应参数、震源机制解结果。

（2）具备自动地名检索功能和多种数据输入方法，便于保存数据到数据库。

（3）提供多种数据检索方法检索数据，以表格、电子地图的方式显示查询结果。

（4）按规范要求的格式打印地震目录、观测报告、台站要素表。

（5）具备信息发布模块，可同时以 FTP、电子邮件的方式群发地震目录、观测报告。

（6）通过 WWW 服务器和 FTP 服务器实现远程动态数据查询和波形数据文件共享。

### 3.2.4　数据处理

**1. 数据处理系统软件**

地震数据处理系统软件可以在包括 Windows NT/2000 系统、Windows 2000/Xp 以及 UNIX/LINUX 等系统上运行。可以和不同类型的计算机系统连接在一起而如同一个系统运行。使用公网进行数据、信息交换时，采用 VPN 方式，防火墙由软件构成。

**2. 实时处理专业软件**

1）地震台网实时处理软件

监测任务具有连续、高效、稳定、可靠和实时运行。专业软件有这样的要求：

（1）状态和错误报告：监视整个系统的运行状态，报告各种状态及错误信息，在系统的各共享内存之间复制各种状态及错误信息，监视系统的剩余磁盘空间。

（2）数据源：提供国、内外各种主流的数据采集器提供到实时处理系统的连接和格式转换。

（3）处理：地震事件的实时检测，震相拾取，自动定位，自动震级计算及结果输出。实时事件检测采用基于短长平均和子网逻辑的触发算法，震相拾取采用赤池信息准则（AIC）的算法，大大提高了震相检测的准确性，自动定位采用直接空间网格搜索算法，对近震和远震都能比较好的适应。震级计算可以给出里氏震级和矩震级。

（4）数据交换：地震波形数据网络到系统共享内存之间的双向转送，自动处理结果归档报告的远程转送，系统信息的 Inertnet 的网上发送和接收，与其他台网的地震数据交换，Liss 服务器的连接，不同系统平台之间系统文件传输的系统设定。

（5）归档：提供基于网络的在线地震波形连接服务，从地震波形服务器中得到地震波形数据并转储为 AH、SAC 以及 SEED 格式文件，从地震波形服务器转存地震数据到磁盘的人机交互程序。

（6）实时监控模块：实时波形及自动处理结果查看，提供基于 GIS 的台站和震中图查看。

2）地震台网交互处理

人机交互地震数据分析是目前地震分析处理最可靠的方法，用于人机结合分析处理地震数据、浏览波形、查看地震事件目录等。具有以下特点：

（1）事件数据装入：既可以从数据库直接装入地震事件数据，还可以从实时系统的波形服务器直接装入地震波形数据生成临时事件，处理后存入数据库，同时，系统还提供 SEED 文件数据装入。

（2）波形显示：以多种方式显示地震波形，用户可以非常方便的查看地震波形数据。

（3）信号处理：提供包括积分、微分，滤波，基线校正，仪器仿真等常规地震信号处理工具。

（4）震相拾取：手工交互震相、振幅拾取工具和自动的震相提示。

（5）地震定位及震级计算：提供包括 Hypo2000，自动空间栅格搜索定位，以及交切法定位；提供 $M_L$、$M_b$ 以及 $M_S$ 的震级计算。

（6）处理结果保存到数据库中。

（7）报告生成：提供符合中国地震局规定的地震观测报告和目录的生成。

## 3.3 软件和硬件的配置

台网中心汇集金沙江下游乌东德、白鹤滩、溪洛渡和向家坝四个库区测震台网数据、活断层强震台网数据、边坡强震台阵及地下水动态观测数据。设备和软件的配置、安装以实现各自对台站监控、管理、数据分析、报告编制等。

### 3.3.1 测震系统设备配置

#### 1. 测震软件配置

1）软件配置

台网中心的软件由地震数据处理专用软件和通用软件组成。软件配置如表 3.3.1。

**表 3.3.1 台网中心测震软件配置表**

| 分项名称 | 型号 | 单位 | 数量 | 备注 |
|---|---|---|---|---|
| JOPENS 系统软件 | JOPENS 0.5.2 | 套 | 1 | |
| 操作系统软件 | FreeBSD 9.2 | 套 | 1 | |
| 数据库系统软件 | Mysql 5.5.20 | 套 | 1 | |
| 卡巴斯基全功能软件 | 2012 单机版 | 套 | 5 | |
| 基于 GIS 的地震分析预报系统 | 港震公司专用版本 2.8.9 | 套 | 1 | |

2）软件功能

基于网络平台的地震台网数据处理系统，采用 JAVA 语言开发，数据库管理数据技术，具有跨平台、模块化分布式特点。有多个功能模块，能通过网络从多种地震仪器获取实时地震观测数据，并写入数据库存储与管理，实现地震台网数据接收、传输、存储、处理、产出、管理等多方面的功能。具有功能齐全、操作便捷、数据产出格式规范、系统适应能力强、自动化程度高、运行稳定等特点。

系统主要功能模块包括：波形数据流服务器 SSS、地震自动处理系统 RTS、JBOSS 消息中间件和 Web 服务器、数据库存储 Mysql、后台人机交互分析 MSDP。

**2. 中心硬件配置**

主要设备为计算机服务器，配置原则上采用 IBM 服务器，使用当前主流服务器，能满足系统使用功能，同时留有一定的余量。UPS 电源系统采用 10KVA 电源。同时在电源系统增加一级防雷设计。台网中心测震分部设备配置如表 3.3.2。

**表 3.3.2　台网中心测震分部硬件配置表**

| 序号 | 分项名称 | 型号 | 单位 | 数量 | 备注 |
|---|---|---|---|---|---|
| 1 | IBM 服务器和 PC 机 | | | | |
| 1.1 | 数据处理服务器 | IBM System x3850 X5 机架式（4U），4 颗 Intel Xeon 6C E7－4807 95w 1.86GHZ/18MB 处理器，32GB DDR3 RDIMM，热插拔 SAS 硬盘 300G＊4，SRM1015 阵列卡 | 台 | 1 | |
| 1.2 | 数据库服务器 | IBM System x3400 X5 机架式（4U），4 颗 Intel Xeon 6C E7－4807 95w 1.86GHZ/18MB 处理器，32GB DDR3 RDIMM，热插拔 SAS 硬盘 300G＊4，SRM1015 阵列卡 | 台 | 1 | |
| 1.3 | 数据处理服务器 | IBM System x3400 X5 机架式（4U），4 颗 Intel Xeon 6C E7－4807 95w 1.86GHZ/18MB 处理器，32GB DDR3 RDIMM，热插拔 SAS 硬盘 300G＊4，SRM1015 阵列卡 | 台 | 1 | |
| 1.4 | 数据库服务器 | IBM System x3400 X5 机架式（4U），4 颗 Intel Xeon 6C E7－4807 95w 1.86GHZ/18MB 处理器，32GB DDR3 RDIMM，热插拔 SAS 硬盘 300G＊4，SRM1015 阵列卡 | 台 | 1 | |
| 1.5 | 波形实时显示服务器 | IBM System x3450 Xeon E5462　2.8GHz 四核/4GB DDR2 内存 | 台 | 1 | |
| 1.6 | 流动台流服务器 | IBM 3850 M2 至强 E7420 四核 2.13G 6M ＊2/L2 8M/L3 处理器 8＊1G 内存　2 个内存扩展板 2 热插拔电源 | 台 | 1 | |

续表

| 序号 | 分项名称 | 型号 | 单位 | 数量 | 备注 |
|---|---|---|---|---|---|
| 1.7 | 图形工作站 | HP Z800 2 * intel Xeon E5649 - 6core；主频 2.53GHZ；芯片组：2 个 intel5520；内存：6 * 2GECC；硬盘：2 块 300GSAS；双千兆网卡；24 寸 IPS-LED 宽屏液晶显示器；鼠标、键盘配件 | 台 | 3 | |
| 1.8 | 工业级大屏幕 | Vewell 唯端 v70-h27A | 台 | 1 | |
| 1.9 | 台式电脑 | 戴尔 OptiPlex 960MT | 台 | 3 | |
| 1.10 | 联想台式电脑 | IBM M8000T Q9400（VPRO） | 台 | 2 | |
| 1.11 | 机架键盘、鼠标 | IBM | 套 | 3 | |
| 1.14 | 台式电脑 | 戴尔 Studio XPS 8300（S8300D-668)/Intel 酷睿 i5 2320/4GB/nVIDIA GeForce GT 545/DELL S2330MX 23 英寸 Ultra-Slim LED 显示器/鼠标键盘 | 台 | 1 | |
| 1.15 | 移动硬盘 | 希捷 Freeagent GoFlex Desk 睿品 2TB 移动硬盘 | 个 | 5 | |
| 2 | 网络和数据处理设备 | | | | |
| 2.1 | 网络交换机 | MSR 30-20 | 台 | 1 | |
| 2.2 | 网络交换机 | TP-LINK TL-SF1024D | 台 | 1 | |
| 2.3 | 无线路由器 | TL-WDR4310 | 台 | 1 | |
| 2.4 | 多电脑切换器 | lan bo USB-4（自动） | 套 | 3 | |
| 2.5 | 刻录机 | DVD-RW 光盘刻录机 | 台 | 1 | |
| 2.6 | 对讲机 | 地震报警使用 | 台 | 2 | |
| 2.7 | 短信猫 | 地震速报用 | 台 | 1 | |
| 2.8 | 19 寸机柜 | 1800×600×960mm | 台 | 4 | |
| 2.9 | 安普配线架 | 48 端口 | 台 | 2 | |
| 2.10 | 配线架理线器 | Voom PP-MA | 台 | 2 | |
| 3 | UPS 供电设备 | | | | |
| 3.1 | UPS | 艾默生 UHA1R-0100L | 台 | 1 | |
| 3.2 | 蓄电池 | 12V-100AH（含电池连接线） | 个 | 48 | |
| 3.3 | 电池柜 | 国标 | 个 | 3 | |

### 3.3.2　强震系统设备配置

台网中心汇集 40 个活断层强震动监测台站、19 个边坡强震台阵子台，强震动技术系统包括台站监控、数据回收与常规分析处理、数据存储与备份、数据库管理与服务、网络维护等。

强震动网络是由分布在金沙江下游梯级水电站附近多条断裂带上的强震动监测子台组

成，系统的通讯方式为无线网络、光纤网络连接，管理人员可以远程下载强震记录。台网中心通过互联网（或 VPN 网络）对台站进行监控、分析处理和管理，系统由工作站、服务器以及相关管理软件组成。

**1. 强震数据回收软件**

当需要进行连接各无线子台时，只需要在任何一个能连接到互联网的地方，使用 PC 进行 VPN 拨号，利用 GDQJ 软件即可连接各无线子台，了解子台仪器设备的运行状况，如仪器是否在线、零位检查和功能试验等，远程下载地震触发事件。

台网中心机房安装监控服务器，增加 web 访问方式的远程监控软件，利用 VPN 虚拟网关拨号方式连接各无线台，实现数据连接、下载及分析处理、监控各强震子台的设备运行状况，硬件采用通讯服务器，设置 VPN 虚拟网关，软件采用专用软件 SMMON。

**2. 强震数据分析处理软件**

强震动监测数据常规处理软件常规处理软件 SMDP-QZ/SMDP-CZ。常规处理软件需要处理强震动观测网络入网的 GDQJ2 型记录仪的加速度记录和测震台网含强震测项的 ERDS-24IP 型记录仪的加速度记录。常规分析处理的产品包括未校正加速度记录、校正加速度记录、校正速度和位移时程，校正加速度反应谱和傅里叶振幅谱。

强震动常规分析处理软件 SMDP-CZ，是独立于测震系统的分析软件，因此在自动拾取强震地震事件上需要测震系统软件来完成。JOPENS 系统，实时接收强震测项的数据，并储存进行连续波形数据库，当需要提取某个地震事件时，用 JOPENS-MSDP 填好时间提取相应时间段的数据，导出后，然后再人工利用 SMDP-CZ 分析软件对事件触发存储的波形文件进行原始记录导入、分析、计算、转存、整理得出强震动地震分析报告。网络数据常规处理软件功能如图 3.3.1。

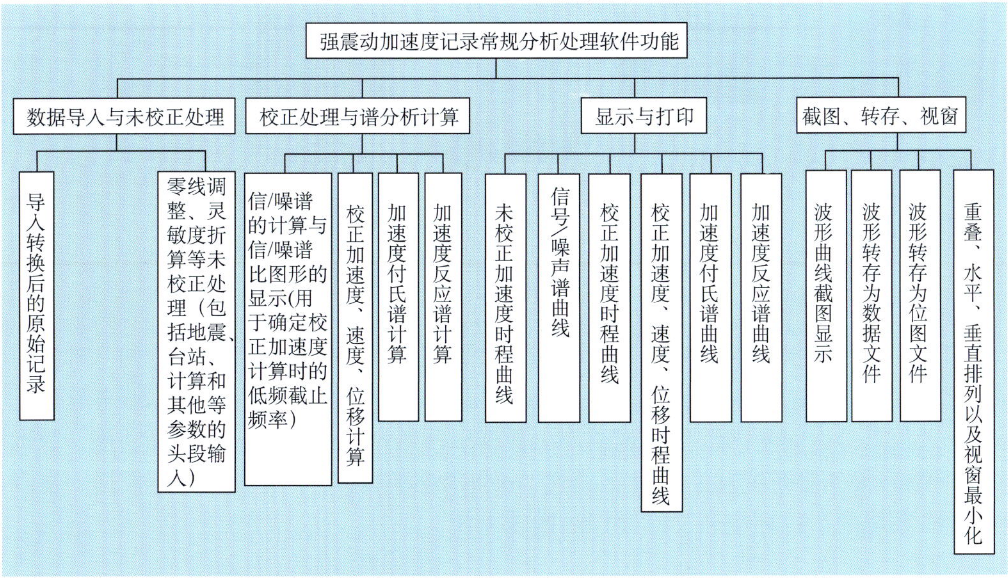


图 3.3.1　强震动监测网络数据常规处理处理软件功能图

**3. 强震动加速度峰值速报软件**

建立了两个强震动加速度（烈度）速报系统：一是坝肩自由场监测台利于光纤传输方式将信号传至台网中心，并接入超快速报系统，实现地震、地震估计烈度自动速报；二是自由场监测台强震仪利用宽带直传的方式立即信号传至台网中心，台网中心强震加速度峰值（烈度）速报软件自动捡拾信号并进行速报处理，从而完成速报应急任务。主要设备为服务器或工作站以及配备专用软件 SMIR。

**4. 数据管理与服务软件**

系统数据存储主要采用在线的数据服务和离线的数据备份，主要存储设备为磁盘阵列，以保证在线服务；主要备份设备采用光盘，保证离线数据备份。

强震动网络数据管理与服务系统部署数据库系统软件和中国地震局工程力学研究所研制的专用软件。数据库系统软件有 ORACLE 10g 和中间件，专用软件有强震动观测数据管理软件 SMDB 和应用服务软件 SMWEB。

ORACLE 10g 数据库采用双机热备方式，工作原理如图 3. 3. 2。

其优点如下：

（1）只需要几十秒到几分钟，就可重新启动数据库。

（2）两台机器的系统切换由双机软件自动进行。

（3）客户端与服务器之间的连接中断后，自动切换，重新连接。

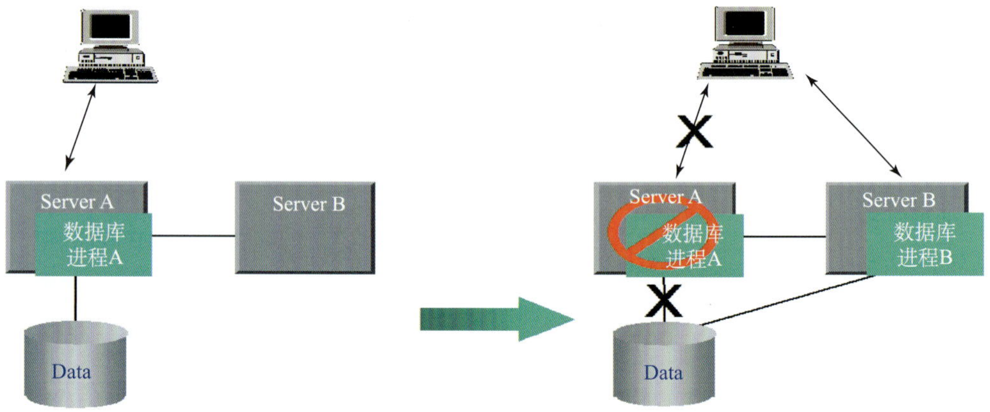


图 3. 3. 2　数据库双机热备工作示意图

应用系统软件包括数据管理软件和数据发布软件。数据管理软件具有台网基础资料和观测数据及其处理结果的录入、查询、生成记录目录和台站目录等功能。数据服务软件具有发布台网地理信息等空间基础资料、观测产出数据以及用户和网站后台管理等功能。数据服务主要利用 Web 服务器系统和中间件，通过 Oracle 数据库管理系统获得属性数据。强震动台网数据发布系统的运行环境和工作原理如图 3. 3. 3。

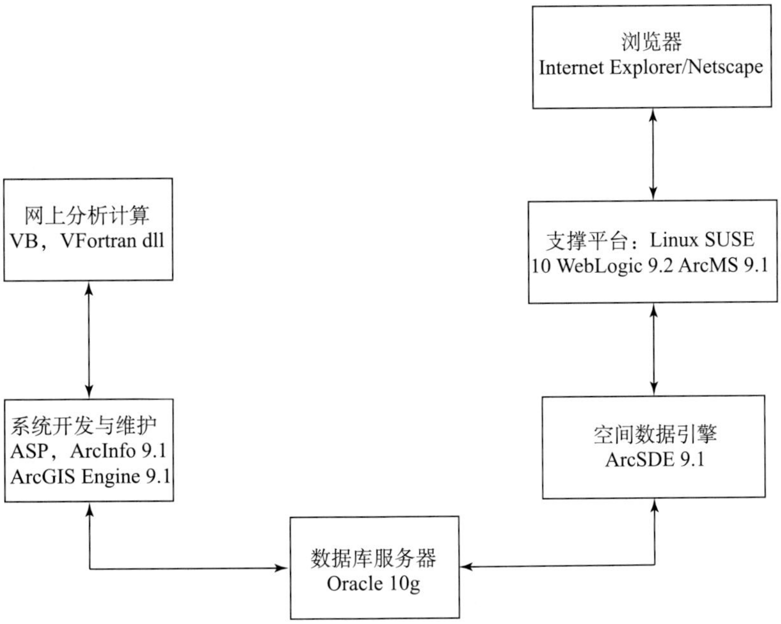


图 3.3.3　强震动台网数据发布系统的运行环境和工作原理图

**5. 软件和硬件配置**

台网中心强震动网络的主要设备为计算机服务器，配置原则上采用 IBM 和 DELL 服务器，使用地震行业主流数据库系统，保障系统使用功能。主要硬件配置如表 3.3.3。

**表 3.3.3　强震动网络分部主要硬件配置表**

| 序号 | 分项名称 | 型号 | 单位 | 数量 |
|---|---|---|---|---|
| 1 | 数据库服务器 | IBM X3850M2 7233I05（E7420（2 x 2.13GHz 8MB L3 90w），8 x 2GB，2 * Giga Ethernet，4U，RSA Ⅱ | 台 | 1 |
| 2 | 通讯服务器（VPN） | IBM X3650 M2 947i15（Intel 至强 四核 E5520 80W 2.26GHz/5.8GT/8MB Cache，4x2GB DDR3 - 1066MHz，675W PSU，ServeRAID BR10i（RAID 0，1），双千兆以太网卡） | 台 | 1 |
| 3 | 数据转接服务器 | IBM X3650 M2 947i15（Intel 至强 四核 E5520 80W 2.26GHz/5.8GT/8MB Cache，4x2GB DDR3 - 1066MHz，675W PSU，ServeRAID BR10i（RAID 0，1），双千兆以太网卡） | 台 | 1 |
| 4 | 应用工作站 | Dell precision 系列 | 台 | 1 |

续表

| 序号 | 分项名称 | 型号 | 单位 | 数量 |
|---|---|---|---|---|
| 5 | IBM 显示器+键+鼠 | IBM | 套 | 1 |
| 6 | IBM 硬盘 | IBM 300GB SAS | 张 | 10 |
| 7 | 台式计算机 | DELL Optiplex gx 620 | 台 | 1 |
| 8 | 哈尔滨现有服务器 | 联想 | 台 | 1 |
| 9 | 台式计算机 | 联想 | 台 | 1 |
| 10 | 简易廻转平台 | – | 台 | 1 |

强震动网络的软件由强震动数据专用软件和通用软件组成，强震动数据专用软件采用中国地震局工程力学研究所研发的软件。台网中心强震动网络分部软件配置如表 3. 3. 4。

**表 3. 3. 4　强震动网络部分软件配置表**

| 软件分类 | 软件名称 | 型号 | 数量 |
|---|---|---|---|
| 专用软件 | 强震动台网运行监控软件（含 VPN 服务） | SMMON | 1 |
| | 数据接收与服务软件 | | 1 |
| | 系统监控软件 | | 2 |
| | VPN 服务软件 | | 1 |
| | 强震动数据常规分析处理软件 | SMDP-QZ | 1 |
| | 带强震动的测震数据常规分析处理软件 | | 1 |
| | 强震加速度峰值（烈度）速报软件 | SMIR | 1 |
| | 强震动数据管理软件 | SMDB | 1 |
| 通用软件 | 数据库系统软件 | ORACLE 10g | 1 |
| | 卡巴斯基全功能软件 | 单机版 | 3 |

## 3. 4　测震技术成果

测震台网的产出成果主要有：原始观测数据、水库地震目录、水库地震观测报告、水库地震事件分析报告、水库地震监测周报、月报及年报等。

### 3. 4. 1　原始观测数据

金沙江下游水库地震监测系统自投入运行至 2020 年，测震台网产出了大量原始观测数据，连续数据卷已经远大于 36000G，地震事件数据卷大于 60G，数据格式按照 DB/T 2 的要求进行存储。

### 3.4.2　水库地震目录

水库地震目录参数包括发震时间、震中经度、震中纬度、震级、震源深度、精度、参考地名、距库岸的最短距离、距大坝的距离。

截至 2015 年 12 月 30 日，测震台网产出地震目录近 30000 条，包括水库地震监测区内所有地震事件。每月编制水库地震目录报告。

### 3.4.3　水库地震观测报告

水库地震观测报告包括定位结果（发震时刻、震中经度、纬度、震源深度）、震级，台站主要震相到时、记录清晰的初动符号、最大振幅及周期等震相数据。

水库地震监测系统测震台网产出的每条地震目录，都有对应的观测报告，每月编制水库地震观测报告，并按照要求进行归档。

### 3.4.4　水库地震事件分析及专题报告

对库区发生的中强地震，都开展了地震事件专题分析、现场调查等工作，形成了一系列的水库地震事件分析报告、专题分析报告及年度分析报告等。

## 3.5　强震数据的分析处理

强震数据常规分析处理包括：未校正加速度记录、校正加速度记录、校正速度和位移时程，校正加速度反应谱和傅里叶振幅谱。

在强震台网运行期间，根据台网监测的原始波形数据，进行常规的分析处理，产出分析报告。2008 年以来，对水电站库区及周边范围中强地震数据进行分析处理，产出了多份强震数据分析处理报告。

## 参 考 文 献

曹舸斌、起卫罗、党文杰、程旭东、李文涛，2020，云南测震台有线信道与无线信道互为备份传输方案设计，地震工程学报，期刊，17

代光辉、苗春兰、翟璐媛，2019，中国测震台网统一地震编目，中国地震，期刊，3，88

地震数据处理应用技术（修订版）（BZ）

刁瑞、胡晓婷、崔庆辉、尚新民、芮拥军，2015，地震监测中等效速度定位精度分析及应用，油气藏评价与开发，期刊，10

韩晓彤、葛佳杰、张鑫、郭勇，2019，地震速报驱动的舆情监控系统研究及应用，云南科技管理，期刊，37

侯建民、黄志斌、余书明、黄静、代光辉，2009，中国国家地震台网中心技术系统，地震学报，期刊，6

胡先明、邵玉平，2010，水库地震台网监测能力计算方法——基于 G-R 关系式，地震地质，5，158

姜佳宁、吴利军、徐磊、赵祖虎、方宏，2019，地震观测仪器自动监控软件设计与实现，地震地磁观测与研究，期刊，55

李小伟、杜兴忠、李啸啸，2017，流域化水库地震监测系统运行管理要点——以雅砻江流域为例，大坝与

安全，57
李正楷、于悦颖、杨驰，2018，测震数据实时备份与灾备处理中心建设，地震地磁观测与研究，期刊，20
林彬华、金星、陈惠芳、于培青、于伟恒，2020，川滇地区烈度计台站测定震级校正分析，地震地磁观测与研究，期刊，8
林锐华、王亚飞、杨秀峰、尹青青、韩建栢，2020，短周期地震仪密集台阵装备与采集方法，地质装备，39
刘禹、李胜乐、李力，2020，大数据平台的测震数据流实时可视化系统设计与实现网络首发，测绘地理信息，期刊，138
刘治、屈春燕、王立云、王立红、朱燕民，2002，地震通信网络系统建设中新技术的应用，中国地球物理学会第十八届年会，中国会议，30
柳存喜、李小伟、陈锡鑫，2018，流域化数字水库地震台网监测系统，地震地磁观测与研究，期刊，21
马士振、冯刚、林向东、张红旗，2019，测震台站通信状态监视与信息发布的快速实现，地震地磁观测与研究，期刊，14
孟旺才、赵昊、周仲礼、徐显生，2004，地震数据采集、处理及解释一体化技术，吐哈油气，187
宋锐、顾小虹、王永力、赵永、王斌，2001，国家数字地震台网中心实时处理及大地震速报软件系统，地震，22，107
宋锐、顾小虹、王永力、赵永、王斌，2001，国家数字地震台网中心实时处理及大地震速报软件系统，地震，期刊，22，107
孙路强、刘磊、许贺、柳艳丽，2018，流动测震台网综合管理系统研制，地震地磁观测与研究，期刊，19
唐浩、白晓川、李鸿庭、常明、马瑞，2020，偏远地震台站光伏供电系统容量配置研究，防灾减灾学报，期刊，9
王想、李永庆，2019，实时震情跟踪与快速发布系统建设，城市与减灾，期刊，41
谢蓉华、宋澄、邵玉坪，2008，我国水库地震监测数字化进展，水电站设计，期刊，18
许光、苏克忠、胡晓、常廷改，2013，我国水库诱发地震监测技术进展，中国水利水电科学研究院学报，3，169
闫恩辉、黄志斌、郭铁龙，2019，地震自动速报信息综合管理平台，中国地震，期刊，54
杨甜、殷志刚、祁振东、贾海英、张青玄，2019，远程监控系统在地震台站运维中的应，山西地震，期刊，2，48
杨晓源，1999，我国近年水库地震监测综述，地震地磁观测与研究，期刊，31，379
杨晓源，2000，水库诱发地震和我国近年水库地震监测综述（一），四川水力发电，期刊，9，347
杨应召，2020，基于实时测震数据的可视化系统的设计与实现，地震科学进展，期刊，119
杨正刚，2013，水库诱发地震监测台网建设与管理，贵州省岩石力学与工程学会，2013 年学术年会论文集，中国会议
张红才，2008，基于地震监测台网资料的震动图及震动烈度研究，中国地震局工程力学研究所
张正伟、王登伟、杨洪刚，2018，大桥水库地震监测台网系统实现，四川地震，期刊，35
中国地震局工程力学研究所金沙江下游水库地震监测项目部，2006，金沙江项目网络管理中心设计报告
中国地震局工程力学研究所金沙江下游水库地震监测项目部，2011，金沙江项目网络管理中心技术与实施报告
中国地震局工程力学研究所金沙江下游水库地震监测项目部，2011，金沙江项目网络管理中心竣工报告
中国地震局工程力学研究所金沙江下游水库地震监测项目部，2011，金沙江项目网络管理中心运行与自检报告

# 第 4 章　区域历史地震及应力场

## 4.1　地震资料的收集整理和完整性分析

### 4.1.1　历史地震

收集、整理、分析乌东德水库及周围地区自公元前 23 世纪以来有记载的中强震记录资料（$M_S \geq 5.0$ 级）。监测区历史地震从 1467 年至 2014 年 12 月记载历史地震 48 次，见表 4.1.1，其中：$M_S$5.0～5.9 地震 34 次，$M_S$6.0～6.9 地震 13 次，$M_S$7.0～7.9 地震 1 次，有记载以来最大震级地震是 1933 年东川 7¾级地震，在此时间段历史地震记录相对较完整。历史地震分布见图 4.1.1。

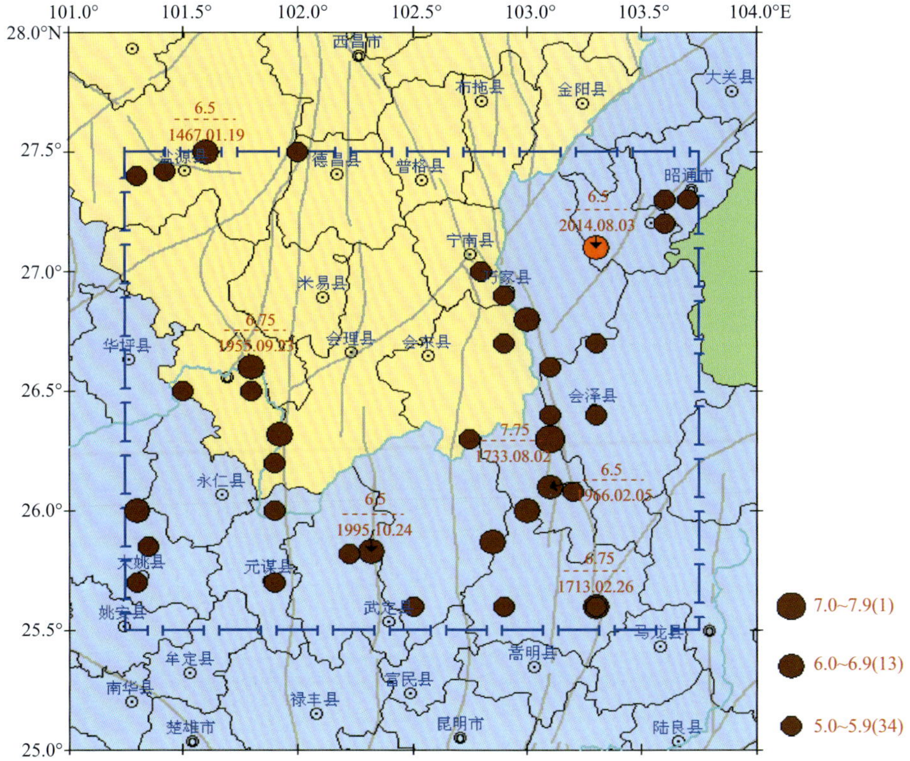


图 4.1.1　1467～2013 年乌东德水库地震监测区历史中强地震分布图

**表 4.1.1 研究区历史中强地震目录表**

| 序号 | 年 | 月 | 日 | 地名 | 北纬（°） | 东经（°） | 震级 | 震中烈度 |
|---|---|---|---|---|---|---|---|---|
| 1 | 1467 | 1 | 28 | 盐源 | 27.5 | 101.6 | 6.5 | Ⅷ |
| 2 | 1478 | 8 | 26 | 盐源 | 27.5 | 101.6 | 6.0 | Ⅷ |
| 3 | 1488 | / | / | 大姚 | 25.7 | 101.3 | 5.0 | Ⅵ |
| 4 | 1620 | 12 | / | 曲靖、寻甸 | 25.5 | 103.5 | 5¼ | Ⅶ- |
| 5 | 1644 | 5 | / | 武定 | 25.5 | 102.4 | 5.0 | Ⅵ |
| 6 | 1713 | 2 | 26 | 寻甸 | 25.6 | 103.3 | 6¾ | Ⅸ |
| 7 | 1732 | 1 | 29 | 西昌东南 | 27.7 | 102.4 | 6¾ | Ⅸ |
| 8 | 1733 | 8 | 2 | 东川紫牛坡 | 26.3 | 103.1 | 7¾ | Ⅹ |
| 9 | 1877 | 10 | / | 元谋北 | 26.3 | 102.4 | 5 | Ⅵ |
| 10 | 1893 | 4 | / | 禄劝 | 25.6 | 102.5 | 5 | Ⅵ |
| 11 | 1898 | 8 | / | 昭通 | 27.3 | 103.7 | 5 | Ⅵ |
| 12 | 1909 | 5 | 15 | 鲁甸 | 27.2 | 103.6 | 5.5 | Ⅶ |
| 13 | 1911 | 10 | 17 | 巧家会泽间 | 26.6 | 103.1 | 5.7 | Ⅶ |
| 14 | 1914 | 9 | 26 | 会泽 | 26.4 | 103.3 | 5 | Ⅵ |
| 15 | 1916 | 3 | 2 | 会泽 | 26.7 | 103.3 | 5¼ | Ⅵ+ |
| 16 | 1918 | 1 | / | 寻甸 | 25.6 | 103.3 | 5 | Ⅵ |
| 17 | 1918 | 8 | 14 | 巧家 | 26.9 | 102.9 | 5.5 | Ⅶ |
| 18 | 1919 | 7 | / | 昭通 | 27.3 | 103.7 | 5 | Ⅵ |
| 19 | 1927 | 3 | 15 | 寻甸 | 26 | 103 | 6 | Ⅷ |
| 20 | 1930 | 5 | 15 | 巧家 | 26.8 | 103 | 6 | Ⅶ+ |
| 21 | 1934 | 5 | 3 | 东川巧家间 | 26.6 | 103.1 | 5¼ | Ⅵ+ |
| 22 | 1936 | 8 | 17 | 会泽西 | 26.6 | 103.1 | 5.5 | Ⅶ |
| 23 | 1944 | 8 | 12 | 华坪 | 26.5 | 101.5 | 5¾ | Ⅷ- |
| 24 | 1947 | 6 | 7 | 会东 | 26.7 | 102.9 | 5.5 | Ⅶ |
| 25 | 1948 | 12 | 5 | 巧家 | 26.4 | 103.1 | 5 | Ⅵ |
| 26 | 1949 | / | / | 昭通 | 27.4 | 103.7 | 5 | Ⅵ |
| 27 | 1951 | 5 | 10 | 德昌 | 27.5 | 102 | 5.5 | Ⅶ |
| 28 | 1955 | 9 | 23 | 会理鱼鲊 | 26.6 | 101.8 | 6¾ | Ⅸ |
| 29 | 1955 | 9 | 28 | 永仁 | 26.5 | 101.8 | 5.5 | Ⅶ |
| 30 | 1966 | 2 | 5 | 东川 | 26.1 | 103.1 | 6.5 | Ⅸ |
| 31 | 1966 | 2 | 13 | 东川 | 26.1 | 103.1 | 6.2 | Ⅶ+ |

续表

| 序号 | 年 | 月 | 日 | 地名 | 北纬（°） | 东经（°） | 震级 | 震中烈度 |
|---|---|---|---|---|---|---|---|---|
| 32 | 1966 | 2 | 18 | 东川 | 26. 08 | 103. 2 | 5. 2 | Ⅵ |
| 33 | 1985 | 4 | 18 | 禄劝 | 25. 87 | 102. 85 | 6. 3 | Ⅷ |
| 34 | 1986 | 8 | 12 | 盐源 | 27. 4 | 101. 4 | 5. 2 | Ⅶ |
| 35 | 1988 | 4 | 15 | 会东 | 26. 3 | 102. 75 | 5. 2 | Ⅶ- |
| 36 | 1993 | 2 | 1 | 大姚 | 25. 85 | 101. 35 | 5. 3 | Ⅶ |
| 37 | 1995 | 10 | 24 | 武定 | 25. 83 | 102. 32 | 6. 5 | Ⅸ |
| 38 | 2000 | 8 | 21 | 武定 | 25. 82 | 102. 22 | 5. 1 | Ⅶ |
| 39 | 2003 | 7 | 21 | 大姚 | 26. 0 | 101. 2 | 6. 2 | Ⅷ |
| 40 | 2003 | 8 | 21 | 盐源 | 27. 4 | 101. 3 | 5. 0 | Ⅶ |
| 41 | 2003 | 10 | 16 | 大姚 | 26. 0 | 101. 3 | 6. 1 | Ⅷ |
| 42 | 2003 | 11 | 15 | 鲁甸 | 27. 2 | 103. 6 | 5. 1 | Ⅶ |
| 43 | 2003 | 11 | 26 | 鲁甸 | 27. 3 | 103. 6 | 5 | Ⅶ |
| 44 | 2004 | 8 | 10 | 鲁甸 | 27. 2 | 103. 6 | 5. 6 | Ⅶ+ |
| 45 | 2005 | 8 | 5 | 会泽会东间 | 26. 6 | 103. 1 | 5. 3 | Ⅶ |
| 46 | 2008 | 8 | 30 | 仁和会理间 | 26. 2 | 101. 9 | 6. 1 | Ⅷ |
| 47 | 2008 | 8 | 31 | 仁和会理间 | 26. 2 | 101. 9 | 5. 6 | Ⅶ+ |
| 48 | 2014 | 8 | 3 | 昭通鲁甸 | 27. 1 | 103. 3 | 6. 5 | Ⅷ |

公元 1400 年以前乌东德水库地震监测区无历史地震记载。1900 年以来乌东德水库地震监测区 $M_S \geqslant 5.0$ 级地震记录相对完整，强震 $M_S \geqslant 6.0$ 级记录相对完整，其空间活动的分析有一定参考价值。

### 4.1.2 中国地震台网监测地震

收集到中国地震台网中心、四川省地震局、云南省地震局 1970 年以来的地震目录资料（$M_L \geqslant 2.0$ 级）。从 1970 年 1 月到 2014 年 11 月，记录地震 7321 次，其中：$M_L 2.0 \sim 2.9$ 地震 6301 次，$M_L 3.0 \sim 3.9$ 地震 899 次，$M_L 4.0 \sim 4.9$ 地震 92 次，$M_L 5.0 \sim 5.9$ 地震 23 次，$M_L 6.0 \sim 6.9$ 地震 6 次。现今地震活动主要分布在监测区东北部和南部区域，见图 4. 1. 2。

地震的震级-频次与重复率曲线见图 4. 1. 3，$M_L 2.0$ 以上地震记录完整，活动性参数 $b$ 值为 0. 81，拟合相关系数 $R$ 为 0. 996。

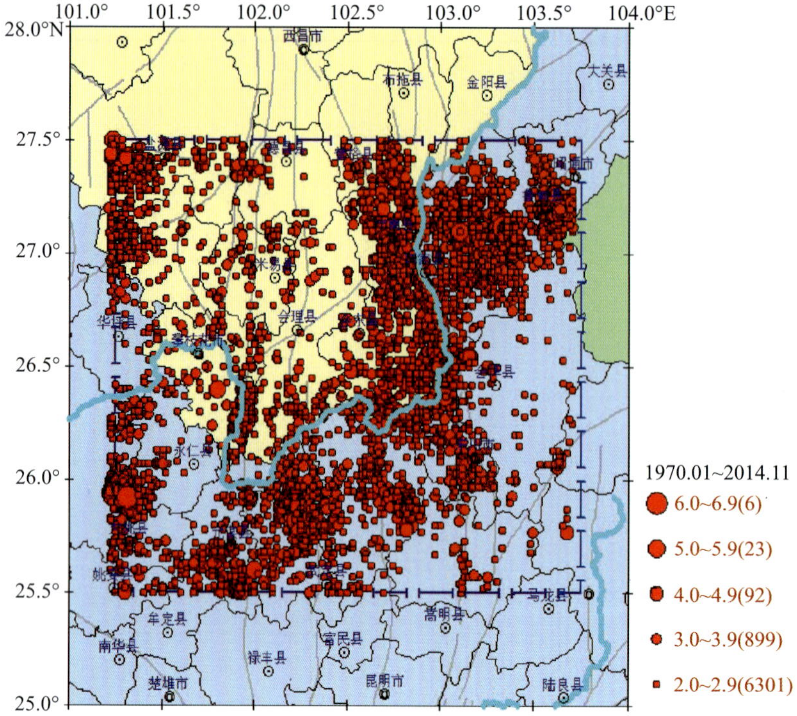


图 4. 1. 2　1970~2013 年乌东德水库地震监测区现今地震分布图

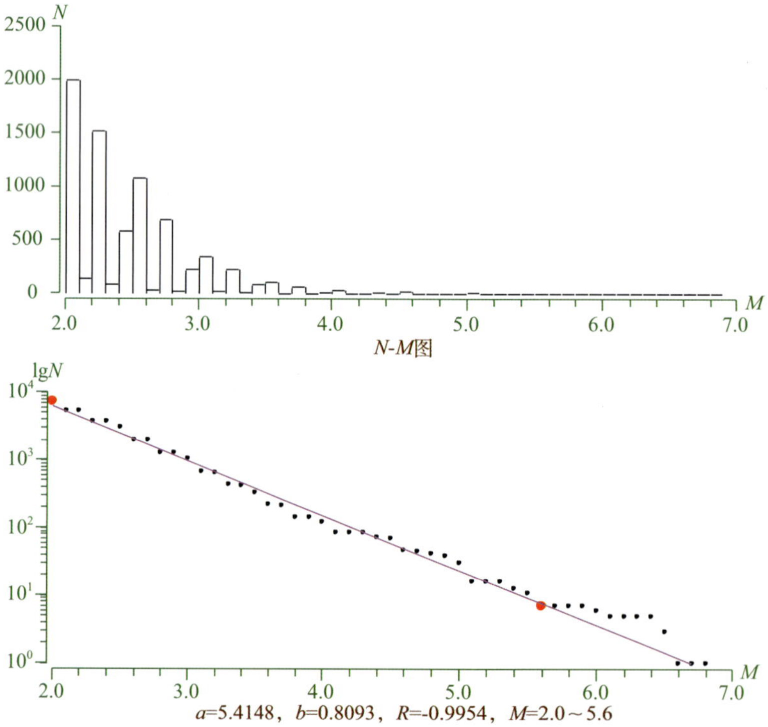


图 4. 1. 3　乌东德水库地震监测区现今地震震级-频次分布图

## 4.1.3　水库地震台网监测地震

### 4.1.3.1　水库地震监测区

从 2013 年 1 月到 2015 年 2 月，乌东德水库地震监测台网记录地震 6521 次，其中：$M_L$0.5~0.9 地震 984 次，$M_L$1.0~1.9 地震 4108 次，$M_L$2.0~2.9 地震 1202 次，$M_L$3.0~3.9 地震 205 次，$M_L$4.0~4.9 地震 20 次，$M_L$5.0~5.1 地震 1 次，$M_L$6.0~6.5 地震 1 次，即 2014 年 8 月 3 日昭通鲁甸 $M_L$6.5 地震。地震主要分布在宁南、巧家至昭通，会泽、元谋一带区域，见图 4.1.4。图中地震密集分布带，主要为昭通鲁甸地震前地震活动和余震活动，呈 EW 向展布。

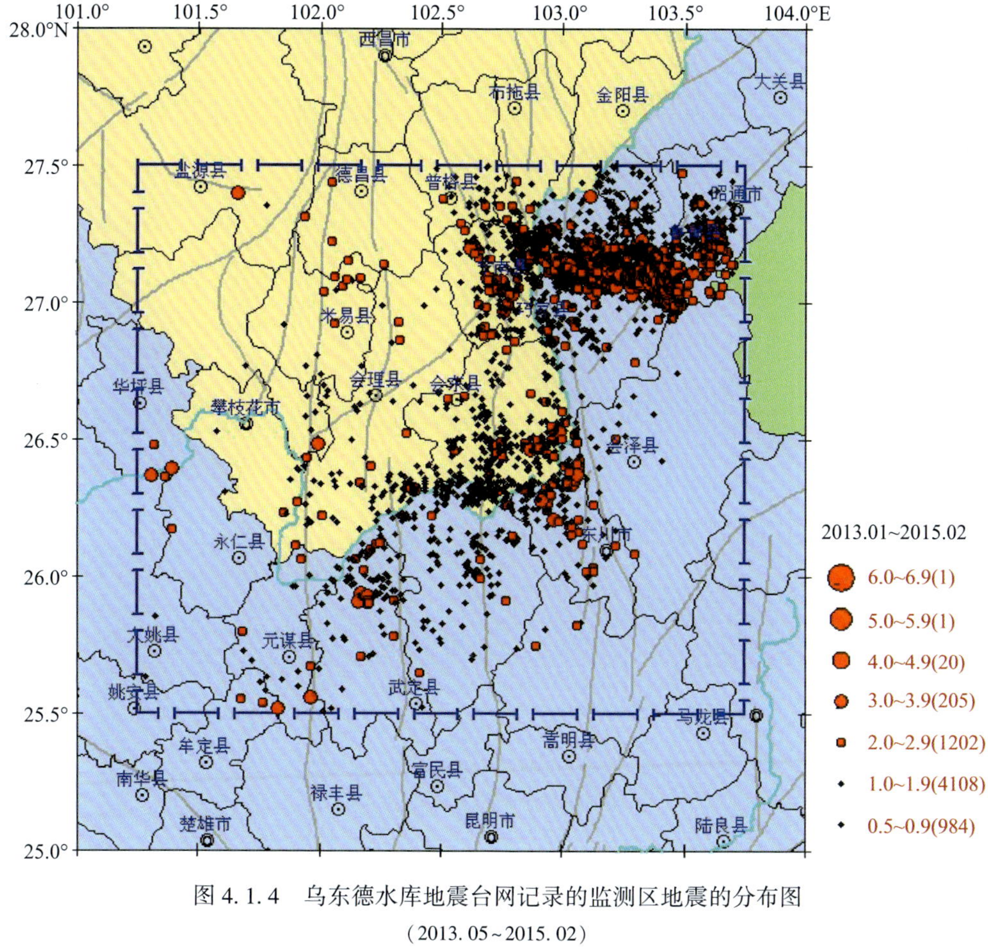


图 4.1.4　乌东德水库地震台网记录的监测区地震的分布图
（2013.05~2015.02）

地震的震级-频次与重复率曲线见图 4.1.5，$M_L$1.2 以上地震记录相对较完整，活动性参数 $b$ 值为 0.92，拟合相关系数 $R$ 为 0.997。

#### 4.1.3.2　库区两侧 30km 范围内地震

乌东德水库金沙江两侧 30km 范围内，从 2013 年 1 月到 2015 年 2 月，水库地震台网记录地震 449 次，其中：$M_L$0.5~0.9 地震地震 201 次，$M_L$1.0~1.9 地震地震 215 次，$M_L$2.0~2.9 地震地震 28 次，$M_L$3.0~3.9 地震地震 5 次。微震主要分布在库区Ⅰ段，$M_L$2~3 小地震主要分布在库区Ⅱ到Ⅳ段及附近区域，见图 4.1.6。

地震的震级-频次与重复率曲线见图 4.1.7，$M_L$0.9 以上地震记录相对较完整，活动性参数 $b$ 值为 0.82，拟合相关系数 $R$ 为 0.995。

#### 4.1.3.3　库区两侧 10km 范围内地震

乌东德水库金沙江两侧 10km 范围内，从 2013 年 1 月到 2014 年 12 月，记录地震 285 次，其中：$M_L$0.5~0.9 地震 148 次，$M_L$1.0~1.9 地震 118 次，$M_L$2.0~2.9 地震 16 次，$M_L$3.0~3.9 地震 3 次。库区Ⅰ段主要分布微震，库区Ⅱ到Ⅳ段分布 $M_L$2~3 小地震，见图 4.1.8。

地震的震级-频次与重复率曲线见图 4.1.9，$M_L$0.9 以上地震记录相对较完整，活动性参数 $b$ 值为 0.77，拟合相关系数 $R$ 为 0.996。

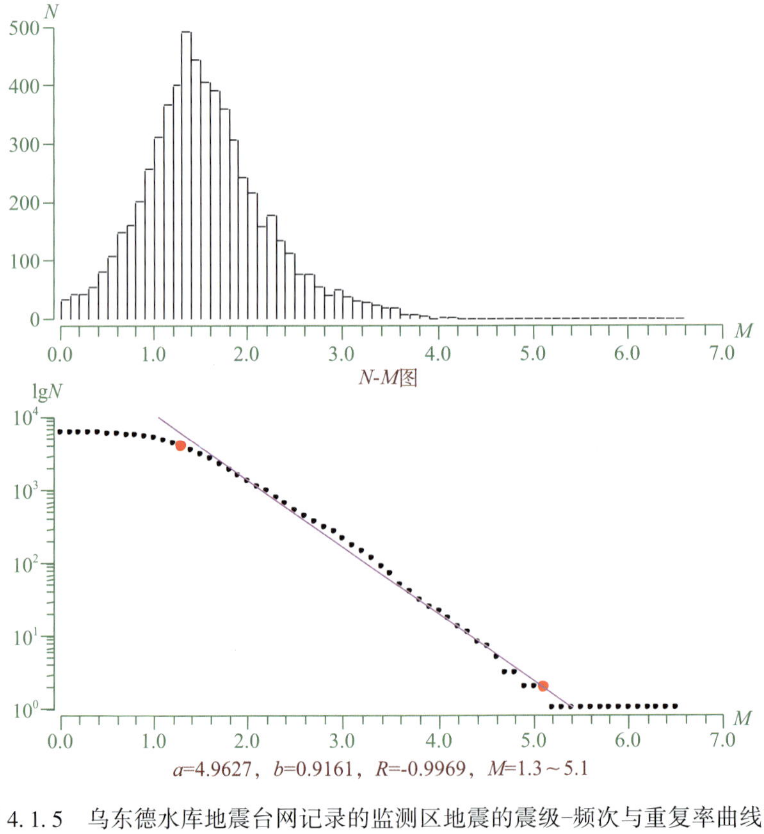


图 4.1.5　乌东德水库地震台网记录的监测区地震的震级-频次与重复率曲线图
（2013.03~2015.02）

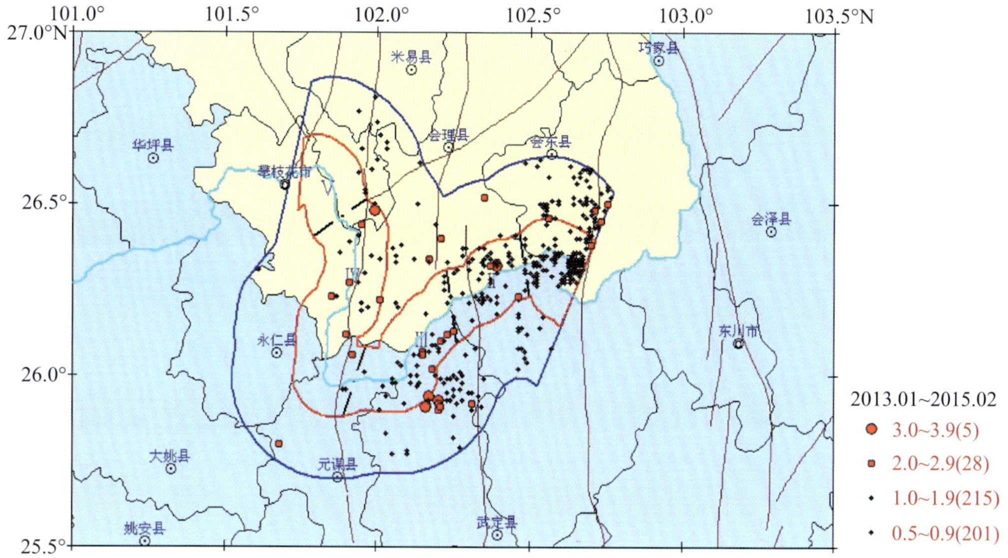


图 4.1.6　水库地震台网记录的乌东德库区两侧 30km（蓝线）范围内地震分布图
（2013.01～2015.02）

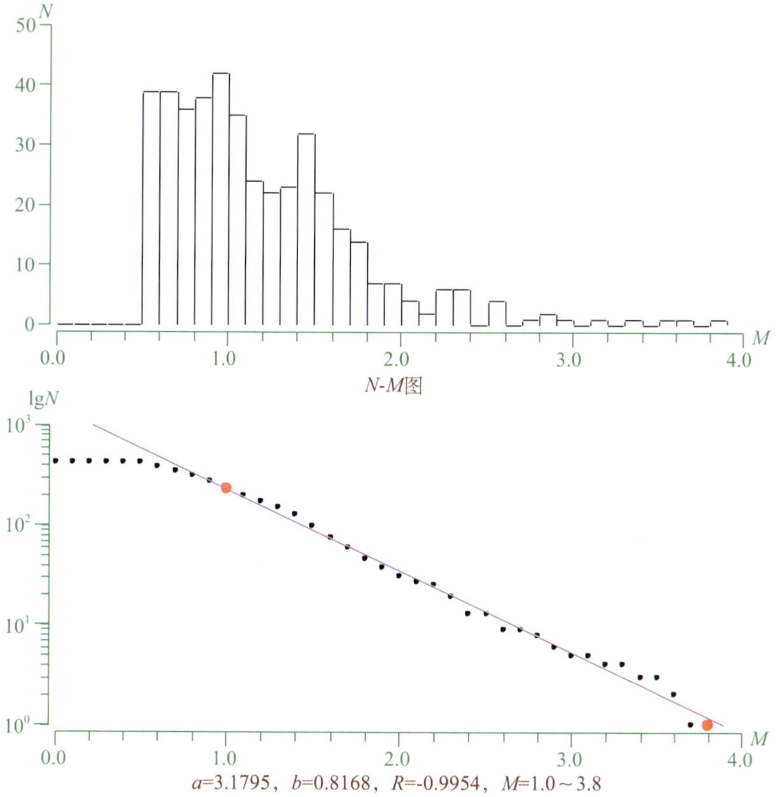


图 4.1.7　水库地震台网记录的乌东德库区两侧 30km 范围内地震的震级-频次与重复率曲线图
（2013.01～2015.02）

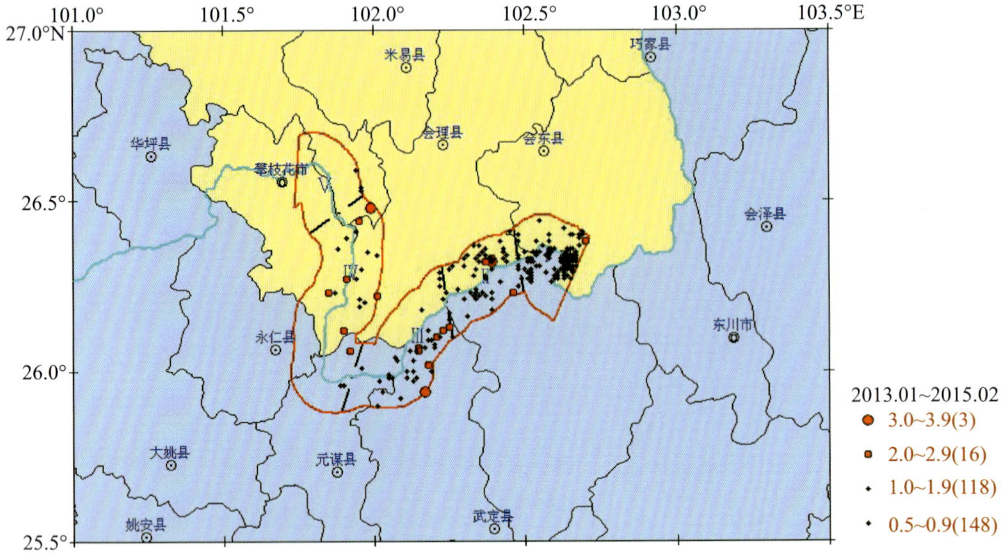


图 4. 1. 8　水库地震台网记录的乌东德库区两侧 10km（红线）范围内地震分布图

（2013. 01～2014. 12）

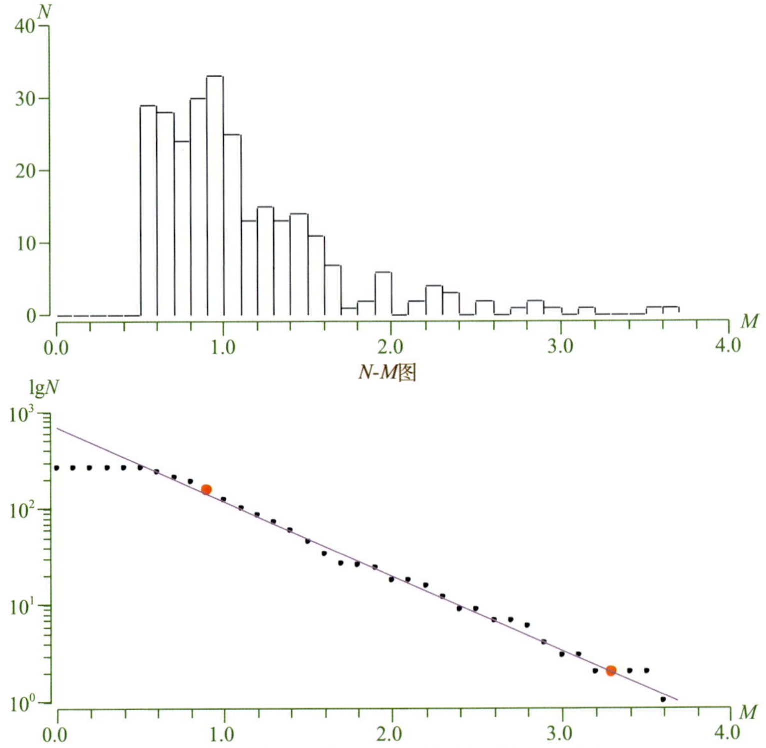


图 4. 1. 9　水库地震台网记录的乌东德水库区两侧 10km 范围内地震的震级-频次与重复率曲线图

（2013. 01～2014. 12）

图 4.1.10 是乌东德水库地震台网的分布简图。对于库区Ⅰ、Ⅱ段的地震活动记录，$M_L$0.5 以上地震记录相对较完整。

分析认为，自公元 1400 年以来的 6 级以上、自 1900 年以来 5.0 级以上、1970 年以来 2.0 级以上、2013 年以来 1.0 级以上，乌东德水库监测区记录的地震相对完整，分析结果较可靠。

乌东德水库影响区域，包括库区金沙江两侧 30km、10km 区域，$M_L$1.0、0.9 以上地震记录相对较完整；库区Ⅰ、Ⅱ段 $M_L$0.5 以上地震记录相对完整，分析结果较可靠。

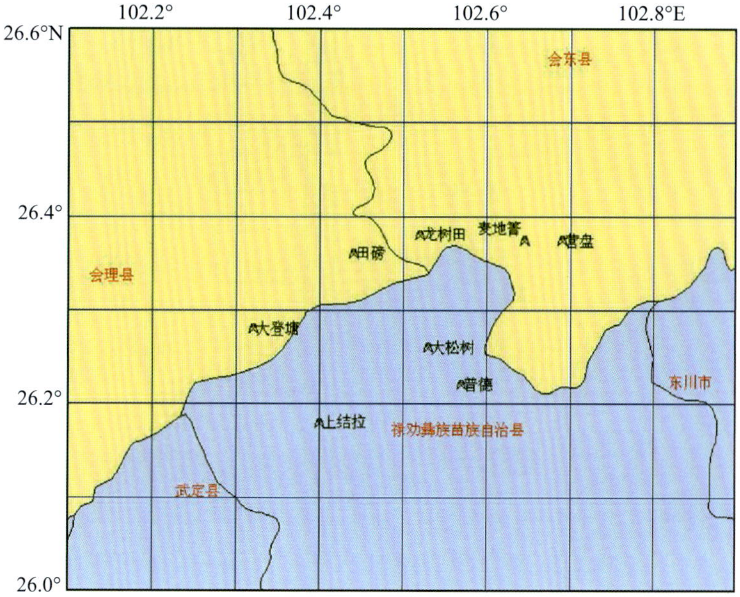


图 4.1.10　乌东德水库地震台网分布简图

## 4.2　历史强震及其对库区的影响烈度

### 4.2.1　历史强震

#### 4.2.1.1　1833 年嵩明杨林 8.0 级地震

极震区：①嵩明位于小江深断裂的西支最大断陷盆地内，民房倒塌严重，人畜伤亡甚众；②宜良县城位于小江深断裂的东支断裂最大的南北向盆地内，人口伤亡多半；③澄江位于小江西支断裂上的盆地内，房多倒塌，江岸山地崩裂、断陷；④寻甸位于小江东支断裂上的第四纪断陷盆地，山地开裂，人畜伤亡甚多。

重破坏区：①昆明府域明初所筑的砖城破坏；②个旧民房庙宇多损坏；③晋宁清乾隆三十六年重建的州城倾圮；④呈贡城南的村寨地裂、山崩、涌水；⑤开远关圣宫雉堞圮毁。

从极震区到轻破坏区和受地震影响破坏较轻的区域，最远记载达 400km。

极震区划为Ⅹ~Ⅺ度区；寻甸经宜良到澄江，划为Ⅸ度区；昆明、江川、晋宁等为Ⅷ度区；宜威、马龙、禄劝、石屏、蒙自为Ⅶ度区，见图 4.2.1。现场勘查，嵩明地震破裂带长度约 90km；最大位错约 1m。

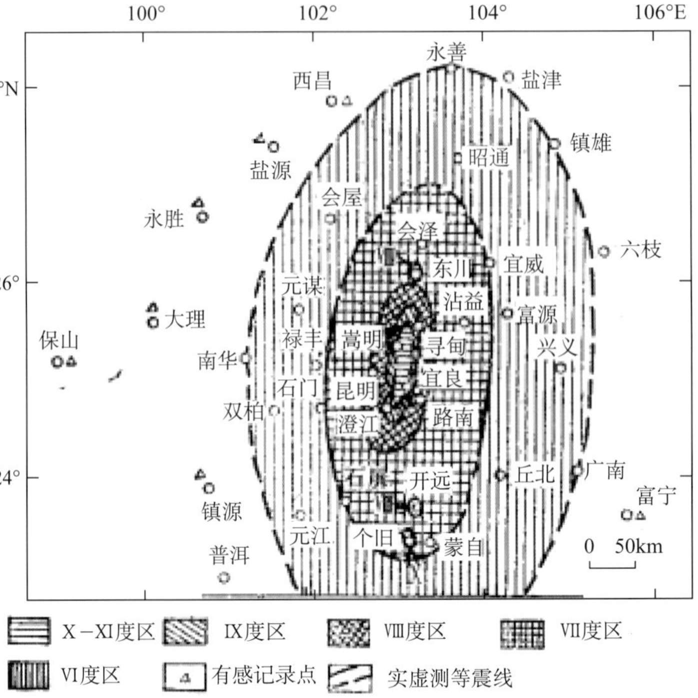


图 4.2.1 1833 年嵩明杨林 8.0 级地震等震线分布图

#### 4.2.1.2 1955 年会理鱼鲊 $6\frac{3}{4}$级地震

等震线呈长椭圆形，长轴方向为 SN 向，极震区位于金沙江河谷的鱼鲊、河漂村一带，见图 4.2.2。极震区北起红格，南至紫石坝。极震区内结构物破坏严重。这次地震的发震断层是昔格达断裂。

#### 4.2.1.3 1985 年禄劝东北 6.3 级地震

地震发生在禄劝东北，震中烈度Ⅷ度，属主震—余震型地震。主震深度 9km，最大的 4.9 级余震深度为 4km，多数余震集中在 10km 左右。现场考察，地震极震区位于普渡河主干断裂带东侧，沿北西方向分布，长约 5km、宽约 4km，见图 4.2.3。极震区以西和北东方向衰减较快，沿南、北以及正东方向衰减较慢，这与局部场地土条件、地形地貌以及 NW 向次级断裂构造背景有关。余震震中集中在普渡河断裂带东侧 4~13km 范围。根据地震 P 波初动解、余震分布和宏观震害调查结果，结合震区的构造背景分析，普渡河断裂带的次级构造则邑断裂为此次地震的发震构造。

#### 4.2.1.4 1995 年武定西北 6.5 级地震

地震发生在武定县城西北法窝地区，震中烈度Ⅸ度，震源深度 15km，属主震—余震型

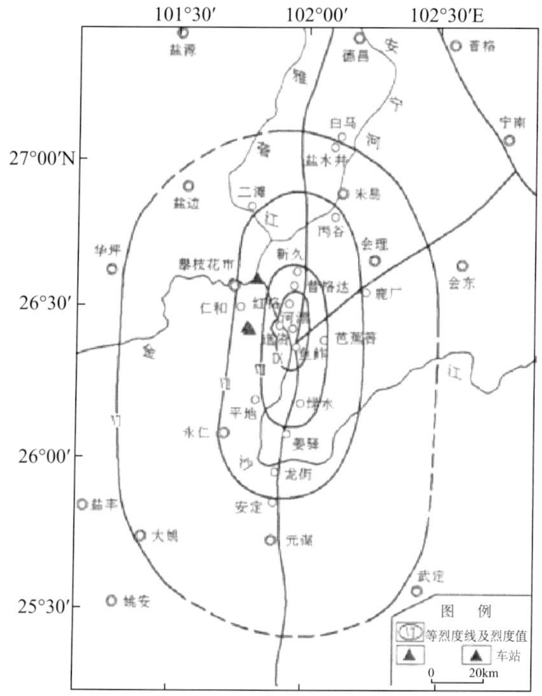


图 4. 2. 2　1955 年 9 月 23 日四川会理县鱼鲊 6¾级地震等震线分布图

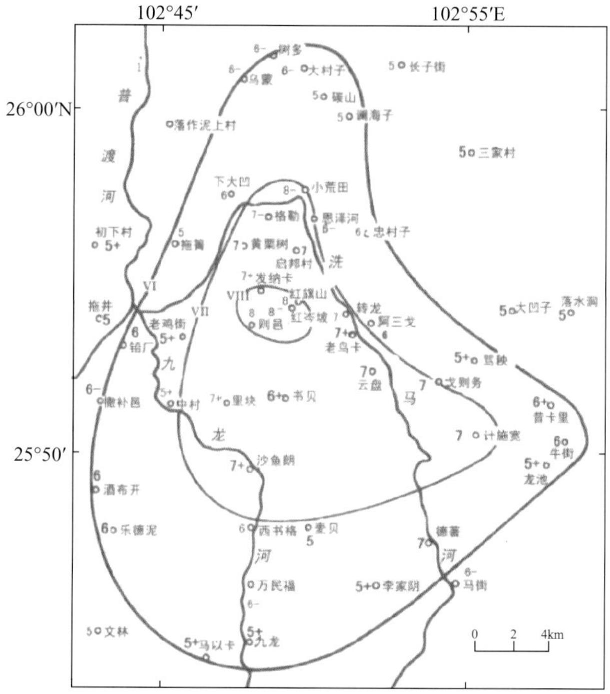


图 4. 2. 3　1985 年 4 月 18 日禄劝东北 6. 3 级地震等震线分布图

地震，10 月 25 日 5.3 级为最大余震。现场考察，Ⅸ度极震区北起羊槽箐南到康照，东至发窝，西达东坡，长轴约 28km，短轴 10～20km，呈 N75°W 展布，见图 4.2.4，余震显示以 NW 向分布为主，次为 SN 向展布，结合余震分布与地震 P 波初动解，此次地震的发震构造为汤郎—易门断裂带上 NW 向次级断裂。

#### 4.2.1.5　2000 年姚安光禄北西 6.5 级地震

震中烈度Ⅷ度，震源深度 30km，等震线 NNE 向，见图 4.2.5。发震构造是震中以南 15km 的 NW 向马尾箐断裂。沿断裂地裂缝、滑塌地表形变现象集中。余震序列呈 NW 向。

#### 4.2.1.6　2008 年攀枝花仁和会理鱼鲊间 6.1 级地震

地震及余震序列发生在 1955 年 9 月 23 日会理鱼鲊 6¾级地震的极震区，见图 4.2.6，地震造成仁和区建筑破坏严重。此次地震及余震序列发生在昔格达断裂南段与元谋断裂的交接部位。

#### 4.2.1.7　2014 年昭通鲁甸 6.5 级地震

地震等烈度线见图 4.2.7，震中区为Ⅸ度，等震线长轴呈 NNW 走向；Ⅶ、Ⅷ度区均涉及鲁甸、巧家、会泽县部分乡镇；Ⅵ度区涉及鲁甸、巧家等县的部分乡镇。地震对乌东德库区影响烈度低于Ⅴ度。

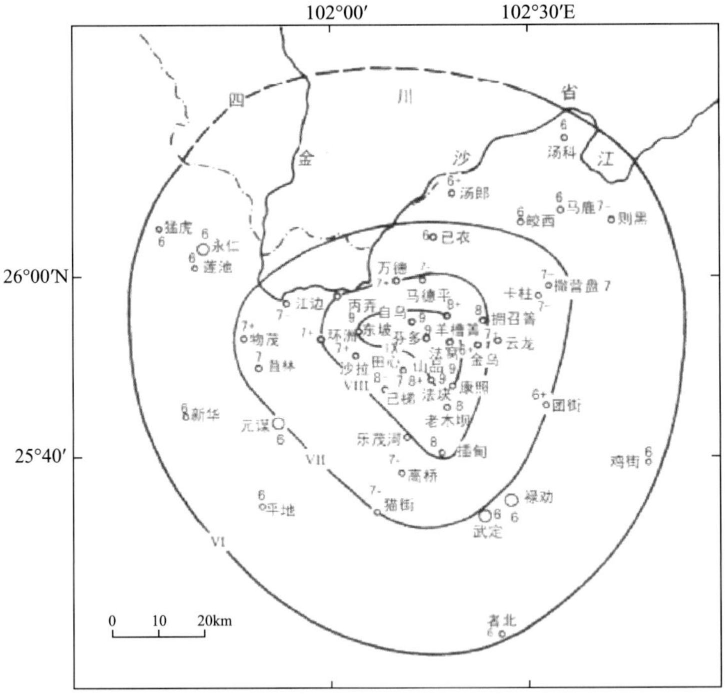


图 4.2.4　1995 年 10 月 24 日武定西北 6.5 级地震等震线分布图

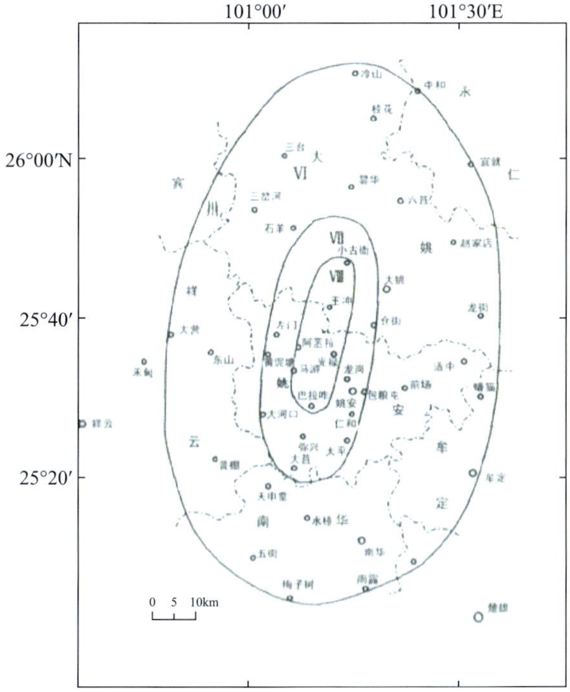


图 4.2.5　2000 年 1 月 15 日姚安地震的等震线分布图

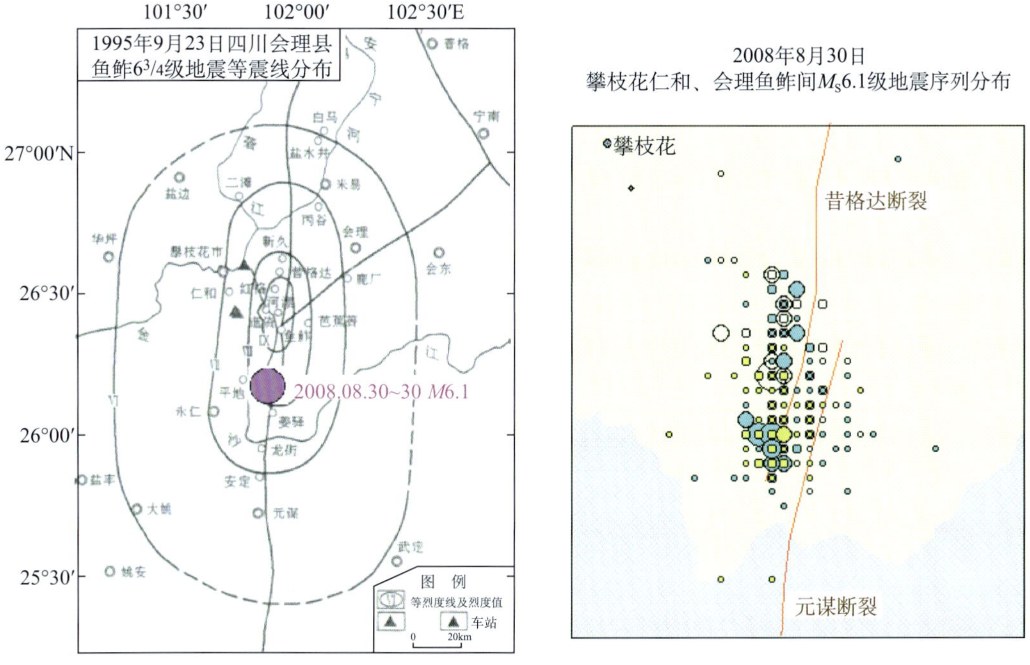


图 4.2.6　2008 年 8 月 30 日攀枝花仁和 6.1 级地震序列与 1955 年会理 6¾级等震线图

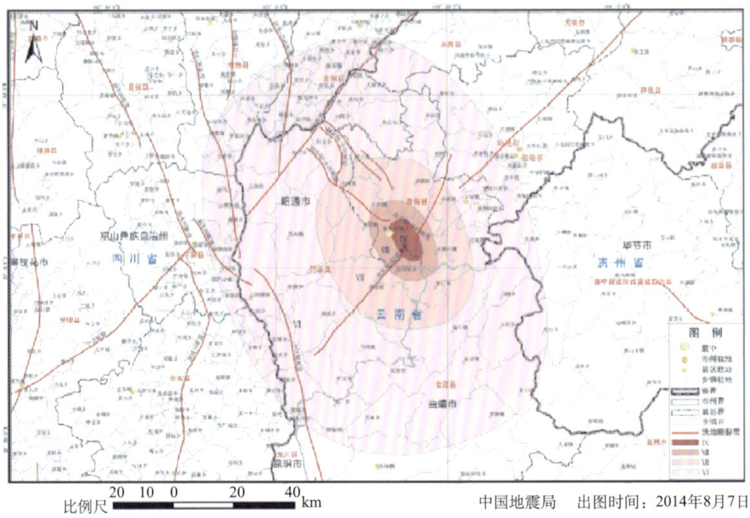


图 4.2.7　2014 年 8 月 3 日昭通鲁甸 $M_S$6.5 地震等烈度线图

## 4.2.2　历史强震对水电站库区的影响烈度

选出从 1833~2014 年对水电站库区有影响的 11 次历史强地震，见表 4.2.1。

**表 4.2.1　历史地震对乌东德库区影响烈度表**

| 地震事件 | 参考地名 | 震中位置 | | 震级 | 震中烈度 | 对库区的 |
|---|---|---|---|---|---|---|
| 年．月．日 | | 北纬 | 东经 | $M$ | $I_o$ | 影响烈度 |
| 1733.08.02 | 东川紫牛坡 | 26°12′ | 103°08′ | 7¾ | Ⅹ | Ⅵ |
| 1833.09.06 | 嵩明杨林 | 25°06′ | 103°04′ | 8.0 | Ⅺ | Ⅵ |
| 1893.04 | 禄劝马鹿塘 | 26°09′ | 102°33′ | 5 | Ⅵ | Ⅴ |
| 1947.06.07 | 会东淌塘 | 26°18′ | 102°43′ | 5.5 | Ⅶ | Ⅵ |
| 1955.09.23 | 会理鱼鲊 | 26°36′ | 101°48′ | 6¾ | Ⅷ | Ⅵ |
| 1985.04.18 | 禄劝东北 | 25°52′ | 102°51′ | 6.3 | Ⅷ | Ⅴ |
| 1988.04.15 | 会东鹿鹤 | 26°19′ | 102°43′ | 5.4 | Ⅶ | Ⅴ |
| 1995.10.24 | 武定西北 | 25°50′ | 102°19′ | 6.5 | Ⅸ | Ⅵ |
| 2000.01.15 | 姚安光禄 | 25°35′ | 101°07′ | 6.5 | Ⅷ | Ⅵ |
| 2008.08.30 | 攀枝花仁和 | 26°12′ | 101°54′ | 6.1 | Ⅷ | Ⅵ |
| 2014.08.03 | 昭通鲁甸 | 27°06′ | 103°18′ | 6.5 | Ⅷ | Ⅴ |

表 4.2.1 给出的历史地震事件对水电站库区所影响的地震烈度分布范围在Ⅴ~Ⅵ度。见综合等震线图 4.2.8。

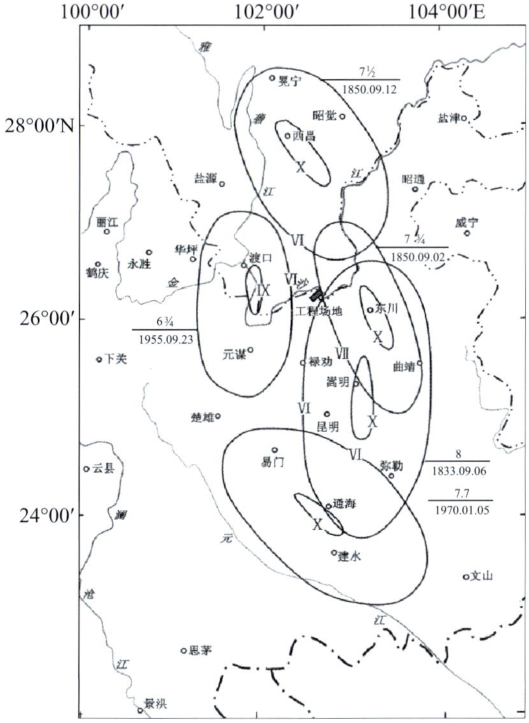


图 4.2.8　区域 5 次历史强震综合等震线图

除上述强震外，乌东德水电工程近场区及库区 30km 范围内还发生过 5 次中等地震，其中，1988 年 4 月 15 日会东鹿鹤 5.2 级地震，震源位于库区下游库坝东侧江边，距离坝址 13km，影响烈度Ⅴ度，见图 4.2.9。

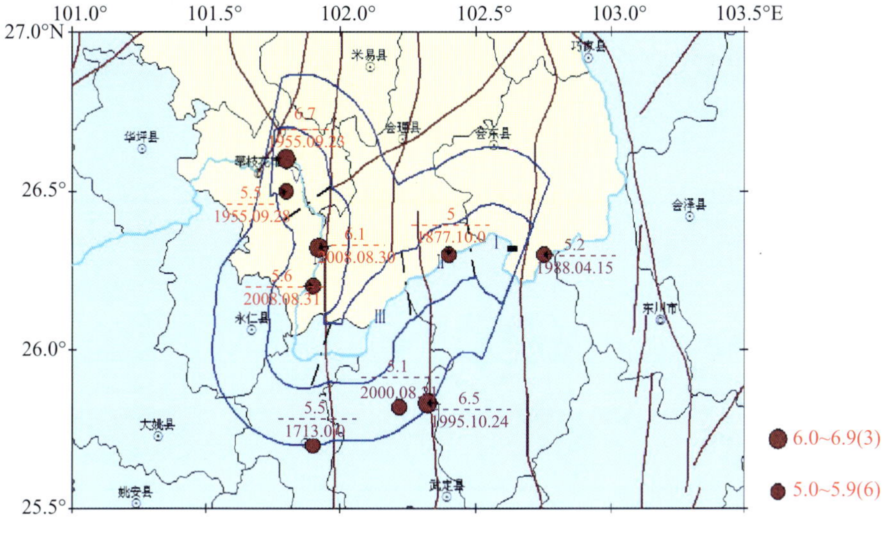


图 4.2.9　乌东德水库 30km 范围对库区有影响的历史地震分布图

此外，1713 年（月日不详）元谋 5.5 级地震，震中烈度Ⅶ度，在库区 30km 范围内，距离坝址 101km；1877 年 10 月（日期不详）武定北 5.0 级地震，震中烈度Ⅵ度，在库区 10km 范围内，距离坝址 23km；1955 年 9 月 28 日攀枝花东南 5.5 级地震，在库区 10km 范围内，距离坝址 86km；2000 年 8 月 21 日武定北 5.1 级，在库区 30km 范围内，距离坝址 70km。这些地震对库区的影响烈度很低。

## 4.3 区域应力场

### 4.3.1 震源机制解

选取北纬 25.5°~27.5°、东经 101.25°~103.75°的震源机制资料，起止时间为 1986.07.10~2009.11.17，地震数量 430 个。划分成 4 种类型：逆冲类型 107 个，标红色；正断层类型 46 个，标蓝色；走向滑动类型 277 个，标黑色；复合类型 46 个，标灰色。投影如图 4.3.1，走滑断层占比 64.4%，逆冲类型占比 24.9%，正断层占比 10.7%，复合类型占比 12.1%。

许力生研究员研究巧家临时台的震源机制如图 4.3.2。起止时间为 2012.03.25~2013.11.30，地震数目达到 573 个。划分成 4 种类型：逆冲类型 85 个，标红色；正断层类型 210 个，标蓝色；走向滑动类型 189 个，标黑色；复合类型 89 个，标灰色。正断层 36.6%，走向滑动类型占 33.0%，逆冲占 14.8%，复合类型占 15.5%。

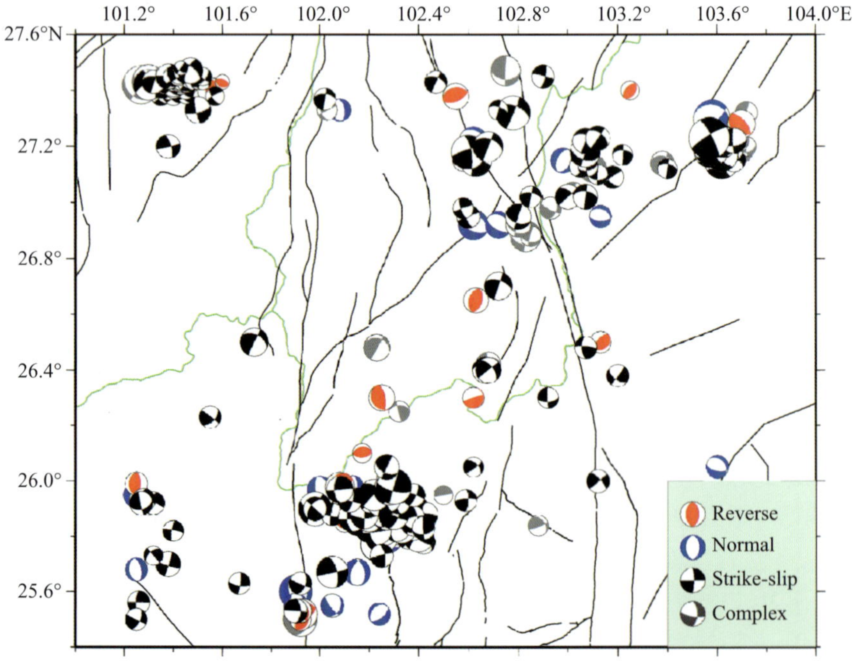


图 4.3.1 研究区地震震源机制投影图

（1986.07~2009.11）

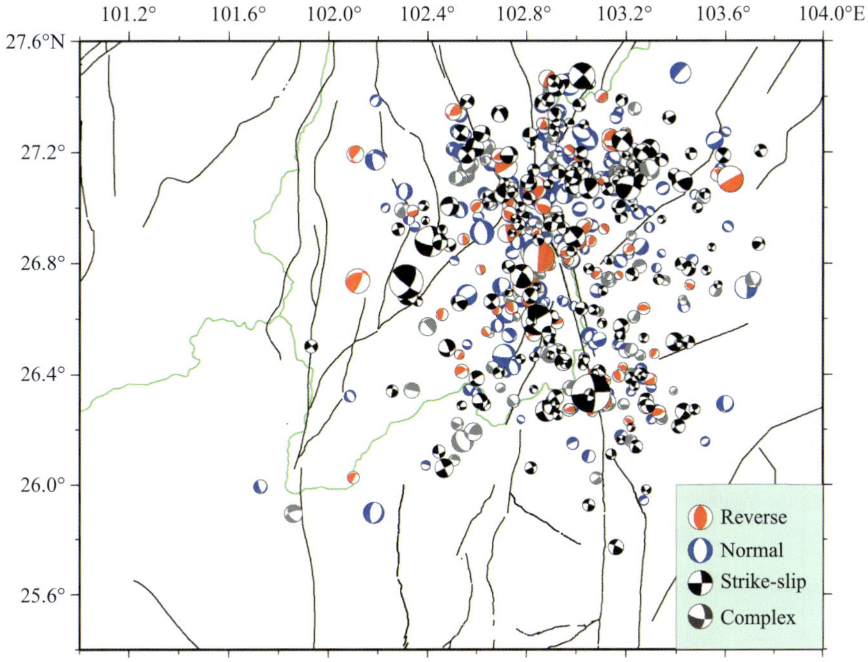


图 4.3.2　许力生课题组提供的小震震源机制投影图
(2012.03~2013.11)

从美国地质调查局网站下载 1976~2013 年的矩张量解 CMT，有 10 个解，见表 4.3.1。

**表 4.3.1　美国地质调查局网站下载研究区矩张量解表**

| 年 | 月 | 日 | 东经(°) | 北纬(°) | h | $M_W$ | Tp | Tt | Bp | Bt | Pp | Pt | st1 | dp | sl1 | st2 | dp | sl2 |
|---|---|---|---|---|---|---|---|---|---|---|---|---|---|---|---|---|---|---|
| 1976 | 11 | 6 | 101.4 | 27.5 | 22.7 | 6.3 | 12 | 243 | 66 | 123 | 21 | 337 | 111 | 84 | -156 | 19 | 66 | -6 |
| 1993 | 8 | 14 | 101.8 | 25.63 | 33 | 5.2 | 21 | 72 | 69 | 252 | 0 | 162 | 115 | 76 | 165 | 209 | 76 | 15 |
| 1995 | 10 | 23 | 102.54 | 25.87 | 15 | 6.2 | 4 | 239 | 73 | 135 | 17 | 330 | 105 | 81 | -165 | 13 | 75 | -9 |
| 1998 | 10 | 2 | 101.52 | 27.45 | 15 | 5.3 | 29 | 242 | 0 | 151 | 61 | 61 | 151 | 74 | -90 | 332 | 16 | -89 |
| 1998 | 11 | 19 | 101.47 | 27.25 | 15 | 5.6 | 1 | 257 | 76 | 163 | 14 | 347 | 123 | 81 | -169 | 31 | 79 | -9 |
| 2003 | 7 | 21 | 101.32 | 25.98 | 15 | 5.9 | 3 | 65 | 78 | 321 | 11 | 155 | 291 | 84 | -170 | 200 | 80 | -6 |
| 2003 | 10 | 16 | 101.52 | 25.89 | 33 | 5.6 | 1 | 243 | 88 | 135 | 2 | 333 | 108 | 89 | -178 | 18 | 88 | -1 |
| 2005 | 8 | 5 | 103.19 | 26.46 | 27 | 5.2 | 11 | 208 | 73 | 335 | 13 | 115 | 161 | 88 | -17 | 252 | 73 | -178 |
| 2008 | 8 | 30 | 102.04 | 26.23 | 20 | 5.9 | 5 | 54 | 84 | 217 | 2 | 324 | 189 | 87 | 5 | 99 | 85 | 177 |
| 2008 | 8 | 31 | 102.01 | 26.21 | 25.1 | 5.5 | 5 | 237 | 75 | 127 | 14 | 328 | 103 | 84 | -167 | 12 | 77 | -6 |

从 USGS 网站下载研究区有 10 次地震的 CMT 解，见投影图图 4.3.3，其中有 9 个解是走向滑动类型，一个是正断层，显然以走向滑动为主。

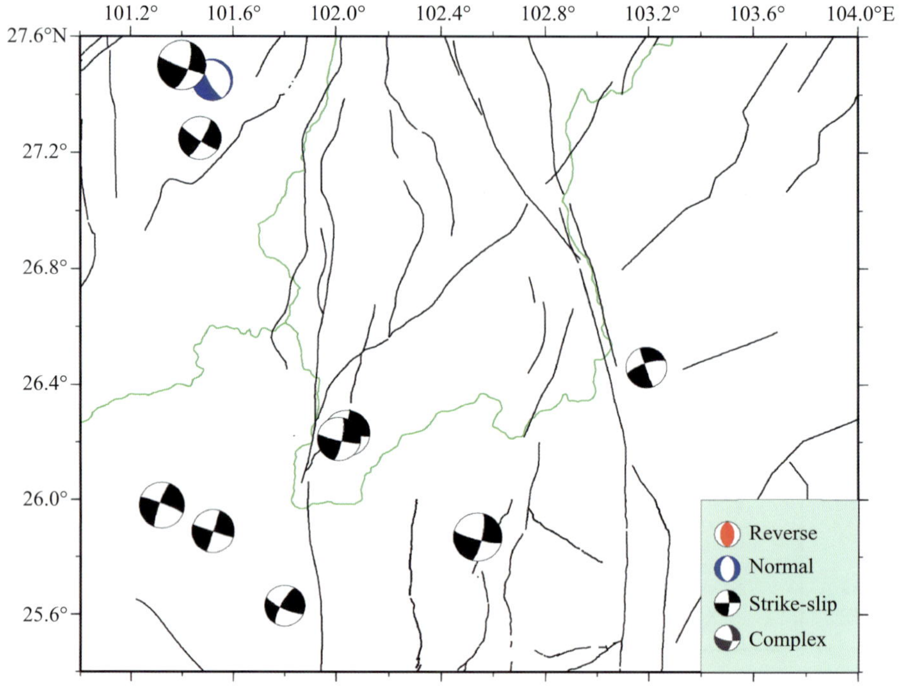


图 4.3.3　据 USGS 得到的研究区 CMT 矩心矩张量解投影图

将上述地震的震源机制投影叠加，作图 4.3.4，有震源机制解的地震能够覆盖研究区。

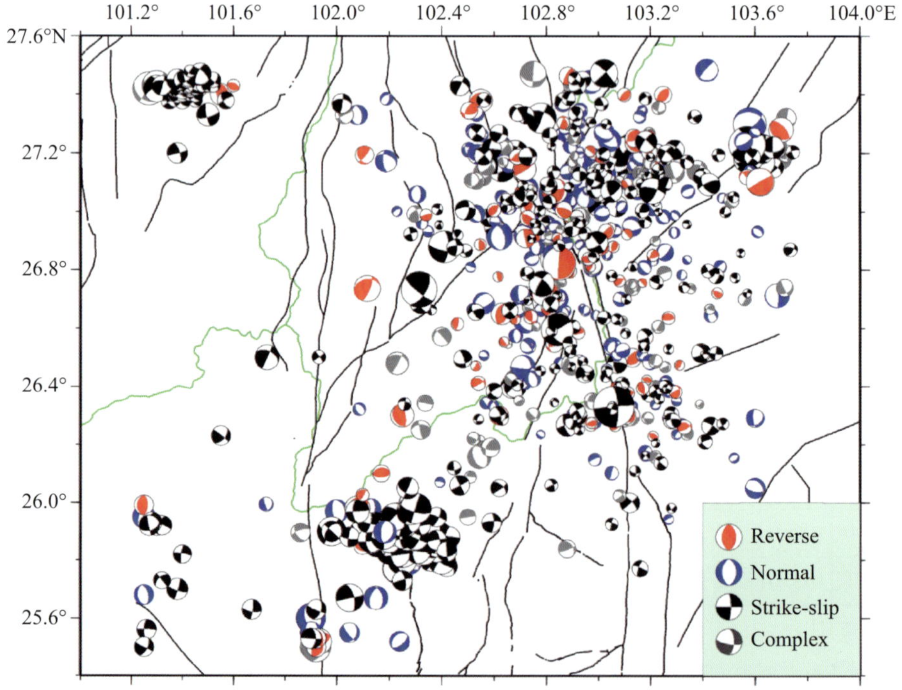


图 4.3.4　小地震震源机制叠加图

收集到研究区的这些震源机制，包括矩张量解、P 波初动解、波形反演的中小地震解。它们的震中能够覆盖全区，时间跨度大，较之类似工作，资料最为完整、丰富。

## 4.3.2　滇中地块应力场

### 4.3.2.1　矩张量解反演的区域应力场

图 4.3.5 为矩张量解震源机制反演应力场 3 个应力轴的投影。最大压应力主轴（红色方块）方位 332°、倾伏俯角 22°；中等压应力主轴（蓝色圆点）方位 129°、倾伏角 67°；最小压应力主轴（绿色三角形）方位 238°、倾伏角 8°。应力比 $R=(\sigma_2-\sigma_1)/(\sigma_3-\sigma_1)$ 为 0.4；拟合残差角 2.492，一致性较好；拟合残差角很小表示研究区域具有均匀的应力场。反之，则表示研究区域应力场的不均匀性（万永革，2010）。phi 为中等应力轴 $\sigma_2$ 在垂直于主应力方向平面上的滑动角，为 81.1°。矩张量解震源机制反演的研究区主压应力方位为 NNW，作用力接近水平。

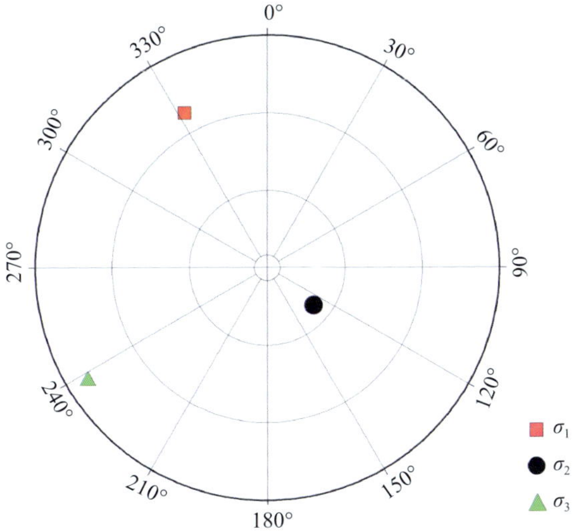


图 4.3.5　研究区矩张量解反演区域应力场的应力轴投影图

### 4.3.2.2　小震机制解反演的区域应力场

选择川滇地区震源机制解 430 个，反演给出区域应力场，图 4.3.6 是反演的应力场 3 个应力轴的投影。最大压应力主轴（红色方块）方位 332°、倾伏角 22°，接近水平；中等压应力主轴（蓝色圆点）方位 83°、倾伏角 42°，倾斜状态；最小压应力主轴（绿色三角形）方位 222°、倾伏角 41°，也是倾斜状态。应力比 $R=(\sigma_2-\sigma_1)/(\sigma_3-\sigma_1)=0.5$；拟合残差角 11.866，误差稍大。为走向滑动兼少许逆冲的复合类型应力场。phi 为中等应力轴 $\sigma_2$ 在垂直于主应力方向平面上的滑动角，为 45.6°。430 个震源机制解反演的研究区主压应力方位也为 NNW，作用力接近水平。

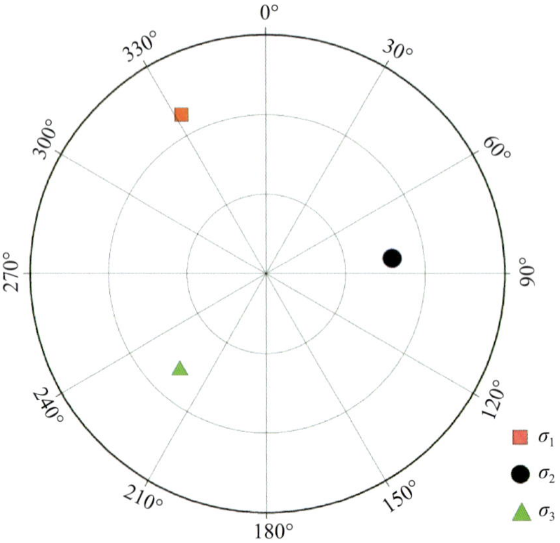


图 4.3.6　川滇地区小地震震源机制反演应力场图

#### 4.3.2.3　巧家临时台网资料反演的局部应力场

图 4.3.7 是根据中国地震局地球物理研究所许力生研究员课题组布设的巧家临时台网提供的震源机制解，反演局部区域应力场 3 个应力轴的投影。最大压应力主轴（红色方块）方位 264°、倾伏角 88°，属于直立的压应力轴；中等压应力主轴（蓝色圆点）方位 121°、倾伏角 2°；最小压应力主轴（绿色三角形）方位 31°、倾伏角 1°。应力比 $R=(\sigma_2-\sigma_1)/(\sigma_3-\sigma_1)=0.6$；拟合残差角 13.945，误差稍大；表示研究区域应力场的不均匀性。phi 为中等应力轴 $\sigma_2$ 在垂直于主应力方向平面上的滑动角，为 53.4°。巧家临时台网记录地震震级低、时间集中（2012.03.25~2013.11.30）。此反演的局部区域的主压应力方位为 NEE 或近 EW 向。

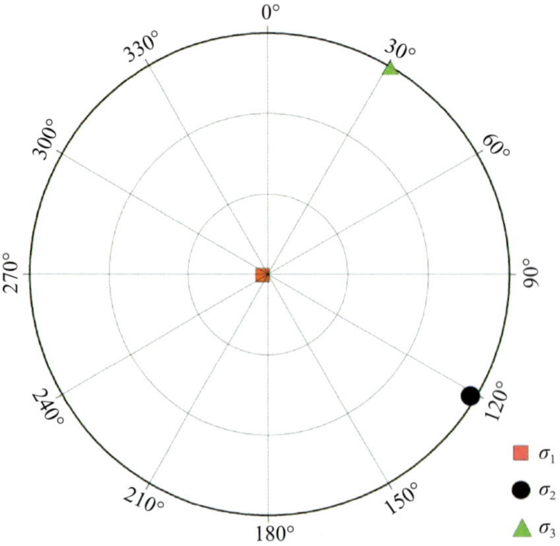


图 4.3.7　巧家临时台网资料反演应力场图

#### 4.3.2.4　区域应力场的分析结果

收集到研究区近 1200 个震源机制，包括矩张量解、P 波初动解、波形反演的中小地震解。震中能够覆盖全区，时间跨度近 80 年，资料完整、丰富。其中，虽然矩张量解仅有 10 个，比较离散，矩震级在 5.2~6.3 的范围，强度比较高，结果应当最为可信。发生的小地震具有很大的随机性，受局部、瞬时的影响大，但是毕竟在区域应力场的作用之下，或多或少也会携带应力场总体的信息，采用统计的方法，可以提取应力场的信息。

波形拟合反演中小地震震源机制的方法结果也是可信的，至于 P 波初动解的信度需要考虑如下条件，初动符号在球面分布是否均匀，符号对节面限制是否严格，符号数目的多少，矛盾符号的比例。所以只取 4 级以上地震的资料，相对比较可信。

巧家临时台网近一年多的震源机制反演应力场，是典型的拉张应力场。资料限于局部，时间较短，可能是暂态应力场的表现。

由不同资料反演了应力场存在异同。应力场主体是 NNW—SSE 方位的压应力轴，SWW—NEE 方位的张应力轴，二者近于水平；中等应力轴接近直立。矩张量解直接体现，全区小震的结果也接近。不同构造的 P 波初动解，不同时期也存在细节差异，3 个应力轴存在一定程度的偏转。研究区属于康滇菱形地块体的南部，见图 4.3.8，雅江地块（YJ）压应力场作用方向优势分布在 160°~170°方位，即 SSE 方向。东边界的鲜水河断裂、安宁河断裂和则木河断裂呈现为左旋运动特征，金沙江断裂带为右旋运动特征。滇中地块（DZ）承续 SSE 向的运动，其压应力场作用方向优势分布在 150°~160°方位。与雅江地块压应力场方位的微小差异，更略偏东。该区成为主压应力优势方位由 SE 略向 SSE 偏转的转折部位。

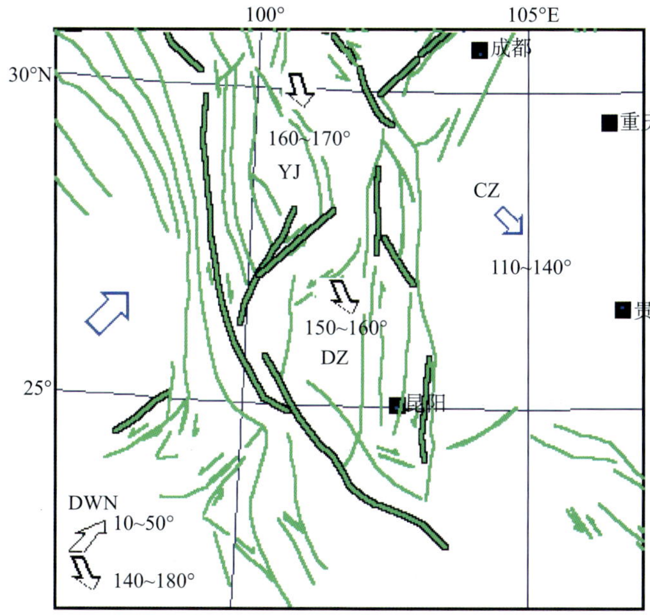


图 4.3.8　川滇地块主压应力轴方位分布和地块活动方式示意图

YJ 示雅江地块；DZ 示滇中地块；CZ 示川中地块；DWN 示滇西南地块

### 4.3.3 构造应力场

收集到从1936年起183个P波初动解，投影如图4.3.9。按图中4个构造分区，反演构造应力场，应力轴投影标识于各个构造带附近。

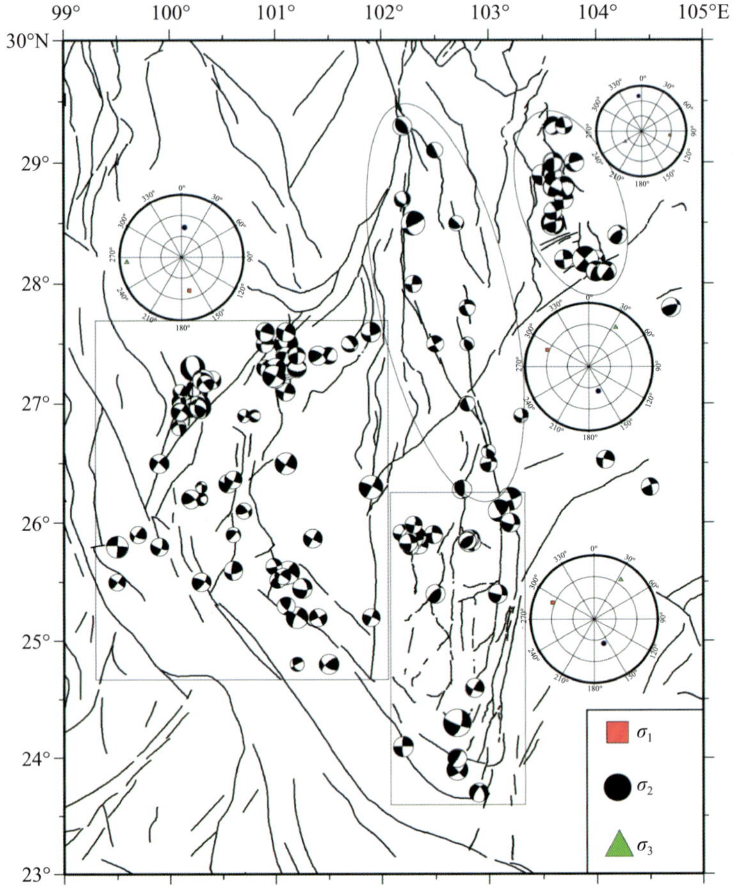


图4.3.9 研究区183个P波初动解的投影图

安宁河—则木河（图4.3.9北部）构造应力场3个应力轴，最大压应力主轴（红色方块）方位142°、倾伏角4°，属于水平的压应力轴。中等压应力主轴（蓝色圆点）方位46°、倾伏角56°，呈倾斜状态；最小压应力主轴（绿色三角形）方位235°、倾伏角34°，稍稍翘起的状态。为剪切为主应力场，有利于走向滑动，或正或逆断层地震也会发生。

滇中（图4.3.9西部）构造应力场3个应力轴，最大压应力主轴（红色方块）方位167°、倾伏角41°，属于倾斜的压应力轴。中等压应力主轴（蓝色圆点）方位6°、倾伏角47°，呈倾斜状态；最小压应力主轴（绿色三角形）方位265°、倾伏角10°，水平状态。为拉张为主的应力场，有利于走向滑动和正断层地震发生。

小江带（图4.3.10中南部）构造应力场3个应力轴，最大压应力主轴（红色方块）方位 292°、倾伏角 27°，接近水平的压应力轴。中等压应力主轴（蓝色圆点）方位 159°、倾伏角 53°，倾斜状态；最小压应力主轴（绿色三角形）方位 34°、倾伏角 23°，倾斜接近水平状态。为剪切为主应力场，有利于走向滑动，或正或正断层地震都可能发生。

2014 年 8 月 3 日发生鲁甸 6.5 级地震，按金明培等人用 CAP 方法求得此次地震震源机制解结果，主压应力 P 轴：方位 120°，仰角 9°；主张应力 T 轴：方位 25°，仰角 25°；节面 1：走向 70°，倾角 79°，滑动角 155°；节 2：走向 165°，倾角 65°，滑动角 12°；最佳拟合震源深度 9km。鲁甸 *M*6.5 级地震及其余震震源机制解绘于图 4.3.10。

上述 3 个地震（区）带，应力场存在差异，但主压应力方位基本在 NW—SE，主张应力方位基本在 NE—SW，不同构造有一定程度的偏转，有的呈水平，多为倾斜状态。在滇中块体内，与边缘断裂有关的各构造带域的主压构造应力方向并不完全一致，甚至有较大的差异。地震破裂也不尽相同，反映在震源机制解节面的力学性质方面。

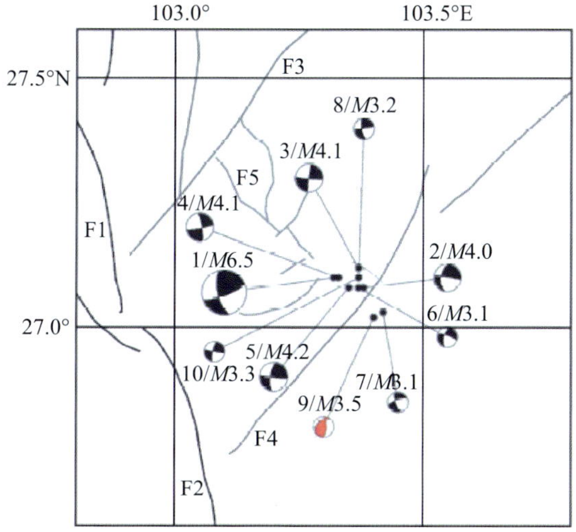


图 4.3.10　昭通鲁甸 6.5 级地震及 3 级余震震源机制解图

F1. 则木河断裂；F2. 小江断裂；F3. 莲峰断裂；F4. 西鱼河—昭通断裂；F5. 包谷瑙—小河断裂

## 参 考 文 献

曹会兰、李山有、李伟，2009，ARX 结构模态参数识别方法对比（Ⅱ）——基于地震观测记录的对比［J］，地震工程與工程振动，29（2）：143~149

曹会兰、李山有、张雷，2009，ARX 结构模态参数识别方法对比（Ⅰ）——基于理论地震反应时程的对比［J］，地震工程與工程振动，29（1）：123~129

常宝琦、沈立英，1997，水库地震主震发生时间的预测［J］，华南地震，17（2）：76~82

车用太、李万明、刘成龙，2014，金沙江水网地下水动态在彝良 $M_S$5.7 地震前的异常及其特征［J］，地震，34（1）：104~111

车用太、鱼金子、刘成龙，2010，水库诱发地震地下水监测网建设的若干问题探讨［J］，地震学报，32（2）：203~213

陈传华、李峰、洒荣利，2006，综合信息网络建设在现代化台站中的应用［J］，防灾科技学院学报，8（3）：31~33
陈德基、汪雍熙、曾新平，2008，三峡工程水库诱发地震问题研究［J］，岩石力学与工程学报，27（8）：1513~1524
陈颙，1978，用震源机制一致性作为描述地震活动性的新参数［J］，地球物理学报，21（02）：142~159
成万里、余尚江、卢亚等，2015，中心地震台信息化管理模式［J］，地震地磁观测与研究，36（5）：145~148
程万正，2013，高烈度区的水库地震问题［J］，国际地震动态，（4）：10~18
董娜，2006，我国地震监测数字化发展初探［J］，计算机与信息工程，3（3）：169~170
杜瑞林、乔学军、邢灿飞等，2004，三峡二期工程蓄水后的垂直形变场［J］，大地测量与地球动力学，24（1）：41~45
樊启祥、苏立，2010，金沙江下游水电站水库地震监测系统的建设与项目管理［J］，水力发电，（01）：38~41
冯志仁、程万正、刁桂苓，2015，向家坝水库蓄水期间的地震活动分析［J］，中国地震，（02）：319~328
韩进、谢蓉华，2006，武都水利枢纽工程水库数字遥测地震台网布局设计［J］，地震地磁观测与研究，27（6）：33~37
胡金山，2016，水库地震监测技术研究进展及主要问题［J］，水电站设计，（03）：70~72
华卫、陈章立、郑斯华等，2010，三峡水库地区震源参数特征研究［J］，地震地质，32（4）：533~542
皇甫岗、秦嘉政，2006，云南地区大震活动规律研究［J］，地震地质，28（1）：37~47
金星、李山有、李祖宁等，2006，展望地震监测台网的发展与应用［J］，中国地震，22（3）：242~248
雷红富、苏立，2011，水利水电工程震害分析及抗震措施建议［J］，震灾防御技术，6（2）：116~123
李愿军，1991，长江三峡地区地壳形变特征及其构造意义［J］，地震地质，13（3）：249~257
李志雄、张金祥、周克昌，2006，关于数字化地震台网（站）建设的几点思考［J］，国际地震动态，（5）：1~7
梁秀英，1985，云南地震的震源参数特征［J］，地震研究，4：001
粱文岚，2006，我国建设首个全流域水电工程地震监测台网［J］，中国水利，（22）：71~71
刘瑞丰、吴忠良、阴朝民，2003，中国地震台网数字化改造的进展［J］，地震学报，25（5）：535~540
吕金水、黄文辉，2001，基于 TCP/IP 协议的地震波形数据实时传输技术在数字地震台网联网中的应用［J］，华南地震，21（3）：37~41
彭美凤、林世敏，1997，水口水库地震及其活动特征［J］，华南地震，17（2）：83~89
阮祥，2007，川滇中小地震震源参数的研究［D］，学位论文，兰州：中国地震局兰州地震研究所
尚红、刘天海、杨怀宁，2010，峡谷型水库地壳形变流动监测技术研究［J］，大地测量与地球动力学，30（4）：74~78
尚红、刘天海、张金城，2009，水电站库区地壳形变流动监测网络布设探索与实践［J］，震灾防御技术，4（4）：394~405
司富安，1994，水库地震研究现状及问题探讨［J］，水利水电技术，（6）：25~30
苏立、胡斌，2006，金沙江下游梯级水电站库区地震监测系统技术设计［C］//首届全国水工抗震防灾学术会议论文集
太树刚、李建有、林凤仙等，2012，水库诱发地震两种机理的比较研究［J］，云南大学学报（自然科学版），34（S2）：52~56
夏爱国，2003，基于新疆区域数字地震台网资料的地震波谱分析和震源参数估算的应用研究［J］，中国科技大学学报，43（7）：238~266

谢蓉华、宋澄、邵玉坪，2008，我国水库地震监测数字化进展［J］，水电站设计，24（2）：79~82
邢灿飞、龚凯虹、杜瑞林，2003，长江三峡工程地壳形变监测网络［J］，大地测量与地球动力学，23（1）：114~118
胥良，2004，金沙江白鹤滩水电站金江滑坡成因机制及稳定性研究［D］，成都理工大学
徐长朋，2010，长江三峡库区水库诱发地震定位与震源机制解特征研究［D］，中国地震局地质研究所
许光、苏克忠、胡晓，2013，我国水库诱发地震监测技术进展［J］，中国水利水电科学研究院学报，11（3）：201~205
许光、苏克忠、胡晓等，2013，我国水库诱发地震监测技术进展［J］，中国水利水电科学研究院学报，11（3）：201~205
许亮华、苏克忠、常廷改，2015，小孔径遥测数字地震监测台网在水库诱发地震研究中的应用［J］，中国水利水电科学研究院学报，13（4）：300~305
杨晓源，2000，水库诱发地震和我国近年水库地震监测综述（一）［J］，四川水力发电，19（2）：82~85
叶文华，1983，震级的物理含义与体波波谱特征频率［J］，地球物理学报，26（05）：427~435
易立新、车用太、王广才，2003，水库诱发地震研究的历史、现状与发展趋势［J］，华南地震，23（1）：28~37
张晁军、李卫东、李大辉等，2010，有关地震烈度速报信息化发展的思考［J］，国际地震动态
张文甫，1999，水库地震诱震区预测与强度评估［J］，地震地磁观测与研究，20（2）：47~51
张永久、乔慧珍，2011，紫坪铺水库库区震源波谱参数研究［J］，西北地震学报，33（2）：117~122
赵友年、陈斌，2009，四川省主要构造单元及其特征［J］，四川地质学报，（S2）：88~94
中国地震局工程力学研究所、中国长江三峡集团公司，2016，金沙江下游梯级水电站水库向家坝、溪洛渡水库地震监测志［M］，北京：地震出版社
Aki K, 1967, Scaling law of seismic spectrum［J］, Journal of Geophysical Research, 72（4）: 1217-1231
Chung-kang S, Hou-Chun C, Chu-han C et al., 1974, Earthquakes induced by reservoir impounding and their effect on the Hsinfengkiang Dam［J］, Scientia Sinica, 17（2）: 239-272
Gupta H K, Rastogi B K, Narain H, 1972, Common features of the reservoir-associated seismic activities［J］, Bulletin of the Seismological Society of America, 62（2）: 481-492
Huang W, Wu X, 2005, Interrelation between seismicity parameters and delimiting potential seismic sources in a seismic statistical region and its influence on seismic risk estimation［J］, Acta Seismologica Sinica, 18（4）: 435-440
Junrong Y Z X, 1988, Study of regional crust structure by imaginary wave velocity in gorge region of Yangtze River［J］, South China Journal of Seismology, 3: 000
Sokolov V Y, Chernov Y K, 1998, On the correlation of seismic intensity with Fourier amplitude spectra［J］, Earthquake spectra, 14（4）: 679-694
Yongshan D G L, 1979, Seismicity and the recent fracturing pattern of the earth crust in Chian［J］, Acta Geological Sinica, 1: 001

# 第 5 章　截流前库区地震活动性和水库诱发地震环境条件

在乌东德水电站建成前进行一定时间的地震观测，对库区的地震活动背景和水库诱发地震的预测非常有用，称之为本底监测。

## 5.1　监测区地震活动性

### 5.1.1　监测区中强震空间分布

乌东德水库地震监测区历史中强地震（$M_S \geqslant 5.0$ 级）主要沿 4 条活动断裂带附近展布（详见本书 1.2 节内容），见图 4.1.1。小江断裂带强震密集，分布 11 次地震，如 1713 年寻甸 6¾级地震，1733 年东川 7¾级地震，1927 年寻甸 6.0 级地震，1930 年巧家 6 级地震，1966 年东川 6.5、6.2 级震群。普渡河断裂发生 1985 年禄劝 6.3 级地震。汤朗—易门断裂发生 1995 年武定 6.5 级地震。昔格达—元谋断裂发生 1955 年会理鱼鲊 6¾级地震，2008 年攀枝花仁和会理间 6.1 级地震，2014 年 8 月 3 日昭通鲁甸断裂带发生 6.5 级地震。

### 5.1.2　监测区中强震时间分布

震监测区有记载以来的历史中强地震，在时间上分 3 个时间段，见图 5.1.1。第一活跃期为 1467～1488 年，发生 6.0～6.5 级地震 2 次；1489～1619 年为平静期，时长 130 年。

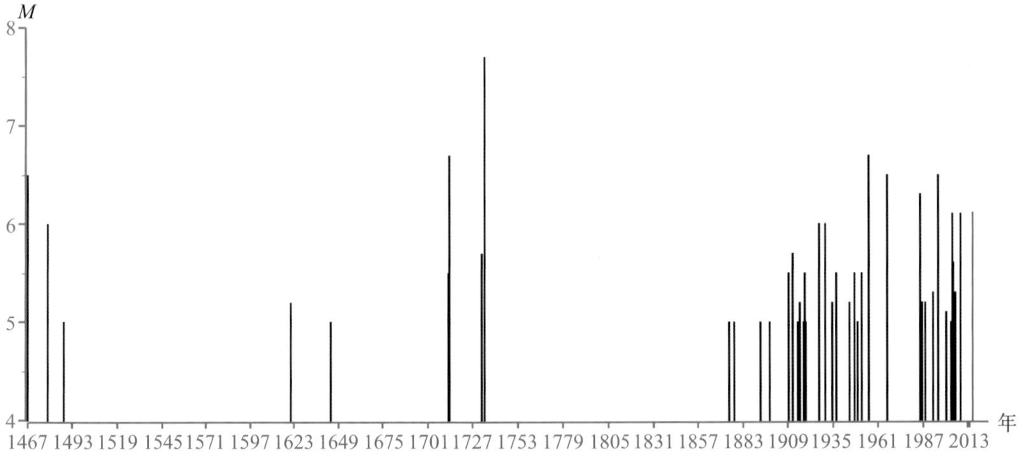


图 5.1.1　1400～2013 年乌东德水库地震监测区历史中强地震时间分布图

1620~1733 年为第二活跃期，发生 6.0~7¾级地震 2 次；1734~1876 年为平静期，时长 142 年。1877 年以来为第三活期，发生 6.0~6¾级地震 10 次，特别是 2014 年 8 月 3 日昭通鲁甸发生 6.5 级地震。

## 5.2 库区两侧 30km 范围地震活动性

### 5.2.1 库区两侧 30km 范围地震空间分布

根据中国地震史料，金沙江乌东德库区两侧 30km 范围内 1877~2014 年发生 5 级以上地震共 8 次，见图 5.2.1，其中 5.0~5.9 级地震 5 次，6.0~6.9 级地震 3 次，最大地震为 1955 年 9 月 23 日攀枝花东 6¾级。据此分析，5 级以上地震的平均复发时间约 17 年，6 级地震的平均复发时间约 46 年。以此按式（5.2.1）计算未来蓄水期间乌东德库区发生 6 级地震的概率 $P(t)=0.23$。

$$P(t)=\int_0^T Q(t)\,\mathrm{d}t=1-\exp\left(-\frac{T}{t(M_i)}\right)=1-\exp\left(-\frac{12}{46}\right)=0.23 \tag{5.2.1}$$

计算未来蓄水期间发生 5 级地震的概率 $P(t)=0.51$。

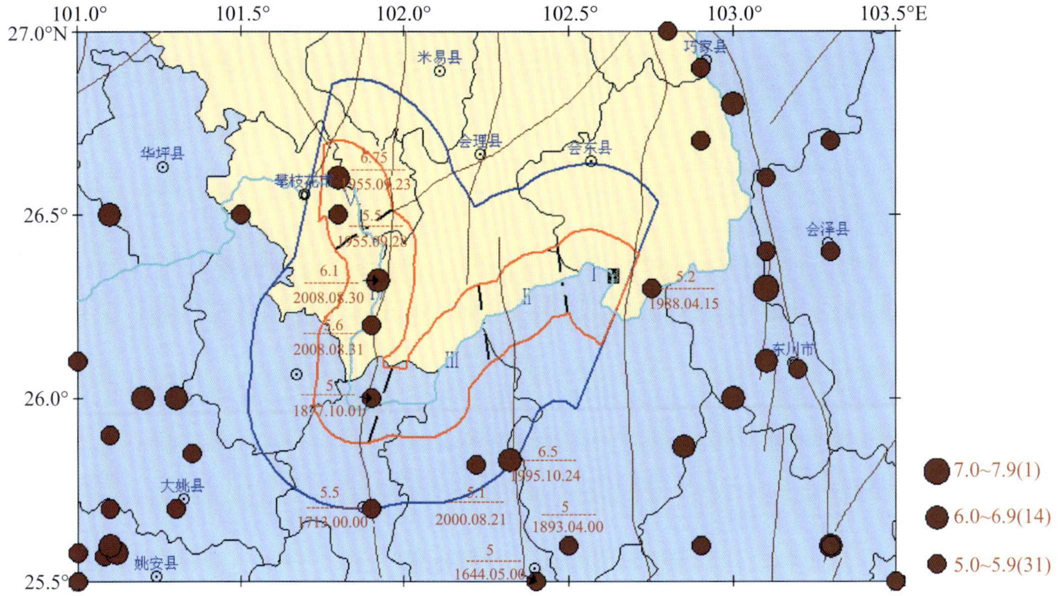


图 5.2.1 乌东德水库两侧 30km 范围历史强地震分布图

据中国地震台网中心地震资料，1970 年 1 月至 2014 年 11 月，金沙江乌东德库区两侧 30km 范围记录到 $M_L \geqslant 2.0$ 级地震 973 次，其中 2.0~2.9 级地震 812 次，3.0~3.9 级地震

143 次，4.0~4.9 级地震 12 次，5.0~5.9 级地震 4 次，6.0~6.9 级地震 2 次。

库区两侧 30km 范围记录到 $M_L$≥2.0 级地震分布见图 5.2.2。主要相对集中分布在昔格达、元谋断裂带交会区域，沿带分布明显，发生 2008 年攀枝花仁和会理间 6.1 级、5.6 级地震。沿汤朗—易门断裂及附近区域分布密集，发生 1995 年武定 6.5 级地震。

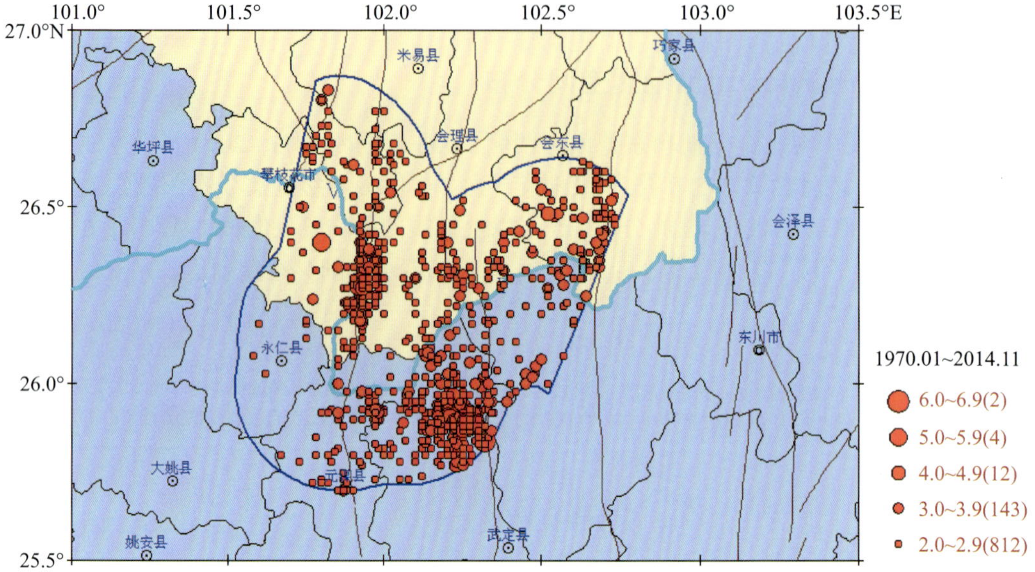


图 5.2.2　乌东德水库两侧 30km 范围及周围地震分布图

（根据中国地震台网中心资料）

## 5.2.2　库区两侧 30km 范围地震时间分布

1970 年 1 月到 2014 年 11 月，金沙江乌东德水库区两侧 30km 范围 $M_L$≥2.0 级地震随时间变化见图 5.2.3。1995 年以来地震活动相对活跃，多数地震震源深度为 10~25km，见图 5.2.3。2008 年地震活动的年频次最高，原因是 2008 年 8 月发生攀枝花仁和、会理鱼鲊间 6.1 级地震序列。

见图 5.2.4，1970 年 1 月到 2014 年 11 月库区两侧 30km 范围 $M_L$≥2.0 级地震 $b$ 值为 0.74，相关系数为 0.992。

库区两侧 30km 范围 $M_L$≥2.0 级地震的月频次均值为 1.8 次，见图 5.2.5。1996 年以来地震活动月频次维持在相对高值水平，其中，2008 年 8 月由于攀枝花仁和、会理鱼鲊 6.1 级地震余震序列包含其中。采用库区两侧 30km 范围地震，35 个一组，滑动求出的动态 $b$ 值曲线显示均值 0.9。

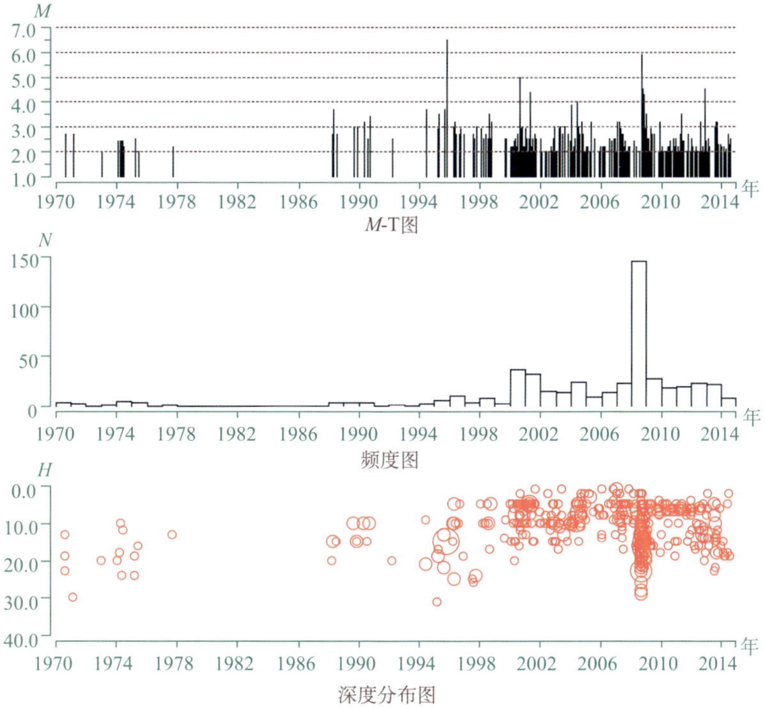


图 5.2.3　乌东德水库区两侧 30km 范围 $M_L \geqslant 2.0$ 级地震随时间变化图

1970~2014 年；$M$-T 图；年频次图；震源深度 $H$-T 图

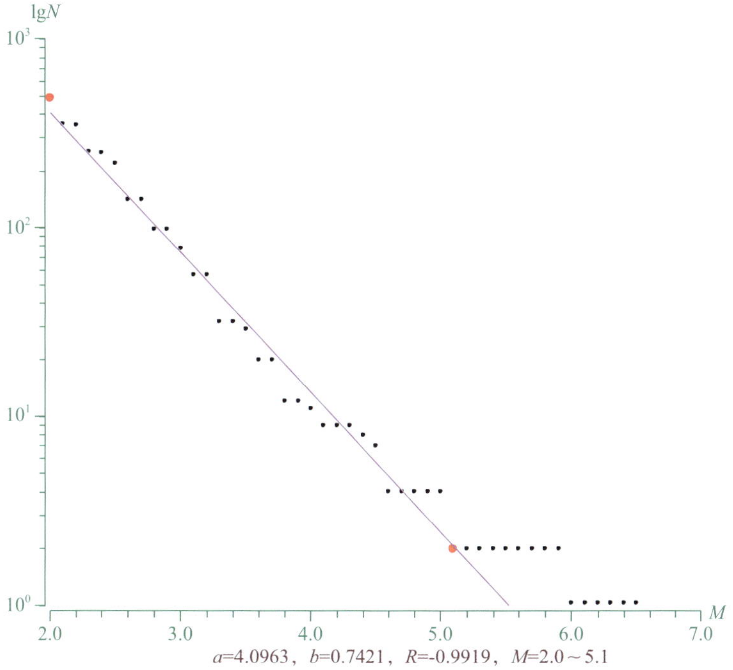


图 5.2.4　乌东德水库区两侧 30km 范围 $M_L \geqslant 2.0$ 级地震的重复率曲线图

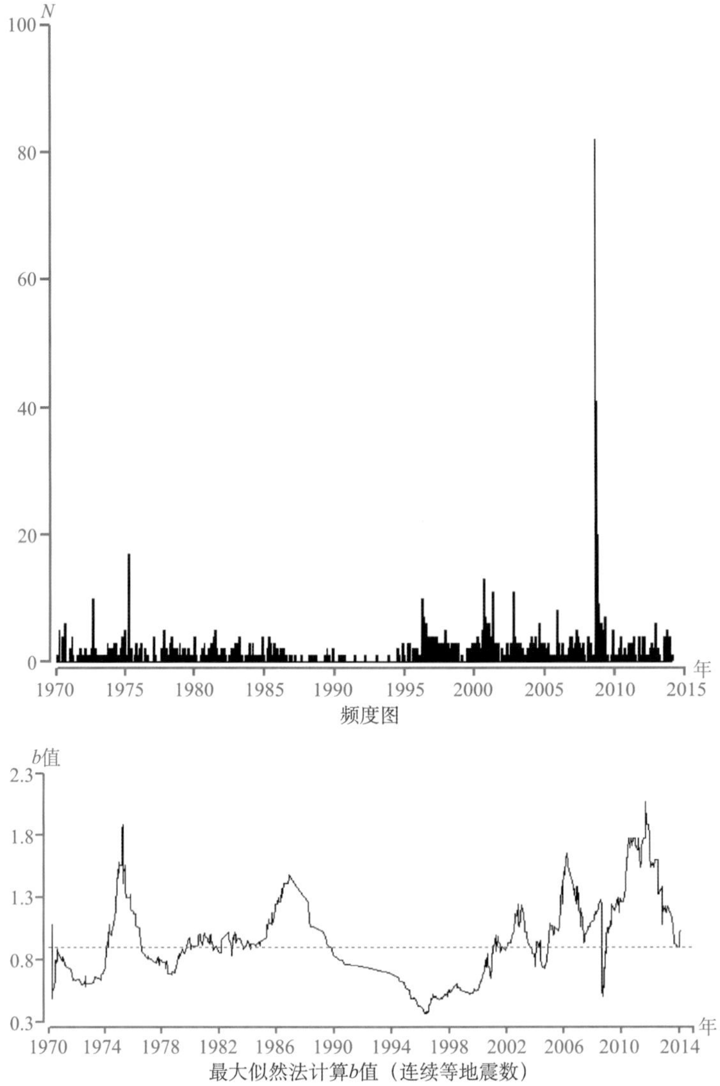


图 5.2.5 库区两侧 30km 范围 $M_L$≥2.0 级地震的月频次和 b 值动态分析曲线图

# 5.3 库区两侧 10km 范围地震活动分析

## 5.3.1 库区两侧 10km 范围地震空间分布

据中国地震台网中心地震资料，1970 年 1 月到 2014 年 11 月，金沙江乌东德库区两侧 10km 范围记录到 $M_L$≥2.0 级地震 479 次，其中 2.0~2.9 级地震 401 次，3.0~3.9 级地震 69 次，4.0~4.9 级地震 4 次，5.0~5.9 级地震 4 次，6.0~6.9 级地震 1 次。按此，库区两侧 10km 范围记录到 $M_L$≥2.0 级地震的月均频次为 0.89 次。

库区两侧 10km 范围 $M_L$≥2.0 级地震分布特点：东段大致均匀分布，西段地震活动相对集中分布在昔格达、元谋断裂带交会区域，即库区Ⅳ段，地震活动强度大。其他区域地震活动少些，强度也低，见图 5.3.1。4.0 级以上地震，均分布在库区Ⅳ段，包括最大地震攀枝花仁和、会理间 6.1 级地震和 3 次 5 级地震。

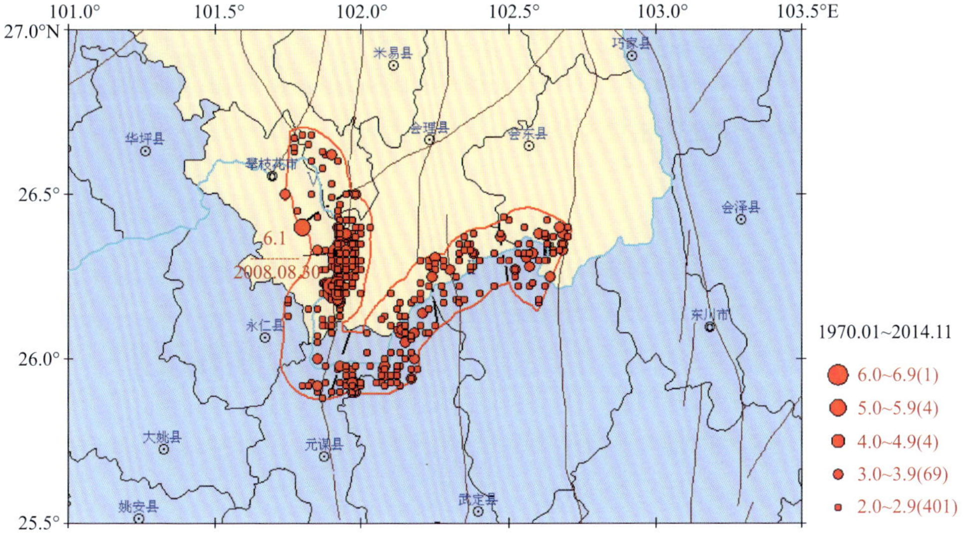


图 5.3.1　乌东德水库区两侧 10km 范围 $M_L \geqslant 2.0$ 级地震分布图

1970.01~2014.11

根据这些地震，给出的乌东德水库区两侧 10km 范围 $M_L \geqslant 2.0$ 级地震重复率去曲线，见图 5.3.2，给出的地震活动 $b$ 值为 0.91。

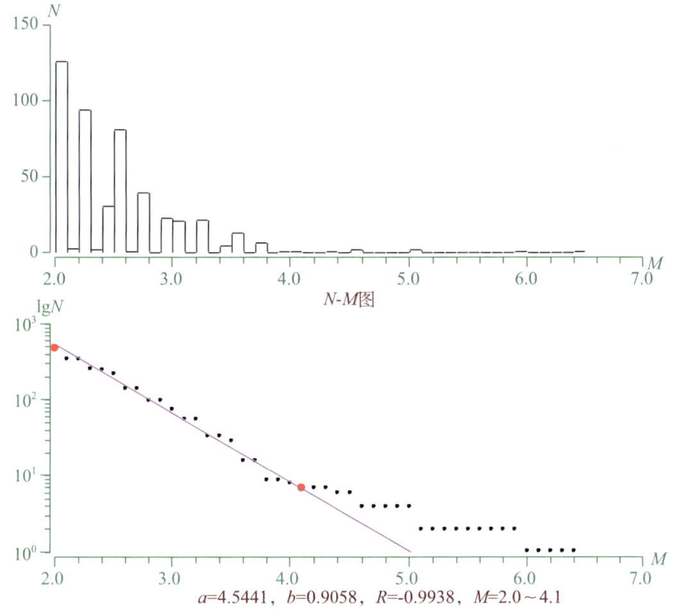


图 5.3.2　乌东德水库区两侧 10km 范围 $M_L \geqslant 2.0$ 级地震重复率去曲线图

## 5.3.2　库区两侧 10km 范围地震时间分布

图 5.3.3 给出库区两侧 10km 范围 $M_L \geqslant 2.0$ 级地震活动随时间的变化，2008 年区域内发生 6.1 级、5.6 级地震；除 2008 年年地震频次异常高，其他年份平稳。

库区两侧 10km 范围 $M_L \geqslant 2.0$ 级地震活动分析参数、月频次、累计地震频次、$b$ 值动态分析曲线随时间变化，见图 5.3.4。截流前地震月频次变化平稳。累计地震频次、地震 $b$ 值动态分析曲线在 2008 年后处于相对高值。

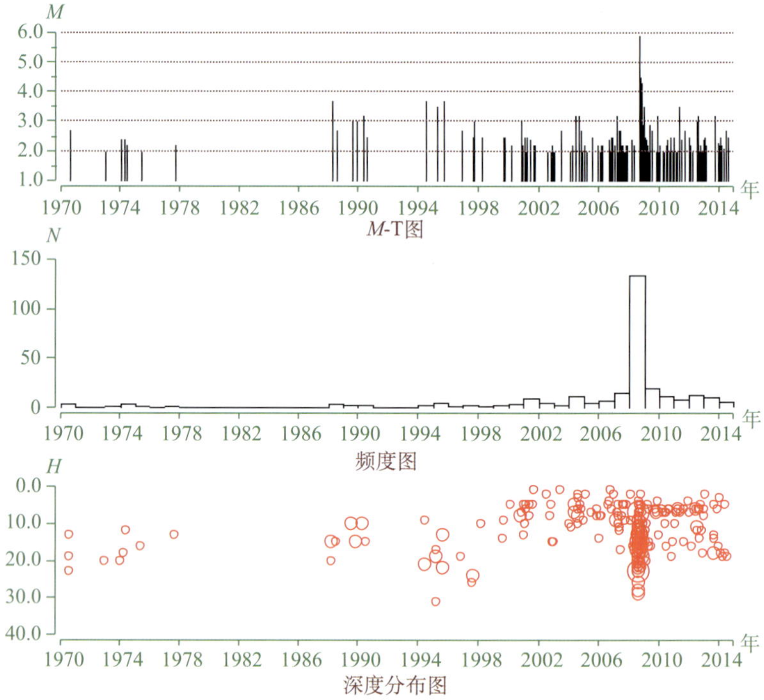


图 5.3.3　库区两侧 10km 范围 $M_L \geqslant 2.0$ 级地震随时间变化图（1）

1970.01～2014.02；$M$–T 图；年频次图；震源深度 $H$–T 图

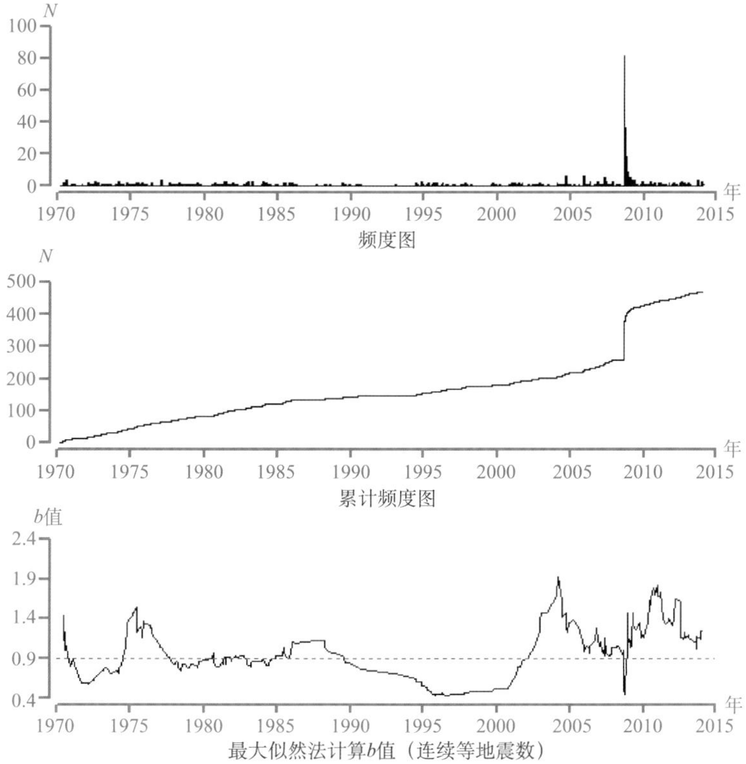


图 5.3.4 库区两侧 10km 范围 $M_L \geqslant 2.0$ 级地震随时间变化图（2）

1970.01~2014.02；月频次图；累计频次图；b 值动态分析曲线

## 5.4 截流前各库段地震活动分析

统计 1970 年 1 月至 2014 年 11 月，共计 539 个月的截流前库区两侧 10km 范围内各库段发生地震，结果见表 5.4.1。截流前库区各段都发生过 3 级地震；库区Ⅳ段比其他库段地震活动强度、频次要高，发生过 6 级地震；截流前其他库段无 4.0 级以上地震记录。

**表 5.4.1 1970.01~2014.11 截流前库区两侧 10km 范围各段地震活动统计表**

| 库区分段 | 库区Ⅰ段 | 库区Ⅱ段 | 库区Ⅲ段 | 库区Ⅳ段 | 库区Ⅴ段 | $N$ |
|---|---|---|---|---|---|---|
| $N$ | 49 | 43 | 111 | 256 | 20 | 479 |
| $M_L$2.0—0.9 | 39 | 38 | 95 | 211 | 17 | 400 |
| $M_L$3.0—3.9 | 10 | 5 | 16 | 36 | 3 | 70 |
| $M_L$4.0—4.9 | / | / | / | 4 | / | 4 |
| $M_L$5.0—5.9 | / | / | / | 4 | / | 4 |
| $M_L$6.0—6.9 | / | / | / | 1 | / | 1 |
| 最大地震 | $M_L$3.7 | $M_L$3.5 | $M_L$3.9 | $M_S$6.1 | $M_L$3.7 | $M_S$6.1 |

截流前库区各段 $M_L \geqslant 2.0$、3.0 级以上地震月均频次统计见表 5.4.2。统计库区两侧 10km 范围内，$M_L \geqslant 2.0$、3.0 级以上地震月均频次分别为 0.89、0.15。库区Ⅳ段较高：$M_L \geqslant 2.0$、3.0 级以上地震月均频次分别为 0.47、0.08；库区Ⅲ段 $M_L \geqslant 2.0$、3.0 级以上地震月均频次分别为 0.21、0.03；其他库段相对较低。

**表 5.4.2　1970.01~2014.11 截流前库区两侧 10km 范围各段地震月频次统计表**

| 库区分段 | 库区Ⅰ段 | 月均频次 | 库区Ⅱ段 | 月均频次 | 库区Ⅲ段 | 月均频次 | 库区Ⅳ段 | 月均频次 | 库区Ⅴ段 | 月均频次 | $N$ | 月均频次 |
|---|---|---|---|---|---|---|---|---|---|---|---|---|
| ≥2.0 | 49 | 0.09 | 43 | 0.08 | 111 | 0.21 | 256 | 0.47 | 20 | 0.04 | 479 | 0.89 |
| ≥3.0 | 10 | 0.02 | 5 | 0.01 | 16 | 0.03 | 45 | 0.08 | 3 | 0.01 | 79 | 0.15 |

图 5.4.1 给出库区两侧 10km 范围Ⅰ库段 $M_L \geqslant 2.0$ 级地震活动随时间的变化规律，地震活动强度为 3 级，频次低，震源深度在 1~20km。地震活动 $b$ 值为 0.80。

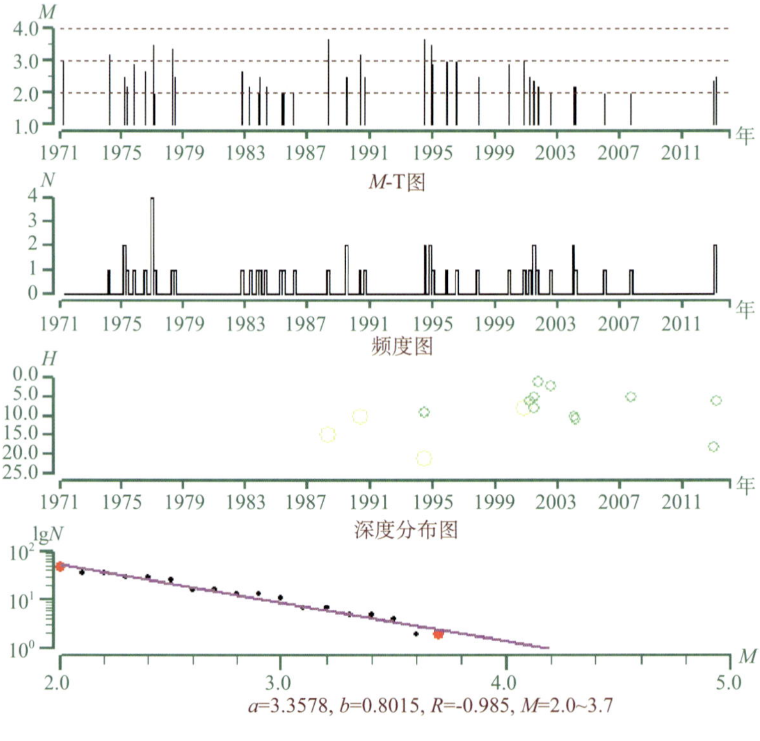


图 5.4.1　库区Ⅰ库段地震活动随时间变化图

图 5.4.2 给出库区两侧 10km 范围Ⅱ库段 $M_L \geqslant 2.0$ 级地震活动随时间的变化规律，地震活动强度 3 级，频次低，震源深度 1~20km。地震活动 $b$ 值为 0.99。

图 5.4.3 给出库区两侧 10km 范围Ⅲ库段 $M_L \geqslant 2.0$ 级地震活动随时间的变化规律，地震活动强度 3~4 级，频次低，震源深度 1~20km。地震活动 $b$ 值为 1.07。

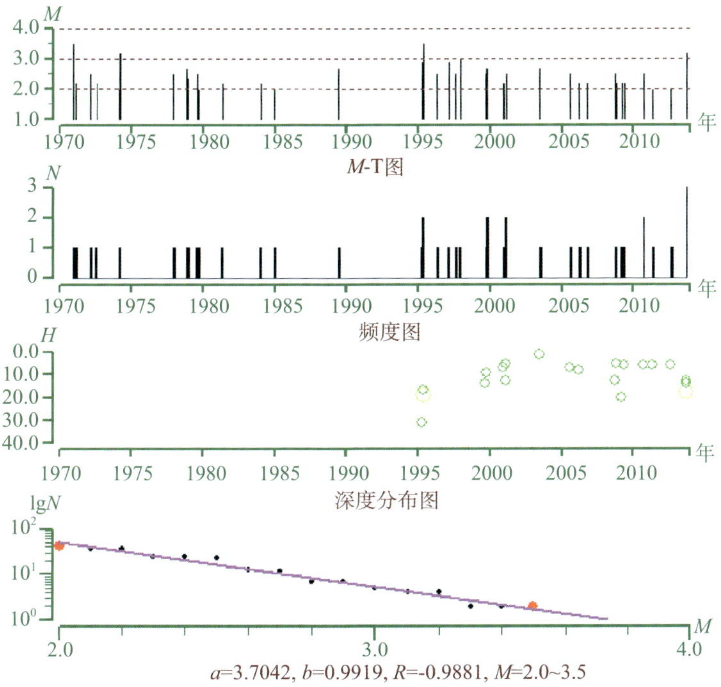


图 5.4.2　库区Ⅱ库段地震活动随时间变化图

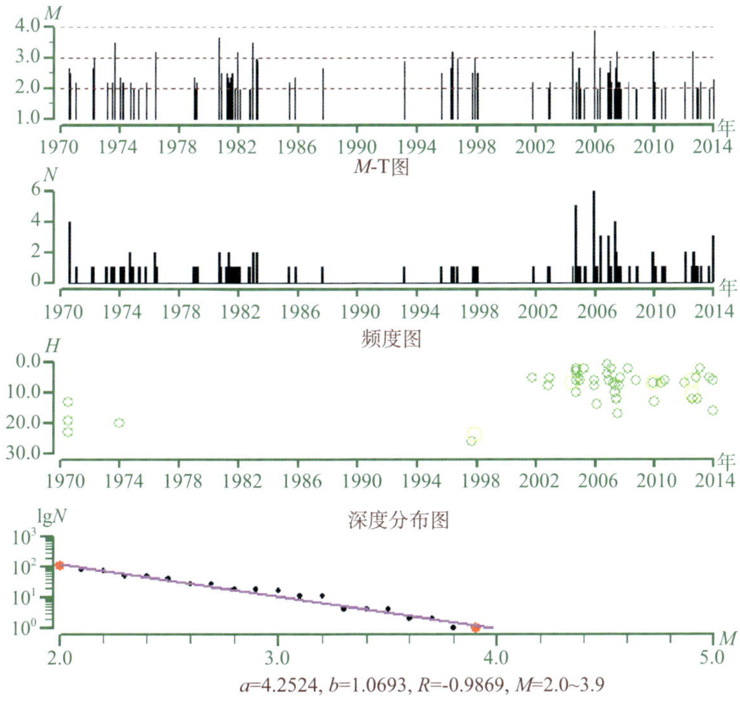


图 5.4.3　库区Ⅲ库段地震活动随时间变化图

图 5.4.4 给出库区两侧 10km 范围Ⅳ库段 $M_L \geqslant 2.0$ 级地震活动随时间的变化，地震活动强度 6 级，频次高，震源深度 1~20km。地震活动 $b$ 值为 0.61。

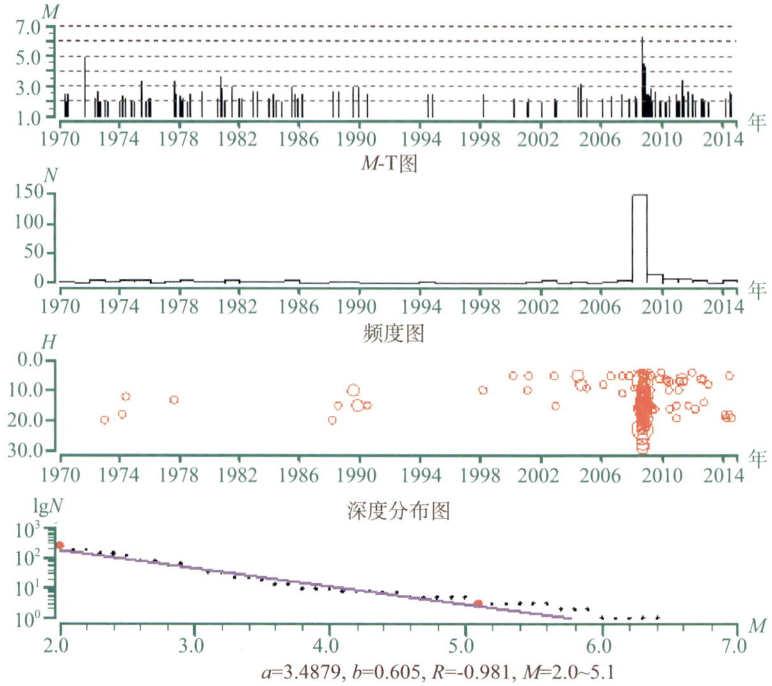


图 5.4.4 库区Ⅳ库段地震活动随时间变化图

图 5.4.5 给出乌东德水库区两侧 10km 范围Ⅴ库段 $M_L \geqslant 2.0$ 级地震活动随时间的变化，地震活动强度 3 级，频次低，震源深度 1~20km。地震活动 $b$ 值为 0.71。

分析 1970~2012 年库区各库段地震活动性，地震震源深度多在 1~20km。Ⅳ库段地震活动强度大，发生过 6.1 级地震。库区Ⅳ段、Ⅲ段地震活动月均频次高，其他各库段地震活动频次相对较低。

假定库区各段地震活动呈现 Gutenberg-Richter 震级与频度分布，地震活动参数统计计算如下式：

$$\lg N(M_i) = a - bM_i \tag{5.4.1}$$

式中，$a$ 和 $b$ 为拟合常数。

库段一定统计时间段内的地震数为

$$N(M_i) = \int_{M_0}^{M_u} 10^{a-bM_i} \mathrm{d}M_i = \frac{10^a}{b \cdot \lg 10}\left[10^{-bM_i} - 10^{-bM_u}\right] \tag{5.4.2}$$

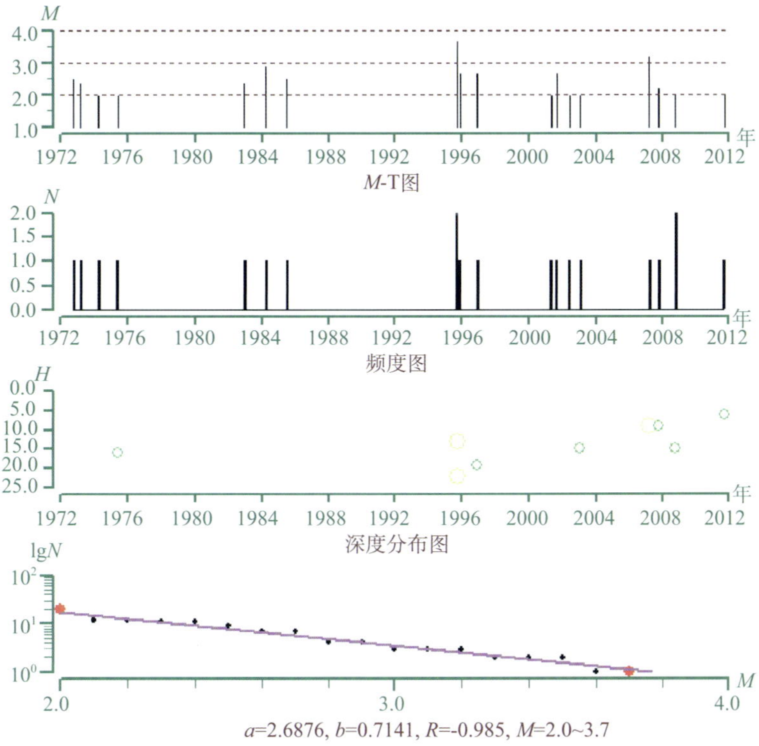


图 5.4.5　库区Ⅴ库段地震活动随时间变化图

震级下限为 $M_0$，当假定地震数仅发生 1 次时，则可导得上限震级或最大地震震级

$$M_u = \frac{1}{b}\lg(1 + bN(M_i)\ln 10) + M_0 \tag{5.4.3}$$

式中，$N(M_i)$ 是震级大于 $M_0$ 的地震数；$b$ 是用线性最小二乘法得到的斜率值。

误差估计为：

$$\Delta M = (\Delta a + M_i \Delta b)/b \tag{5.4.4}$$

$$\Delta b = \sqrt{\frac{N}{N-2}\frac{\sum(\lg N(M_i) - \lg N(\overline{M}_i))^2}{N\sum M_i^2 - (\sum M_i)^2}} \tag{5.4.5}$$

$$\Delta a = \frac{\sum M_i}{N}\Delta b \tag{5.4.6}$$

误差另一种估计，宇津德治（1978）提出包含最大震级参数的地震频度-震关系，即G-R式的修正式，见图5.4.6。

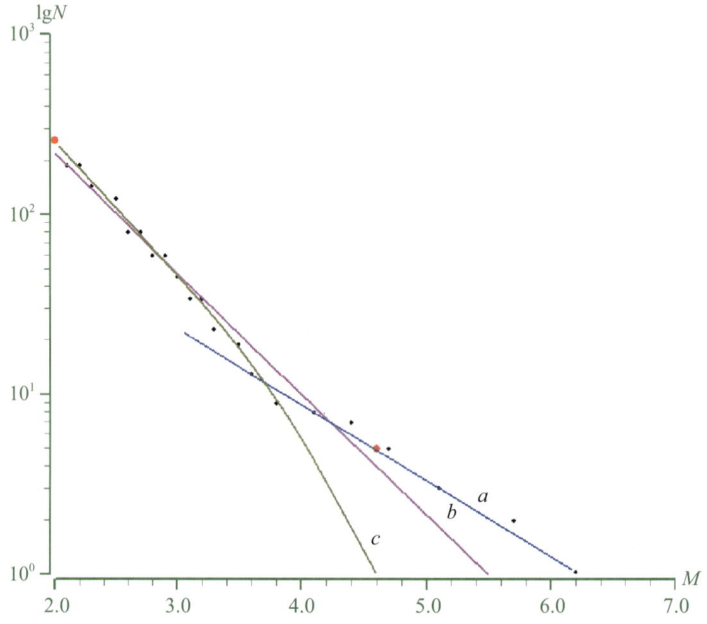


图5.4.6　震级-频段拟合关系图
根据1970~2014年库区Ⅳ段数据
（a）G-R式；（b）斜截G-R式；（c）修正G-R式

$$\lg N(M) = a - bM + \lg(c - M) \qquad M < c \tag{5.4.7}$$

$$N(M) = 0 \qquad M \geqslant c$$

式中，参数 $c$ 表示可能发生地震的最大震级，相当于 $M_u$。

则高震级段截值误差源于 $\lg(c - M)$，修正后可得到预估震级值 $M^*$ 及误差限。

假定震级的分布与地震的发生间隔有相关性。以地震活动统计时间段T年内地震数求取震级为 $M^*$ 的年发生率：

$$v(M^*) = 10^{a-bM^*}/T \tag{5.4.8}$$

据此求得复发周期 $t(M^*)$。则未来T年内震级为 $M^*$ 地震的发震概率为时间函数 $Q(t)$ 的积分结果：

$$P(t) = \int_0^T Q(t)\,\mathrm{d}t = 1 - \exp\left(-\frac{T}{t(M_i)}\right) \tag{5.4.9}$$

表 5.4.3 即为计算结果。表中 $N$ 为起算震级，即 2.0 级以上地震数。各库段 1970~2014 年实际发生最大地震震级 $M_{max}$，地震活动统计参数 $a$、$b$，计算的上限震级 $M_u$，地震强度估算值 $M^*$，误差估计 $\Delta M$。这些结果仅根据记载年限内，即 1970~2014 年各库段地震活动性拟合参数。

**表 5.4.3　1970~2014 库区各段地震活动参数统计表**

| 库段 | $N$ | 实际 $M_{max}$ | $a$ | $b$ | $M^*\pm\Delta M$ | $M_u$ | 年发生率 $v$ | 复发周期 $t$/年 | 发震概率 $P$ |
|---|---|---|---|---|---|---|---|---|---|
| 1 | 49 | 3.7 | 3.36 | 0.80 | 4.20.3 | 4.5 | $v_4=0.0328$ | 30.5 | $P(4)=0.39$ |
| 2 | 43 | 3.5 | 3.70 | 0.99 | 3.70.3 | 4.0 | $v_4=0.0125$ | 80.0 | $P(4)=0.17$ |
| 3 | 111 | 3.9 | 4.25 | 1.07 | 4.00.3 | 4.3 | $v_4=0.0212$ | 47.2 | $P(4)=0.27$ |
| 4 | 260 | 6.1 | 3.49 | 0.61 | 5.70.4 | 6.2 | $v_4=0.2550$<br>$v_5=0.0626$ | 3.9<br>16.0 | $P(4)=0.98$<br>$P(5)=0.61$ |
| 5 | 20 | 3.7 | 2.67 | 0.71 | 3.80.5 | 4.2 | $v_4=0.0154$ | 64.9 | $P(4)=0.21$ |

注：$N$ 为 2.0 级以上地震数。

## 5.5　水库截流回水与库区微小地震活动分析

### 5.5.1　水库截流回水情况

乌东德水电站建设围堰淹没区共涉及总面积 12.51km²，其中陆域面积 5.55km²，水域面积 6.96km²。水库金沙江干流围堰期多年洪水回水水面线成果见图 5.5.1。

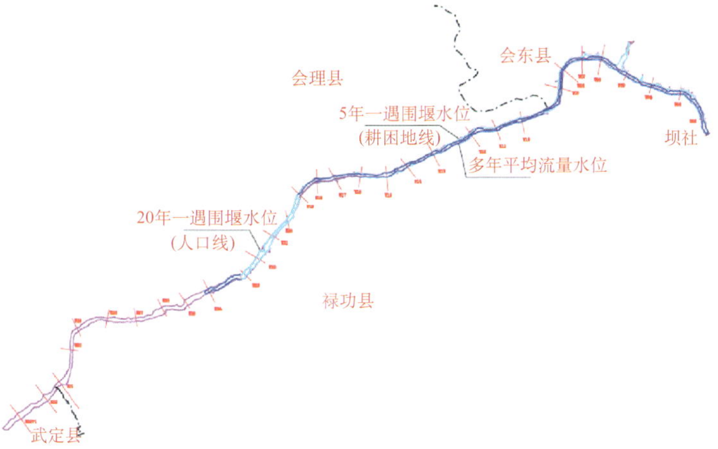


图 5.5.1　围堰淹没区示意图

## 5.5.2　库区微小地震活动分析

### 5.5.2.1　水库台网监测到的微小地震

按水库回水计算结果，乌东德水电站金沙江干流 20 年一遇洪水回水末端距坝址约 34.40km，设计终点位置距坝址约 55.44km。重点分析库区Ⅰ、Ⅱ段截流前水库地震台网监测的地震。

统计 2013 年 1 月至 2015 年 2 月库区截流前发生的微小地震，主要发生在库区Ⅰ～Ⅱ段，Ⅲ～Ⅳ段地震活动次数相对少，Ⅴ库段仅发生 3 次小震。库区Ⅱ、Ⅲ、Ⅳ段发生过 3 级地震，其他库段发生的地震在 3 级以下，见表 5.5.1 和图 5.5.2。

表 5.5.1　2013.01～2015.02 库区回水区 10km 范围各段地震活动统计表

| 库区分段 | 库区Ⅰ段 | 库区Ⅱ段 | 库区Ⅲ段 | 库区Ⅳ段 | 库区Ⅴ段 | $N$ |
|---|---|---|---|---|---|---|
| $N$ | 164 | 56 | 42 | 21 | 3 | 286 |
| $M_L$0.5～0.9 | 104 | 35 | 10 | 1 | 2 | 152 |
| $M_L$1.0～1.9 | 59 | 17 | 25 | 13 | 1 | 115 |
| $M_L$2.0～2.9 | 1 | 3 | 6 | 6 | / | 16 |
| $M_L$3.0～3.9 | / | 1 | 1 | 1 | / | 3 |
| 最大地震 | 2.5 | 3.5 | 3.6 | 3.1 | 1.5 | 3.6 |

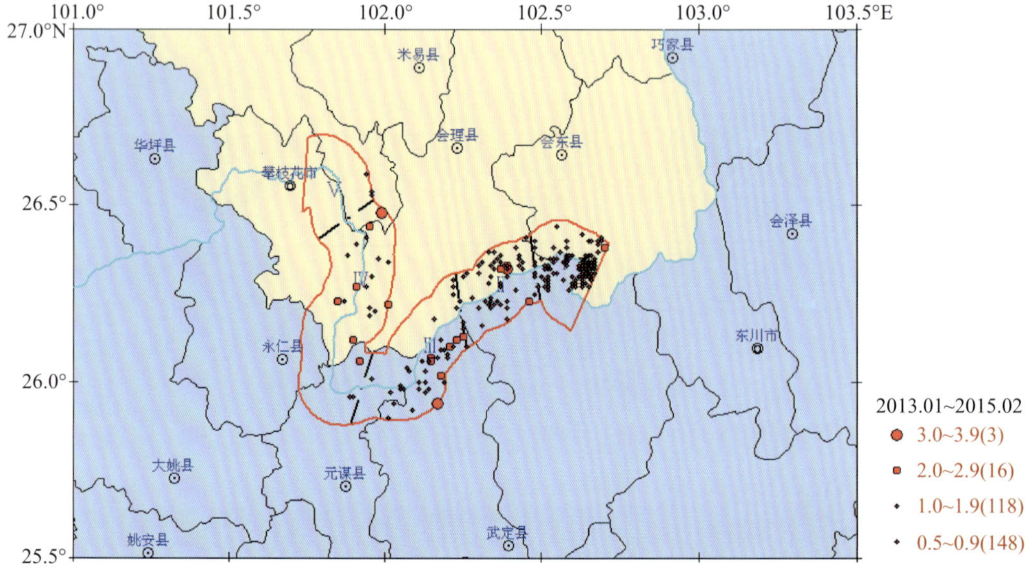


图 5.5.2　2013.01～2015.02 库区回水区 10km 范围各段地震活动图

据此统计 2013 年 1 月至 2015 年 2 月，26 个月的月均地震频次，见表 5.5.2。$M_L$1.0、2.0 以上地震月均频次分别为 5.15、0.73 次。

**表 5.5.2　2013.01～2015.02 库区回水区 10km 范围各段地震月均频次统计表**

| 库区分段 | 库区Ⅰ段 | 月均频次 | 库区Ⅱ段 | 月均频次 | 库区Ⅲ段 | 月均频次 | 库区Ⅳ段 | 月均频次 | 库区Ⅴ段 | 月均频次 | N | 月均频次 |
|---|---|---|---|---|---|---|---|---|---|---|---|---|
| ≥0.5 | 164 | 6.31 | 56 | 2.15 | 42 | 1.62 | 21 | 0.81 | 3 | 0.13 | 286 | 11.00 |
| ≥1.0 | 60 | 2.31 | 21 | 0.88 | 32 | 1.23 | 20 | 0.77 | 1 | 0.04 | 134 | 5.15 |
| ≥2.0 | 1 | 0.04 | 4 | 0.17 | 7 | 0.29 | 7 | 0.29 | / | / | 19 | 0.73 |
| ≥3.0 | / | / | 1 | 0.04 | 1 | 0.04 | 1 | 0.04 | / | / | 3 | 0.13 |

图 5.5.3 给出 2013 年 1 月至 2015 年 2 月回水区 10km 范围地震活动随时间变化，地震活动水平 3 级，月地震频次为 10～30 次，震源深度 1～20km。计算出地震活动 $b$ 值为 0.79；相关系数 $R=1.00$。

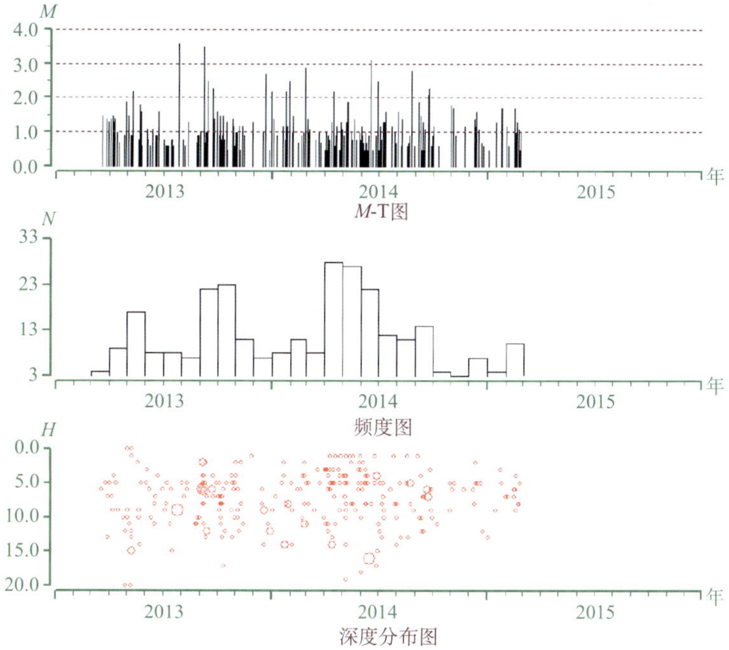


图 5.5.3　2013.01～2015.02 回水区 10km 范围地震活动随时间变化图

### 5.5.2.2　库区各段微小地震活动分析

2013 年 1 月至 2015 年 2 月回水区小震集中在库区Ⅰ、Ⅱ、Ⅲ、Ⅳ段。给出Ⅰ段、Ⅱ段地震活动随时间变化曲线，分别见图 5.5.4、图 5.5.5。Ⅰ段、Ⅱ段地震活动水平分别为 2 级、3 级。Ⅰ段、Ⅱ段 ML0.5 级以上月地震频次分别为 10～20 次、2～15 次，地震月均频次 $M_L$1.0、2.0 以上地震分别为 5.15、0.73 次。震源深度 1～20km。Ⅰ段地震活动分布均匀，

Ⅱ段在 2013 年 9 月的 3 级地震后频次有所增加，2013 年 5 月后地震活动随时间分布均匀。

按库区地震台网的地震监测资料分析，2013 年 1 月至 2015 年 2 月回水区库区两侧 30km 范围地震活动强度为 3 级，地震活动分布均匀，与库区有影响的断裂带关系不明显。

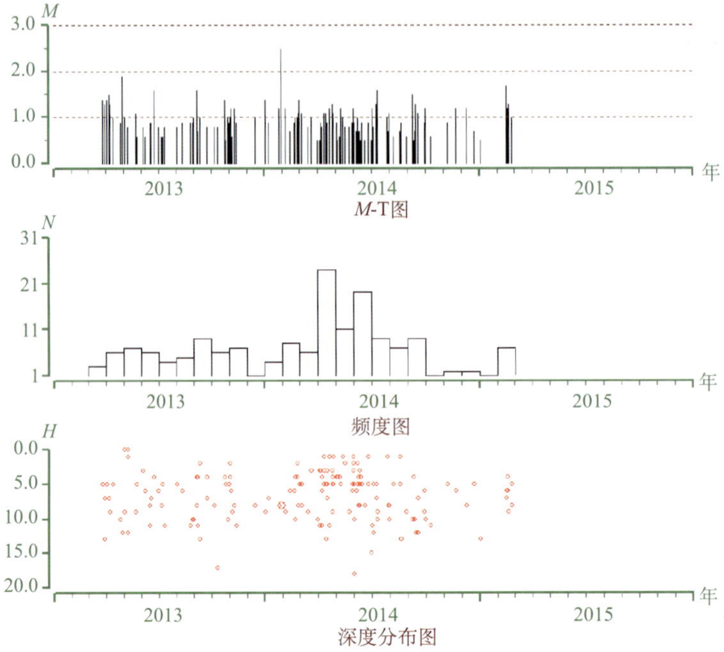


图 5.5.4　回水区截流前库区Ⅰ段小震活动随时间变化图

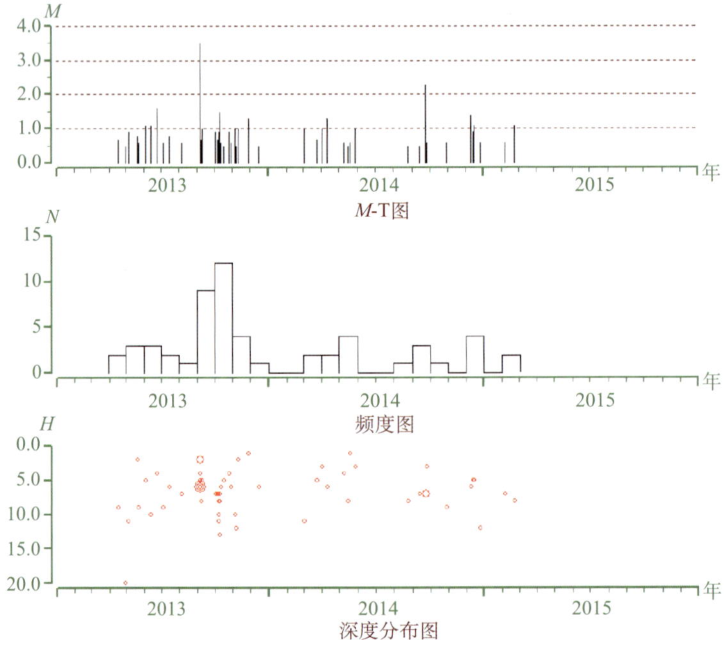


图 5.5.5　回水区截流前库区Ⅱ段小震活动随时间变化图

# 5.6　水库地震本底监测分析

2020 年 1 月 15 日，乌东德水电站导流洞开始下闸蓄水。

## 5.6.1　蓄水前水库 30km 范围内地震本底活动分析

从 2013 年 1 月 1 日到 2020 年 1 月 14 日，记录地震 1960 次，其中：$M_L$0.5~0.9 地震 813 次，$M_L$1.0~1.9 地震 1012 次；$M_L$2.0~2.9 地震 115 次；$M_L$3.0~3.9 地震 19 次；$M_L$4.0~4.9 地震 1 次。地震活动主要分布在库区东部，具体沿 SN 向展布的昔格达—元谋断裂带分布，见图 5.6.1。地震资料的分段统计见表 5.6.1。

**表 5.6.1　2013.01.01~2020.01.14 库区各段地震活动统计表**

| 库区分段 | 库区Ⅰ段 | 库区Ⅱ段 | 库区Ⅲ段 | 库区Ⅳ段 | 库区Ⅴ段 | $N$ | 月均频次 |
|---|---|---|---|---|---|---|---|
| $N$ | 664 | 240 | 473 | 472 | 111 | 1960 | 23.20 |
| $M_L$0.5~0.9 | 325 | 135 | 145 | 207 | 1 | 813 | 9.62 |
| $M_L$1.0~1.9 | 313 | 91 | 264 | 241 | 103 | 1012 | 11.98 |
| $M_L$2.0~2.9 | 24 | 13 | 52 | 20 | 6 | 115 | 1.36 |
| $M_L$3.0~3.9 | 2 | 1 | 11 | 4 | 1 | 19 | 0.22 |
| $M_L$4.0~4.9 | / | / | 1 | / | / | 1 | 0.01 |
| 最大地震 | 3.4 | 3.5 | 4.2 | 3.9 | 3.7 | / | / |

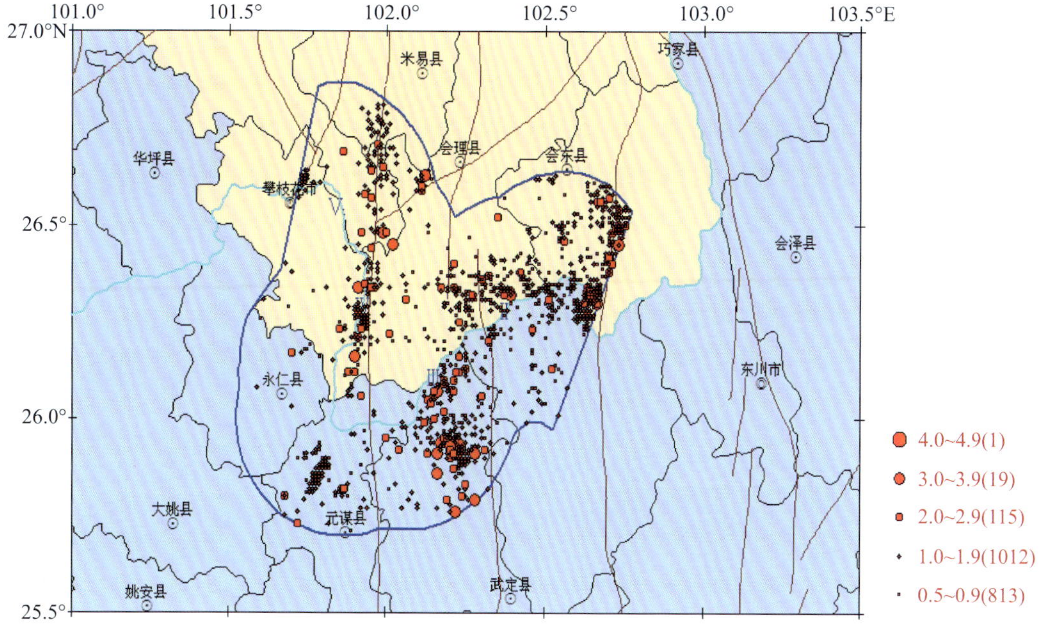


图 5.6.1　2013.01.01~2020.01.14 监测区地震分布图

分析 2013 年 1 月 1 日到 2020 年 1 月 14 日水库地震地震台网记录的库区地震资料，给出地震的震级-频次与重复率曲线见图 5. 6. 2。地震监测资料表明 $M_L$0. 9 以上地震记录相对较完整，据此计算给出活动性参数 $b$ 值为 0. 91，$a$ 值为 3. 99，拟合相关系数 $R$ 为 0. 996，拟合上限震级为 $M_L$4. 4。

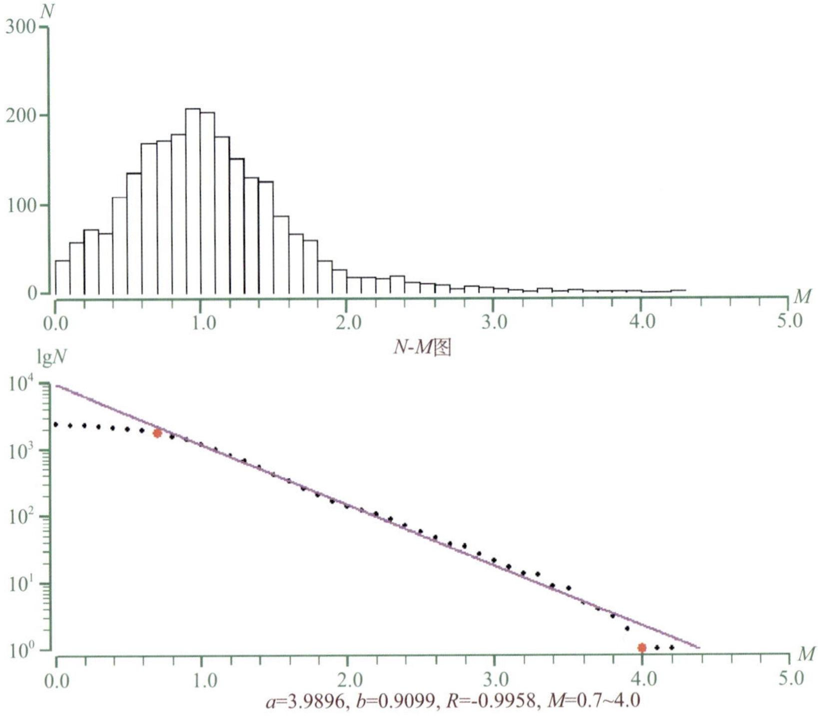


图 5. 6. 2　2013. 01. 01 ~ 2020. 01. 14 水库地震的震级-频次与重复率曲线图

绘出地震震级分布和累计地震蠕变量，见图 5. 6. 3。地震强度维持在 3 ~ 4 级。2013. 01 ~ 2018. 06 变化速率稳定，2019 年以来变化速率有所增加。

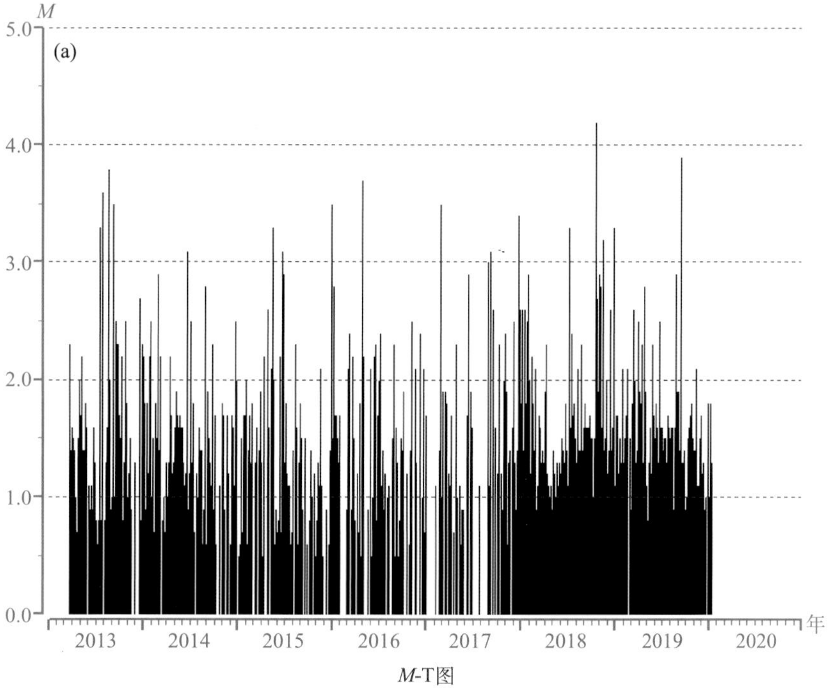


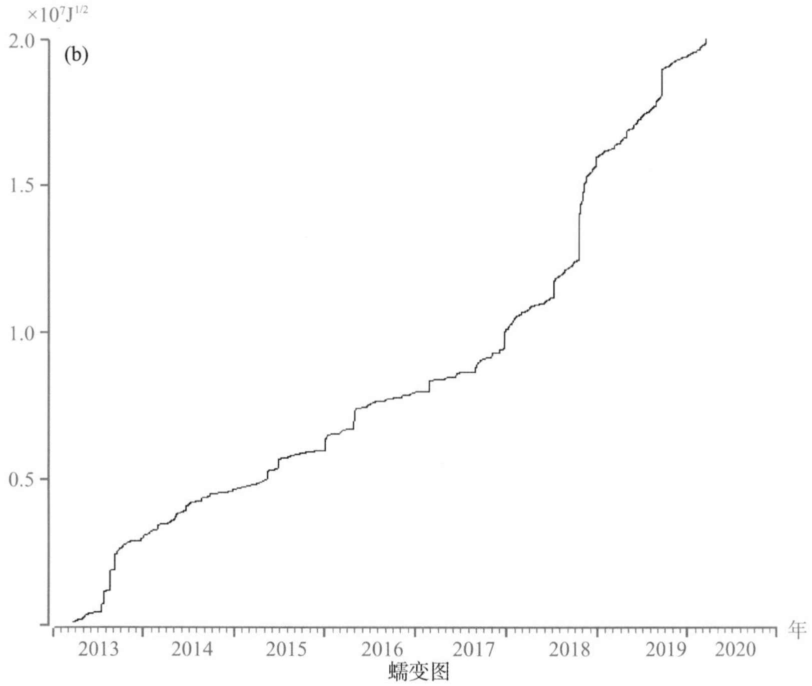


图 5. 6. 3　2013. 01. 01～2020. 01. 14 水库地震震级和累计蠕变速率变化曲线图

（a）*M*-T 图；（b）J-T 图

## 5.6.2 蓄水前水库 10km 范围内地震本底活动分析

从 2013 年 1 月 1 日到 2020 年 1 月 14 日，记录地震 928 次，其中：$M_L$0.5~0.9 地震 437 次，$M_L$1.0~1.9 地震 431 次；$M_L$2.0~2.9 地震 52 次；$M_L$3.0~3.5 地震 8 次。小震和微震活动主要分布在库区Ⅰ~Ⅳ段，库区Ⅴ段地震活动记录很少，其中库区Ⅳ段小震活动沿带分布明显，见图 5.6.4a。

从 2013 年 1 月 1 日到 2020 年 1 月 14 日，蓄水前水库 10km 范围内地震本底活动统计结果见表 5.6.2。

**表 5.6.2　2013.01.01~2020.01.14 库区两侧 10km 范围地震活动统计表**

| 库区分段 | 库区Ⅰ段 | 库区Ⅱ段 | 库区Ⅲ段 | 库区Ⅳ段 | 库区Ⅴ段 | $N$ | 月均频次 |
|---|---|---|---|---|---|---|---|
| $N$ | 467 | 155 | 136 | 157 | 13 | 928 | 10.98 |
| $M_L$0.5~0.9 | 243 | 96 | 45 | 53 | 0 | 437 | 5.17 |
| $M_L$1.0~1.9 | 212 | 53 | 69 | 86 | 11 | 431 | 5.10 |
| $M_L$2.0~2.9 | 11 | 5 | 20 | 14 | 2 | 52 | 0.62 |
| $M_L$3.0~3.9 | 1 | 1 | 2 | 4 |  | 8 | 0.09 |
| 最大地震 | 3.3 | 3.5 | 3.6 | 3.9 | 2.8 | / | / |

统计到库区 10km 范围监测到 3.0 级以上地震 8 次。各库段监测最大地震震级：库区Ⅰ段为 $M_L$3.3，库区Ⅱ段为 $M_L$3.5，库区Ⅲ段为 $M_L$3.6，库区Ⅳ段为 $M_L$3.9，库区Ⅴ段为 $M_L$2.8，见图 5.6.4b。

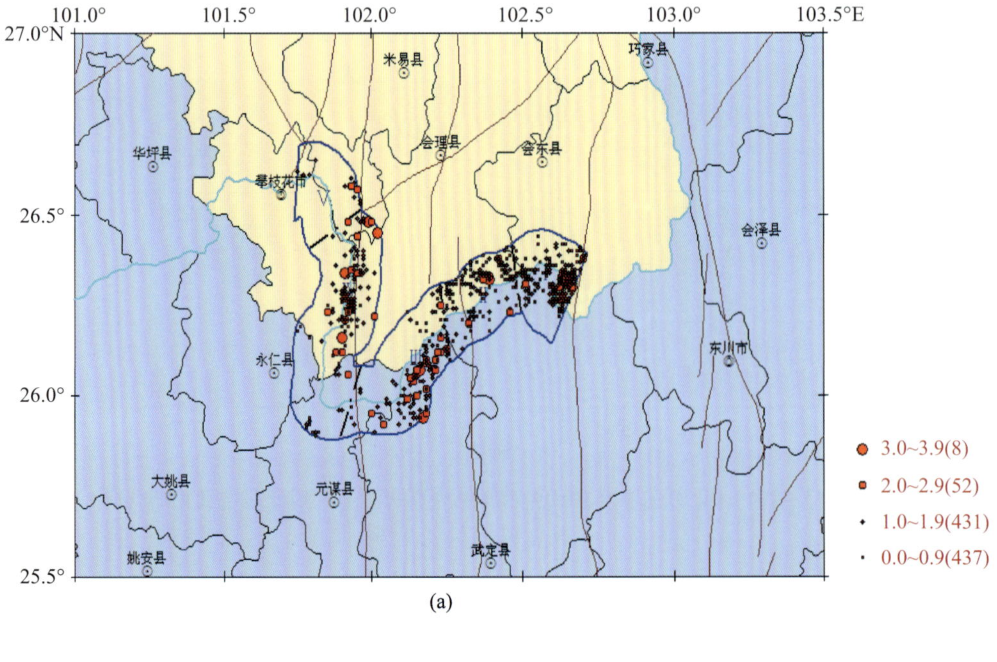


(a)

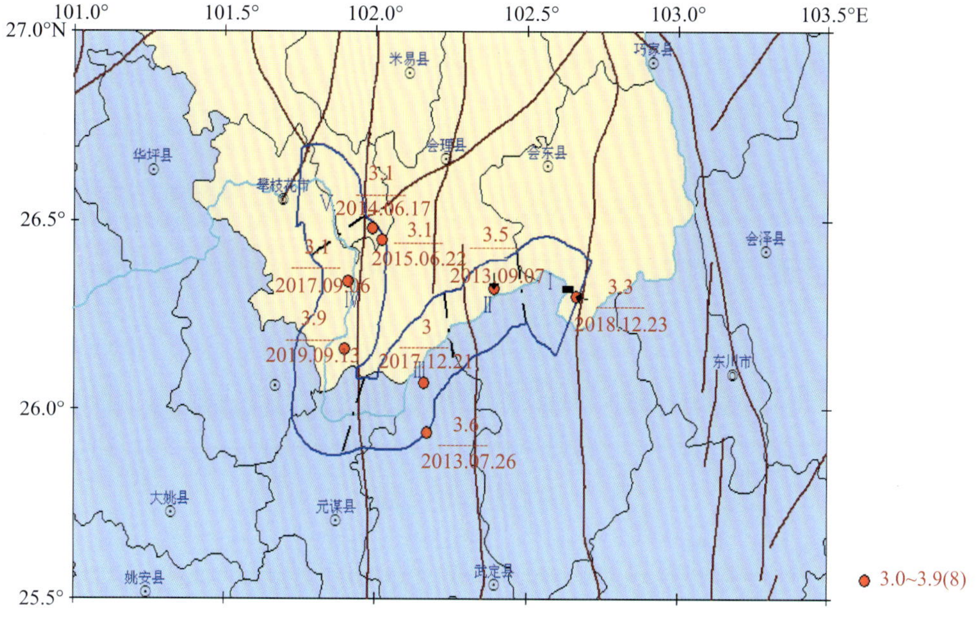


(b)

图 5.6.4　2013.01.01～2020.01.14 库区两侧 10km（蓝线）范围地震分布图

（a）记录地震；（b）各库段 3.0 级以上地震分布图

分析这些地震资料，给出地震的震级-频次与重复率曲线见图 5.6.5，可见 $M_L$0.5 以上地震记录相对较完整。据此给出的活动性参数 $b$ 值为 0.884，$a$ 值为 3.5408，拟合相关系数 $R$ 为 0.996。计算乌东德水库区域拟合上限震级为 $M_L$4.0。

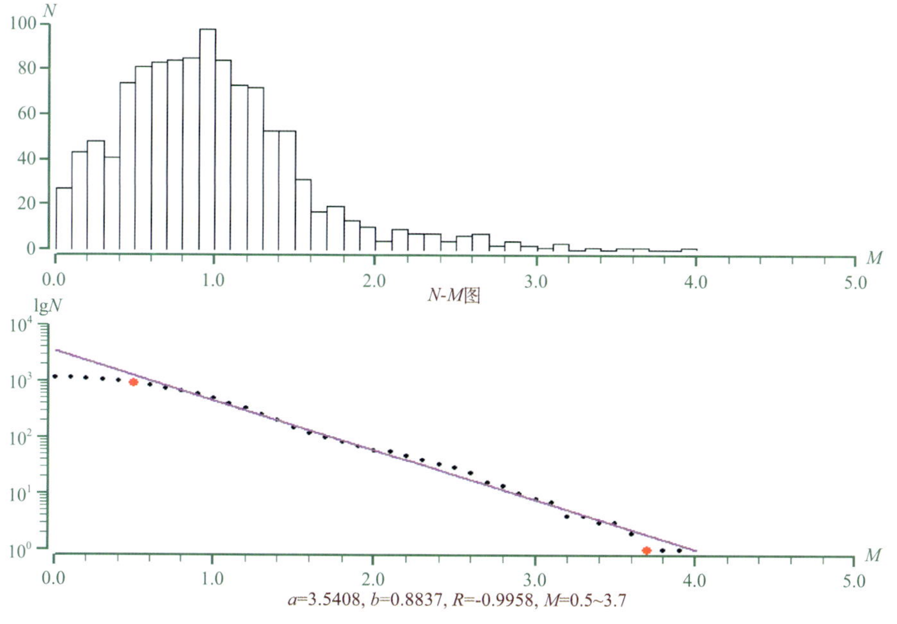


图 5.6.5　2013.01.01～2020.01.14 库区两侧 10km 范围地震的震级-频次与重复率曲线图

2013 年 1 月 1 日至 2020 年 1 月，库区两侧 10km 范围地震活动随时间变化见图 5.6.6，地震活动强度在 $M_L$3.9 以下，多数地震震源深度在 20km 内。

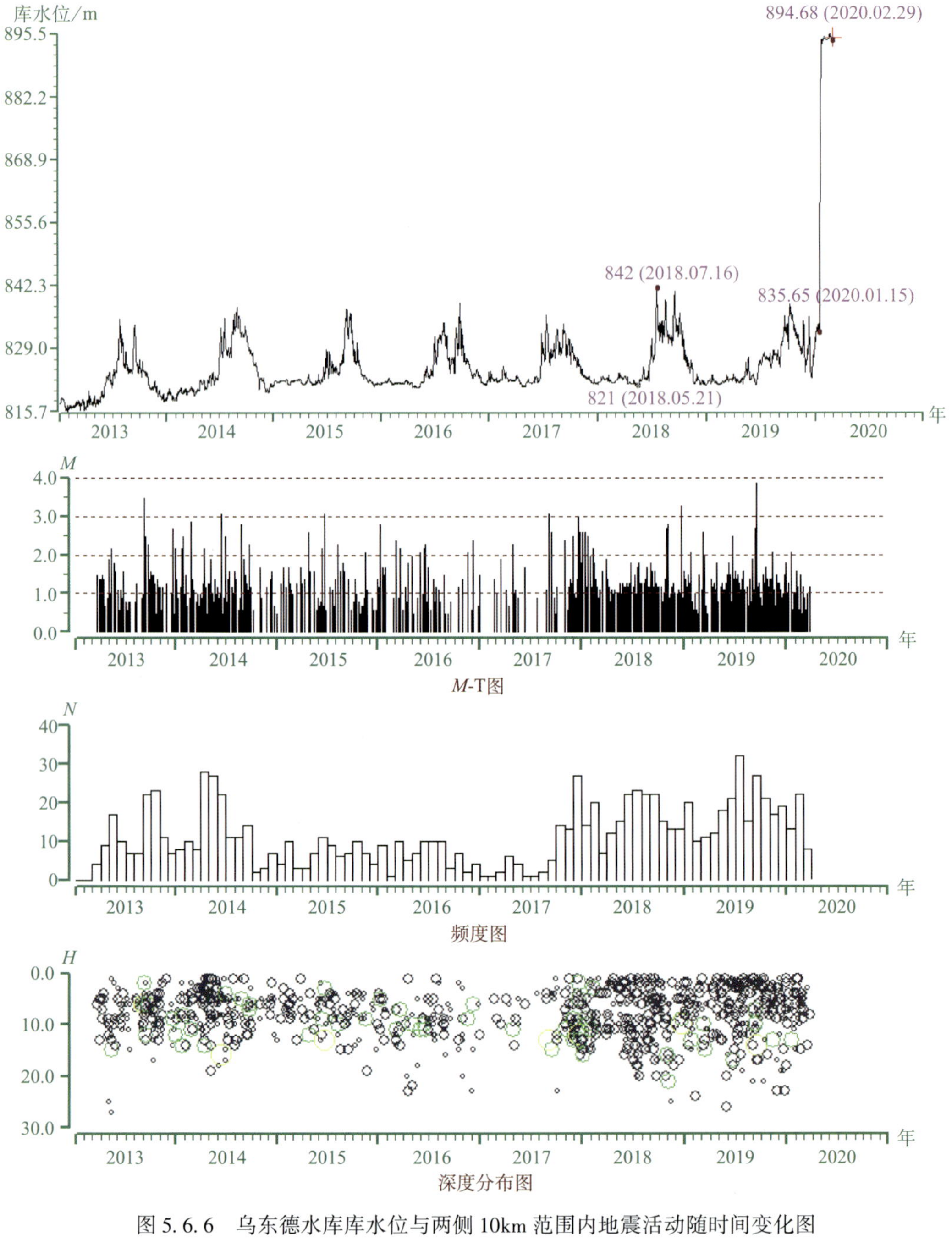


图 5.6.6　乌东德水库库水位与两侧 10km 范围内地震活动随时间变化图

### 5.6.3　库区地震本底分析

分析中国地震台网中心地震监测资料和 1965 年 1 月至 2020 年 1 月乌东德水库 10km 范围地震活动性，给出蓄水前地震本底：$M_L$2.0 以上月均地震频次 0.9 次；根据震级-频次关系，拟合上限震级为 5.5±0.2 级。

## 5.7　截流前库区 2013 年度中强震记录的分析

截流前，监测台网在 2013 年度监测到中强地震 4 次，见表 5.7.1。

**表 5.7.1　2013 年度乌东德水库及周围 4 次中强地震目录表**

| 日期 | 时间 | 北纬（°） | 东经（°） | 震级 | 深度 | 参考地点 |
|---|---|---|---|---|---|---|
| 2013. 07. 26 | 10：23：14. 4 | 25. 940 | 102. 173 | 3. 6 | 9 | 云南省武定县 |
| 2013. 08. 17 | 11：42：44. 7 | 25. 911 | 102. 157 | 3. 8 | 11 | 云南省武定县 |
| 2013. 09. 07 | 02：03：28. 7 | 26. 322 | 102. 389 | 3. 5 | 6 | 四川省会理县 |
| 2013. 11. 16 | 23：36：39. 8 | 26. 345 | 103. 031 | 4. 8 | 22 | 云南省东川区 |

### 5.7.1　2013 年 7 月 26 日武定 $M_L$3.6 地震

2013 年 7 月 26 日 $M_L$3. 6 地震震中及强震测项台站分布见图 5. 7. 1。

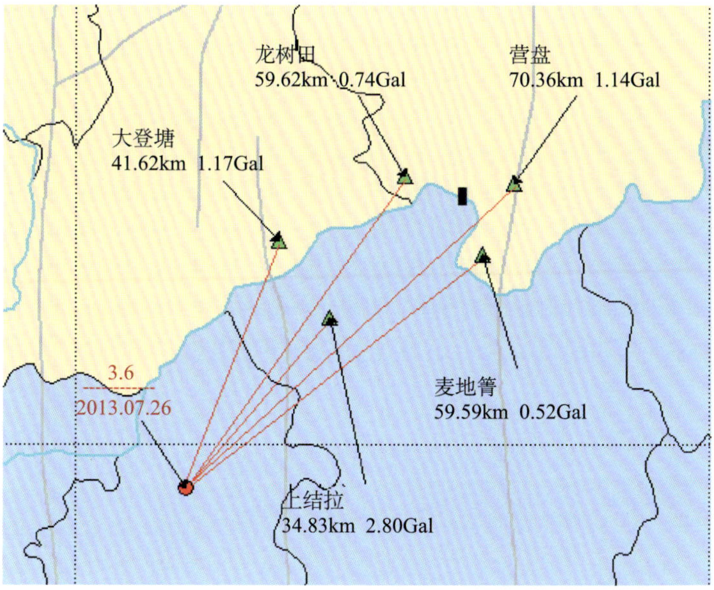


图 5. 7. 1　2013 年 7 月 26 日 $M_L$3. 6 地震震中及强震测项台站分布图

分析给出地震动参数，见表 5. 7. 2。

表 5. 7. 2　2013 年 7 月 26 日武定 $M_L$3. 6 地震加速度记录分析表

| 台站名称 | 震中距 | PGA/Gal | | |
|---|---|---|---|---|
| | | UD | NS | EW |
| 大登塘 | 41. 62 | −0. 57 | 1. 04 | 1. 17 |
| 龙树田 | 59. 62 | 0. 67 | 0. 74 | 0. 66 |
| 麦地箐 | 59. 59 | 0. 26 | 0. 52 | 0. 50 |
| 上结拉 | 34. 83 | 1. 06 | −1. 70 | −2. 80 |
| 营盘台 | 70. 36 | −0. 38 | −0. 89 | 1. 14 |

## 5. 7. 2　2013 年 8 月 17 日武定 $M_L$3. 8 地震

2013 年 8 月 17 日 $M_L$3. 8 地震震中及及强震测项台站分布见图 5. 7. 2。

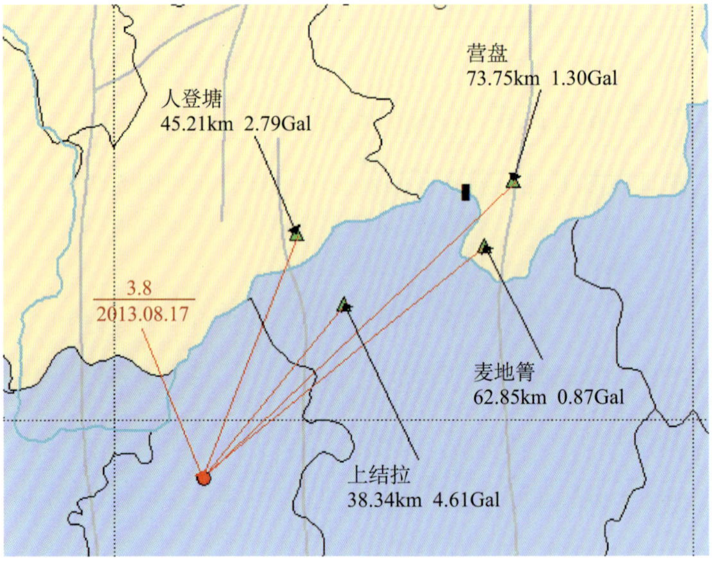


图 5. 7. 2　2013 年 8 月 17 日 $M_L$3. 8 地震震中及及强震测项台站分布图

分析地震动参数见表 5. 7. 3。

**表 5.7.3　2013 年 8 月 17 日 $M_L$3.8 地震加速度记录分析表**

| 台站名称 | 震中距 | *PGA*/Gal | | |
|---|---|---|---|---|
| | | UD | NS | EW |
| 大登塘 | 45.21 | 1.54 | -2.38 | -2.79 |
| 麦地箐 | 62.85 | -0.61 | 0.87 | 0.80 |
| 上结拉 | 38.34 | -2.28 | 3.44 | 4.61 |
| 营盘台 | 73.75 | -0.53 | 1.25 | 1.30 |

## 5.7.3　2013 年 9 月 7 日会理 $M_L$3.5 地震

2013 年 9 月 7 日 $M_L$3.5 地震震中及及强震测项台站分布见图 5.7.3。

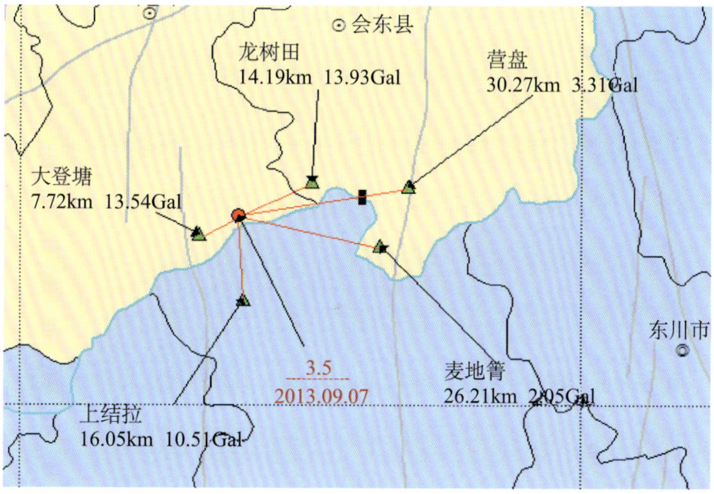


图 5.7.3　2013 年 9 月 7 日 $M_L$3.5 地震震中及及强震测项台站分布图

分析地震动参数见表 5.7.4。

**表 5.7.4　2013 年 9 月 7 日会理 $M_L$3.5 地震加速度记录分析表**

| 台站名称 | 震中距 | *PGA*/Gal | | |
|---|---|---|---|---|
| | | UD | NS | EW |
| 大登塘 | 7.72 | -13.54 | -10.10 | -11.17 |
| 龙树田 | 14.19 | 5.06 | -11.89 | 13.93 |
| 麦地箐 | 26.21 | 1.45 | 1.97 | -2.05 |
| 上结拉 | 16.05 | -3.23 | -7.32 | 10.51 |
| 营盘台 | 30.27 | 1.40 | 2.45 | -3.31 |

### 5.7.4　2013 年 11 月 16 日东川 $M_L$4.8 地震

2013 年 11 月 16 日 $M_L$4.8 地震震中及及强震测项台站分布见图 5.7.4。

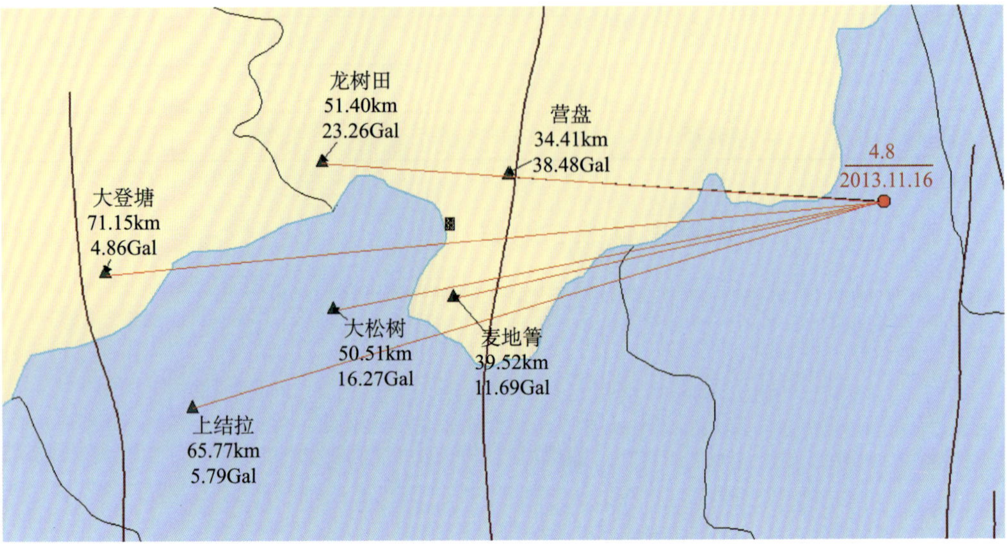


图 5.7.4　2013 年 11 月 16 日 $M_L$4.8 地震震中及及强震测项台站分布图

分析地震动参数见表 5.7.5。

**表 5.7.5　2013 年 11 月 16 日东川 $M_L$4.8 地震加速度记录分析表**

| 台站名称 | 震中距 | *PGA*/Gal | | |
|---|---|---|---|---|
| | | UD | NS | EW |
| 大登塘 | 71.15 | 2.63 | -4.86 | 3.53 |
| 龙树田 | 51.40 | 20.32 | -9.33 | 23.26 |
| 大松树 | 50.51 | -9.84 | -15.82 | -16.27 |
| 麦地箐 | 39.52 | -5.04 | 9.40 | -11.69 |
| 上结拉 | 65.77 | 2.65 | -4.18 | -5.79 |
| 营盘台 | 34.41 | -12.99 | -38.48 | -36.40 |

## 5.8　截流前库区地震震源机制解分析

分析截流前乌东德库区地震震源力学机制，库区云南巧家、武定，四川宁南、会东一带区域的地震震源机制解，多呈现倾滑型与近走滑型错动特征，见图 5.8.1。

2015 年 10 月 10 日四川会东 $M_L$3.3 地震，震源深度 12km，震源机制呈现正倾型，断面走向为 NWW 向（117°），倾角 67°。

2016 年 4 月 29 日四川会理 $M_L$3.7 地震，震源深度 4km，震源机制呈现正倾型，断面走向为 NWW 向（314°），倾角 63°。

2017 年 12 月 19 日四川会东 $M_L$3.4 地震，震源深度 15km，震源机制呈现正倾型，断面走向为 NE 向（66°），倾角 78°。

2018 年 10 月 17 日云南武定 $M_L$4.2 地震，震源深度 13km，震源机制呈现近逆倾型，断面走向为 NW 向（305°），倾角 83°。

2019 年 1 月 17 日四川会东 $M_L$3.7 地震，震源深度 12km，震源机制呈现近逆倾型，断面走向为 NW 向（305°），倾角 83°。

2019 年 1 月 27 日云南禄劝 $M_L$3.0 地震，震源深度 18km，震源机制呈现近走滑型，断面走向为 SSE 向（205°），倾角 66°。

2019 年 3 月 7 日云南武定 $M_L$2.6 地震，震源深度 10km，震源机制呈现近走滑型，断面走向为 NW 向（345°），倾角 57°。

2019 年 9 月 13 日四川会理 $M_L$3.9 地震，震源深度 14km，震源机制呈现走滑型，断面走向为 NE 向（37°），倾角 89°。

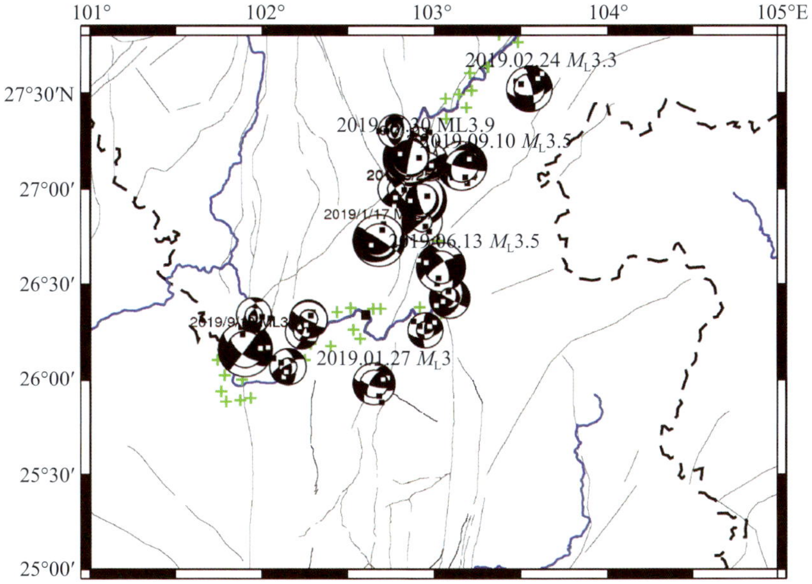


图 5.8.1　2015~2019 年乌东德水库监测区地震震源机制解图

## 5.9　影响库区的潜在震源

综合地震活动性、地震构造、应力场与地球物理场，以及地壳形变等研究结果，主要遵循地震重复性和构造类比两条原则。鉴于研究地区地震活动与地震构造关系比较密切，强震震中沿主要活动断裂带状展布，潜在震源区划作长条状。对场地有较重要影响的，涉及库区的主要潜在震源区有 2 个，一个是普渡河潜在震源区，一个是攀枝花—元谋潜在震源区，见图 5. 9. 1，这 2 个潜在震源区均发生过 6 级以上地震。普渡河潜在震源区，1985 年发生过禄劝 6. 3 级地震，根据断错地貌，构造活动性，历史地震强度水平，确定该潜在震源区震级上限为 6. 5 级；攀枝花—元谋潜在震源区，主要活动断裂是昔格达、元谋—绿汁江断裂，曾发生 1955 年会理 6¾级地震和 2008 年攀枝花仁和 6. 1 级地震。确定该潜在震源区震级上限为 7. 0 级。此外，距离库区有一定距离的 2 个潜在震源区是大姚—姚安潜在震源区、武定—易门潜在震源区，历史上均发生过 6. 5 级地震，确定其潜在震源区震级上限为 6. 5 级。以 5. 5 级作为潜在震源区的地震本底活动强度估计上限。

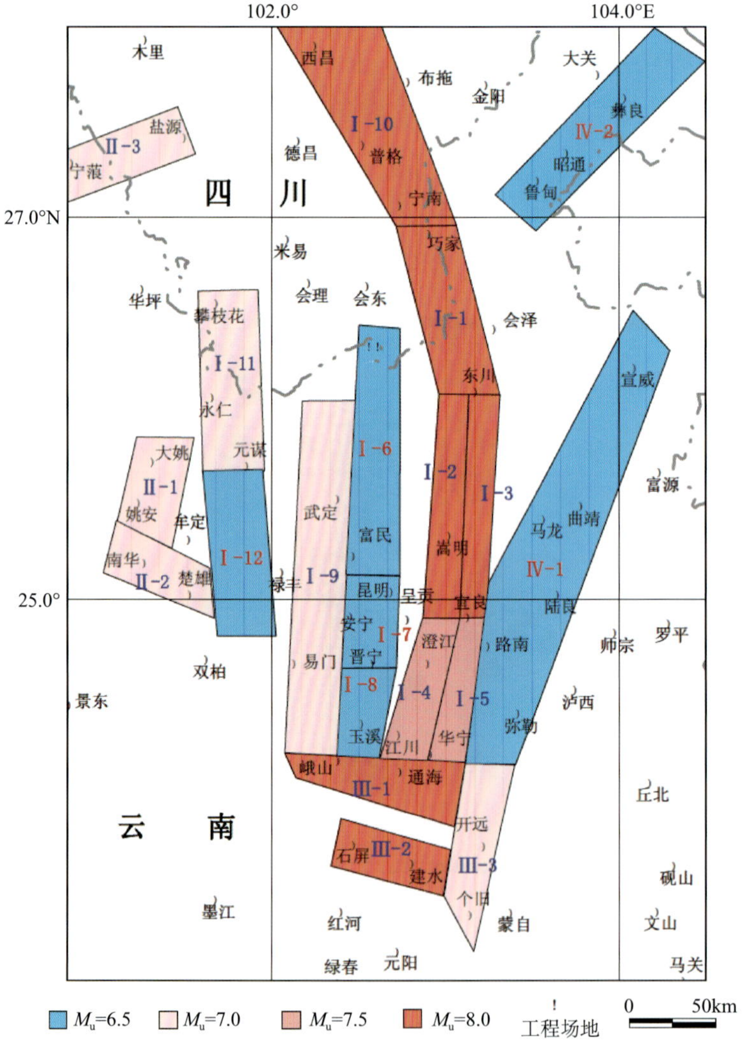


图 5. 9. 1　潜在震源区的划分图

据云南省地震工程研究院，金沙江乌东德水电站预可行性研究，

金沙江乌东德水利枢纽工程场地地震安全性评价补充论证报告，2010 年 4 月

考虑区域地震动衰减，各地震带或潜在震源区的地震活动性参数，以及场地条件等，采用地震危险性综合概率分析方法，给出乌东德场地 50、100 年不同超越概率的烈度值，见表 5.9.1，基岩地震动参数值见表 5.9.2。

以 50 年超越概率 10%所对应的地震烈度为地震基本烈度，综合判定乌东德工程场地地震基本烈度为Ⅶ度。《中国地震动参数区划图（2015）》上工程场地所在地区的地震加速度峰值为 0.15$g$，场地地震基本烈度为Ⅶ度。

**表 5.9.1　乌东德场地 50、100 年不同超越概率的烈度值表**

| P / I / T | 63% | 10% | 5% |
|---|---|---|---|
| 50 年 | 5.7 | 7.0 | 7.4 |
| 100 年 | 6.2 | 7.4 | 7.6 |

注：据云南省地震工程研究院，2010 年 4 月。

**表 5.9.2　乌东德场地基岩地震动参数值表**

| 设计地震动参数 | 50 年超越概率 | | | | 100 年超越概率 | |
|---|---|---|---|---|---|---|
| | 63% | 10% | 5% | 3% | 2% | 1% |
| $A_{max}$/Gal | 43 | 124 | 162 | 193 | 265 | 315 |
| $Tg$/s | 0.40 | 0.40 | 0.40 | 0.40 | 0.40 | 0.40 |
| $a_h/g$ | 0.04 | 0.13 | 0.17 | 0.20 | 0.27 | 0.32 |

注：据云南省地震工程研究院，2010 年 4 月。

## 5.10　库区水库诱发地震环境条件和预测

### 5.10.1　水库诱发地震的环境和条件

图 5.10.1 是长江勘测规划设计研究院、西北勘测设计研究院（2010）给出的乌东德水库诱发地震环境分区和构造地震潜在危险区划分。

乌东德坝址至志力新村段，长约 53.4km，金沙江纵切鲶鱼河向斜西南翼、铜厂顶复背斜南翼。段内近 SN 向的铜厂沟—皎西断裂、汤郎—易门断裂分别在皎平渡、鲁车一带呈大角度切割库岸，EW 向的落雪—通安断裂带在大梁子—付腥田一带与库岸小角度相交。库岸以坚硬岩为主，总体地质条件好，库盆透水性微弱。

志力新村至龙川江口段，长约 55.8km，在志力至勐果河口间金沙江纵切大黑山向斜东翼、在勐果河口至龙川江口间金沙江横切大黑山向斜。岸坡主要由三迭系—白垩系砂、泥岩、页岩组成。段内断层发育少且规模小，库岸主要为较软弱—半坚硬岩石，库盆地层透水性微弱。

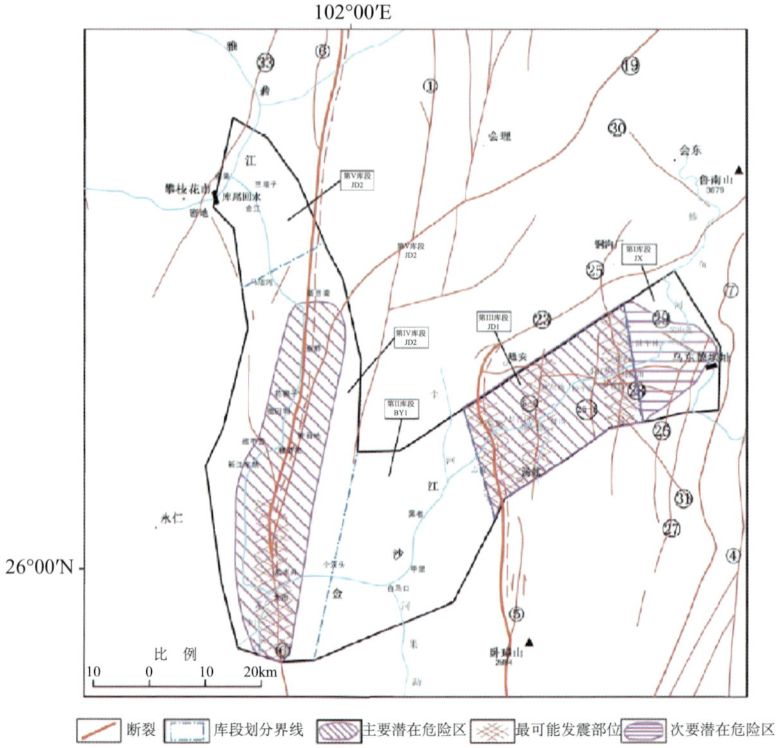


图 5.10.1 乌东德水库诱震环境分区和构造地震潜在危险区划分图
据长江勘测规划设计研究有限设计公司，金沙江乌东德水电站可行性研究，
防震抗震研究设计专题报告，2011 年 11 月

龙川江口至马店河段，长约 75km，库岸主要由震旦系灯影组碳酸盐岩、砂岩、页岩，下元古界混合岩、浅变质灰岩组成。磨盘山—绿汁江断裂对本段河谷地形地质条件起控制作用，断裂带距金沙江左岸 1～5km，近平行于金沙江展布。库岸岩质以坚硬岩为主，地质条件好。

马店河—库尾攀枝花市密地村东段，长约 22.5km，库岸基岩主要为晋宁期石英闪长岩，岩体坚硬、较完整，库尾北岸有 NE 向的攀枝花大断裂发育，库岸结晶岩岩质坚硬、岩体较完整，地质条件好。

乌东德库区虽然岩溶总体不太发育，但在皎平渡、燕窝塘、早谷田等地分布碳酸岩地层，溶洞、洼地、漏斗、落水洞等较发育，具有诱发岩溶塌陷型水库地震的水文地质条件。库中金沙江右岸长约 10km 的库岸地段分布有马阴山铜矿和皎平渡铁矿，开采严重，两矿主要矿井均处于建库蓄水后永久淹没线以下，有诱发矿山洞穴塌陷型地震的可能。库区陆车林至志力段（Ⅱ段）和小汉头至马店河段（Ⅳ段），存在发生卸荷、岩溶、矿震或塌陷型型地震的可能。

库区滑坡、崩塌和危岩体主要发育于干、支流的顺向坡（包括斜顺向坡）地段，如图 5.10.2，依里古至志力新村一带库岸主要处于大黑山向斜东南翼、东翼，右岸大部分段属顺向坡；志力新村至鲁车渡口滑坡、崩塌和危岩体基本只在左岸发育；鲁车渡口至尖山包变质岩段库岸，位于基底褶皱铜厂顶背斜南翼，地质灾害 2/3 以上发育于左岸。滑坡、崩塌和危岩体多发育于断裂带发育或切割影响的岸段，且规模较大，如汤郎—易门断裂带附近发育有白泥洞滑坡，近坝段花山滑坡的发育则受近 EW 向断裂影响。

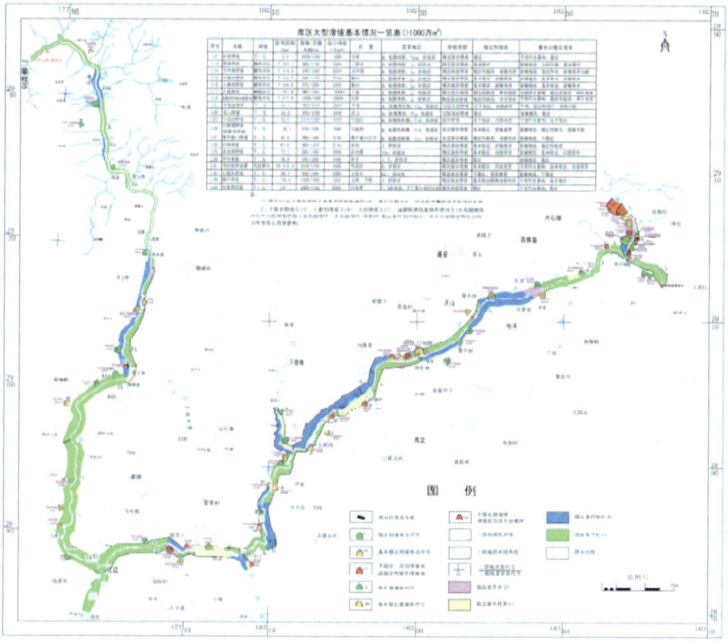


图 5. 10. 2　库区主要滑坡、崩塌等地震地质灾害分布示意图

## 5. 10. 2　截流前库区地震地质构造现场调查

2014 年 5 月在库区开展地震地质构造、溶洞、地层岩性及相关水库诱发地震因素的现场调查。重点考察区在库区截流回水区域，即库区Ⅰ、Ⅱ段，见图 5. 10. 3。

查勘点一：库首段荫地沟沟口（北纬 26°21. 349′，东经 102°35. 524′，高程 945m）该处水位高程为 830m。见图 5. 10. 4，热水塘断层沿江展布，热水塘断层长度为 7km，NW 向。查勘处地层岩性为碳酸盐岩，属震旦系上覆三叠系。

马鹿塘断层，邻近坝址，它北起四川的大水沟，向南经田坝、阿巧、撒马基、马鹿塘，终止于撒营盘，全长约 42km，总体走向 10°，倾向 E，倾角 60°~80°，具逆断层性质，断错最新地层为上新统砂岩。在硝井—马鹿塘一带，表现出高角度逆冲性，破碎带中有糜棱岩和少量断层泥。马鹿塘至撒马基，断层发育于二叠系—震旦系间，半固结角砾岩带中发育新的破裂面并有片理化现象；沿线发育小型溶蚀凹地和线性 V 形谷。金沙江附近断层破碎带宽数十米，探槽揭露覆盖断裂破碎物质呈半固结状，未见新破裂面。马鹿塘断层斜交穿过金沙江。

查勘点二：河门口（北纬 26°21. 584′，东经 102°35. 179′，高程 1002m）

河门口为鲹鱼河河口，地层岩性为震旦系灯影组碳酸盐岩，热水塘断层与马鹿塘断层成“丁”字相交，见图 5. 10. 5。

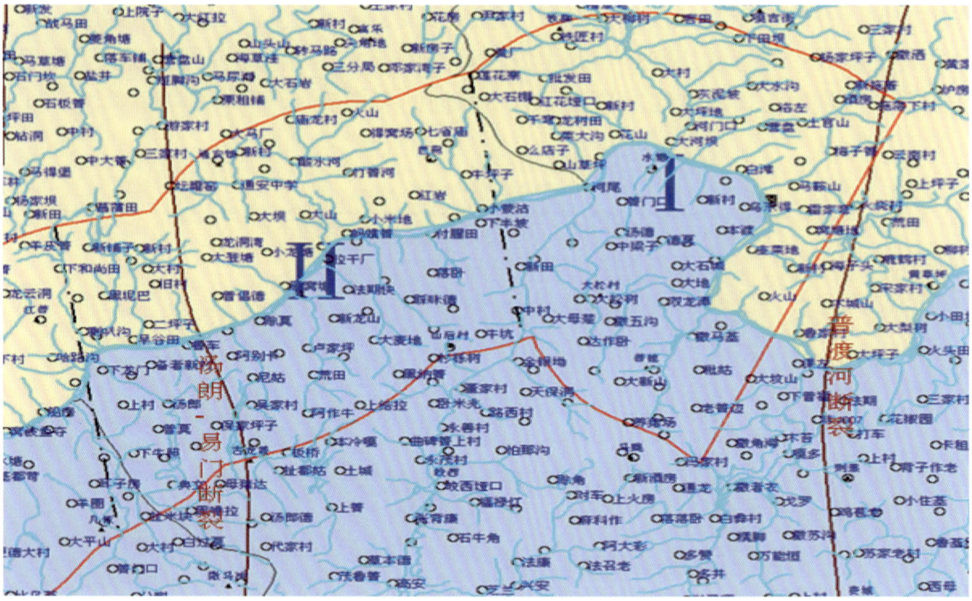


图 5.10.3　乌东德水库区Ⅰ、Ⅱ段水系、地层岩性和主要断裂带展布图

图 5.10.4　热水塘断层展布的地貌分布

青草坪断层，北起四川的田坝，向南经云南的的大松树、青草坪，止于麻科作，全长约32km，总体走向 10°，倾向 E，倾角 40°~50°，局部地段达 80°，断裂最新地层为中侏罗统灰岩等；破碎带宽约 30m，由角砾岩、糜棱岩组成；沿断裂分布漏斗和小型岩溶凹地。阿茂禄—大松树一带，地貌显示为一条长约 7km 的 V 形谷，见图 5.10.6。大火山附近断崖地貌清晰，晚更新世的洪积扇未见断错。

图 5.10.5　马鹿塘断层展布的地貌分布

图 5.10.6　青草坪断层展布的地貌分布

查勘点三：皎西—铜厂沟断层，皎平渡（北纬 26°17.57′，东经 102°22.858′，高程 933m）

如图 5.10.7。皎平渡位于皎西—铜厂沟断层上，围堰挡水后回水大致到达皎平渡（江水位高程约 890m）。

铜厂顶复背斜南翼，出露地层主要有震旦系灯影组碳酸盐岩、澄江组砂砾岩，中元古界浅变质岩等。这一带的磁铁矿主要集中于皎平渡蚂蚁山附近，分散分布规模约 2~3km$^2$，部分磁铁矿矿洞较深，位于金沙江江边岩体中，见图 5.10.8。目前当地正对磁铁矿进行抢救式开采，水库蓄水后，部分矿洞会被淹没，是未来水库诱发地震（矿震）的重点关注地段。

(a)

(b)

图 5.10.7 皎西—铜厂沟断层展布的地貌

图 5.10.8　皎平渡磁铁矿矿洞

## 5.10.3　水库诱发地震预测

预测成果如表 5.10.1 和图 5.10.9。

表 5.10.1　乌东德水库各库段水库诱发地震预测成果表

| 库段编号 | 地段 | 构造型地震 $M$ | 非构造型地震极限强度 $M$ | 综合预测 |
|---|---|---|---|---|
| 1 | 坝址、库首段（乌东德—陆车林） | 4.5 | 卸荷型 $M \leqslant 3.0$ | 马鹿塘断层小于 $M_S 5.0$ |
| 2 | 库中（陆车林—志力）段 | 4.5~5.0 | 卸荷、岩溶、矿震型 $M \leqslant 3.0$ | 汤朗—易门断裂 $M_S 5.0$<br>鲁魁山—皎西断层小于 $M_S 5.0$<br>鲁南山—马阴山断裂≤4.5 |
| 4 | 龙川江口至库尾段 | 6 | 卸荷、岩溶、矿震型 $M \leqslant 3.0$ | 磨盘山—绿汁江断裂 $M_S 5.0$ |

注：根据长江勘测规划设计研究院、西北勘测设计研究院（2010、2011）

### 1. 库首段

坝址至陆车林库段，干流库段长约 16km，两岸谷坡陡立，蓄水深度 175~200m。构造条件复杂，有 5.0 级历史地震背景，具发生构造型水库地震的可能，最大震级低于区域天然本底地震，即 $M_S$<5.0 级。

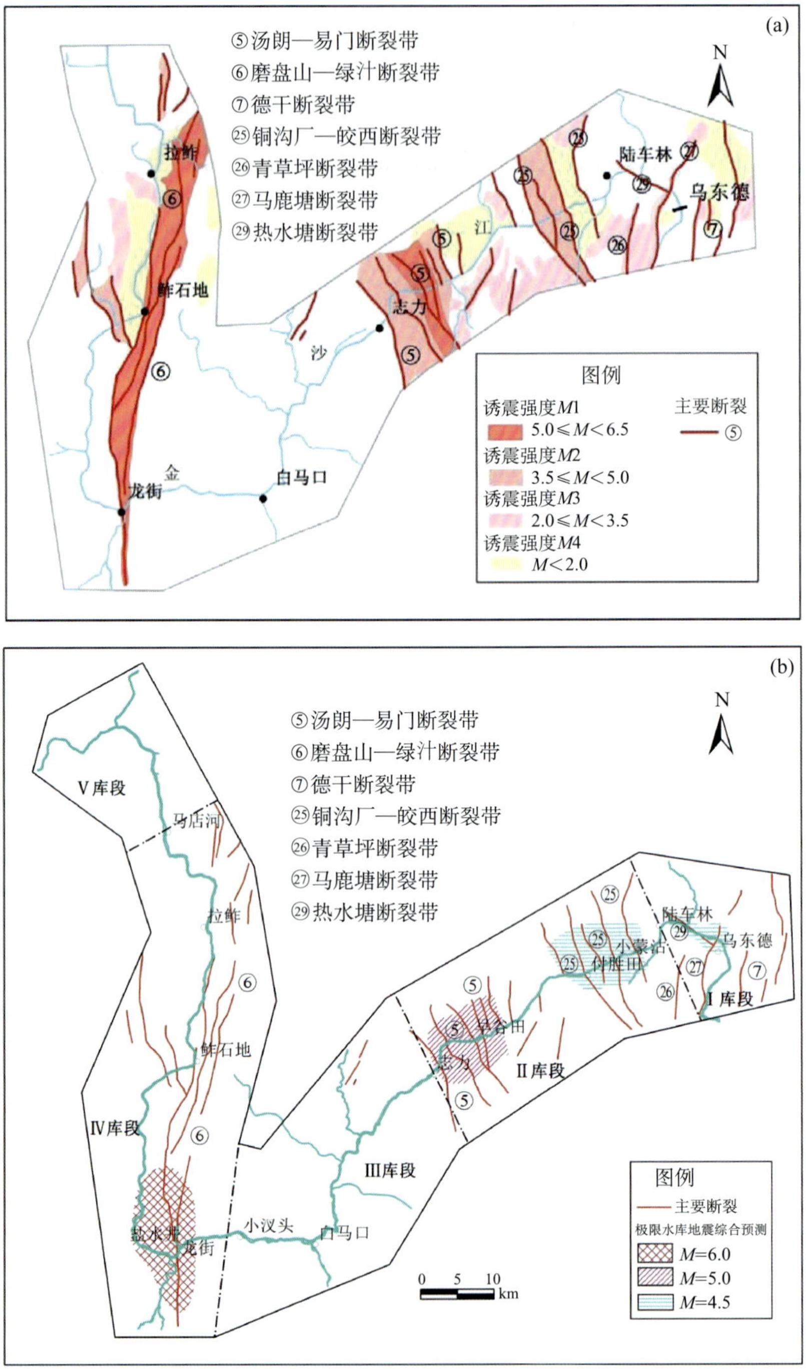


图 5.10.9　乌东德水库地震预测成果图

(a) 宏观对比预测结果；(b) 综合预测结果

长江勘测规划设计研究院、西北勘测设计研究院（2010）

**2. 库中段**

陆车林至志力库段，干流库段长约45km，距坝址16~61km，库段内汤郎—易门断裂南端易门盆地的微震较为活跃，其横穿水库的部位是水库诱发地震的重点地段，判断沿该断裂带发生水库诱发地震的最高震级为5.0级；铜厂沟—皎西断裂与库水有直接水力联系，在穿越金沙江的皎平渡—陆车林库段具有诱发水库地震的可能，最高震级在5.0级以下。库段岩溶发育相对微弱，极限震级不会超过3.0级。库段右岸马阴山铜矿及付胜田、洪门口、皎平渡铁矿，地下采空条件复杂，部分矿道将在蓄水初期淹没，有发生塌陷地震的可能。

**3. 库尾段**

包括支流龙川江部分，龙街以上干流河段长约97km，距坝址最近直线距离约80km，蓄水后最大水位抬升60m。蓄水后基本无诱发岩溶型水库地震的可能性。磨盘山—绿汁江断裂在盐水井、鲊石地、龙川江口等部位横穿（或斜穿）金沙江河谷，与库水具备直接的水力联系，不排除蓄水后诱发构造型水库地震的可能性，判断该段可能诱发最大水库地震震级为$M_S$5.0。

综合分析，乌东德库区磨盘山—绿汁江断裂及汤郎—易门断裂穿越金沙江的地段有发生$M_S$5.0左右水库地震的可能；库中会东—皎西断裂（竹青河—皎平断层、鲁魁山—皎西断层、鲁南山—马阴山断裂）以及库首坝址段热水塘断层、马鹿塘断层也是发生水库地震的重点部位，但震级可能在$M_S$5.0以下；库中段皎平渡、雁窝塘等浅变质碳酸盐岩库岸诱发岩溶型水库地震，主要表现为$M_S$2.0以下的微震。

全库区诱发水库地震对坝址区的影响烈度在Ⅶ度以内。

## 参 考 文 献

常晓林、何蕴龙，1998，地震情况下地基、库水、拱坝的相互作用，武汉水利电力大学学报，31（4）：1~5

陈德基、汪雍熙、曾新平，2008，三峡工程水库诱发地震问题研究，岩石力学与工程学报，27（8）：1513~1524

陈翰林、赵翠萍、修济刚、陈章立，2009，龙滩库区水库地震震源机制及应力场特征，地震地质，31（4）：686~698

陈厚群、侯顺载、杨大伟，1989，地震条件下拱坝库水相互作用的试验研究，水利学报，7：28~39

陈厚群、徐泽平、李敏，2009，关于高坝大库与水库地震的问题，水力发电学报，28（5）：1~7

陈敏、戴应洪、王小龙、贺曼秋、李强、王卫东、袁曲，2007，三峡水库地震孕震机理及蓄水地震活动分析，防灾科技学院学报，9（4）：42~45

陈学忠、王小平、王林瑛、张天忠，2003，地震视应力用于震后趋势快速判定的可能性，国际地震动态，295（7）：1~4

陈运泰、吴忠良、王培德等，2000，数字地震学，北京：地震出版社，96~153

程万正、张致伟、阮祥，2010，紫坪铺水库区不同蓄水阶段的地震活动及成因分析，地球物理学进展，25（3）：759~767

戴苗、姚运生、陈俊华、秦小军、王秋良，2010，三峡库区地震活动与坝前水位关系研究，人民长江，41（17）：12~15

郭恩、周锡元、彭凌云、赵作周，2012，近断层地震动记录中速度大脉冲及其影响范围，北京工业大学学报，38（2）：243~249

郭增建、秦保燕，1991，地震成因与地震预报，北京：地震出版社

韩竹军、何玉林、安艳芬、李传友，2009，新生地震构造带—马边地震构造带最新构造变形样式的初步研究，地质学报，83（2）：218~229

胡聿贤，1999，地震安全性评价技术教程，北京：地震出版社

胡毓良、陈献程，1979，我国的水库地震及有关成因问题的讨论，地震地质，1（4）：45~57

李坪、李愿军、杨美娥，2005，长江三峡库区水库诱发地震的研究，中国工程科学，7（6）：14~20

李新乐，2004，考虑场地和震源机制的近断层地震动衰减特性的研究，工程地质学报，12（02）：141~147

梁尚鸿、李幼铭、束沛镒等，1984，利用区域地震台网 P、S 振幅比资料测定小震震源参数，地球物理学报，27（3）：247~257

刘启方，2005，基于运动学和动力学震源模型的近断层地震动研究，中国地震局工程力学研究所，博士论文

吕坚、郑秀芬、肖健等，2013，2012 年 9 月 7 日云南彝良 $M_S5.7$、$M_S5.6$ 地震震源破裂特征与发震构造研究．地球物理学报，56（8）：2645~2654

苏生瑞、黄润秋、王士天，2002，断裂构造对地应力场的影响及其工程应用，北京：科学出版社

王京哲、朱晞，2003，近场地震速度脉冲下的反应谱加速度敏感区，中国铁道科学，24（6）：27~30

王儒述，2006，三峡水库诱发地震研究综述，三峡大学学报（自然科学版），28（2）：97~104

吴建平、明跃红、王椿镛，2006，川滇地区速度结构的区域地震波形反演研究，地球物理学报，49（5）：1369~1376

吴忠良、陈运泰、Mozaffari P，1999，应力降的标度性质与震源谱高频衰减常数，地震学报，21（5）：460~468

夏其发，2000，水库诱发地震评价研究，中国地质灾害与防治学报，11（3）：32~35

夏其发，2000，水库诱发地震评价研究，中国地质灾害与防治学报，11（3）：32~35

夏其发、李敏、常廷改，2012，水库地震评价与预测，中国水利水电出版社

谢礼立、周雍年、胡成祥、于海英，1990，地震动反应谱的长周期特性，地震工程与工程振动，10（1）：1~20

谢祖军、郑勇、倪四道等，2012，2011 年 1 月 19 日安庆 $M_L4.8$ 地震的震源机制解和深度研究，地球物理学报，55（5）：1624~1634

徐礼华、刘素梅，2012，水库及其环境影响，中国水利水电出版社

于海英、公茂盛、金波、韦良杰、毛国滨、杨剑、颜世菊，2006，水库地震的地震动特性，自然灾害学报，15（5）：188~193

张致伟、程万正、梁明剑等，2012，四川自贡—隆昌地区注水诱发地震研究，地球物理学报，55（5）：1635~1645

郑勇、马宏生、吕坚等，2009，汶川地震强余震（$M_S \geq 5.6$）的震源机制解及其与发震构造的关系，中国科学（D 辑），39（4）：413~426

周创兵，水电工程高陡边坡全生命周期安全控制研究综述，岩石力学与工程学报，32（6）：1081~1093

Aki K, 1966, Generation and propagation of G waves from the Niigata earthquake of June 16, 1964. estimation of earthquake moment, released energy, and stress-strain drop from G wave spectrum, Bulletin of the Earthquake Research Institute, 44: 23-88

Brune J N, 1970, Tetonic stress and spectra of seismic shear wave from earthquake, J. Geophys. Res., 75 (136): 4997-5009

Carder D S, 1945, Seismic investigations in the Boulder Dam Area, 1940-44 and the influence of Reservoir loading on local earthquake activity [J], Bull. Seismol. Soc. Am., 35 (4): 175-192

Carder D S, Small J B, 1948, Level divergengces, seismic activity and reservoir loading in the lake Mead area, Nevada and Arizona, Trans. of the Am [J], Geophys. Union., 29: 767-771

Gough D L, Gough W L, 1970, Load-induced earthquakes at Lake Kariba-Ⅱ [J], Geophys. J. R. astr, Soc, 21: 79-101

Gupta H K, Restogi B K, 1976, Dams and earthquakes [R], Elsevier, Amsterdam, 229pp

Gupta H K, Restogi B K, Narain H, 1972a, Common features of reservoir associated seismic activities [J], Bull. Seismol. Soc. Am., 62: 4381-4392

Gupta H K, Restogi B K, Narain H, 1972b, Some discriminatory characteristics of earthquakes near Kariba, Kremasta, Koyna artificial lakes [J], Bull. Seismol. Soc. Am., 63: 493-507

Haskell N A, Radiation pattern of surface waves from point sources in a multi-layered medium, Bulletin of the Seismological Society of America, 54: 377-394

Kanamori H, 2001, Energy budget of earthquakes and seismic efficiency, Earthquake Thermodynamics and Phase Transformations in the Earth' s Interior, 76: 293-305

Kanamori H and Heaton T H, 2001, Microscopic and macroscopic physics of earthquakes, GeoComplexity and the Physics of Earthquakes, 147-163

Leblanc G, Anglin F, 1978, Induced seismicity at the Manic 3 reservoir, Quebec [J], Bull. Seis. Soc. Am., 68 (5): 1469-1485

Max Wyss, 1970, Apparent stresses of earthquakes on ridges compared to apparent stresses of earthquakes in trenches, Geophys, J. R. astr. Soc., 19: 479-484

Max Wyss, 1970, Stress estimates for South American shallow and deep earthquakes, J. Geophys. Res., 75 (8): 1529-1544

Mohamed Awad, Megume Mizoue, 1995, Earthquake activity in the Aswan region, Egypt [J], Pure and Applied Geophysics, 145 (1): 69-86

Simpson D W, Gharib A A, Kebeasy R M, 1990, Induced seismicity and changes in water level at Aswan reservoir [J], Gerlands Beitr. Geophysik, 99 (3): 191-201

Simpson D W, Leith W S, Scholz C H, 1988, Two type of reservoir induced seismicity [J], Bull. Seismol. Soc. Am., 78: 2025-2040

Simpson D W, Negmatullaev S K, 1981, Induced seismicity at Nurek reservoir, Tadjikistan, USSR [J], Bull. Seis. Soc. Am., 71 (5): 1561-1586

Wyss M and Brune J N, 1968, Seismic moment, stress, and source dimensions for earthquakes in the California-Nevada region, J. Geophys. Res., 73: 4681-4694

Zhao L S, Helmberger D V, 1994, Source Estimation from Broadband Regional Seismograms, Bull. Seismol. Soc. Amer., 84 (1): 91-104

Zhu L P, Helmberger D V, 1996, Advancement in Source Estimation Techniques Using Broadband Regional Seismograms, Bull. Seismol. Soc. Amer., 86 (5): 1634-1641

# 第 6 章　库首区地壳形变本底监测分析

库首区地壳形变监测网络是水库地震监测台网的重要组成部分。乌东德水电站建设及运行过程中在库首区周围布设地壳形变监测网络，监测其蓄水前后的地壳形变特征，获取库首区的区域地壳形变和应变场的背景资料，蓄水后监测工程施工与运行过程中库首区的区域形变和应变场的动态变化；连续观测工程重点部位的地壳形变，为水库诱发地震的预测预报与研究提供背景资料和动态变化信息。

金沙江下游梯级水电站地壳形变监测网络系统是将向家坝、溪洛渡、白鹤滩、乌东德等 4 个大型水电工程纳入到同一个监测系统，进行整体性综合规划与建设，这是我国水库地震监测中与其他库区形变监测不同的新的尝试。

## 6.1　地壳形变监测网络

形变监测网络包括：精密水准—重力综合监测网水准与重力监测、跨断层三维形变监测网水准与基线测距监测、库盆谷宽监测网边长与垂直角观测和跨金沙江测量等。主要观测方法包括：精密水准测量、相对重力测量、精密距离测量、垂直角观测、跨断层水准测量、跨断层基线测距、跨断层场地水平角观测。

### 6.1.1　精密水准—重力综合监测网

简称综合网。分为环线和支线两部分，如图 6.1.1，在水库蓄水前进行三期本底资料观测。

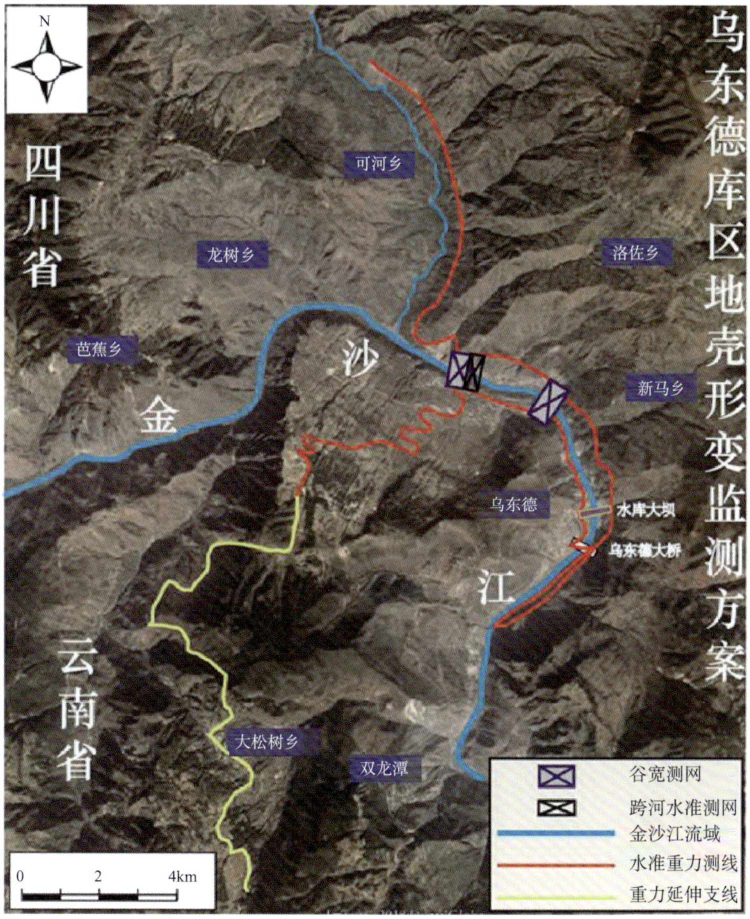


图 6.1.1　精密水准—重力综合监测网图

### 6.1.2　跨断层三维监测场地监测

共对三个跨断层场地实施监测，具体区域如下。

**1. 德干断裂——洛佐场地**

场地共有 7 个水准点，7 个基线观测墩，水准点与基线观测墩为共点建设，布设成支导线标石阵如图 6.1.2。水准测线长度 1km。该场地观测 6 条基线边和 5 个水平角。

图中假定已知点为 LZ1，已知方位角 $\alpha_{LZ1 \to LZ2} = 90°$，即 Y 轴正向。以 LZ1 点所在水准面为投影面。

**2. 磨盘山—绿汁江断裂——红格场地**

场地共有 7 个水准点，7 个基线观测墩，水准点与基线观测墩为共点建设，布设成支导线标石阵如图 6.1.3。水准测线长度 0.9km。场地观测 6 条基线边和 5 个水平角。

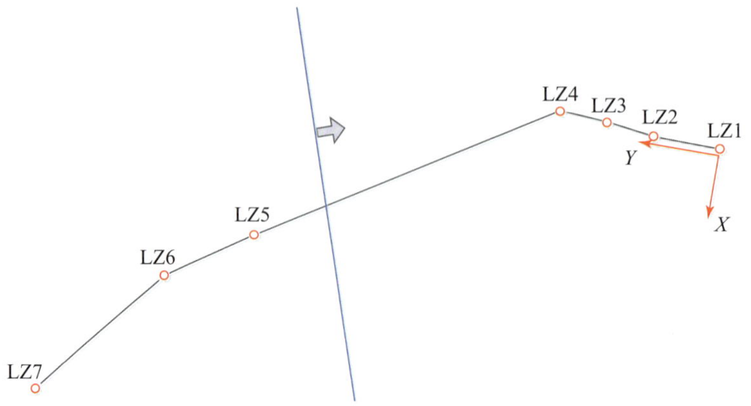


图 6. 1. 2　德干断裂——洛佐场地点位分布图

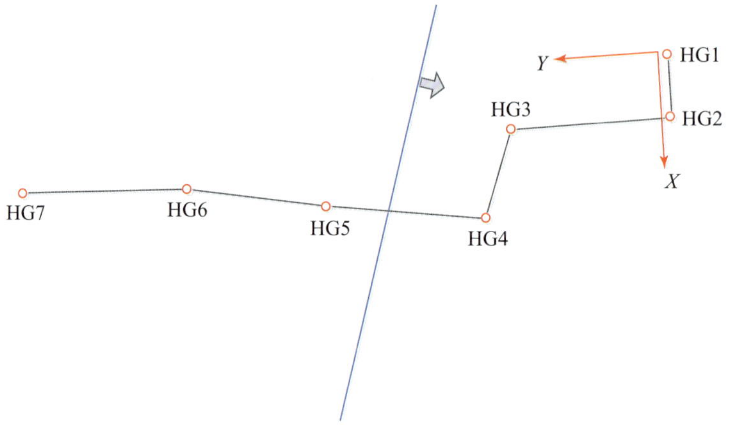


图 6. 1. 3 磨盘山—绿汁江断裂——红格场地点位分布图

图中假定已知点为 HG1，已知方位角 $\alpha_{HG1\rightarrow HG2}=0°$，即 X 轴正向。以 HG1 点所在水准面为投影面。

**3. 汤郎—易门断裂——己衣场地**

场地共有 4 个水准点，4 个基线观测墩，水准点与基线观测墩为共点建设，布设成大地四边形如图 6. 1. 4。水准测线长度 500m。该场地需观测 6 条基线边。

图中假定已知点为 JYA，已知方位角 $\alpha_{JYA\rightarrow JYD}=90°$，即 Y 轴正向。以 JYA 点所在水准面为投影面。

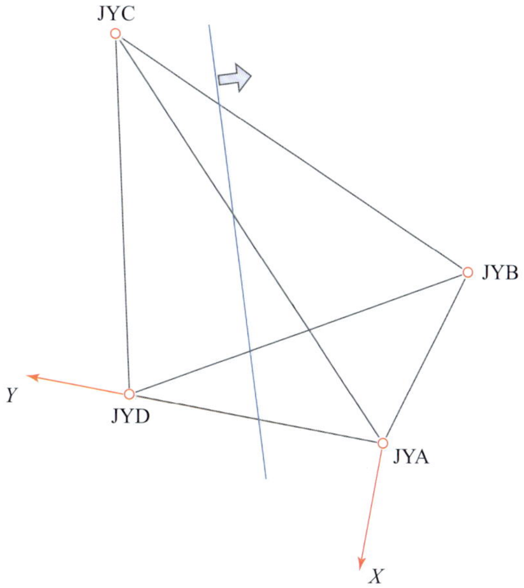


图 6. 1. 4　汤郎—易门断裂——己衣场地点位分布图

### 6. 1. 3　库盆谷宽网监测

监测场地两处：一处位于河门口大桥上游，如图 6. 1. 5；另一处位于水库大坝平台至上游的河门口大桥之间猪拱地隧道外侧，如图 6. 1. 6。

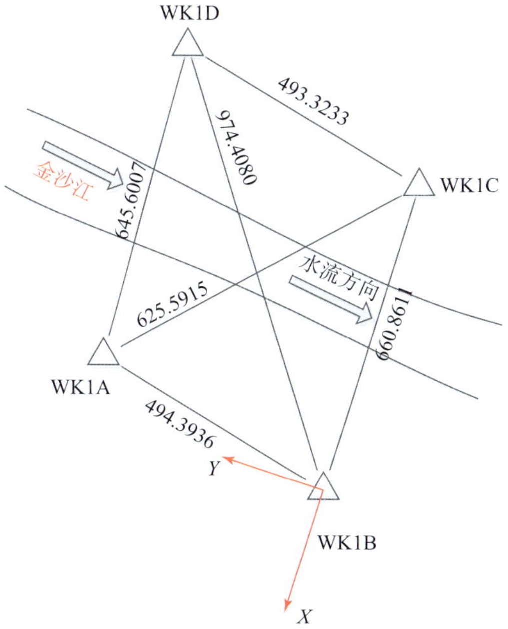


图 6. 1. 5　河门口谷宽场地点位分布图

图中假定已知点为 WK1B，已知方位角 $\alpha_{WK1C\to WK1B}=0°$，即 X 轴正向。以 WK1B 点所在水准面为投影面。

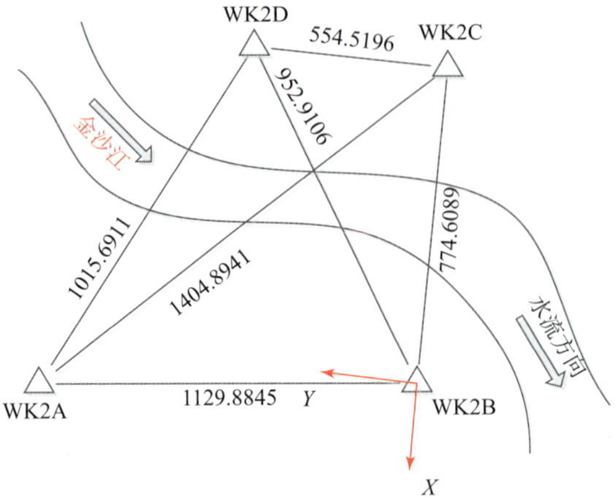


图 6.1.6　猪拱地谷宽场地点位分布图

图中假定已知点为 WK2B，已知方位角 $\alpha_{WK2C\to WK2B}=0°$，即 X 轴正向。以 WK2B 点所在水准面为投影面。

现场进行高程联测，采取支线测量方式时，独立成环。

### 6.1.4　跨金沙江测量

综合网大环上游跨金沙江水准测量选择在左岸 WZ01 和右岸 WY01 之间。测量场地根据环境条件及技术要求布设为四边形，为此在综合网左岸增加 WKB1 跨河检测点，在右岸增加 WKB2 跨河检测点。同时根据右岸测量线路改造增加 WKI1、WKI2 测量标石 2 座。如图 6.1.7。

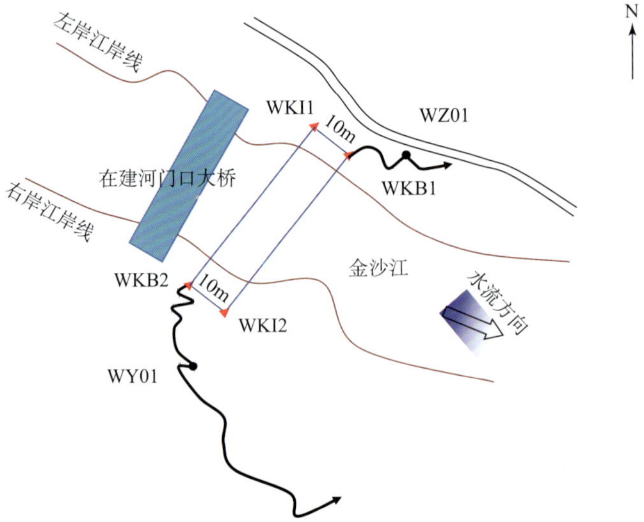


图 6.1.7　乌东德库区跨金沙江水准测量场地布设图

## 6.1.5 仪器和软件

### 6.1.5.1 仪器设备

精密水准测量所使用的水准仪、水准标尺和记录设备见表 6.1.1。

重力测量使用仪器、辅助设备及现场记录设备见表 6.1.2。

跨断层基线测距与库盆谷宽短程测距所使用的仪器设备见表 6.1.3。

**表 6.1.1　精密水准测量使用仪器表**

| 承担任务 | 水准仪 | 水准标尺 | 全站仪 | 记录设备 |
|---|---|---|---|---|
| 综合网<br>水准测量 | DINI03<br>№708241<br>№708222 | №52560<br>№52562<br>№12338<br>№12340 | — | 兰德 M73E<br>№0075051303195<br>№0075051303246 |
| 跨断层<br>水准测量 | DINI03<br>№708241<br>№708222<br>NI002A<br>№530284 | №52560<br>№52562<br>№12338<br>№12340<br>№57369<br>№57370 | — | 兰德 M73E<br>№0075051303195<br>№0075051303246 |
| 谷宽及<br>基线测距 | — | — | TS 60<br>№884514 | PC 机 |
| 跨河测量 | — | №57369<br>№57370 | TS 60<br>№884514<br>TS 60<br>№884513 | PC 机 |
| 技术指标 | 综合网水准：0.45mm/km　仪器精度：±0.3mm/km<br>跨断层水准：0.50mm/km　仪器精度：±0.3mm/km<br>基线测距：1/50 万～1/70 万　仪器精度：0.6mm±1ppm | | | |

**表 6.1.2　重力测量使用仪器表**

| 仪器设备名称 | 重力仪 | 气压表 | 温度计 | 记录计算机 |
|---|---|---|---|---|
| 设备名称 | CG-5 型<br>相对重力仪 | 空盒<br>气压表 | 普通<br>温度计 | 便携式 PDA 记录手簿 |
| 设备号码 | C1229<br>C1235 | — | — | 84A0AG014467 |
| 仪器标称指标 | $\pm20\times10^{-8}ms^{-2}$ | 2 hPa | 0.5℃ | — |
| 测量技术标准 | $\pm15\times10^{-8}ms^{-2}$ | 符合要求 | 符合要求 | — |

表 6.1.3 跨断层基线测距及谷宽短程测距使用仪器表

| 仪器设备名称 | 全站仪 | 空盒气压表 | 通风干湿表 | 记录计算机 |
|---|---|---|---|---|
| 设备类型 | TS 60 | DYM3-1 | TFWDB | 通用电脑 |
| 设备号码 | 884514 | 0150/17<br>0151/17<br>0155/17<br>0167/17 | 136/190<br>282/490<br>394/481<br>459/463 | 笔记本 PC 机 |
| 仪器标称指标 | 0.6mm+1ppm | 2hPa | 0.2℃ | — |
| 测量技术标准 | 1/50 万～1/70 万 | 2hPa | 0.2℃ | — |

#### 6.1.5.2 记录软件

水准测量记录、跨断层基线测距和谷宽测量中使用记录软件。重力测量使用便携式 PDA 记录手簿记录。

#### 6.1.5.3 仪器设备检定

**1. 水准仪的检定**

综合网水准测量和跨断层水准测量使用 DINI03 №708241、№708222 电子水准仪和 NI002A №530284 光学水准仪。三台水准仪均进行检定。

在野外作业过程中，作业组在现场进行水准仪的日常检验。

**2. 水准标尺的检定**

综合网水准测量和跨断层水准测量使用的三副铟瓦线条式水准标尺分别为№52560、№52562，№12338、№12340 和№57369、№57370，水准标尺在测前测后分别进行检定。

在野外作业过程中由作业组在现场进行水准标尺的日常检验。

**3. 重力仪的标定与调试**

重力仪为 2 台 CG-5 型重力仪，仪器在重力基线场进行标定，表 6.1.4 为流动重力测量中使用仪器的有关技术参数，重力测量使用该参数进行数据处理。

表 6.1.4 CG-5（№1229、1235）相对重力仪有关技术参数一览表

| 仪器号 | 内温/℃ | 一次项系数 | 仪器性能 |
|---|---|---|---|
| CG-5-1229 | 50.0 | 0.999268 | 稳定性良好 |
| CG-5-1235 | 50.0 | 0.999974 | |

重力测量开测前对仪器进行检校与调整，出测前由两位观测员对重力仪相关工作参数进行调整，具体内容包括：静态测量、纵横气泡偏置量检查等；并且每天测量前均进行纵横气泡检查。

**4. 全站仪的检定**

跨断层基线测距与库盆谷宽短程测距均使用徕卡 TS 60 №884514 全站仪，使用 Kern 反射棱镜。

出测前和在野外作业过程中，由作业组在现场进行全站仪的日常检验。在测前、测后进行仪器与反射棱镜综合加常数、乘常数测定。加乘常数测定结果见表 6. 1. 5，成果计算时取测前、测后两次测定中数进行改正。

**表 6. 1. 5　徕卡 TS 60 №884514 全站仪加乘常数测定表**

| | 加常数/mm | 乘常数/ppm | 测定日期 |
|---|---|---|---|
| 出测前 | −0. 95±0. 17 | 0. 83±0. 35 | 2018. 01. 26 |
| 收测后 | −1. 18±0. 15 | 1. 19±0. 33 | 2018. 06. 14 |
| 中数 | −1. 065 | 1. 010 | |

**5. 气象仪表的检定**

基线测距和短程测距及重力测量使用的通风干湿温度表、空盒气压表的检定均由国家气象计量站检定。

野外作业过程中，通风干湿温度表、空盒气压表的日常检校由作业组在作业现场检校。

## 6. 1. 6　监测实施

### 6. 1. 6. 1　精密水准测量

采用往返测形式测量，环线进行拼环平差。支线采取往返测形式，独立成环。综合网闭合环监测实施过程中分为若干区段进行观测，由于监测路线上隧道、桥梁众多，给监测实施带来诸多不确定因素，故具体区段划分需根据实测情况现场划分。水准测线路经长距离隧道时，部分隧道采用夜间观测模式。

作业期间要求作业组在施测前 7 天，每天检查仪器 $i$ 角一次，待仪器 $i$ 角稳定后，每隔 15 天检查一次（此规定适用于光学水准仪，电子水准仪每天都需要进行仪器 $i$ 角检查）。每天开测前应进行标尺、仪器圆水准器安置正确性的检验。

观测过程中，测站间以特制的重 0. 5kg 锥形铁质尺桩或 5kg 重铁质尺台作为转点尺承，特殊情况可使用铆钉。在现场由作业小组进行 200% 检查，确认无误后进行内业资料整理与检查。水准测量现场采用 HT-2680A 抄表机电子记录设备，记录程序采用统一软件进行精密水准测量外业记录和资料预处理。

**1. 综合网环线水准测量**

综合网大环水准测量观测线路为：

WZ01—BM02HMZJ—WZ02—WZ03—BM14—WZ04—BM20—BM22—WZ05—WR02—W301—BM27—WY06—BM15—WY05—BM23—WY04—WY03—WY02—WY01—WKB2—WKB1—WZ01。

**2. 综合网支线水准测量**

综合网支线水准测量观测线路为：

支线一：W101—W102—W103—W104—WZ01—W104—W103—W102—W101。

支线二：W201—W202—W203—W204—W205—W206—W207—W208—W209—W210—WY01—W210—W209—W208—W207—W206—W205—W204—W203—W202—W201。

**3. 综合网大环跨河水准测量**

跨金沙江水准测量位于大坝上游综合网大环左岸的 WZ01 和右岸的 WY01 之间，场地布设情况如图 6. 1. 7。其中 WKI1、WKI2 及 WKB1、WKB2 分别为两岸安置仪器和标尺的位置。WKI1 WKB2 与 WKI2 WKB1 为跨河视线长度，两者应相等；WKI1 WKB1 与 WKI2 WKB2 为两岸近尺视线长度，一般在 10m 左右，亦相等。

跨金沙江水准测量采用经纬仪倾角法，观测采用 TS60 全站仪代替经纬仪进行观测，即使用两台全站仪对向观测，用垂直度盘测定水平视线上、下两标志的倾角，计算水平视线位置，求出两岸高差。观测数据现场电子记录。记录手簿使用电子手簿记录方式。具体测量方法如下：

（1）观测近标尺：首先在全站仪盘左的位置，照准近标尺的基本分划线，读取最后水平视线的标尺厘米分划数 $a$，再使水平丝分别照准该分划线的下、上边缘各两次；再纵转望远镜以盘右位置，同时照准该分划线的上、下边缘各两次，使完成了一组观测（近标尺只测一组）。每次照准分划线边缘后，均进行垂直度盘读数。盘左或盘右同一边缘两次照准读数差，应不大于 3″。

近标尺读数 $b$ 由式（6. 1. 1）计算：

$$b = a - \theta/\rho \cdot d \tag{6.1.1}$$

式中，$\theta$ 为分划线 $a$ 的倾角，单位为角秒（″）；$d$ 为全站仪至标尺点的水平距离（用钢卷尺量取），单位为厘米（cm）；$\rho$ 为 206265，单位为角秒（″）。

（2）观测远标尺：盘左位置用水平丝依次照准下、上标志线各四次，每次照准均进行垂直度盘读数，同一标志线四次照准读数之差不得大于 3″。纵转望远镜以盘右位置，按相反次序照准上、下标志线各四次并如前读数。以上操作组成一组观测。依同法进行其他各组的观测。各组算出上、下标志线的倾角 $\alpha$ 和 $\beta$，$\alpha$ 或 $\beta$ 其组间互差不应大于 4″。

上述（1）、（2）两项操作组成一岸仪器观测的半测回，两岸仪器同时对测各半测回，组成一个测回。两个测回连续观测时，测回间应间歇 15min 左右。

（3）两台仪器和标尺，可只在上、下午间调岸一次。

（4）每测回观测前，应仔细检查觇板的指标线是否滑动，并核对指标线在标尺上的读数。

（5）应观测的时间段数、测回数及组数，按表 6. 1. 6 执行。

表 6.1.6　跨河水准测量观测时段数、测回数及组数规定表

| 跨河视线长度（m） | 一等 | | |
|---|---|---|---|
| | 最少时间段数 | 双测回数 | 半测回中的组数 |
| 10~300 | 2 | 4 | 2 |
| 301~500 | 4 | 6 | 4 |
| 501~1000 | 6 | 12 | 6 |
| 1001~1500 | 8 | 18 | 8 |
| 1501~2000 | 12 | 24 | 8 |
| 2000 以上 | $6 \cdot s$ | $12 \cdot s$ | 8 |

注：$s$ 为跨河视线长度千米数，尾数凑整到 0.5。

各测回的互差限差 $\mathrm{d}H_{限}$，按式（6.1.2）计算：

$$\mathrm{d}H_{限} = 4 \cdot M_{\Delta}\sqrt{N \cdot s} \tag{6.1.2}$$

式中，$M_{\Delta}$ 为每千米水准测量的偶然中误差限值，单位为毫米（mm）；$N$ 为双测回的测回数；$s$ 为跨河视线长度，单位为千米（km）。

当只用一台水准仪或两台经纬仪进行跨河水准测量不能组成双测回时，测回数为表 6.1.5 所列数值的 2 倍。计算单测回互差的 $\mathrm{d}H_{限}$ 时，$N$ 按单测回数计。

**4. 水准高程联测**

为使综合网与坝区垂直位移工作基点建立高程联系，测量过程中将坝区左岸的已知高程点 BM02HMZJ、BM14、BM20、BM22、WR02、BM27 以及右岸的已知高程点 BM15 和 BM23 与综合监测网大环中的相邻水准点进行水准联测。

### 6.1.6.2　重力测量

**1. 联测路线**

重力联测路线与水准路线重合，延伸支线单独联测。

**2. 联测方法**

联测方法按 A→B→C→…→C→B→A 的程序进行。一条测线的往返测量在尽可能短的时间内完成，一般情况下不得超过 3 天，条件不允许时可延长到 5 天。一条测线中仪器静置超过 2 小时，应测定静态零漂并记录。测线中各台仪器在同一测点的观测位置应相对固定。一个 PDA 工程必须记录完整往返闭合的单个测段或多个测段。一条测线结束后，及时进行验算，验算时应加入格值、潮汐改正、气压改正、仪器高改正和零漂改正，并进行数据备份。

**3. 主要技术指标**

联测使用 CG-5 重力仪 2 台，可以满足地震相对重力测量成果的精度要求。观测过程的

有关限差要求如下：

（1）经固体潮及仪器漂移改正后，单台重力仪一测段往返测结果之差（自差）不得超过 $25\times10^{-8}ms^{-2}$，否则，应重测。

（2）同一测段上两台仪器所测段差值之差（互差）不得超过 $30\times10^{-8}ms^{-2}$，特殊困难地区可按放宽至 1.5 倍执行。如果超限应及时重测。重测后若互差仍超限，但互差变化量不大于 $10\times10^{-8}ms^{-2}$时，可不再重测。

（3）平差后单程联测精度优于 $20\times10^{-8}ms^{-2}$，点值精度平均值优于 $15\times10^{-8}ms^{-2}$。

**4. 重力联测基本要求**

（1）工程开始前，作业人员应对任务情况、测区情况进行充分研究、讨论，并制定联测工作计划。

（2）作业人员认真学习仪器操作规程。

（3）重力仪器必须由专人负责，随时注意保养和维护，保持仪器和附件完好和整洁；观测过程中随时注意周围情况，每点观测结束后作业人员互相提醒关机。

（4）搬家过程仪器必需采取有效减震措施，与车座固定牢固。行车过程中严格控制车速，避免急刹车和急转弯。

（5）点位因丢失、破坏、重物压盖无法移除等原因不能观测，拍摄点位远、近景照片各一张。附近有重力点要利用现有点进行观测并重新绘制点之记，拍摄带有点位远、近景照片各一张。附近无重力点，要新选建一重力点进行观测并绘制点之记，拍摄带有点位远、近景照片各一张。变更点命名原则，利用老点点名不变，新选点点名按所在行政区域名称命名。所有变更点，点号在原点号基础加“1”，如原点号“30000000”，变更点“30000001”。

（6）道路不通、公路改道等原因，联测路线可依实际情况进行改线，需在技术总结进行说明。

（7）一条测线结束后，及时计算各项限差指标，确认成果质量合格后离开，对不合格成果按相关规定重测。

**6.1.6.3 谷宽测量**

采用短程测距方法组织实施。采用 TS 60 全站仪，配合 Kern 反射棱镜观测，测量时选择 PRECISE 精密测量模式，现场记录相应的气象元素及仪器的观测斜距、垂直角，并由程序根据每测回观测的斜距与垂直角计算出各测回平距与高差，最后计算出 10 测回斜距中数、垂直角中数及指标差、平距中数、高差中数，以及观测中误差。利用现场计算的高差中数与现场量取的仪器高 $i$ 镜高 $v$ 进行 $i$、$v$ 改正，从而获得经气象改正后的两标志间斜距，以及位于仪器站点所在水准面上的水平距。而加常数改正需要测前测后取平均值，故在内业处理中进行。

库盆谷宽三角高程测量与库盆谷宽测量同步进行，即使用 TS 60 全站仪在 10 测回距离观测的同时，通过变换垂直度盘观测对应的垂直角，全站仪标称测角精度为±0.5″。在 10 测回垂直观测时分别设置盘左、盘右各 5 测回，并每 2 测回交替更换度盘一次，然后利用边长与垂直角观测结果计算各点间高差。三角高程测量外业记录使用《边角同测记录程序》进行记簿。库盆谷宽三角高程测量与谷盆谷宽测距同步进行。

监测网边长与垂直角观测。采用对向观测方式，分不同光段进行测量。测前、测后均需要采集测站、镜站干温、湿温、气压等气象元素。检验通过后方可进行计算。测量时采用盘左—盘右—盘左—盘右……的测量顺序依次获取斜距和垂直角。经程序自动检验，若不合格需重测。

#### 6.1.6.4　跨断层水准测量

跨断层水准测量与精密水准测量类似，不同之处是跨断层测量可同光段测量。基线测量采用往返测形式，可同光段测量。测前、测后均需要采集测站、镜站干温、湿温、气压等气象元素。

跨断层三维形变监测网共有三个场地，均为水准与测距共点，观测墩底面埋设水准标志进行水准测量，墩面为测距强制归心盘进行边长观测，两者连为一体，墩高约 1.2m。水准观测先测出地面水准点间高差，然后观测各点至墩面高差，最后将各点高程统一归算到观测墩顶标志上。己衣场地水准观测采取环线测量方式，其他场地水准观测采取支线测量方式。

#### 6.1.6.5　跨断层基线测距

采用精密基线测距方式进行。采用 TS 60 全站仪，配合 Kern 反射棱镜观测，测量时选择了 PRECISE 精密测量模式。现场记录了相应的气象元素及仪器观测斜距，同时要求输入观测边两标志间高差，精确量取仪器高 $i$、镜高 $v$，现场进行气象改正与 $i$、$v$ 改正，获得经气象改正后的两标志间斜距。而加常数改正在内业处理中进行。

由于跨断层三维形变监测中，需计算测点的 $X$、$Y$ 坐标，因此洛左、红格场地在进行基线测量的同时还需进行水平角观测，水平角观测采用方向观测法。己衣场地已构成几何图形，其测点坐标可通过边长计算获得，故不必进行水平角观测。

水平角（水平方向）观测应在上午日出后半小时至中天前 1.0~1.5 小时，以及下午中天后 1.0~1.5 小时至日落前半小时内进行。中天以当地的地方时为准。阴天观测时间可适当延长。通视不好、成像模糊或跳动剧烈的情况下，不得进行观测。

水平角观测采用的方向观测法要求方向观测为 12 个测回，每测回的观测顺序为：盘左从初始方向顺时针旋转到目标方向进行观测，再顺时针旋转到初始方向，每方向采用双照准双读数法，同理盘右从初始方向逆时针旋转到目标方向进行观测，再逆时针旋转到初始方向，每方向采用双照准双读数法。

观测精度要求如表 6.1.7。

**表 6.1.7　方向观测法观测限差表**

| 序号 | 项目 | 限差 |
|---|---|---|
| 1 | 双照准双读数两次之差 | 4″ |
| 2 | 半测回归零差 | 5″ |
| 3 | 一测回内 2$C$ 互差 | 8″ |
| 4 | 归算至同一起始方向后，同一方向值各测回互差 | 4″ |

## 6.2 成果计算与分析方法

### 6.2.1 水准测量

一等水准测量中有关限差按表 6.2.1 执行。

**表 6.2.1 限差规定表**

<table>
<tr><td>等级</td><td colspan="2">视线长度<br>(m)</td><td colspan="2">前后视距差<br>(m)</td><td colspan="2">前后视距差累计<br>(m)</td><td colspan="2">视线高度<br>(m)</td></tr>
<tr><td rowspan="2">一等</td><td>光学</td><td>数字</td><td>光学</td><td>数字</td><td>光学</td><td>数字</td><td>光学</td><td>数字</td></tr>
<tr><td>≤30</td><td>≥4 且≤30</td><td>≤0.5</td><td>≤1.0</td><td>≤1.5</td><td>≤3.0</td><td>≥0.5</td><td>≤2.80 且≥0.65</td></tr>
<tr><td rowspan="2">一等</td><td colspan="3">上下丝读数平均值<br>与中丝读数的差<br>(mm)</td><td colspan="2">基辅分划读数的差<br>(mm)</td><td colspan="2">基辅分划所测<br>高差的差<br>(mm)</td><td>检测间歇点<br>高差的差<br>(mm)</td></tr>
<tr><td colspan="3">1.5</td><td colspan="2">0.3</td><td colspan="2">0.4</td><td>0.7</td></tr>
<tr><td rowspan="2">一等</td><td colspan="3">测段、区段、路线往返<br>测高差不符值<br>(mm)</td><td colspan="3">环闭合差<br>(mm)</td><td colspan="2">检测已测测段高差之差<br>(mm)</td></tr>
<tr><td colspan="3">$1.8\sqrt{k}$</td><td colspan="3">$2\sqrt{F}$</td><td colspan="2">$3\sqrt{R}$</td></tr>
</table>

水准测量外业资料的处理，在现场由作业小组进行 200%检查，确认无误后进行内业资料整理与检查。水准测量现场采用 HT-2680A 抄表机电子记录设备，记录与外业处理软件为全封闭式加密程序，在现场作业组无法查看改动所有原始数据，仅能按软件使用要求进行有关限差计算及有关辅助记录项检查等。观测成果需上级技术管理部门通过专用软件解密后输出测量成果。

**1. 测段往返测高差不符值计算**

外业中每一测段完成后，记录程序将自动计算本测段往返测高差不符值及不符值限差，判断本测段往返测是否满足技术要求。满足进行下一步测量，不满足重测。

**2. 区段往返测高差不符值与每千米水准测量偶然中误差计算**

环线每千米水准测量偶然中误差 $M_{\Delta}$。其中，区段往返测高差不符值限差按 $1.8\sqrt{k}$ 计算，$k$ 为区段线路长度；每千米水准测量偶然中误差 $M_{\Delta}$，由下式计算，式中各符号意义同技术规范。

$$M_{\Delta} = \pm \sqrt{\frac{[\Delta\Delta/R]}{4n}} \tag{6.2.1}$$

按要求一等水准测量每千米偶然中误差 $M_\Delta$ 限差为 0.45mm。

**3. 水准闭合环观测成果计算与精度评定**

完成水准闭合环的测量，须对高差加以水准标尺长度改正、正常水准面不平行改正、重力异常改正，然后计算环线闭合差。

**4. 跨金沙江水准测量计算与精度**

使用两台高精度 TS60 全站仪采用经纬仪倾角法进行观测。其中 501～1000m 范围共观测 12 个双测回，半测回中的组数为 6 组；1001～1500m 范围共观测 18 个双测回，半测回中的组数为 8 组。计算高差中数中误差、测回间最大互差，其最大互差需满足要求：$dH_{限}=4\cdot M_\Delta\sqrt{N\cdot s}$的指标，式中，$M_\Delta=0.45$mm；$N=24$；$s$ 为边长（km）。

精密水准网的平差计算由测量控制网数据处理软件 COSA 完成，同时利用中国地震局组织编写的精密水准网平差软件进行验算。

第一期进行静态平差，得到每一测段的平差后高差以及每个水准点的平差后高程。

静态平差误差方程如下：

$$V = BX - l \tag{6.2.2}$$

法方程为

$$NX - W = 0 \tag{6.2.3}$$

其中 $N = B^{\mathrm{T}}PB$ , $W = B^{\mathrm{T}}Pl$ ，高程未知数 $X$ 的解为

$$X = N^{-1}W \tag{6.2.4}$$

未知数 $X$ 的协因数阵为 $Q_X = N^{-1}$

平差后单位权中误差为 $m_0 = \pm\sqrt{\dfrac{[pvv]}{n-t}}$

式中，$n$ 为高差观测值个数；$t$ 为网中待定水准点个数。各水准点高程中误差为 $m_{x_i}=m_0\sqrt{Q_{x_i}}$ 。

分析不同期各测段的高差变化以及各水准点的高程变化。

## 6.2.2　重力测量

外业资料在现场进行 200%的检查，确认无误后进行内业检查及资料处理。资料处理计算主要包括原始资料处理和平差计算。

**1. 原始资料处理**

原始资料处理是对检查验收合格的重力测量资料，按“重力格值归算拟合方程”进行重力格值转换与处理，将重力仪在外业观测得到的读数转换为相应的重力值。

其后，再按“基线标定改正一次项系数”将重力观测结果统一划算到我国重力基线基准上。考虑到此次流动重力测量期间使用的 2 台仪器的混合零漂率较小，且重力观测在当天闭合，观测时间间隔较短，此项改正量的大小在重力仪本身观测误差范围内，故混合零漂改

正不予以进行。

**2. 平差计算**

使用 2 台相对重力仪观测，现场记录采用便携式 PDA 进行记录。重力资料的平差计算在 PC 机上进行，平差所用程序采用经典平差方法，乌东德库区重力平差以大松树乡重力测点 WG02 为起算点，进而获得：

（1）各重力测点的相对重力点值。

（2）两相邻重力测点间重力段差值。

（3）重力观测点值精度、段差精度及整个网综合精度等。

### 6.2.3　跨断层水准测量

限差按表 6.2.2 执行。

**表 6.2.2　限差规定表**

<table>
<tr><th rowspan="2"></th><th rowspan="2">水准仪类型</th><th rowspan="2">视线长度（m）</th><th rowspan="2">前后视距差（m）</th><th rowspan="2">测站上前后视距差累计（m）</th><th colspan="2">视线高度/m</th></tr>
<tr><th>视距>20</th><th>视距≤20</th></tr>
<tr><td rowspan="2">跨断层场地</td><td>光学</td><td>≤35</td><td>≤0. 5</td><td>≤1. 5</td><td>≥0. 8</td><td>≥0. 5</td></tr>
<tr><td>数字</td><td>≤35</td><td>≤1. 0</td><td>≤3. 0</td><td>≥0. 8</td><td>≥0. 65</td></tr>
</table>

<table>
<tr><th rowspan="3">观测类型</th><th colspan="5">限差/mm</th></tr>
<tr><th colspan="3">测站观测限差</th><th rowspan="2">测段往返测高差不符值</th><th rowspan="2">环线闭合差</th></tr>
<tr><th>基辅分划读数差</th><th>基辅分划所测高差之差</th><th>上下丝读数均值与中丝读数之差</th></tr>
<tr><td>跨断层水准测量</td><td>0. 3</td><td>0. 5</td><td>1. 5</td><td>$\pm 2\sqrt{R}$</td><td>$\pm 2\sqrt{L}$</td></tr>
</table>

注：$R$ 为测段长度（km）；$R$ 不足百米以 0. 10km 计；$L$ 为环线周长（km）。

**1. 测段往返测高差不符值计算**

一个测段往返观测结束后，记录程序自动给出往返测高差中数、往返测高差不符值和测段距离，其往返测高差不符值限差为 $\pm 2\sqrt{R}$ 。

**2. 每千米水准测量偶然中误差计算**

跨断层水准观测按式（6. 2. 5）计算每千米水准测量偶然中误差 $M_\Delta$：

$$M_\Delta = \pm \sqrt{\frac{[\Delta\Delta/R]}{4n}} \tag{6. 2. 5}$$

式中，$\Delta$ 为各测段往返测高差不符值；$R$ 为各测段测线的长度；$n$ 为测段个数。$M_\Delta$ 不大于 ±0. 50mm。

**3. 跨断层水准测量成果计算**

水准测量先按地面水准环或标石阵水准测线观测结果进行标尺长度误差改正（成环的还需进行环闭合差改正）后，通过各观测墩高观测结果，计算各观测墩高差，并将结果加至地面点高差上，从而将水准观测结果归算到观测墩顶的标石中心。

**4. 环闭合差计算**

跨断层水准测量环闭合差允许值为：$\pm 2\sqrt{L}$，其中 $L$ 为环线长度（km）。

### 6.2.4　跨断层基线测距

跨断层基线测量观测精度即观测边长在 50m 以内时，满足相对精度 1∶50 万；边长大于 50m 时，相对精度达到 1：70 万的精度要求。超限时，需重测全程。

其中各边观测精度为每条边 10 次观测中数的中误差，按规范由下式计算，各符号意义见规范。

$$m = \sqrt{\frac{[vv]}{n(n-1)}} \tag{6.2.6}$$

各场地平均测边精度为本场地所有边观测中误差的中数，各场地平均相对精度由本场地平均中误差与平均边长计算，用“1∶万”表示。其中平均中误差由式（6.2.7）计算：

$$m_{中} = \frac{1}{n}\sum_{i=1}^{n} m_i \tag{6.2.7}$$

平均边长按规范规定 50m 内取 50m，50～100m 取 100m，大于 100m 按实际边长计算，并精确到整米位。

跨断层基线测量观测限差技术要求按表 6.2.3 执行。

**表 6.2.3　限差规定表**

| № | 观测限差内容 | 距离区段/m | | | |
|---|---|---|---|---|---|
| | | ≤50 | 50～100 | 100～200 | >200 |
| 1 | 一条边 10 次观测值互差/mm | ≤0.3 | ≤0.4 | ≤0.5 | ≤0.6 |
| 2 | 同一光段对向观测互差/mm | ≤0.35 | ≤0.40 | ≤0.45 | ≤0.50 |
| 3 | 两光段中数之互差/mm | ≤0.3 | ≤0.4 | ≤0.5 | ≤0.6 |

说明：在一光段测量中，测站及镜站两次气象观测值互差：干温、湿温不得大于 1°C；气压不得大于 1hPa。仪器高和镜高观测前后各量取一次，两次互差不得大于 1mm。

跨断层大地四边形测边网的野外直接观测量为每两点间的斜距，并采用精密水准测量获得测点的相对高程，根据各边长测得的斜距和高差，将不同空间边长投影到某平面上，然后进行测边网平差计算，得到六条平差后的边长和四个点的相对坐标，进而分析各点的水平位移及边长观测精度。其中投影面的选择原则是所有点的平均高程面上（高差大），或起点的高程面上（高差小）。测距边长归算到投影面上的长度的计算公式为：

$$S = \sqrt{D^2 - h_{12}^2} \cdot \left(1 - \frac{H_m}{R}\right) \tag{6.2.8}$$

式中，$D$ 为实测斜距；$h_{12}$为测线两端点间的高差；$H_m$ 为测线两端点相对于测区投影面的平均高程；$R$ 为地球平均曲率半径可取 6371km。

野外基线观测为 10 测回斜距，及相应气象元素测定，最后得到该观测两点间的斜距。

有关气象改正已由记录程序在现场进行，资料内业处理主要包括仪器与反射棱镜综合加常数改正等。跨断层基线测距按要求取测前、测后两次测定中数对观测成果进行改正。

跨断层基线测距资料经上述改正后，其最终成果与精度评定将通过测边网平差获得。

平差采用间接观测平差，边长观测值按下式定权：

$$P = \frac{1}{a^2 + (b \times S_i)^2} \qquad i = 1, 2, \cdots, n \tag{6.2.9}$$

式中，$a$ 为所用仪器测距加常数误差；$b$ 为比例误差，选取为 1ppm；$S_i$ 为观测边长（km）。

跨断层基线分析主要分析跨断层场地各点坐标之间的相对变化。

### 6.2.5　谷宽测量

谷宽边长距离测量限差为：同一光段内 10 个距离观测值互差不得大于$\pm 0.6\text{mm} + D \times 10^{-6}$；两光段距离中数互差不得大于$\pm 0.6\text{mm} + 1.5 \times D \times 10^{-6}$。计算时，边长 $D$ 以 km 为单位。当边长小于 0.3km 时按 0.3km 计算。

谷宽变形分析建立在边长平差结果基础上，由平差结果获取边长与测点坐标变化信息。而边长平差必须在同一平面上进行，即各观测边须归算到通过某点的平面上，由平面边长进行平差计算。而边长的归算将涉及到各监测点的相对高程，进行相关边长投影处理。因此，在谷宽网平差计算前应先计算各点相对高程，同时进行高程平差。

对每个谷宽场地的监测墩进行精密水准联测，获得了各场地四个观测墩间的精密高差成果。再采用精密水准测量方法精确测定每个观测墩顶端至对应地面的水准点间之高差，从而获得精确的墩高，将地面 4 个点的相对高程，转换成观测墩顶端标志间的精密相对高程（大地四边形测边网采用）。在斜距观测的同时可以进行两点间垂直角测定，解算各观测墩上标志间的相对高差，与精密水准测量成果相互比对，但成果采用精密水准测量成果。

由于库盆谷宽网的边长较长，故应进行高程投影面改正。投影面的选择原则是四个点的平均高程面（当点间高差较大时），或起算点的高程面（当点间高差较小时）。测距边长归算到投影面上的长度计算公式为式（6.2.8）。

经上述计算得到投影面上各边的边长后，进行测边网平差计算，获得各监测点的平面相对坐标。利用不同期监测成果的坐标变化，可进行各测点平面位移矢量分析。测边网平差采用间接平差法，边长观测值距离定权。

## 6. 3　综合网水准监测分析

### 6. 3. 1　成果与场地背景

测网围绕乌东德库首区上、下游重点监测区域布设，环绕库区左右两岸构成闭合环。左岸位于四川省会东县，右岸位于云南省禄劝县境内，分为大环和支线两部分。综合网路线分布如图 6. 1. 1。

综合网监测区测点最大高程为 2009m，最低高程为 846m，平均高程 1129m。在大环 26 个主测段中正高差为 12 段，负高差 14 段（按顺时针环统计正负号）；最大正高差为+120m，最大负高差为-73m。

第一期观测的综合网环线每千米水准测量偶然中误差 $M_{\Delta}=\pm 0.34$mm。

第二期观测的综合网环线每千米水准测量偶然中误差 $M_{\Delta}=\pm 0.31$mm。

第三期观测的综合网环线每千米水准测量偶然中误差 $M_{\Delta}=\pm 0.28$mm。

每期观测精度要求：$M_{\Delta}=\pm 0.45$mm。

各期观测使用的水准仪和水准标尺，均进行计量检定。表 6. 3. 1 为 3 期观测使用的水准标尺尺长检定资料。

**表 6. 3. 1　1~3 期水准标尺尺长检定结果表**

| 年代 | 标尺号 | 项目 | 测前 | 测后 | 中数 |
|---|---|---|---|---|---|
| 2018［1］ | №52560<br>№52562 | $f$/(mm/m) | -0. 001 | -0. 012 | -0. 006 |
| | | 检定时间 | 2018. 01. 15 | 2018. 05. 25 | |
| | №12338<br>№12340 | $f$/(mm/m) | +0. 003 | +0. 002 | +0. 002 |
| | | 检定时间 | 2018. 01. 16 | 2018-05-25 | |
| | №57369<br>№57370 | $f$/(mm/m) | -0. 021 | -0. 034 | -0. 028 |
| | | 检定时间 | 2018. 01. 15 | 2018-05-25 | |
| 2018［2］ | №52560<br>№52562 | $f$/(mm/m) | -0. 010 | -0. 012 | -0. 011 |
| | | 检定时间 | 2018. 09. 19 | 2019. 01. 09 | |
| | №12338<br>№12340 | $f$/(mm/m) | +0. 006 | +0. 002 | +0. 004 |
| | | 检定时间 | 2018. 09. 19 | 2019. 01. 09 | |
| | №57221<br>№57222 | $f$/(mm/m) | -0. 009 | +0. 003 | -0. 003 |
| | | 检定时间 | 2018. 09. 19 | 2019. 01. 09 | |

续表

| 年代 | 标尺号 | 项目 | 测前 | 测后 | 中数 |
|---|---|---|---|---|---|
| 2019 | №52717<br>№52718 | $f$/(mm/m) | +0.003 | +0.008 | +0.006 |
| | | 检定时间 | 2019.09.23 | 2020.01.13 | |
| | №57221<br>№57222 | $f$/(mm/m) | −0.003 | −0.010 | −0.006 |
| | | 检定时间 | 2019.09.23 | 2020.03.11 | |

## 6.3.2 数据检验与分析

成果资料分析的可靠性建立在观测数据的真实性与有效性上，在进行地表垂直变形分析前，首先对各期监测成果进行检验分析，研究监测成果是否来自同一母体，监测成果是否存在显著的系统性误差，从而科学、客观地评价观测成果，为地表垂直形变场信息提取研究提供基础。下面从四个方面对乌东德库区蓄水前三期本底监测成果进行检验分析。

### 6.3.2.1 符号检验

表 6.3.2 给出乌东德库区蓄水前三期水准各测段高差及高差变化量。表 6.3.3 给出三期高差变化量的正负号检验统计结果。按 $\Delta h$（$h_3-h_2$、$h_3-h_1$）变化 1mm 为分划区间，绘制 $\Delta h$ 分布直方图，见图 6.3.1 和图 6.3.2。

**表 6.3.2 乌东德库区蓄水前三期水准各测段高差及高差变化量表**

| № | 测段名称 | 2018［1］高差中数 $h_1$（mm） | 2018［2］高差中数 $h_2$（mm） | 2019 高差中数 $h_3$（mm） | 高差变化量 $h_3-h_2$（mm） | 高差变化量 $h_3-h_1$（mm） | 概略高差（m） |
|---|---|---|---|---|---|---|---|
| 1 | WKB1-WZ01 | 525.18 | 524.87 | 522.51 | −2.36 | −2.67 | 1 |
| 2 | WZ01-BM02HMZJ | −329.53 | −329.82 | −329.05 | 0.77 | 0.48 | 0 |
| 3 | BM02HMZJ-WZ02 | −6942.59 | −6943.72 | −6943.74 | −0.02 | −1.15 | −7 |
| 4 | WZ02-WZ03 | 3524.61 | 3525.08 | 3525.10 | 0.02 | 0.49 | 4 |
| 5 | WZ03-BM14 | −5569.72 | −5570.48 | −5571.56 | −1.08 | −1.84 | −6 |
| 6 | BM14-WZ04 | −2726.65 | −2728.37 | −2728.69 | −0.32 | −2.04 | −3 |
| 7 | WZ04-BM20 | −2993.11 | −2992.94 | −2992.35 | 0.59 | 0.76 | −3 |
| 8 | BM20-BM22 | −41518.66 | −41521.16 | −41517.53 | 3.63 | 1.13 | −42 |
| 9 | BM22-WZ05 | −73117.17 | −73117.55 | −73117.06 | 0.49 | 0.11 | −73 |
| 10 | WZ05-WR02 | 47642.24 | 47642.40 | 47642.51 | 0.11 | 0.27 | 48 |
| 11 | WR02-WZ05 | −47642.03 | −47642.20 | −47642.32 | −0.12 | −0.29 | −48 |
| 12 | WZ05-W301 | −24540.68 | −24540.59 | −24541.40 | −0.81 | −0.72 | −25 |

续表

| № | 测段名称 | 2018［1］高差中数 $h_1$（mm） | 2018［2］高差中数 $h_2$（mm） | 2019 高差中数 $h_3$（mm） | 高差变化量 $h_3-h_2$（mm） | 高差变化量 $h_3-h_1$（mm） | 概略高差（m） |
|---|---|---|---|---|---|---|---|
| 13 | W301-BM27 | 13416. 03 | 13418. 15 | 13418. 27 | 0. 12 | 2. 24 | 13 |
| 14 | BM27-WY06 | -7840. 78 | -7841. 08 | -7842. 27 | -1. 19 | -1. 49 | -8 |
| 15 | WY06-BM15 | 120234. 91 | 120236. 02 | 120236. 20 | 0. 18 | 1. 29 | 120 |
| 16 | BM15-WY05 | 17006. 72 | 17004. 90 | 17016. 53 | 11. 63 | 9. 81 | 17 |
| 17 | WY05-BM23 | 1827. 93 | 1828. 06 | 1815. 68 | -12. 38 | -12. 25 | 2 |
| 18 | BM23-WY04 | 5363. 94 | 5365. 33 | 5365. 45 | 0. 12 | 1. 51 | 5 |
| 19 | WY04-WY03 | -9128. 17 | -9127. 75 | -9127. 99 | -0. 24 | 0. 18 | -9 |
| 20 | WY03-WK2B | 19816. 02 | 19816. 87 | 19817. 41 | 0. 54 | 1. 39 | 20 |
| 21 | WK2B-WK2A | 14682. 21 | 14683. 51 | 14682. 85 | -0. 66 | 0. 64 | 15 |
| 22 | WK2A-WY02 | -1873. 15 | -1873. 47 | -1873. 06 | 0. 41 | 0. 09 | -2 |
| 23 | WY02-WY01 | 7469. 00 | 7469. 44 | 7468. 99 | -0. 45 | -0. 01 | 7 |
| 24 | WY01-WKI2 | -27486. 52 | -27485. 94 | -27486. 32 | -0. 38 | 0. 20 | -27 |
| 25 | WKI2-WKB2 | -0. 33 | -0. 41 | -0. 50 | -0. 09 | -0. 17 | 0 |
| 26 | WKB2-WKB1 | 200. 30 | 200. 84 | 202. 34 | 1. 50 | 2. 04 | 0 |
| 27 | WZ01-WK1C | 2676. 86 | 2677. 37 | 2678. 63 | 1. 26 | 1. 77 | 3 |
| 28 | WK1C-WK1D | -13312. 98 | -13314. 13 | -13314. 56 | -0. 43 | -1. 58 | -13 |
| 29 | WK1D-W104 | 29037. 79 | 29037. 86 | 29038. 48 | 0. 62 | 0. 69 | 29 |
| 30 | W104-W103 | 68791. 50 | 68793. 02 | 68792. 09 | -0. 93 | 0. 59 | 69 |
| 31 | W103-W102 | 127943. 14 | 127939. 14 | 127941. 93 | 2. 79 | -1. 21 | 128 |
| 32 | W102-W103 | -127943. 14 | -127939. 14 | -127941. 93 | -2. 79 | 1. 21 | -128 |
| 33 | W103-W104 | -68791. 50 | -68793. 02 | -68792. 09 | 0. 93 | -0. 59 | -69 |
| 34 | W104-WK1D | -29037. 79 | -29037. 86 | -29038. 48 | -0. 62 | -0. 69 | -29 |
| 35 | WK1D-WK1C | 13312. 98 | 13314. 13 | 13314. 56 | 0. 43 | 1. 58 | 13 |
| 36 | WK1C-WZ01 | -2676. 86 | -2677. 37 | -2678. 63 | -1. 26 | -1. 77 | -3 |
| 37 | WY01-W210 | 164003. 35 | 164005. 43 | 164008. 25 | 2. 82 | 4. 90 | 164 |
| 38 | W210-W209 | 60947. 39 | 60948. 31 | 60949. 50 | 1. 19 | 2. 11 | 61 |
| 39 | W209-W208 | 101450. 80 | 101451. 32 | 101452. 83 | 1. 51 | 2. 03 | 101 |
| 40 | W208-W207 | 84750. 90 | 84752. 43 | 84753. 72 | 1. 29 | 2. 82 | 85 |
| 41 | W207-W206 | 133919. 40 | 133920. 48 | 133924. 00 | 3. 52 | 4. 60 | 134 |

续表

| № | 测段名称 | 2018［1］高差中数 $h_1$（mm） | 2018［2］高差中数 $h_2$（mm） | 2019 高差中数 $h_3$（mm） | 高差变化量 $h_3-h_2$（mm） | 高差变化量 $h_3-h_1$（mm） | 概略高差（m） |
|---|---|---|---|---|---|---|---|
| 42 | W206-W205 | 104012. 83 | 104015. 19 | 104017. 04 | 1. 85 | 4. 21 | 104 |
| 43 | W205-W204 | 101401. 80 | 101399. 74 | 101402. 04 | 2. 30 | 0. 24 | 101 |
| 44 | W204-W203 | 83773. 00 | 83775. 29 | 83775. 28 | -0. 01 | 2. 28 | 84 |
| 45 | W203-W202 | 96729. 78 | 96729. 14 | 96730. 23 | 1. 09 | 0. 45 | 97 |
| 46 | W202-W201 | 51008. 68 | 51007. 89 | 51008. 39 | 0. 50 | -0. 29 | 51 |
| 47 | W201-W202 | -51008. 68 | -51007. 89 | -51008. 39 | -0. 50 | 0. 29 | -51 |
| 48 | W202-W203 | -96729. 78 | -96729. 14 | -96730. 23 | -1. 09 | -0. 45 | -97 |
| 49 | W203-W204 | -83773. 00 | -83775. 29 | -83775. 28 | 0. 01 | -2. 28 | -84 |
| 50 | W204-W205 | -101401. 80 | -101399. 74 | -101402. 04 | -2. 30 | -0. 24 | -101 |
| 51 | W205-W206 | -104012. 83 | -104015. 19 | -104017. 04 | -1. 85 | -4. 21 | -104 |
| 52 | W206-W207 | -133919. 40 | -133920. 48 | -133924. 00 | -3. 52 | -4. 60 | -134 |
| 53 | W207-W208 | -84750. 90 | -84752. 43 | -84753. 72 | -1. 29 | -2. 82 | -85 |
| 54 | W208-W209 | -101450. 79 | -101451. 32 | -101452. 83 | -1. 51 | -2. 04 | -101 |
| 55 | W209-W210 | -60947. 39 | -60948. 31 | -60949. 50 | -1. 19 | -2. 11 | -61 |
| 56 | W210-WY01 | -164003. 35 | -164005. 43 | -164008. 25 | -2. 82 | -4. 90 | -164 |
| 57 | WZ02-WK2D | 14460. 78 | 14459. 11 | 14456. 44 | -2. 67 | -4. 34 | 14 |
| 58 | WK2D-WZ02 | -14460. 78 | -14459. 11 | -14456. 44 | 2. 67 | 4. 34 | -14 |
| 59 | WZ03-WK2C | -17353. 62 | -17357. 61 | -17359. 90 | -2. 29 | -6. 28 | -17 |
| 60 | WK2C-WZ03 | 17353. 62 | 17357. 61 | 17359. 90 | 2. 29 | 6. 28 | 17 |
| 61 | WY01-WK1B | 25539. 72 | 25540. 49 | 25540. 14 | -0. 35 | 0. 42 | 26 |
| 62 | WK1B-WK1A | 106. 48 | 107. 03 | 107. 14 | 0. 11 | 0. 66 | 0 |
| 63 | WK1A-WK1B | -106. 48 | -107. 03 | -107. 14 | -0. 11 | -0. 66 | 0 |
| 64 | WK1B-WY01 | -25539. 72 | -25540. 49 | -25540. 14 | 0. 35 | -0. 42 | -26 |

**表 6. 3. 3　乌东德库区蓄水前三期水准各测段高差变化量符号检验表**

| № | 统计项目 | 高差变化量 $h_3-h_2$（mm） | 高差变化量 $h_3-h_1$（mm） |
|---|---|---|---|
| 1 | 正号数目 | 32 | 35 |
| 2 | 负号数目 | 32 | 29 |

续表

| № | 统计项目 | 高差变化量 $h_3-h_2$ (mm) | 高差变化量 $h_3-h_1$ (mm) |
|---|---|---|---|
| 3 | 零值数目 | 0 | 0 |
| 4 | 正号数目占总数比例 | 50.0% | 54.7% |

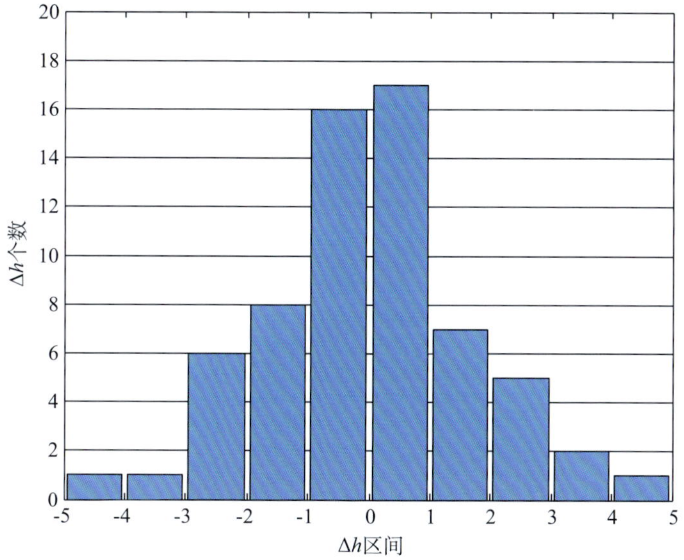


图 6.3.1　乌东德库区蓄水前第三期相对第二期水准各测段 Δh 分布直方图

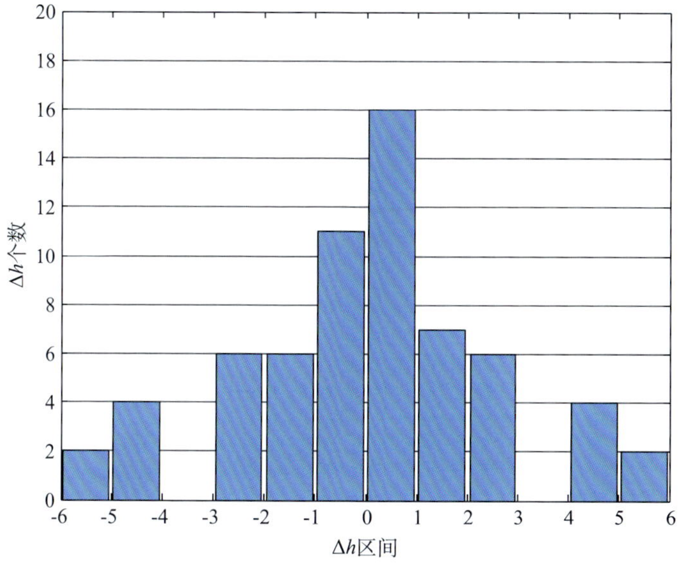


图 6.3.2　乌东德库区蓄水前第三期相对第一期水准各测段 Δh 分布直方图

由表 6.3.3、图 6.3.1 和图 6.3.2 中 64 个测段统计结果，水库蓄水前三期水准各测段高差变化量符合正态分布特征。

#### 6.3.2.2　高差变化量累计检验

为定量分析库区蓄水前三期水准观测高差的系统性差异，对 $h_{2019}-h_{2018[2]}$ 以及 $h_{2019}-h_{2018[1]}$ 各测段高差变化量作累计统计，结果得到：

$$\sum_{i=1}^{64}(h_{2019}-h_{2018[2]})_i = 0.01\text{mm}$$

$$\sum_{i=1}^{64}(h_{2019}-h_{2018[1]})_i = -0.01\text{mm}$$

第三期相对第二期以及第三期相对第一期水准各测段高差变化量累计结果分别为 0.01mm 和 −0.01mm，系统性偏差不突出。

#### 6.3.2.3　Δ$h$ 与 $h$ 分布检验

进一步分析库区蓄水前地壳垂直形变监测资料可能存在的系统性偏差，根据表 6.3.2 给出的蓄水前三期高差变化量 Δ$h$ 与对应高差 $h$ 的统计结果，绘制 Δ$h$−$h$ 分布图，见图 6.3.3 和图 6.3.4。

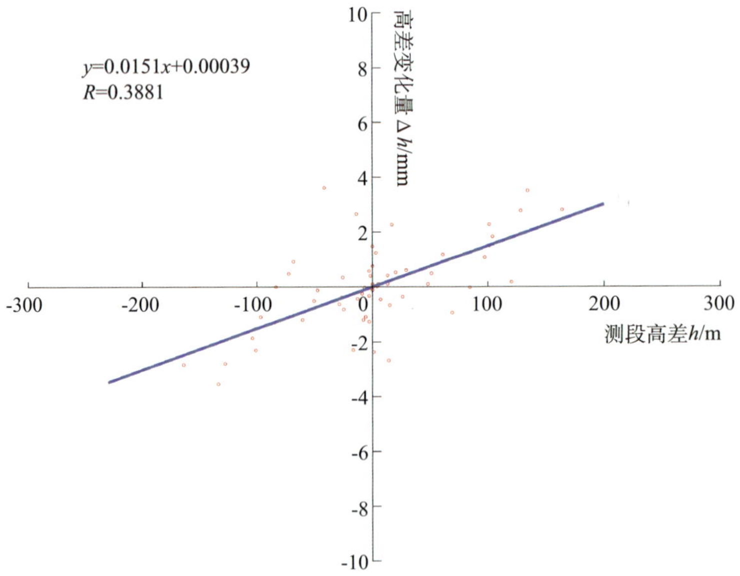


图 6.3.3　乌东德库区蓄水前第三期相对第二期水准各测段 Δ$h$ 与 $h$ 分布图

由图 6.3.3 和图 6.3.4，蓄水前三期 Δ$h$ 与 $h$ 间不存在固定偏差，即线性拟合的截距非常小，接近 0。Δ$h$ 与 $h$ 随机分布较差，Δ$h$($h_3-h_2$) 和 Δ$h$($h_3-h_1$) 与 $h$ 的相关系数分别为

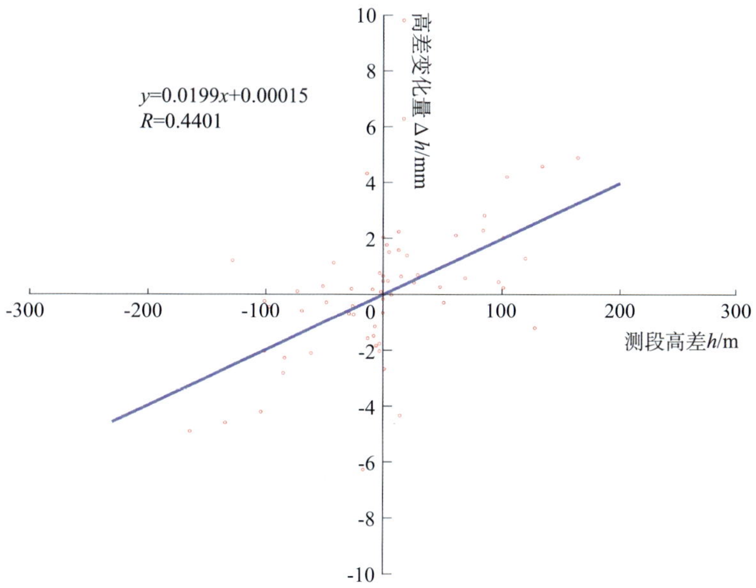


图 6.3.4　乌东德库区蓄水前第三期相对第一期水准各测段 Δ$h$ 与 $h$ 分布图

0.3881 和 0.4401，大于自由度 $n=64$ 时 0.05 显著性水平（95%置信水平）下的相关系数临界值 $R_{0.05}=0.242$，也大于 0.01 显著性水平（99%置信水平）下的相关系数临界值 $R_{0.01}=0.315$，表明水库蓄水前第三期与第二期以及第三期与第一期水准观测资料 Δ$h$ 与 $h$ 存在较强的相关性。

#### 6.3.2.4　正负高差分布检验

根据表 6.3.2，表 6.3.4 和表 6.3.5 分别按正高差测段和负高差测段统计高差变化量。

由表 6.3.4 统计的 31 段正高差，第三期相对第二期高差变化量正负号比为 23∶8，正态性分布较差，且变化量累计值较大，平均变化量为 0.58mm，该结果与 Δ$h$ 与 $h$ 分布具有一致性。第三期相对第一期高差变化量正负号比为 25∶6，正态性分布较差，且变化量累计值较大，平均变化量为 1.11mm，该结果与 Δ$h$ 与 $h$ 分布具有一致性。

由表 6.3.5 统计的 33 段负高差，第三期相对第二期高差变化量正负号比为 9：24，正态性分布较差，且变化量累计值较大，平均变化量为−0.54mm，该结果与 Δ$h$ 与 $h$ 分布具有一致性。第三期相对第一期高差变化量正负号比为 10∶23，正态性分布较差，且变化量累计值较大，平均变化量为−1.05mm，该结果与 Δ$h$ 与 $h$ 分布具有一致性。

综上，可看出三期水准观测数据之间存在一定的系统偏差，可能与水准测量期间观测环境影响有关，尤其是大气折光影响，在高差较大的地段可能更为突出；或与水准标尺 $f$ 值误差影响有关。在地表垂直变形场信息提取与分析中，对于三期水准监测成果应进行系统误差校正。

**表 6.3.4 乌东德库区蓄水前三期水准测量正高差测段及高差变化量表**

| № | 测段名称 | 2018［2］高差中数 $h_1$（mm） | 2018［2］高差中数 $h_2$（mm） | 2019 高差中数 $h_3$（mm） | 高差变化量 $h_3-h_2$（mm） | 高差变化量 $h_3-h_1$（mm） | 概略高差（m） |
|---|---|---|---|---|---|---|---|
| 1 | WKB1-WZ01 | 525. 18 | 524. 87 | 522. 51 | -2. 36 | -2. 67 | 1 |
| 2 | WZ02-WZ03 | 3524. 61 | 3525. 08 | 3525. 10 | 0. 02 | 0. 49 | 4 |
| 3 | WZ05-WR02 | 47642. 24 | 47642. 40 | 47642. 51 | 0. 11 | 0. 27 | 48 |
| 4 | W301-BM27 | 13416. 03 | 13418. 15 | 13418. 27 | 0. 12 | 2. 24 | 13 |
| 5 | WY06-BM15 | 120234. 91 | 120236. 02 | 120236. 20 | 0. 18 | 1. 29 | 120 |
| 6 | BM15-WY05 | 17006. 72 | 17004. 90 | 17016. 53 | 11. 63 | 9. 81 | 17 |
| 7 | WY05-BM23 | 1827. 93 | 1828. 06 | 1815. 68 | -12. 38 | -12. 25 | 2 |
| 8 | BM23-WY04 | 5363. 94 | 5365. 33 | 5365. 45 | 0. 12 | 1. 51 | 5 |
| 9 | WY03-WK2B | 19816. 02 | 19816. 87 | 19817. 41 | 0. 54 | 1. 39 | 20 |
| 10 | WK2B-WK2A | 14682. 21 | 14683. 51 | 14682. 85 | -0. 66 | 0. 64 | 15 |
| 11 | WY02-WY01 | 7469. 00 | 7469. 44 | 7468. 99 | -0. 45 | -0. 01 | 7 |
| 12 | WKB2-WKB1 | 200. 30 | 200. 84 | 202. 34 | 1. 50 | 2. 04 | 0 |
| 13 | WZ01-WK1C | 2676. 86 | 2677. 37 | 2678. 63 | 1. 26 | 1. 77 | 3 |
| 14 | WK1D-W104 | 29037. 79 | 29037. 86 | 29038. 48 | 0. 62 | 0. 69 | 29 |
| 15 | W104-W103 | 68791. 50 | 68793. 02 | 68792. 09 | -0. 93 | 0. 59 | 69 |
| 16 | W103-W102 | 127943. 14 | 127939. 14 | 127941. 93 | 2. 79 | -1. 21 | 128 |
| 17 | WK1D-WK1C | 13312. 98 | 13314. 13 | 13314. 56 | 0. 43 | 1. 58 | 13 |
| 18 | WY01-W210 | 164003. 35 | 164005. 43 | 164008. 25 | 2. 82 | 4. 90 | 164 |
| 19 | W210-W209 | 60947. 39 | 60948. 31 | 60949. 50 | 1. 19 | 2. 11 | 61 |
| 20 | W209-W208 | 101450. 80 | 101451. 32 | 101452. 83 | 1. 51 | 2. 03 | 101 |
| 21 | W208-W207 | 84750. 90 | 84752. 43 | 84753. 72 | 1. 29 | 2. 82 | 85 |
| 22 | W207-W206 | 133919. 40 | 133920. 48 | 133924. 00 | 3. 52 | 4. 60 | 134 |
| 23 | W206-W205 | 104012. 83 | 104015. 19 | 104017. 04 | 1. 85 | 4. 21 | 104 |
| 24 | W205-W204 | 101401. 80 | 101399. 74 | 101402. 04 | 2. 30 | 0. 24 | 101 |
| 25 | W204-W203 | 83773. 00 | 83775. 29 | 83775. 28 | -0. 01 | 2. 28 | 84 |
| 26 | W203-W202 | 96729. 78 | 96729. 14 | 96730. 23 | 1. 09 | 0. 45 | 97 |
| 27 | W202-W201 | 51008. 68 | 51007. 89 | 51008. 39 | 0. 50 | -0. 29 | 51 |
| 28 | WZ02-WK2D | 14460. 78 | 14459. 11 | 14456. 44 | -2. 67 | -4. 34 | 14 |
| 29 | WK2C-WZ03 | 17353. 62 | 17357. 61 | 17359. 90 | 2. 29 | 6. 28 | 17 |

续表

| № | 测段名称 | 2018［2］高差中数 $h_1$（mm） | 2018［2］高差中数 $h_2$（mm） | 2019 高差中数 $h_3$（mm） | 高差变化量 $h_3-h_2$（mm） | 高差变化量 $h_3-h_1$（mm） | 概略高差（m） |
|---|---|---|---|---|---|---|---|
| 30 | WY01-WK1B | 25539. 72 | 25540. 49 | 25540. 14 | -0. 35 | 0. 42 | 26 |
| 31 | WK1B-WK1A | 106. 48 | 107. 03 | 107. 14 | 0. 11 | 0. 66 | 0 |
| 综合统计 | | 高差变化量为正的个数 | | | 23 | 25 | 合计 1533m |
| | | 高差变化量为负的个数 | | | 8 | 6 | |
| | | 高差变化量为零的个数 | | | 0 | 0 | 平均 49m |
| | | 变化量累计/mm | | | 17. 98 | 34. 54 | |
| | | 平均变化量/mm | | | 0. 58 | 1. 11 | |

**表 6. 3. 5　乌东德库区蓄水前三期水准测量负高差测段及高差变化量表**

| № | 测段名称 | 2018［2］高差中数 $h_1$（mm） | 2018［2］高差中数 $h_2$（mm） | 2019 高差中数 $h_3$（mm） | 高差变化量 $h_3-h_2$（mm） | 高差变化量 $h_3-h_1$（mm） | 概略高差（m） |
|---|---|---|---|---|---|---|---|
| 1 | WZ01-BM02HMZJ | -329. 53 | -329. 82 | -329. 05 | 0. 77 | 0. 48 | 0 |
| 2 | BM02HMZJ-WZ02 | -6942. 59 | -6943. 72 | -6943. 74 | -0. 02 | -1. 15 | -7 |
| 3 | WZ03-BM14 | -5569. 72 | -5570. 48 | -5571. 56 | -1. 08 | -1. 84 | -6 |
| 4 | BM14-WZ04 | -2726. 65 | -2728. 37 | -2728. 69 | -0. 32 | -2. 04 | -3 |
| 5 | WZ04-BM20 | -2993. 11 | -2992. 94 | -2992. 35 | 0. 59 | 0. 76 | -3 |
| 6 | BM20-BM22 | -41518. 66 | -41521. 16 | -41517. 53 | 3. 63 | 1. 13 | -42 |
| 7 | BM22-WZ05 | -73117. 17 | -73117. 55 | -73117. 06 | 0. 49 | 0. 11 | -73 |
| 8 | WR02-WZ05 | -47642. 03 | -47642. 20 | -47642. 32 | -0. 12 | -0. 29 | -48 |
| 9 | WZ05-W301 | -24540. 68 | -24540. 59 | -24541. 40 | -0. 81 | -0. 72 | -25 |
| 10 | BM27-WY06 | -7840. 78 | -7841. 08 | -7842. 27 | -1. 19 | -1. 49 | -8 |
| 11 | WY04-WY03 | -9128. 17 | -9127. 75 | -9127. 99 | -0. 24 | 0. 18 | -9 |
| 12 | WK2A-WY02 | -1873. 15 | -1873. 47 | -1873. 06 | 0. 41 | 0. 09 | -2 |
| 13 | WY01-WKI2 | -27486. 52 | -27485. 94 | -27486. 32 | -0. 38 | 0. 20 | -27 |
| 14 | WKI2-WKB2 | -0. 33 | -0. 41 | -0. 50 | -0. 09 | -0. 17 | 0 |
| 15 | WK1C-WK1D | -13312. 98 | -13314. 13 | -13314. 56 | -0. 43 | -1. 58 | -13 |
| 16 | W102-W103 | -127943. 14 | -127939. 14 | -127941. 93 | -2. 79 | 1. 21 | -128 |
| 17 | W103-W104 | -68791. 50 | -68793. 02 | -68792. 09 | 0. 93 | -0. 59 | -69 |

续表

| № | 测段名称 | 2018［2］高差中数 $h_1$（mm） | 2018［2］高差中数 $h_2$（mm） | 2019 高差中数 $h_3$（mm） | 高差变化量 $h_3-h_2$（mm） | 高差变化量 $h_3-h_1$（mm） | 概略高差（m） |
|---|---|---|---|---|---|---|---|
| 18 | W104-WK1D | -29037. 79 | -29037. 86 | -29038. 48 | -0. 62 | -0. 69 | -29 |
| 19 | WK1C-WZ01 | -2676. 86 | -2677. 37 | -2678. 63 | -1. 26 | -1. 77 | -3 |
| 20 | W201-W202 | -51008. 68 | -51007. 89 | -51008. 39 | -0. 50 | 0. 29 | -51 |
| 21 | W202-W203 | -96729. 78 | -96729. 14 | -96730. 23 | -1. 09 | -0. 45 | -97 |
| 22 | W203-W204 | -83773. 00 | -83775. 29 | -83775. 28 | 0. 01 | -2. 28 | -84 |
| 23 | W204-W205 | -101401. 80 | -101399. 74 | -101402. 04 | -2. 30 | -0. 24 | -101 |
| 24 | W205-W206 | -104012. 83 | -104015. 19 | -104017. 04 | -1. 85 | -4. 21 | -104 |
| 25 | W206-W207 | -133919. 40 | -133920. 48 | -133924. 00 | -3. 52 | -4. 60 | -134 |
| 26 | W207-W208 | -84750. 90 | -84752. 43 | -84753. 72 | -1. 29 | -2. 82 | -85 |
| 27 | W208-W209 | -101450. 79 | -101451. 32 | -101452. 83 | -1. 51 | -2. 04 | -101 |
| 28 | W209-W210 | -60947. 39 | -60948. 31 | -60949. 50 | -1. 19 | -2. 11 | -61 |
| 29 | W210-WY01 | -164003. 35 | -164005. 43 | -164008. 25 | -2. 82 | -4. 90 | -164 |
| 30 | WK2D-WZ02 | -14460. 78 | -14459. 11 | -14456. 44 | 2. 67 | 4. 34 | -14 |
| 31 | WZ03-WK2C | -17353. 62 | -17357. 61 | -17359. 90 | -2. 29 | -6. 28 | -17 |
| 32 | WK1A-WK1B | -106. 48 | -107. 03 | -107. 14 | -0. 11 | -0. 66 | 0 |
| 33 | WK1B-WY01 | -25539. 72 | -25540. 49 | -25540. 14 | 0. 35 | -0. 42 | -26 |
| 综合统计 | | 高差变化量为正的个数 | | | 9 | 10 | 合计 -1534m |
| | | 高差变化量为负的个数 | | | 24 | 23 | |
| | | 高差变化量为零的个数 | | | 0 | 0 | 平均 -46m |
| | | 变化量累计/mm | | | -17. 97 | -34. 55 | |
| | | 平均变化量/mm | | | -0. 54 | -1. 05 | |

## 6. 3. 3 变形分析

### 6. 3. 3. 1 相对高程基准

在监测区选定基岩完整、表面无风化、远离干扰源的 W301 点为变形分析基准点，并假定 $H_{W301}=0$m。该测点位于整个水准网监视区最下游，远离大坝和库区，基于该点为相对高程基准的变形分析。

### 6. 3. 3. 2 基准点 W301 稳定性分析

将 W301 点与库区已知水准点 WR02 进行联测。WR02 点三期高程值均为 917. 85006m，可以确定 WR02 点是稳定的。第一期 W301 至 WR02 高差为 72.18271m，第二期 W301 至 WR02 高差为 72.18278m，第三期 W301 至 WR02 高差为 72.18372m，相邻两期高差变化量分别为 0.07mm 和 0.94mm，在观测误差范围内，确定 W301 点稳定。

#### 6.3.3.3　水准监测成果系统误差校正

据表 6.3.2，三期水准监测数据之间存在一定的系统性偏差。为有效提取库区地表垂直位移形变场信息，有必要对三期水准监测成果作进一步分析，同时进行适当系统误差校正。

表 6.3.6 给出库区蓄水前三期水准观测成果及其变化，该成果是以 W301 为基准的相对高程。据表 6.3.6，分别绘制第三期与第二期以及第三期与第一期相对高程变化量 $\Delta H$ 与测点概略高程 $H$ 的分布图，见图 6.3.5 和图 6.3.6。

**表 6.3.6　乌东德库区蓄水前三期水准点相对高程及高程变化量表**

| № | 点名 | 2018［1］高程 $H_1$（m） | 2018［2］高程 $H_2$（m） | 2019 高程 $H_3$（m） | 高程变化量 $H_2-H_1$（mm） | 高程变化量 $H_3-H_2$（mm） | 高程变化量 $H_3-H_1$（mm） | 概略高程（m） |
|---|---|---|---|---|---|---|---|---|
| 1 | WZ01 | 154.21330 | 154.21934 | 154.21610 | 6.04 | −3.24 | 2.80 | 1000 |
| 2 | WK1C | 156.89017 | 156.89671 | 156.89473 | 6.54 | −1.98 | 4.56 | 1003 |
| 3 | WK1D | 143.57718 | 143.58257 | 143.58017 | 5.39 | −2.40 | 2.99 | 989 |
| 4 | W104 | 172.61497 | 172.62043 | 172.61865 | 5.46 | −1.78 | 3.68 | 1018 |
| 5 | W103 | 241.40646 | 241.41345 | 241.41074 | 6.99 | −2.71 | 4.28 | 1087 |
| 6 | W102 | 369.34960 | 369.35259 | 369.35266 | 2.99 | 0.07 | 3.06 | 1215 |
| 7 | WY01 | 180.97467 | 180.97999 | 180.97806 | 5.32 | −1.93 | 3.39 | 1027 |
| 8 | W210 | 344.97803 | 344.98541 | 344.98631 | 7.38 | 0.90 | 8.28 | 1191 |
| 9 | W209 | 405.92540 | 405.93372 | 405.93581 | 8.32 | 2.09 | 10.41 | 1252 |
| 10 | W208 | 507.37616 | 507.38504 | 507.38864 | 8.88 | 3.60 | 12.48 | 1353 |
| 11 | W207 | 592.12704 | 592.13747 | 592.14236 | 10.43 | 4.89 | 15.32 | 1438 |
| 12 | W206 | 726.04643 | 726.05795 | 726.06635 | 11.52 | 8.40 | 19.92 | 1572 |
| 13 | W205 | 830.05926 | 830.07315 | 830.08339 | 13.89 | 10.24 | 24.13 | 1676 |
| 14 | W204 | 931.46106 | 931.47289 | 931.48543 | 11.83 | 12.54 | 24.37 | 1777 |
| 15 | W203 | 1015.23406 | 1015.24818 | 1015.26071 | 14.12 | 12.53 | 26.65 | 1861 |
| 16 | W202 | 1111.96384 | 1111.97732 | 1111.99094 | 13.48 | 13.62 | 27.10 | 1958 |
| 17 | W201 | 1162.97252 | 1162.98521 | 1162.99933 | 12.69 | 14.12 | 26.81 | 2009 |
| 18 | WKB1 | 153.68812 | 153.69447 | 153.69359 | 6.35 | −0.88 | 5.47 | 999 |
| 19 | BM02HMZJ | 153.88377 | 153.88951 | 153.88706 | 5.74 | −2.45 | 3.29 | 1000 |
| 20 | WZ02 | 146.94118 | 146.94579 | 146.94332 | 4.61 | −2.47 | 2.14 | 993 |

续表

| № | 点名 | 2018［1］高程 $H_1$（m） | 2018［2］高程 $H_2$（m） | 2019 高程 $H_3$（m） | 高程变化量 $H_2-H_1$（mm） | 高程变化量 $H_3-H_2$（mm） | 高程变化量 $H_3-H_1$（mm） | 概略高程（m） |
|---|---|---|---|---|---|---|---|---|
| 21 | WZ03 | 150.46578 | 150.47086 | 150.46841 | 5.08 | −2.45 | 2.63 | 996 |
| 22 | BM14 | 144.89606 | 144.90039 | 144.89685 | 4.33 | −3.54 | 0.79 | 991 |
| 23 | WZ04 | 142.16941 | 142.17202 | 142.16816 | 2.61 | −3.86 | −1.25 | 988 |
| 24 | BM20 | 139.17630 | 139.17908 | 139.17580 | 2.78 | −3.28 | −0.50 | 985 |
| 25 | BM22 | 97.65764 | 97.65792 | 97.65827 | 0.28 | 0.35 | 0.63 | 943 |
| 26 | WZ05 | 24.54057 | 24.54048 | 24.54131 | −0.09 | 0.83 | 0.74 | 870 |
| 27 | WR02 | 72.18271 | 72.18278 | 72.18372 | 0.07 | 0.94 | 1.01 | 918 |
| 28 | W301 | 0.00000 | 0.00000 | 0.00000 | 0.00 | 0.00 | 0.00 | 846 |
| 29 | BM27 | 13.41602 | 13.41815 | 13.41827 | 2.13 | 0.12 | 2.25 | 859 |
| 30 | WY06 | 5.57524 | 5.57707 | 5.57600 | 1.83 | −1.07 | 0.76 | 851 |
| 31 | BM15 | 125.81016 | 125.81309 | 125.81220 | 2.93 | −0.89 | 2.04 | 971 |
| 32 | WY05 | 142.81688 | 142.81799 | 142.82873 | 1.11 | 10.74 | 11.85 | 988 |
| 33 | BM23 | 144.64482 | 144.64605 | 144.64441 | 1.23 | −1.64 | −0.41 | 990 |
| 34 | WY04 | 150.00876 | 150.01137 | 150.00986 | 2.61 | −1.51 | 1.10 | 996 |
| 35 | WY03 | 140.88059 | 140.88362 | 140.88187 | 3.03 | −1.75 | 1.28 | 987 |
| 36 | WK2B | 160.69661 | 160.70050 | 160.69928 | 3.89 | −1.22 | 2.67 | 1006 |
| 37 | WK2A | 175.37882 | 175.38401 | 175.38213 | 5.19 | −1.88 | 3.31 | 1021 |
| 38 | WY02 | 173.50568 | 173.51054 | 173.50907 | 4.86 | −1.47 | 3.39 | 1019 |
| 39 | WKI2 | 153.48816 | 153.49405 | 153.49174 | 5.89 | −2.31 | 3.58 | 999 |
| 40 | WKB2 | 153.48782 | 153.49363 | 153.49125 | 5.81 | −2.38 | 3.43 | 999 |
| 41 | WK1B | 206.51439 | 206.52047 | 206.51820 | 6.08 | −2.27 | 3.81 | 1052 |
| 42 | WK1A | 206.62087 | 206.62750 | 206.62534 | 6.63 | −2.16 | 4.47 | 1052 |
| 43 | WK2C | 133.11216 | 133.11325 | 133.10851 | 1.09 | −4.74 | −3.65 | 979 |
| 44 | WK2D | 161.40195 | 161.40490 | 161.39976 | 2.95 | −5.14 | −2.19 | 1007 |

由图 6.3.5 和图 6.3.6，水库蓄水前第三期相对第二期以及第三期相对第一期 $\Delta H$ 与 $H$ 的相关系数分别为 0.8669 和 0.9532，均显著大于自由度 $n=44$ 时 0.05 显著性水平（95%置信水平）下的相关系数临界值 $R_{0.05}=0.291$，也大于 0.01 显著性水平（99%置信水平）下的相关系数临界值 $R_{0.01}=0.376$。由图 6.3.5 和图 6.3.6 可清晰判定，当测点高程 $H<1100$m 时，$\Delta H$ 与 $H$ 分布主要呈随机分布，离散度较大（见图中虚线框区），而 $H>1100$m 则表现出

准线性变化（见虚线框外区），并且可以确定线性相关较强的点为 2 号支线 W210 至 W201，共 10 个点。为此，需对 W210 至 W201 进行线性拟合改正。

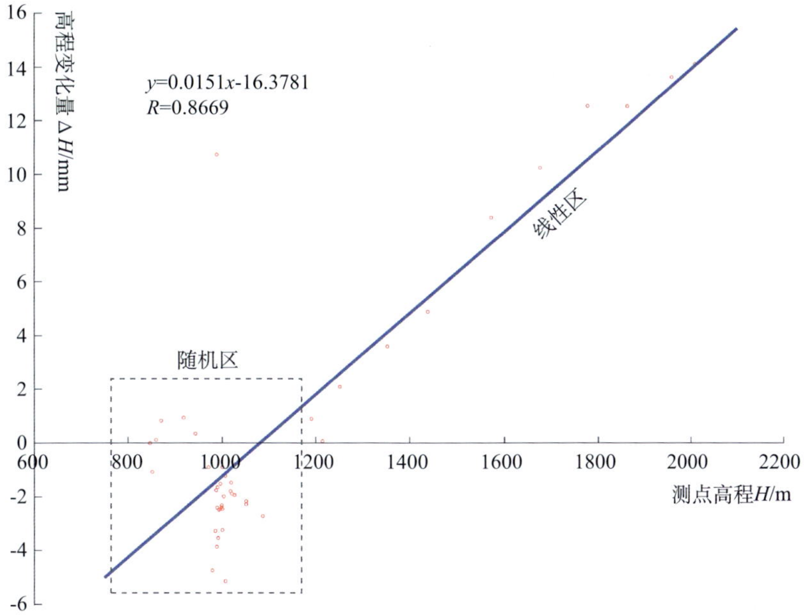


图 6.3.5　乌东德库区蓄水前第三期相对第二期水准各测点 ΔH 与 H 分布图

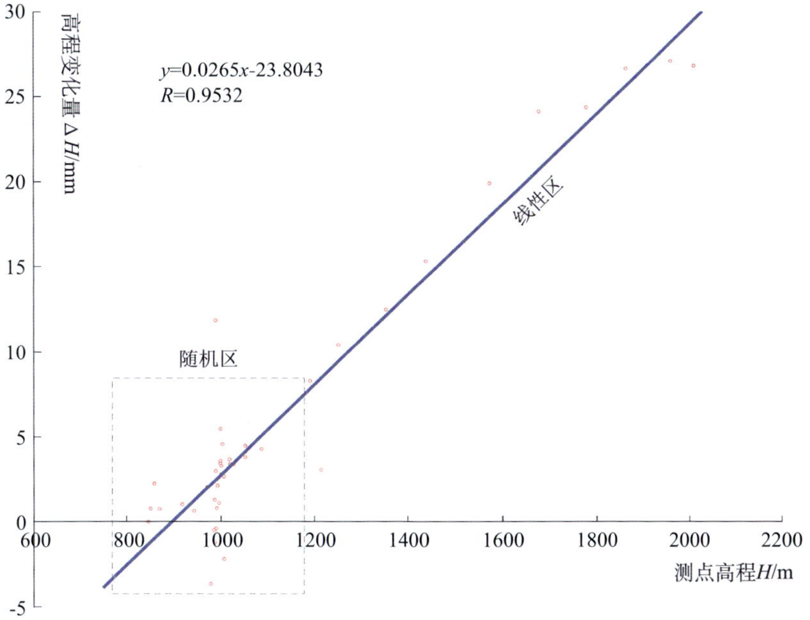


图 6.3.6　乌东德库区蓄水前第三期相对第一期水准各测点 ΔH 与 H 分布图

这种与水准测点高程相关的系统偏差可能来自大气折光影响或尺长 $f$ 偏差影响，当测区地势平坦时影响较小，往往具有偶然性。而对于大高程地区测站高差变化剧烈，坡度较大且具有连续性，使得水准测量中系统误差累计突显出来。

由于上述系统误差是多种因素综合影响的结果，对三期水准资料系统误差的精确排除较困难，这里选用第三期相对第二期（图 6. 3. 5）$\Delta H$ 与 $H$ 线性拟合方程：$y=0.0151x-16.3781$，对第三期相对第二期的 W210 至 W201 高程变化量 $\Delta H$ 作系统误差拟合改正，计算结果列于表 6. 3. 7。

**表 6. 3. 7 乌东德库区蓄水前第三期水准观测成果系统误差校正表**

| № | 点名 | 拟合前高程变化量（mm） | | | 拟合值（mm） | | 拟合残差（mm） | | 拟合后高程变化量（mm） | | | 概略高程（m） |
|---|---|---|---|---|---|---|---|---|---|---|---|---|
| | | $H_2-H_1$ | $H_3-H_2$ | $H_3-H_1$ | $H_2-H_1$ | $H_3-H_2$ | $H_2-H_1$ | $H_3-H_2$ | $H_2-H_1$ | $H_3-H_2$ | $H_3-H_1$ | |
| 1 | W210 | 7. 38 | 0. 90 | 8. 28 | 6. 15 | 1. 61 | 1. 23 | −0. 71 | 6. 55 | −2. 64 | 3. 91 | 1191 |
| 2 | W209 | 8. 32 | 2. 09 | 10. 41 | 6. 85 | 2. 53 | 1. 47 | −0. 44 | 6. 79 | −2. 37 | 4. 42 | 1252 |
| 3 | W208 | 8. 88 | 3. 60 | 12. 48 | 8. 00 | 4. 05 | 0. 88 | −0. 45 | 6. 20 | −2. 38 | 3. 82 | 1353 |
| 4 | W207 | 10. 43 | 4. 89 | 15. 32 | 8. 97 | 5. 34 | 1. 46 | −0. 45 | 6. 78 | −2. 38 | 4. 40 | 1438 |
| 5 | W206 | 11. 52 | 8. 40 | 19. 92 | 10. 49 | 7. 36 | 1. 03 | 1. 04 | 6. 35 | −0. 89 | 5. 46 | 1572 |
| 6 | W205 | 13. 89 | 10. 24 | 24. 13 | 11. 68 | 8. 93 | 2. 21 | 1. 31 | 7. 53 | −0. 62 | 6. 91 | 1676 |
| 7 | W204 | 11. 83 | 12. 54 | 24. 37 | 12. 83 | 10. 45 | −1. 00 | 2. 09 | 4. 32 | 0. 16 | 4. 48 | 1777 |
| 8 | W203 | 14. 12 | 12. 53 | 26. 65 | 13. 79 | 11. 72 | 0. 33 | 0. 81 | 5. 65 | −1. 12 | 4. 53 | 1861 |
| 9 | W202 | 13. 48 | 13. 62 | 27. 10 | 14. 90 | 13. 19 | −1. 42 | 0. 43 | 3. 91 | −1. 50 | 2. 41 | 1958 |
| 10 | W201 | 12. 69 | 14. 12 | 26. 81 | 15. 48 | 13. 96 | −2. 79 | 0. 16 | 2. 53 | −1. 77 | 0. 76 | 2009 |

注：$H_2-H_1$ 相关信息来自《乌东德库区 2018 年第二期监测资料分析报告》。

根据表 6. 3. 7 数据，分别绘制第三期相对第二期以及第三期相对第一期经校正后的 $\Delta H$ 与 $H$ 分布图，见图 6. 3. 7 和图 6. 3. 8。

由图 6. 3. 7 和图 6. 3. 5，经系统误差校正后第三期相对第二期 $\Delta H$ 与 $H$ 的相关系数相等于图 6. 3. 5 和图 6. 3. 6 的数值。$\Delta H$ 与 $H$ 分布表现为随机性。

由图 6. 3. 8 和图 6. 3. 6，经系统误差校正后第三期相对第一期 $\Delta H$ 与 $H$ 的相关系数由 0. 9532 减小到 0. 2686，小于自由度 $n=44$ 时 0. 01 显著性水平（99%置信水平）下的相关系数临界值 $R_{0.01}=0.376$，也小于 0. 05 显著性水平（95%置信水平）下的相关系数临界值 $R_{0.05}=0.291$，$\Delta H$ 与 $H$ 分布也表现为随机性。

#### 6. 3. 3. 4 基于 W301 基准的变形分析

表 6. 3. 8 给出库区蓄水前三期水准观测成果及其变化，该成果是以 W301 为基准的相对高程，其中 W210 至 W201 的高程变化量为经过系统误差校正的结果。由表 6. 3. 8，WY05 点第三期相对第二期的高程变化量为 10. 74mm，超过周边点位高程变化量的 3 倍以上，为

孤立值，分析认为是点位本身原因导致，现场复核 WY05 点，此点处修复施工，这可能是该点高程变化量较大的原因，故在相关信息统计及绘图中剔除该点。表 6. 3. 9 和表 6. 3. 10 分别统计了第二期和第三期以及第一期和第三期水准观测之间左右岸升降信息（剔除 BY05）。图 6. 3. 9 和图 6. 3. 10 分别是采用表 6. 3. 6 数据（剔除 BY05）绘制的第三期相对第二期以及第三期相对第一期的监视区垂直形变场动态变化矢量图和等值线图。

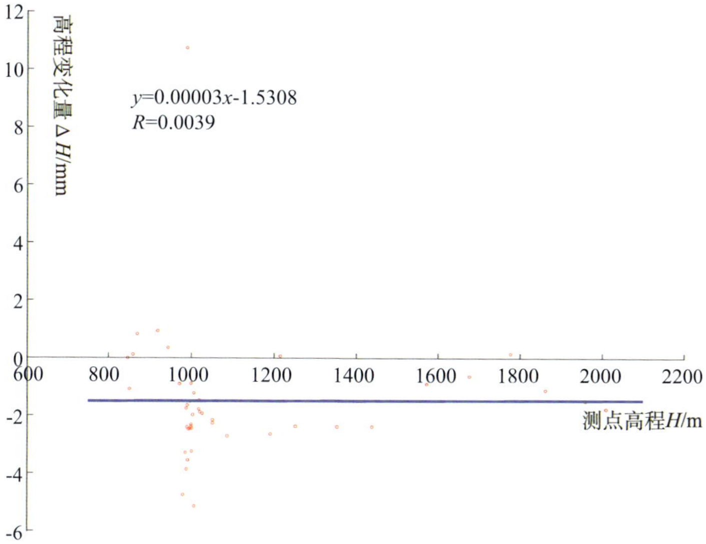


图 6. 3. 7　经校正后第三期相对第二期水准各测点 ΔH 与 H 分布图

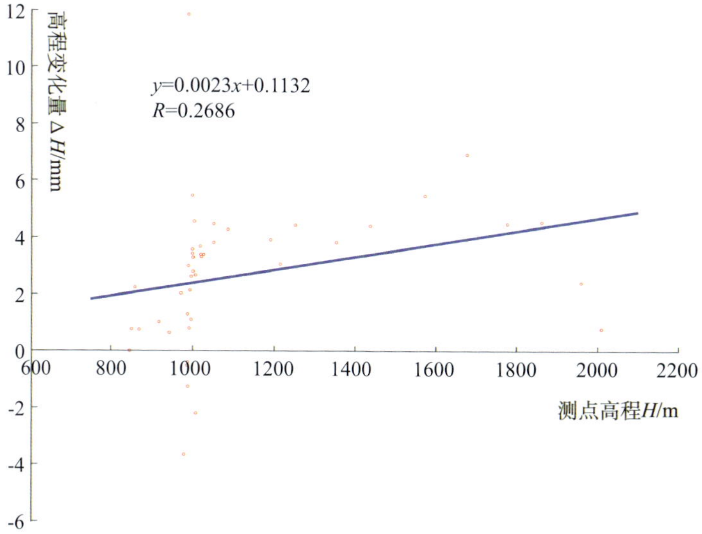


图 6. 3. 8　经校正后第三期相对第一期水准各测点 ΔH 与 H 分布图

**表 6.3.8　乌东德库区蓄水前三期水准点相对高程及经系统误差校正的高程变化量表**

| № | 点名 | 2018［1］高程 $H_1$（m） | 2018［2］高程 $H_2$（m） | 2019 高程 $H_3$（m） | 高程变化量 $H_2-H_1$（mm） | 高程变化量 $H_3-H_2$（mm） | 高程变化量 $H_3-H_1$（mm） |
|---|---|---|---|---|---|---|---|
| 1 | WZ01 | 154. 21330 | 154. 21934 | 154. 21610 | 6. 04 | −3. 24 | 2. 80 |
| 2 | WK1C | 156. 89017 | 156. 89671 | 156. 89473 | 6. 54 | −1. 98 | 4. 56 |
| 3 | WK1D | 143. 57718 | 143. 58257 | 143. 58017 | 5. 39 | −2. 40 | 2. 99 |
| 4 | W104 | 172. 61497 | 172. 62043 | 172. 61865 | 5. 46 | −1. 78 | 3. 68 |
| 5 | W103 | 241. 40646 | 241. 41345 | 241. 41074 | 6. 99 | −2. 71 | 4. 28 |
| 6 | W102 | 369. 34960 | 369. 35259 | 369. 35266 | 2. 99 | 0. 07 | 3. 06 |
| 7 | WY01 | 180. 97467 | 180. 97999 | 180. 97806 | 5. 32 | −1. 93 | 3. 39 |
| 8 | W210 | 344. 97803 | 344. 98541 | 344. 98631 | 6. 55 | −2. 64 | 3. 91 |
| 9 | W209 | 405. 92540 | 405. 93372 | 405. 93581 | 6. 79 | −2. 37 | 4. 42 |
| 10 | W208 | 507. 37616 | 507. 38504 | 507. 38864 | 6. 20 | −2. 38 | 3. 82 |
| 11 | W207 | 592. 12704 | 592. 13747 | 592. 14236 | 6. 78 | −2. 38 | 4. 40 |
| 12 | W206 | 726. 04643 | 726. 05795 | 726. 06635 | 6. 35 | −0. 89 | 5. 46 |
| 13 | W205 | 830. 05926 | 830. 07315 | 830. 08339 | 7. 53 | −0. 62 | 6. 91 |
| 14 | W204 | 931. 46106 | 931. 47289 | 931. 48543 | 4. 32 | 0. 16 | 4. 48 |
| 15 | W203 | 1015. 23406 | 1015. 24818 | 1015. 26071 | 5. 65 | −1. 12 | 4. 53 |
| 16 | W202 | 1111. 96384 | 1111. 97732 | 1111. 99094 | 3. 91 | −1. 50 | 2. 41 |
| 17 | W201 | 1162. 97252 | 1162. 98521 | 1162. 99933 | 2. 53 | −1. 77 | 0. 76 |
| 18 | WKB1 | 153. 68812 | 153. 69447 | 153. 69359 | 6. 35 | −0. 88 | 5. 47 |
| 19 | BM02HMZJ | 153. 88377 | 153. 88951 | 153. 88706 | 5. 74 | −2. 45 | 3. 29 |
| 20 | WZ02 | 146. 94118 | 146. 94579 | 146. 94332 | 4. 61 | −2. 47 | 2. 14 |
| 21 | WZ03 | 150. 46578 | 150. 47086 | 150. 46841 | 5. 08 | −2. 45 | 2. 63 |
| 22 | BM14 | 144. 89606 | 144. 90039 | 144. 89685 | 4. 33 | −3. 54 | 0. 79 |
| 23 | WZ04 | 142. 16941 | 142. 17202 | 142. 16816 | 2. 61 | −3. 86 | −1. 25 |
| 24 | BM20 | 139. 17630 | 139. 17908 | 139. 17580 | 2. 78 | −3. 28 | −0. 50 |
| 25 | BM22 | 97. 65764 | 97. 65792 | 97. 65827 | 0. 28 | 0. 35 | 0. 63 |
| 26 | WZ05 | 24. 54057 | 24. 54048 | 24. 54131 | −0. 09 | 0. 83 | 0. 74 |
| 27 | WR02 | 72. 18271 | 72. 18278 | 72. 18372 | 0. 07 | 0. 94 | 1. 01 |
| 28 | W301 | 0. 00000 | 0. 00000 | 0. 00000 | 0. 00 | 0. 00 | 0. 00 |
| 29 | BM27 | 13. 41602 | 13. 41815 | 13. 41827 | 2. 13 | 0. 12 | 2. 25 |

续表

| № | 点名 | 2018［1］高程 $H_1$（m） | 2018［2］高程 $H_2$（m） | 2019 高程 $H_3$（m） | 高程变化量 $H_2-H_1$（mm） | 高程变化量 $H_3-H_2$（mm） | 高程变化量 $H_3-H_1$（mm） |
|---|---|---|---|---|---|---|---|
| 30 | WY06 | 5.57524 | 5.57707 | 5.57600 | 1.83 | -1.07 | 0.76 |
| 31 | BM15 | 125.81016 | 125.81309 | 125.81220 | 2.93 | -0.89 | 2.04 |
| 32 | WY05 | 142.81688 | 142.81799 | 142.82873 | 1.11 | 10.74 | 11.85 |
| 33 | BM23 | 144.64482 | 144.64605 | 144.64441 | 1.23 | -1.64 | -0.41 |
| 34 | WY04 | 150.00876 | 150.01137 | 150.00986 | 2.61 | -1.51 | 1.10 |
| 35 | WY03 | 140.88059 | 140.88362 | 140.88187 | 3.03 | -1.75 | 1.28 |
| 36 | WK2B | 160.69661 | 160.70050 | 160.69928 | 3.89 | -1.22 | 2.67 |
| 37 | WK2A | 175.37882 | 175.38401 | 175.38213 | 5.19 | -1.88 | 3.31 |
| 38 | WY02 | 173.50568 | 173.51054 | 173.50907 | 4.86 | -1.47 | 3.39 |
| 39 | WKI2 | 153.48816 | 153.49405 | 153.49174 | 5.89 | -2.31 | 3.58 |
| 40 | WKB2 | 153.48782 | 153.49363 | 153.49125 | 5.81 | -2.38 | 3.43 |
| 41 | WK1B | 206.51439 | 206.52047 | 206.51820 | 6.08 | -2.27 | 3.81 |
| 42 | WK1A | 206.62087 | 206.62750 | 206.62534 | 6.63 | -2.16 | 4.47 |
| 43 | WK2C | 133.11216 | 133.11325 | 133.10851 | 1.09 | -4.74 | -3.65 |
| 44 | WK2D | 161.40195 | 161.40490 | 161.39976 | 2.95 | -5.14 | -2.19 |

**表 6.3.9　乌东德库区蓄水前第三期相对第二期左右岸升降信息统计表**

| 统计项目 | 左岸 | 右岸 | 总计 |
|---|---|---|---|
| 下沉点数目/个 | 15 | 22 | 37 |
| 上升点数目/个 | 4 | 2 | 6 |
| 总变化量/mm | -38.73 | -37.87 | -76.60 |
| 平均变化量/mm | -2.04 | -1.58 | -1.78 |

**表 6.3.10　乌东德库区蓄水前第三期相对第一期左右岸升降信息统计表**

| 统计项目 | 左岸 | 右岸 | 总计 |
|---|---|---|---|
| 下沉点数目/个 | 4 | 1 | 5 |
| 上升点数目/个 | 15 | 23 | 38 |
| 总变化量/mm | 30.48 | 76.17 | 106.65 |
| 平均变化量/mm | 1.60 | 3.17 | 2.48 |

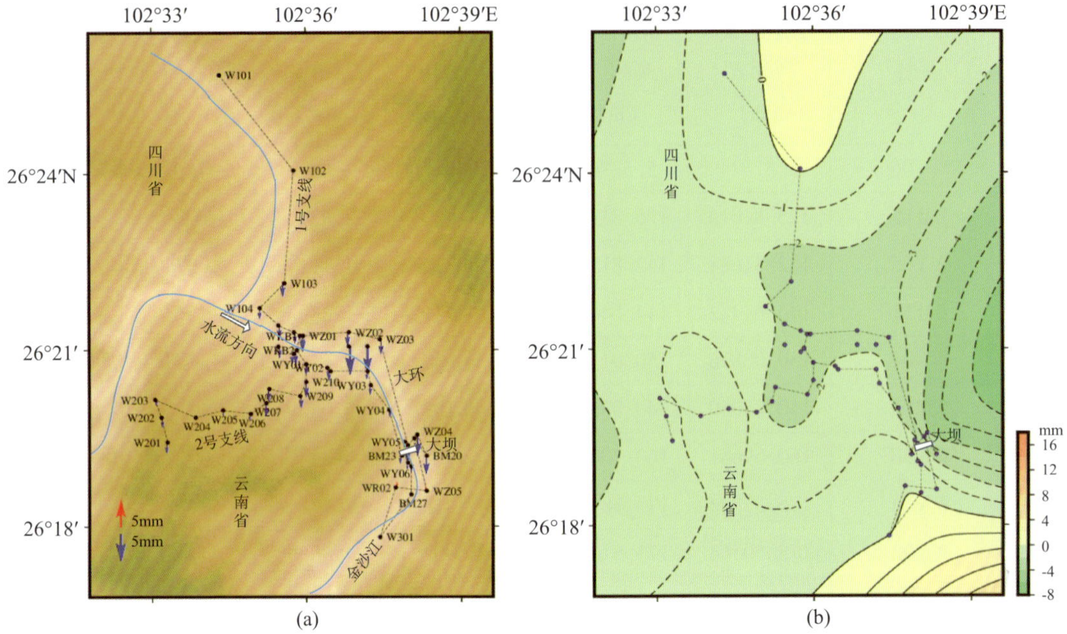


图 6.3.9　乌东德库区第三期相对第二期垂直形变场矢量图和等值线图

（a）矢量图；（b）等值线图

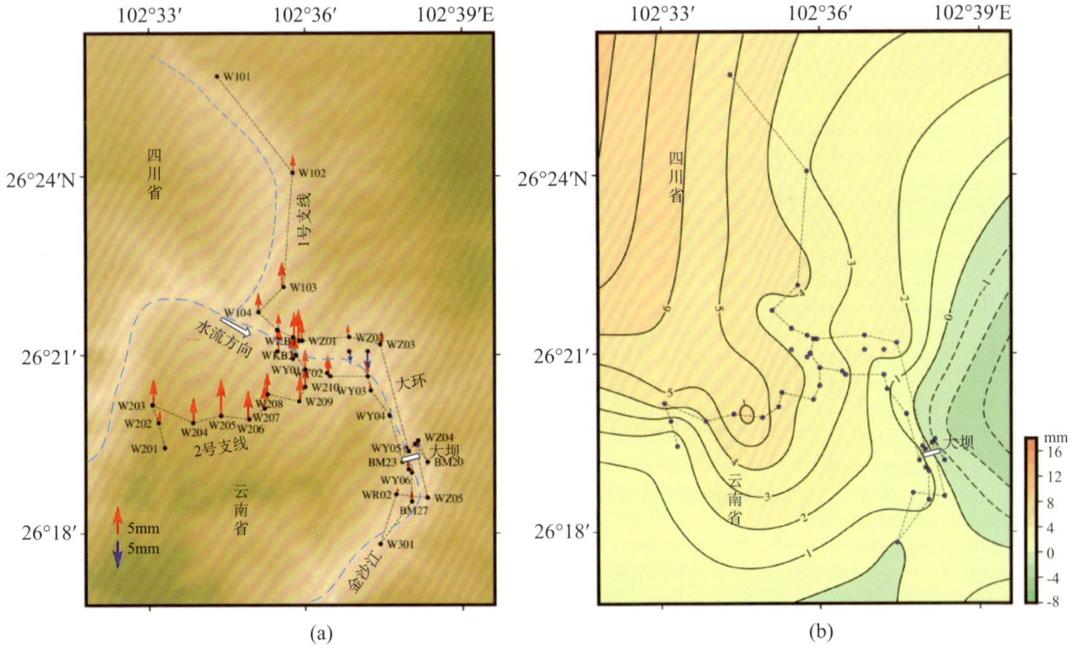


图 6.3.10　乌东德库区第三期相对第一期垂直形变场矢量图和等值线图

（a）矢量图；（b）等值线图

由表 6. 3. 8 和图 6. 3. 9，库区蓄水前第三期（2019）相对第二期（2018［2］）地表垂直形变场基本稳定，总体表现略有下沉，且沉降量普遍小于 3mm。左岸猪拱地谷宽 WK2C、WK2D 两点相对下沉 5mm，大坝下游地区形变量在 1mm 以内，趋于稳定。

由表 6. 3. 8 和图 6. 3. 10，库区蓄水前第三期（2019）相对第一期（2018［1］）地表垂直形变场变化不突出，总体表现相对上升（一、二期观测期间表现为相对上升，上升量基本在 7mm 以内），累积上升量基本在 5mm 以内。大坝下游地区累积形变量小于 1mm，趋于稳定。

由表 6. 3. 9 和表 6. 3. 10 对库区左右岸信息统计，第三期相对第二期以及第三期相对第一期左右岸垂直形变量相差几乎持平，评定库区左右岸垂直形变场变化相对平稳。

综合分析 2018~2019 年截流前三期监测资料成果，整体上库首区地表形变场仍处于相对稳定的状态，较好地反映了水库蓄水前库首区的垂直形变特征。

## 6. 4　综合网重力监测分析

### 6. 4. 1　资料成果与数据处理

分为主监视区与重力支线两部分，其中主监视区重力测点与水准点为共点建设共点观测。为减小重力起算点对整体资料分析结果的影响，提高重力资料研究结果的可信度，在综合网布局时就在库区上游右岸布设了一条 2 号支线，再将 2 号支线延伸为重力延伸支线。该支线位于右岸上游水准-重力闭合环上，由 WY01 点引出，沿右岸对外交通连接线向大松树-乌东德乡-普德方向延伸，重力支线测线长度共约 40km，以 WG02 为重力起算基准。另外加上 1 号支线、2 号支线重力监测线累计路线长度约 75km。重力监测网布设图见图 6. 1. 1。测区相对 WG02 点重力最大点值为 $288\times10^{-5}ms^{-2}$，最大段差为 $78\times10^{-8}ms^{-2}$。

截流前三期重力观测以大松树乡的 WG02 为起算点，进行重力网经典平差，由平差结果计算求得各监测点的相对重力点值，以及平差后相邻两点间重力段差，观测精度为：

第一期：（1）两台仪器自差均值为 $7.4\times10^{-8}ms^{-2}$
（2）两台仪器互差均值为 $8.6\times10^{-8}ms^{-2}$
（3）平差单位权中误差为 $10.0\times10^{-8}ms^{-2}$
（4）平差点值精度平均值为 $12.3\times10^{-8}ms^{-2}$

第二期：（1）两台仪器自差均值为 $5.3\times10^{-8}ms^{-2}$
（2）两台仪器互差均值为 $7.1\times10^{-8}ms^{-2}$
（3）平差单位权中误差为 $10.0\times10^{-8}ms^{-2}$
（4）平差点值精度平均值为 $12.8\times10^{-8}ms^{-2}$

第三期：（1）两台仪器自差均值为 $4.0\times10^{-8}ms^{-2}$
（2）两台仪器互差均值为 $6.2\times10^{-8}ms^{-2}$
（3）平差单位权中误差为 $9.9\times10^{-8}ms^{-2}$
（4）平差点值精度平均值为 $12.8\times10^{-8}ms^{-2}$

重力资料处理计算主要包括原始资料处理与平差计算。

**1. 原始资料预处理**

分别进行格值转换、固体潮改正、仪器高改正、气压改正、漂移改正等。

**2. 平差计算**

重力资料平差采用经典平差法，库区流动重力测量平差以大松树乡的 WG02（相对基准点）为起算点，进而获得：①各重力测点的相对重力点值；②两相邻重力测点间重力段差值；③重力观测点值精度、段差精度及整个网综合精度等。

## 6.4.2 重力场变化分析

表 6.4.1 给出库区蓄水前三期重力值监测成果及其变化量。表 6.4.2 和表 6.4.3 分别对第三期相对第二期以及第三期相对第一期重力值变化量进行信息统计。图 6.4.1 和图 6.4.2 分别为水库蓄水前第三期相对第二期、第三期相对第一期重力场变化分布图。考虑到测点分布的严重不均匀性，绘图时未使用远离测区的 WG01 和 WG02 监测点数据和由库区施工造成重力值变化明显的测点 WZ04 和 WY05。

**表 6.4.1 乌东德库区蓄水前三期相对重力值及变化量表**

| № | 点名 | 2018［1］重力值（$10^{-5}ms^{-2}$） | 2018［2］重力值（$10^{-5}ms^{-2}$） | 2019 重力值（$10^{-5}ms^{-2}$） | 变化量 2018［2］~2018［1］（$10^{-8}ms^{-2}$） | 变化量 2019~2018［2］（$10^{-8}ms^{-2}$） | 变化量 2019~2018［1］（$10^{-8}ms^{-2}$） |
|---|---|---|---|---|---|---|---|
| 1 | WG01 | 78. 1838 | 78. 1611 | 78. 1622 | -22. 7 | 1. 1 | -21. 6 |
| 2 | WG02 | 0. 0000 | 0. 0000 | 0. 0000 | 0. 0 | 0. 0 | 0. 0 |
| 3 | W102 | 242. 6280 | 242. 6567 | 242. 6414 | 28. 7 | -15. 3 | 13. 4 |
| 4 | W103 | 268. 5397 | 268. 5728 | 268. 5876 | 33. 1 | 14. 8 | 47. 9 |
| 5 | W104 | 280. 7078 | 280. 7501 | 280. 7493 | 42. 3 | -0. 8 | 41. 5 |
| 6 | W201 | 96. 6635 | 96. 6638 | 96. 6616 | 0. 3 | -2. 2 | -1. 9 |
| 7 | W202 | 104. 1312 | 104. 1349 | 104. 1350 | 3. 7 | 0. 1 | 3. 8 |
| 8 | W203 | 119. 6730 | 119. 6793 | 119. 6750 | 6. 3 | -4. 3 | 2. 0 |
| 9 | W204 | 144. 2253 | 144. 2370 | 144. 2237 | 11. 7 | -13. 3 | -1. 6 |
| 10 | W205 | 163. 7168 | 163. 7310 | 163. 7233 | 14. 2 | -7. 7 | 6. 5 |
| 11 | W206 | 182. 6160 | 182. 6447 | 182. 6297 | 28. 7 | -15. 0 | 13. 7 |
| 12 | W207 | 207. 4186 | 207. 4204 | 207. 3911 | 1. 8 | -29. 3 | -27. 5 |
| 13 | W208 | 223. 1450 | 223. 1554 | 223. 1353 | 10. 4 | -20. 1 | -9. 7 |
| 14 | W209 | 239. 2925 | 239. 2919 | 239. 2763 | -0. 6 | -15. 6 | -16. 2 |
| 15 | W210 | 250. 8601 | 250. 8644 | 250. 8446 | 4. 3 | -19. 8 | -15. 5 |
| 16 | W301 | 287. 7222 | 287. 7449 | 287. 7361 | 22. 7 | -8. 8 | 13. 9 |

续表

| № | 点名 | 2018 [1] 重力值 ($10^{-5}ms^{-2}$) | 2018 [2] 重力值 ($10^{-5}ms^{-2}$) | 2019 重力值 ($10^{-5}ms^{-2}$) | 变化量 2018 [2]~2018 [1] ($10^{-8}ms^{-2}$) | 变化量 2019~2018 [2] ($10^{-8}ms^{-2}$) | 变化量 2019~2018 [1] ($10^{-8}ms^{-2}$) |
|---|---|---|---|---|---|---|---|
| 17 | WY01 | 278. 1254 | 278. 1339 | 278. 1143 | 8. 5 | −19. 6 | −11. 1 |
| 18 | WY02 | 277. 2631 | 277. 2812 | 277. 2686 | 18. 1 | −12. 6 | 5. 5 |
| 19 | WY03 | 275. 4117 | 275. 4366 | 275. 4225 | 24. 9 | −14. 1 | 10. 8 |
| 20 | WY04 | 268. 1862 | 268. 2079 | 268. 2024 | 21. 7 | −5. 5 | 16. 2 |
| 21 | WY05 | 264. 1222 | 264. 7429 | 264. 9672 | 620. 7 | 224. 3 | 845. 0 |
| 22 | WY06 | 285. 8477 | 285. 8670 | 285. 8002 | 19. 3 | −66. 8 | −47. 5 |
| 23 | WZ01 | 280. 6979 | 280. 7238 | 280. 7290 | 25. 9 | 5. 2 | 31. 1 |
| 24 | WZ02 | 279. 4470 | 279. 4629 | 279. 4490 | 15. 9 | −13. 9 | 2. 0 |
| 25 | WZ03 | 275. 4337 | 275. 4056 | 275. 3706 | −28. 1 | −35. 0 | −63. 1 |
| 26 | WZ04 | 261. 1362 | 261. 5248 | 261. 9065 | 388. 6 | 381. 7 | 770. 3 |
| 27 | WZ05 | 276. 8983 | 276. 9342 | 276. 9204 | 35. 9 | −13. 8 | 22. 1 |
| 28 | WKB1 | 281. 7017 | 281. 7150 | 281. 6735 | 13. 3 | −41. 5 | −28. 2 |
| 29 | WKB2 | 282. 5094 | 282. 5073 | 282. 5145 | −2. 1 | 7. 2 | 5. 1 |

**表 6. 4. 2　乌东德库区蓄水前第三期相对第二期重力值变化量信息统计表**

| 重力值变化量 2019~2018 [2] ($10^{-8}ms^{-2}$) | 点数 (个) | 占比 (%) |
|---|---|---|
| 绝对值大于 30 | 5 | 17. 2 |
| 绝对值小于 30 | 24 | 82. 8 |

**表 6. 4. 3　乌东德库区蓄水前第三期相对第一期重力值变化量信息统计表**

| 重力值变化量 2019~2018 [1] ($10^{-8}ms^{-2}$) | 点数 (个) | 占比 (%) |
|---|---|---|
| 绝对值大于 30 | 7 | 24. 1 |
| 绝对值小于 30 | 22 | 75. 9 |

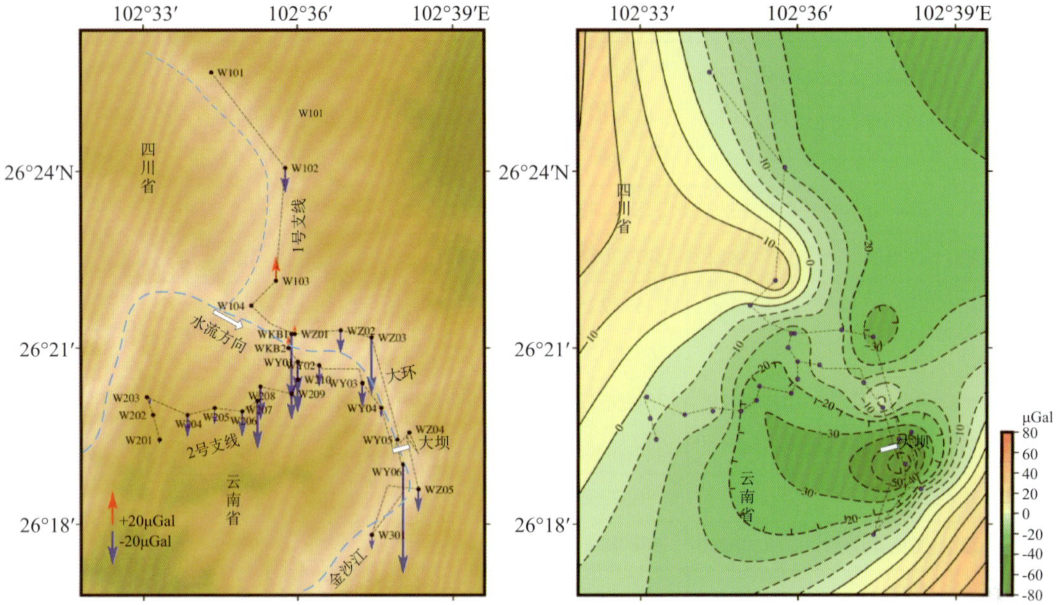


(a)　　　　(b)

图 6.4.1　乌东德库区蓄水前第三期相对第二期重力场变化分布图

（a）点位变化图；（b）等值线图

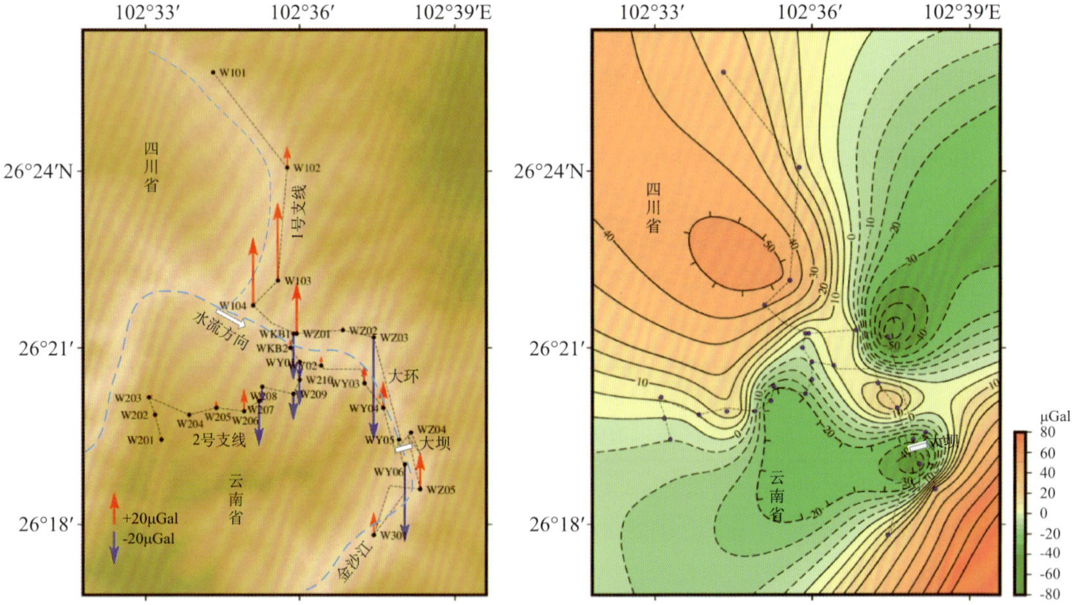


(a)　　　　(b)

图 6.4.2　乌东德库区蓄水前第三期相对第一期重力场变化分布图

（a）点位变化图；（b）等值线图

由表 6. 4. 1、表 6. 4. 2 和图 6. 4. 1，库区蓄水前第二期和第三期观测期间，监视区重力值变化的点为 WY05、WY06、WZ03、WZ04、WKB1，其中 WY05 和 WZ04 分别增大 $224.3\times10^{-8}ms^{-2}$、$381.7\times10^{-8}ms^{-2}$，WY06 点重力值减小 $66.8\times10^{-8}ms^{-2}$，WZ03 和 WKB1 重力值同样有所减小。

由表 6. 4. 1、表 6. 4. 3 和图 6. 4. 1，库区蓄水前第一期和第三期观测期间，监视区重力场变化不突出。重力值变化较大的点基本与一、二期和二、三期相同，其中 WZ04、WY05、WY06 测点重力值累积变化较大，WZ03 重力值持续减小。库区蓄水前三期重力场变化基本平稳，无区域显著性异常变化。

# 6. 5　谷宽监测分析

## 6. 5. 1　成果数据处理

在坝址区水库上游 50km 范围内，分别布设河门口和猪拱地谷宽网场地，具体布设见图 6. 1. 5 和图 6. 1. 6。

第一期观测：河门口谷宽网所有边统一归算并投影到过 BK1B 点所在平面，平差单位权中误差为 ± 0. 73mm，平差后 $X$、$Y$ 坐标中误差最大值为 ± 0. 81mm，边长最大改正数为 −0. 59mm。猪拱地谷宽网所有边统一归算并投影到过 BK2B 点所在平面，平差单位权中误差为±1. 21mm，平差后 $X$、$Y$ 坐标中误差最大值为±2. 72mm，边长最大改正数为−1. 31mm。

第二期观测：河门口谷宽网所有边统一归算并投影到过 BK1B 点所在平面，平差单位权中误差为 ± 1. 37mm，平差后 $X$、$Y$ 坐标中误差最大值为 ± 1. 51mm，边长最大改正数为 −1. 10mm。猪拱地谷宽网所有边统一归算并投影到过 BK2B 点所在平面，平差单位权中误差为±0. 61mm，平差后 $X$、$Y$ 坐标中误差最大值为±1. 36mm，边长最大改正数为−0. 65mm。

第三期观测：河门口谷宽网所有边统一归算并投影到过 BK1B 点所在平面，平差单位权中误差为 ± 0. 21mm，平差后 $X$、$Y$ 坐标中误差最大值为 ± 0. 24mm，边长最大改正数为 −0. 17mm。猪拱地谷宽网所有边统一归算并投影到过 BK2B 点所在平面，平差单位权中误差为±0. 03mm，平差后 $X$、$Y$ 坐标中误差最大值为±0. 07mm，边长最大改正数为−0. 03mm。

用各个谷宽点的水准高程联测成果，计算出每个谷宽网 4 个点的相对高程。其后对各观测边进行投影计算，从而获得河门口谷宽网 BK1B 点所在水平面和猪拱地谷宽网 BK2B 点所在水平面上的平面边长，进而对水平边长进行测距网平差计算，得到平差边长与各点的平面坐标，同时进行观测精度评定。

河门口谷宽网平差选定 BK1B 点为起算基准，坐标值 $X_B=2915732m$，$Y_B=559452$；$C$ 点至 $B$ 点方向为坐标起始零方向，即 $X$ 轴正向。以 BK1B 点所在水准面为投影面。

猪拱地谷宽网平差选定 BK2B 点为起算基准，坐标值 $X_B=2915091m$，$Y_B=561857$；$C$ 点至 $B$ 点方向为坐标起始零方向，即 $X$ 轴正向。以 BK2B 点所在水准面为投影面。

## 6.5.2 边长变化分析

### 6.5.2.1 河门口谷宽边长变化分析

表 6.5.1 统计河门口谷宽网水库蓄水前三期各边水平边长及边长变化量。图 6.5.1 和图 6.5.2 分别展示出第三期相对第二期以及第三期相对第一期边长变化情况，其中椭圆内的数据为两期观测边长变化量。

**表 6.5.1 乌东德库区河门口谷宽网蓄水前三期各边水平边长及边长变化量表**

| 测线类型 | 测线编号 | 第一期 $S_{2018[1]}$ (m) | 第二期 $S_{2018[2]}$ (m) | 第三期 $S_{2019}$ (m) | 边长变化量 $S_{2018[2]}-S_{2018[1]}$ (mm) | 边长变化量 $S_{2019}-S_{2018[2]}$ (mm) | 边长变化量 $S_{2019}-S_{2018[1]}$ (mm) |
|---|---|---|---|---|---|---|---|
| 跨江 | *A—C* | 623. 61389 | 623. 61528 | 623. 61692 | 1. 39 | 1. 64 | 3. 03 |
| | *A—D* | 642. 51446 | 642. 51238 | 642. 51305 | −2. 08 | 0. 67 | −1. 41 |
| | *B—C* | 658. 99687 | 658. 99739 | 658. 99989 | 0. 52 | 2. 50 | 3. 02 |
| | *B—D* | 972. 37384 | 972. 37159 | 972. 37321 | −2. 25 | 1. 62 | −0. 63 |
| 同岸 | *A—B* | 494. 39311 | 494. 39268 | 494. 39316 | −0. 43 | 0. 48 | 0. 05 |
| | *C—D* | 493. 14638 | 493. 14621 | 493. 14687 | −0. 17 | 0. 66 | 0. 49 |

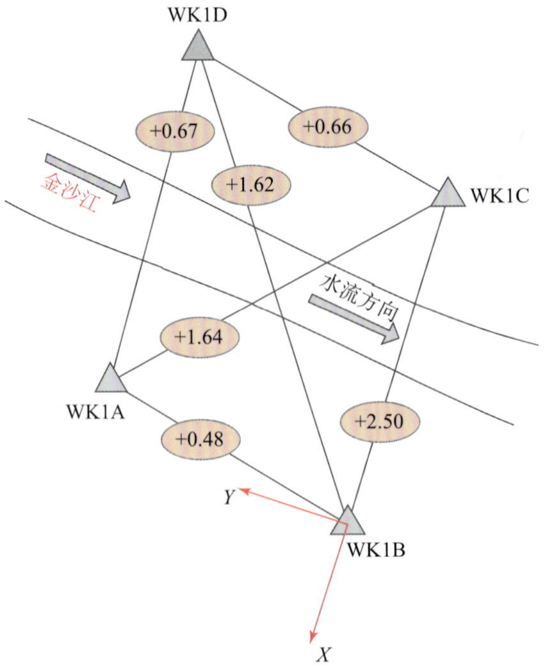


图 6.5.1 乌东德库区河门口谷宽网第三期相对第二期边长变化图

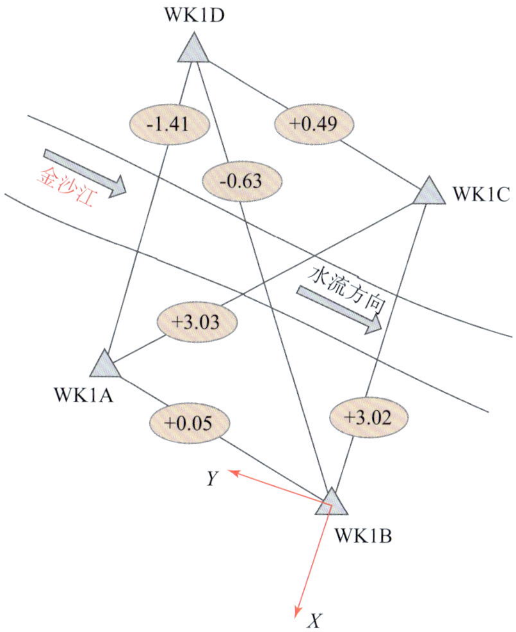


图 6.5.2　乌东德库区河门口谷宽网第三期相对第一期边长变化图

由表 6.5.1、图 6.5.1 和图 6.5.2，河门口谷宽网在水库蓄水前第二期和第三期观测期间除 *B—C* 边变化 2.50mm 外，其他边变化均小于 1.7mm。第一期和第三期观测期间除 *A—C* 边累积变化 3.03mm 以及 *B—C* 边累积变化 3.02mm 外，其他边累积变化均小于 1.5mm。

统计分析，河门口谷宽网 4 条跨江边在第二期和第三期观测期间累计变化量为 6.43mm，平均每边伸长 1.61mm；4 条跨江边在第一期和第三期观测期间累计变化量为 4.01mm，平均每边伸长 1.00mm。

#### 6.5.2.2　猪拱地谷宽边长变化分析

表 6.5.2 统计猪拱地谷宽网蓄水前三期各边水平边长及边长变化量。图 6.5.3 和图 6.5.4 分别表示第三期相对第二期以及第三期相对第一期边长变化情况，其中椭圆内的数据为两期观测边长变化量。

**表 6.5.2　乌东德库区猪拱地谷宽网蓄水前三期各边水平边长及边长变化量表**

| 测线类型 | 测线编号 | 第一期 $S_{2018[1]}$ (m) | 第二期 $S_{2018[2]}$ (m) | 第三期 $S_{2019}$ (m) | 边长变化量 $S_{2018[2]}-S_{2018[1]}$ (mm) | 边长变化量 $S_{2019}-S_{2018[2]}$ (mm) | 边长变化量 $S_{2019}-S_{2018[1]}$ (mm) |
|---|---|---|---|---|---|---|---|
| 跨江 | *A—C* | 1404.25719 | 1404.25570 | 1404.25520 | −1.49 | −0.50 | −1.99 |
| | *A—D* | 1015.59316 | 1015.59169 | 1015.59143 | −1.47 | −0.26 | −1.73 |
| | *B—C* | 774.11908 | 774.11926 | 774.11736 | 0.18 | −1.90 | −1.72 |
| | *B—D* | 952.90960 | 952.90771 | 952.90574 | −1.89 | −1.97 | −3.86 |

续表

| 测线类型 | 测线编号 | 第一期 $S_{2018[1]}$ (m) | 第二期 $S_{2018[2]}$ (m) | 第三期 $S_{2019}$ (m) | 边长变化量 $S_{2018[2]}-S_{2018[1]}$ (mm) | 边长变化量 $S_{2019}-S_{2018[2]}$ (mm) | 边长变化量 $S_{2019}-S_{2018[1]}$ (mm) |
|---|---|---|---|---|---|---|---|
| 同岸 | *A*—*B* | 1129. 78766 | 1129. 78652 | 1129. 78663 | −1. 14 | 0. 11 | −1. 03 |
| | *C*—*D* | 553. 79975 | 553. 79795 | 553. 79717 | −1. 80 | −0. 78 | −2. 58 |

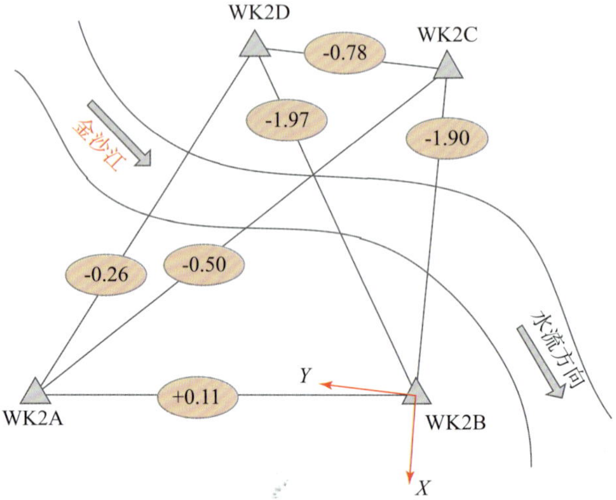


图 6. 5. 3　乌东德库区猪拱地谷宽网第三期相对第二期边长变化图

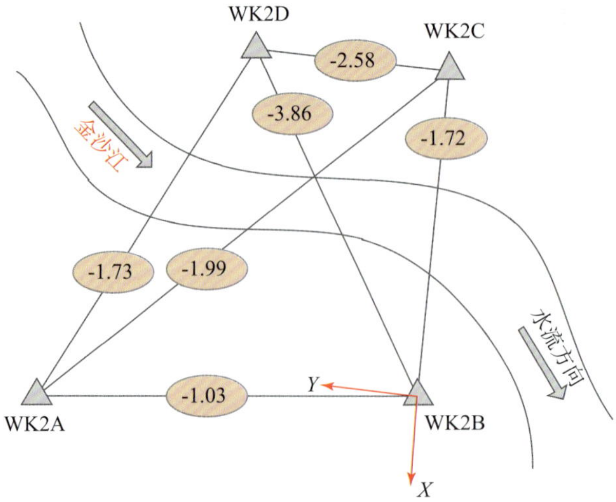


图 6. 5. 4　乌东德库区猪拱地谷宽网第三期相对第一期边长变化图

由表 6.5.2、图 6.5.3 和图 6.5.4，猪拱地谷宽网在水库蓄水前第二期和第三期观测期间边长变化均小于 2mm。在第一期和第三期观测期间除 *B—D* 边累积变化-3.86mm 以及 *C—D* 边-2.58mm 累积变化外，其他边累积变化均小于 2mm。

统计分析，猪拱地谷宽网 4 条跨江边在第二期和第三期观测期间累计变化量为-4.63mm，平均每边缩短 1.16mm，与前一阶段（第二期相对第一期）变化特征相同。4 条跨江边在第一期和第三期观测期间累计变化量为-9.30mm，平均每边缩短 2.33mm。

## 6.5.3　位移分析

### 6.5.3.1　河门口谷宽位移分析

表 6.5.3 给出河门口谷宽网蓄水前三期各点坐标的变化结果。图 6.5.5 和图 6.5.6 是由表 6.5.3 绘制的河门口谷宽网第三期相对第二期以及第三期相对第一期点位位移矢量图。

**表 6.5.3　乌东德库区河门口谷宽网蓄水前三期各点坐标及坐标变化量表**

| 坐标 | 点名 | 第一期 $XY_{2018[1]}$ (m) | 第二期 $XY_{2018[2]}$ (m) | 第三期 $XY_{2019}$ (m) | 坐标变化量 $XY_{2018[2]}-XY_{2018[1]}$ (mm) | 坐标变化量 $XY_{2019}-XY_{2018[2]}$ (mm) | 坐标变化量 $XY_{2019}-XY_{2018[1]}$ (mm) |
|---|---|---|---|---|---|---|---|
| *X* | WK1A | 2915512.11494 | 2915512.11622 | 2915512.11575 | 1.28 | -0.47 | 0.81 |
| | WK1B | 2915732.00000 | 2915732.00000 | 2915732.00000 | 0.00 | 0.00 | 0.00 |
| | WK1C | 2915073.00313 | 2915073.00261 | 2915073.00011 | -0.52 | -2.50 | -3.02 |
| | WK1D | 2914869.63292 | 2914869.63628 | 2914869.63516 | 3.36 | -1.12 | 2.24 |
| *Y* | WK1A | 559894.80369 | 559894.80385 | 559894.80415 | 0.16 | 0.30 | 0.46 |
| | WK1B | 559452.00000 | 559452.00000 | 559452.00000 | 0.00 | 0.00 | 0.00 |
| | WK1C | 559452.00000 | 559452.00000 | 559452.00000 | 0.00 | 0.00 | 0.00 |
| | WK1D | 559901.25928 | 559901.26087 | 559901.26221 | 1.59 | 1.34 | 2.93 |

由表 6.5.3、图 6.5.5 和图 6.5.6，河门口谷宽网在水库蓄水前第二期和第三期观测期间，WK1C 点 *X* 坐标变化-2.50mm，其他点坐标变化均小于 1.4mm。在第一期和第三期观测期间，WK1C 点 *X* 和 *Y* 坐标以及 WK1D 点 *Y* 坐标累积变化分别为-3.02mm、2.24mm 和 2.93mm，其他点坐标累积变化均小于 0.9mm。

### 6.5.3.2　猪拱地谷宽位移分析

表 6.5.4 给出猪拱地谷宽网蓄水前三期各点坐标的变化结果。图 6.5.7、图 6.5.8 是按表 6.5.4 绘制的猪拱地谷宽网第三期相对第二期以及第三期相对第一期点位位移矢量图。

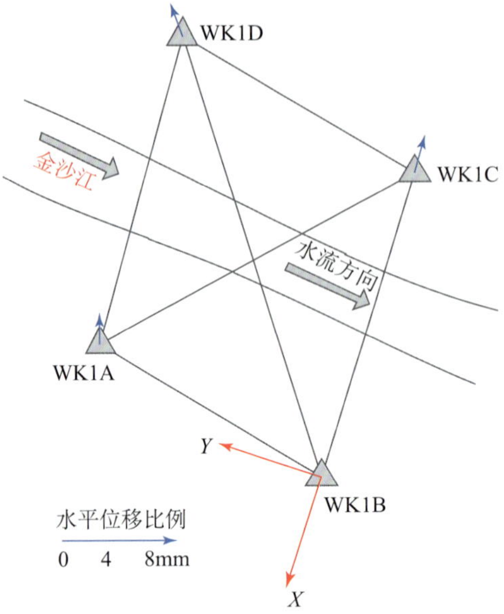


图 6.5.5　乌东德库区河门口谷宽网第三期相对第二期测点坐标位移矢量图

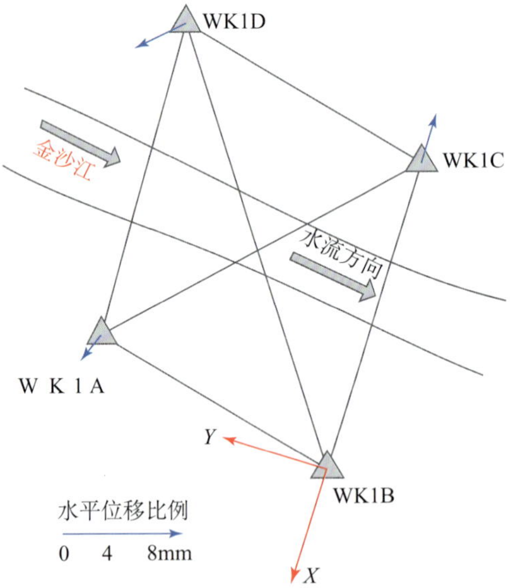


图 6.5.6　乌东德库区河门口谷宽网第三期相对第一期测点坐标位移矢量图

表 6.5.4　乌东德库区猪拱地谷宽网蓄水前三期各点坐标及坐标变化量表

| 坐标 | 点名 | 第一期 $XY_{2018[1]}$ (m) | 第二期 $XY_{2018[2]}$ (m) | 第三期 $XY_{2019}$ (m) | 坐标变化量 $XY_{2018[2]}-XY_{2018[1]}$ (mm) | 坐标变化量 $XY_{2019}-XY_{2018[2]}$ (mm) | 坐标变化量 $XY_{2019}-XY_{2018[1]}$ (mm) |
|---|---|---|---|---|---|---|---|
| X | WK2A | 2915153. 17245 | 2915153. 17121 | 2915153. 17219 | -1. 24 | 0. 98 | -0. 26 |
| | WK2B | 2915091. 00000 | 2915091. 00000 | 2915091. 00000 | 0. 00 | 0. 00 | 0. 00 |
| | WK2C | 2914316. 88092 | 2914316. 88074 | 2914316. 88264 | -0. 18 | 1. 90 | 1. 72 |
| | WK2D | 2914315. 53604 | 2914315. 53708 | 2914315. 53895 | 1. 04 | 1. 87 | 2. 91 |
| Y | WK2A | 562985. 07568 | 562985. 07461 | 562985. 07466 | -1. 07 | 0. 05 | -1. 02 |
| | WK2B | 561857. 00000 | 561857. 00000 | 561857. 00000 | 0. 00 | 0. 00 | 0. 00 |
| | WK2C | 561857. 00000 | 561857. 00000 | 561857. 00000 | 0. 00 | 0. 00 | 0. 00 |
| | WK2D | 562410. 79812 | 562410. 79632 | 562410. 79554 | -1. 80 | -0. 78 | -2. 58 |

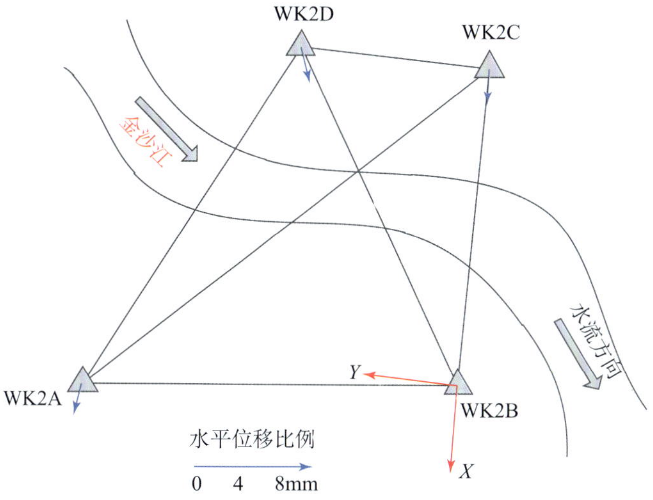


图 6.5.7　乌东德库区猪拱地谷宽网第三期相对第二期测点坐标位移矢量图

由表 6.5.4、图 6.5.7 和图 6.5.8 分析，猪拱地谷宽网在水库蓄水前第二期和第三期观测期间各点坐标变化量均小于 2mm；在第一期和第三期观测期间 WK2D 点 X 和 Y 坐标累积变化分别为 2.91mm 和-2.58mm，其他点坐标累积变化均小于 1.8mm。

分析表明，河门口和猪拱地谷宽位移结果与边长变化分析结论较为吻合。

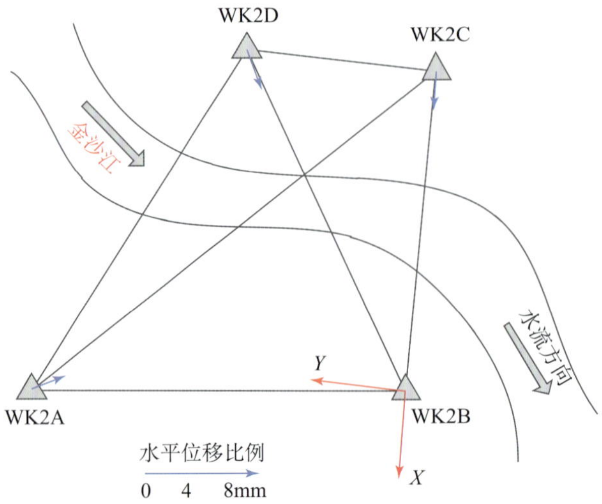


图 6.5.8　乌东德库区猪拱地谷宽网第三期相对第一期测点坐标位移矢量图

## 6.6　跨断层监测分析

库区共有 3 处跨断层三维形变监测场地，每处场地均构成 1 个水准环和 6 条基线测距边。场地布设如图 6.1.2、图 6.1.3 和图 6.1.4。

截流前跨断层水准观测每千米水准测量偶然中误差见表 6.6.1，跨断层基线测距具有多余观测的（己衣）场地平差后 *X*、*Y* 坐标中误差最大值、边长改正数最大值、平差单位权中误差见表 6.6.2。

**表 6.6.1　跨断层水准观测每千米水准测量偶然中误差表**

| 期数 | 洛佐/mm | 红格/mm | 己衣/mm |
|---|---|---|---|
| 第一期 | ±0.35 | ±0.35 | ±0.47 |
| 第二期 | ±0.31 | ±0.45 | ±0.14 |
| 第三期 | ±0.33 | ±0.22 | ±0.39 |

**表 6.6.2　跨断层基线测距具有多余观测的（己衣）场地参数表**

| 期数 | 平差后 *X*、*Y* 坐标中误差最大值（mm） | 边长改正数最大值（mm） | 平差单位权中误差（mm） |
|---|---|---|---|
| 第一期 | 1.27 | −0.18 | ±0.60 |
| 第二期 | 3.00 | −0.42 | ±1.41 |
| 第三期 | 1.30 | −0.18 | ±0.61 |

### 6.6.1　洛佐跨断层水准测量

洛佐场地以 LZ1 点为高程起算点，其高程 $H_1 = 2370$m。表 6.6.3 给出蓄水前三期各测段高差及高差变化量。表 6.6.4 给出蓄水前三期各点高程及高程变化量。图 6.6.1 和图 6.6.2 分别为洛佐跨断层场地第三期相对第二期以及第三期相对第一期垂直形变图。

**表 6.6.3　乌东德库区洛佐跨断层场地蓄水前三期各测段高差及高差变化量表**

| 测段 | 第一期 $h_{2018[1]}$ (m) | 第二期 $h_{2018[2]}$ (m) | 第三期 $h_{2019}$ (m) | 高差变化量 $h_{2018[2]}-h_{2018[1]}$ (mm) | 高差变化量 $h_{2019}-h_{2018[2]}$ (mm) | 高差变化量 $h_{2019}-h_{2018[1]}$ (mm) |
|---|---|---|---|---|---|---|
| LZ1—LZ2 | -10.22479 | -10.22396 | -10.22436 | 0.83 | -0.40 | 0.43 |
| LZ2—LZ3 | -5.41278 | -5.41252 | -5.41267 | 0.26 | -0.15 | 0.11 |
| LZ3—LZ4 | -5.95855 | -5.95801 | -5.95843 | 0.54 | -0.42 | 0.12 |
| LZ4—LZ5 | -29.31735 | -29.31622 | -29.31625 | 1.13 | -0.03 | 1.10 |
| LZ5—LZ6 | 1.34103 | 1.34242 | 1.34181 | 1.39 | -0.61 | 0.78 |
| LZ6—LZ7 | -3.82601 | -3.82493 | -3.82436 | 1.08 | 0.57 | 1.65 |

**表 6.6.4　乌东德库区洛佐跨断层场地蓄水前三期各点高程及高程变化量表**

| 点名 | 第一期 $H_{2018[1]}$ (m) | 第二期 $H_{2018[2]}$ (m) | 第三期 $H_{2019}$ (m) | 高程变化量 $H_{2018[2]}-H_{2018[1]}$ (mm) | 高程变化量 $H_{2019}-H_{2018[1]}$ (mm) | 高程变化量 $H_{2019}-H_{2018[1]}$ (mm) |
|---|---|---|---|---|---|---|
| LZ1 | 2370.00000 | 2370.00000 | 2370.00000 | 0.00 | 0.00 | 0.00 |
| LZ2 | 2359.77521 | 2359.77604 | 2359.77564 | 0.83 | -0.40 | 0.43 |
| LZ3 | 2354.36243 | 2354.36352 | 2354.36297 | 1.09 | -0.55 | 0.54 |
| LZ4 | 2348.40388 | 2348.40551 | 2348.40454 | 1.63 | -0.97 | 0.66 |
| LZ5 | 2319.08653 | 2319.08929 | 2319.08829 | 2.76 | -1.00 | 1.76 |
| LZ6 | 2320.42756 | 2320.43171 | 2320.43010 | 4.15 | -1.61 | 2.54 |
| LZ7 | 2316.60155 | 2316.60678 | 2316.60574 | 5.23 | -1.04 | 4.19 |

由表 6.6.3、表 6.6.4 及图 6.6.1、图 6.6.2，洛佐跨断层场地第一期和第三期观测期间，LZ5、LZ6 和 LZ7 三个点累积垂直位移变化相对较大，而 LZ1~LZ4 四个点相对稳定；第二期和第三期观测期间，LZ6 垂直位移变化最大为-1.61mm，且具有明显的累积现象，其余各点变化量均小于 1.1mm，尤其各段高差变化均小于 0.7mm。综合分析，洛佐场地在二、三期观测期间稳定性明显强于一、二期。

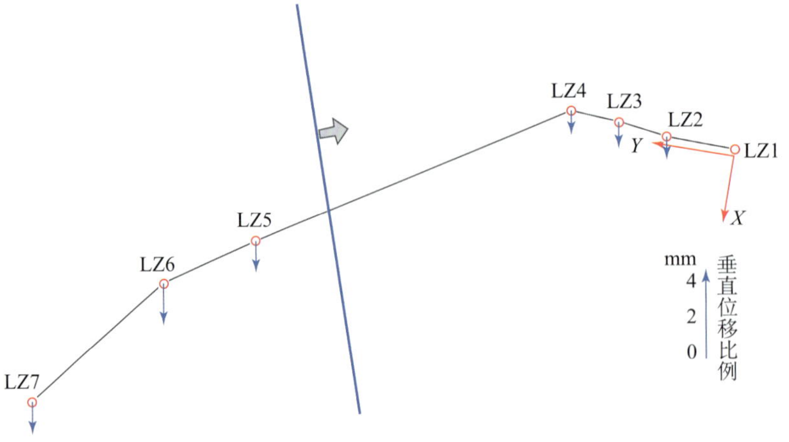


图 6.6.1　洛佐跨断层场地第三期相对第二期垂直形变图

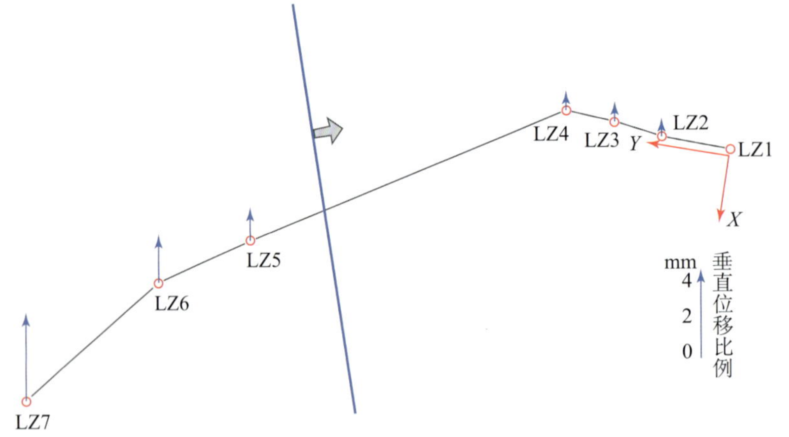


图 6.6.2　洛佐跨断层场地第三期相对第一期垂直形变图

## 6.6.2　红格跨断层水准测量

以 HG1 点为高程起算点，其高程 $H_1 = 1304\text{m}$。表 6.6.5 给出蓄水前三期各测段高差及高差变化量，表 6.6.6 给出蓄水前三期各点高程及高程变化量。图 6.6.3 和图 6.6.4 分别为红格跨断层场地第三期相对第二期以及第三期相对第一期垂直形变图。

**表 6.6.5　乌东德库区红格跨断层场地蓄水前三期各测段高差及高差变化量表**

| 测段 | 第一期 $h_{2018[1]}$ (m) | 第二期 $h_{2018[2]}$ (m) | 第三期 $h_{2019}$ (m) | 高差变化量 $h_{2018[2]}-h_{2018[1]}$ (mm) | 高差变化量 $h_{2019}-h_{2018[2]}$ (mm) | 高差变化量 $h_{2019}-h_{2018[1]}$ (mm) |
|---|---|---|---|---|---|---|
| HG1—HG2 | −0.54842 | −0.54836 | −0.54890 | 0.06 | −0.54 | −0.48 |
| HG2—HG3 | 1.92879 | 1.92870 | 1.92837 | −0.09 | −0.33 | −0.42 |

续表

| 测段 | 第一期 $h_{2018[1]}$ (m) | 第二期 $h_{2018[2]}$ (m) | 第三期 $h_{2019}$ (m) | 高差变化量 $h_{2018[2]}-h_{2018[1]}$ (mm) | 高差变化量 $h_{2019}-h_{2018[2]}$ (mm) | 高差变化量 $h_{2019}-h_{2018[1]}$ (mm) |
|---|---|---|---|---|---|---|
| HG3—HG4 | 2. 56115 | 2. 56052 | 2. 56043 | −0. 63 | −0. 09 | −0. 72 |
| HG4—HG5 | −1. 98092 | −1. 98124 | −1. 98112 | −0. 32 | 0. 12 | −0. 20 |
| HG5—HG6 | −2. 28196 | −2. 28031 | −2. 27942 | 1. 65 | 0. 89 | 2. 54 |
| HG6—HG7 | −1. 22380 | −1. 22487 | −1. 22604 | −1. 07 | −1. 17 | −2. 24 |

**表 6. 6. 6　乌东德库区红格跨断层场地蓄水前三期各点高程及高程变化量表**

| 点名 | 第一期 $H_{2018[1]}$ (m) | 第二期 $H_{2018[2]}$ (m) | 第三期 $H_{2019}$ (m) | 高程变化量 $H_{2018[2]}-H_{2018[1]}$ (mm) | 高程变化量 $H_{2019}-H_{2018[1]}$ (mm) | 高程变化量 $H_{2019}-H_{2018[1]}$ (mm) |
|---|---|---|---|---|---|---|
| HG1 | 1304. 00000 | 1304. 00000 | 1304. 00000 | 0. 00 | 0. 00 | 0. 00 |
| HG2 | 1303. 45158 | 1303. 45164 | 1303. 45110 | 0. 06 | −0. 54 | −0. 48 |
| HG3 | 1305. 38037 | 1305. 38034 | 1305. 37947 | −0. 03 | −0. 87 | −0. 90 |
| HG4 | 1307. 94152 | 1307. 94086 | 1307. 93990 | −0. 66 | −0. 96 | −1. 62 |
| HG5 | 1305. 96060 | 1305. 95962 | 1305. 95878 | −0. 98 | −0. 84 | −1. 82 |
| HG6 | 1303. 67864 | 1303. 67931 | 1303. 67936 | 0. 67 | 0. 05 | 0. 72 |
| HG7 | 1302. 45484 | 1302. 45444 | 1302. 45332 | −0. 40 | −1. 12 | −1. 52 |

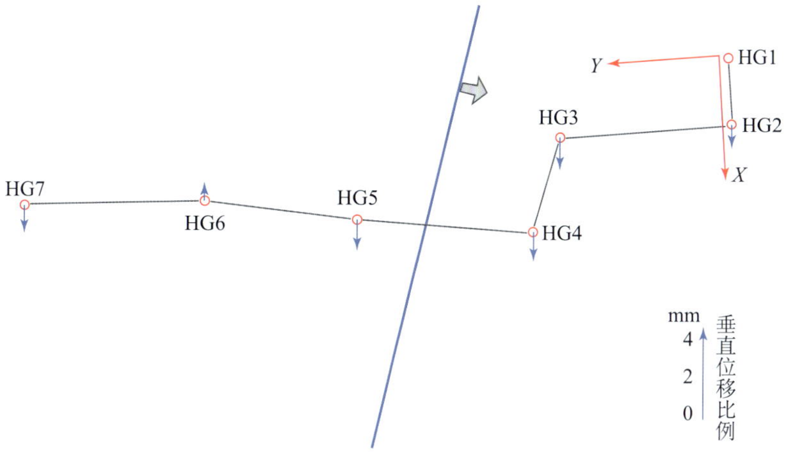


图 6. 6. 3　红格跨断层场地第三期相对第二期垂直形变图

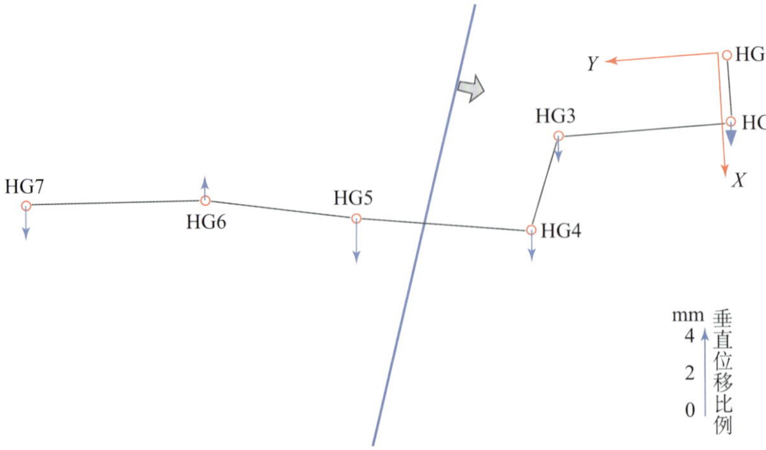


图 6.6.4 红格跨断层场地第三期相对第一期垂直形变图

由表 6.6.5、表 6.6.6 及图 6.6.3、图 6.6.4，场地第一期和第三期观测期间各测点垂直位移累积变化量均小于 2mm，第二期和第三期观测期间各测点垂直位移变化量均小于 1.2mm。

### 6.6.3 己衣跨断层水准测量

以 JYA 点为高程起算点，其高程 $H_A = 1527$m。表 6.6.7 给出蓄水前三期各测段高差及高差变化量，表 6.6.8 给出蓄水前三期各点高程及高程变化量。图 6.6.5 和图 6.6.6 分别为己衣跨断层场地第三期相对第二期以及第三期相对第一期垂直形变图。

表 6.6.7 乌东德库区己衣跨断层场地蓄水前三期各测段高差及高差变化量表

| 测段 | 第一期 $h_{2018[1]}$ (m) | 第二期 $h_{2018[2]}$ (m) | 第三期 $h_{2019}$ (m) | 高差变化量 $h_{2018[2]}-h_{2018[1]}$ (mm) | 高差变化量 $h_{2019}-h_{2018[2]}$ (mm) | 高差变化量 $h_{2019}-h_{2018[1]}$ (mm) |
|---|---|---|---|---|---|---|
| JYA—JYB | 1.93948 | 1.93933 | 1.93924 | −0.15 | −0.09 | −0.24 |
| JYB—JYC | 5.21656 | 5.21637 | 5.21642 | −0.19 | 0.05 | −0.14 |
| JYC—JYD | −7.63397 | −7.63350 | −7.63349 | 0.47 | 0.01 | 0.48 |
| JYA—JYD | 0.47793 | 0.47780 | 0.47783 | −0.13 | 0.03 | −0.10 |

**表 6.6.8　乌东德库区己衣跨断层场地蓄水前三期各点高程及高程变化量表**

| 点名 | 第一期 $H_{2018[1]}$ (m) | 第二期 $H_{2018[2]}$ (m) | 第三期 $H_{2019}$ (m) | 高程变化量 $H_{2018[2]}-H_{2018[1]}$ (mm) | 高程变化量 $H_{2019}-H_{2018[1]}$ (mm) | 高程变化量 $H_{2019}-H_{2018[1]}$ (mm) |
|---|---|---|---|---|---|---|
| JYA | 1527.00000 | 1527.00000 | 1527.00000 | 0.00 | 0.00 | 0.00 |
| JYB | 1528.93948 | 1528.93933 | 1528.93924 | -0.15 | -0.09 | -0.24 |
| JYC | 1534.15604 | 1534.15570 | 1534.15566 | -0.34 | -0.04 | -0.38 |
| JYD | 1526.52207 | 1526.52220 | 1526.52217 | 0.13 | -0.03 | 0.10 |

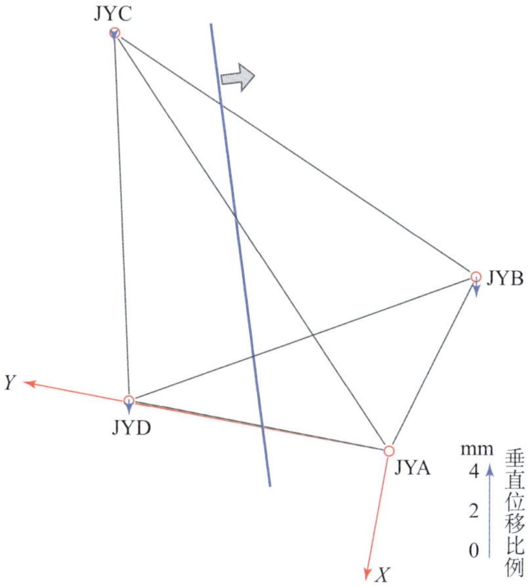


图 6.6.5　己衣跨断层场地第三期相对第二期垂直形变图

由表 6.6.7、表 6.6.8、图 6.6.5 和图 6.6.6，场地第一期和第三期观测期间各测点垂直位移累积变化量均小于 0.4mm，第二期和第三期观测期间各测点垂直位移变化量均小于 0.1mm。

综合分析，洛佐、红格和己衣 3 个跨断层场地监视期间测点稳定，断层无显著垂直活动迹象。

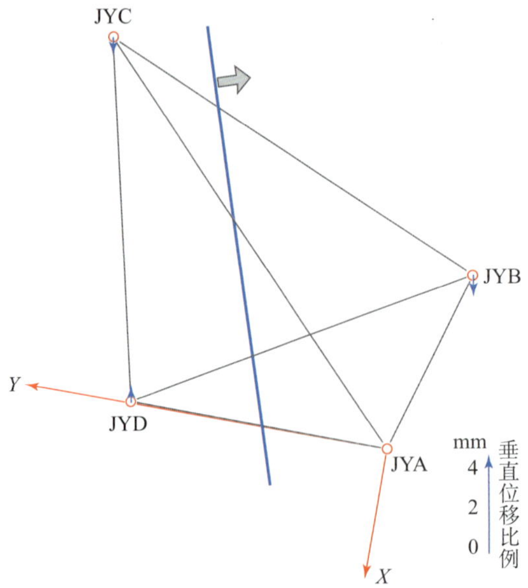


图 6.6.6　己衣跨断层场地第三期相对第一期垂直形变图

## 6.6.4　基线测距成果资料处理与分析

### 6.6.4.1　洛佐跨断层基线测距

#### 1. 边长变化分析

表 6.6.9 为洛佐跨断层场地蓄水前三期各边水平边长及边长变化量。据表 6.6.9，分别绘制图 6.6.7 和图 6.6.8。

**表 6.6.9　乌东德库区洛佐跨断层场地蓄水前三期各边水平边长及边长变化量表**

| 边名 | 第一期 $S_{2018[1]}$ (m) | 第二期 $S_{2018[2]}$ (m) | 第三期 $S_{2019}$ (m) | 边长变化量 $S_{2018[2]}-S_{2018[1]}$ (mm) | 边长变化量 $S_{2019}-S_{2018[2]}$ (mm) | 边长变化量 $S_{2019}-S_{2018[1]}$ (mm) |
|---|---|---|---|---|---|---|
| LZ1—LZ2 | 44. 53210 | 44. 53184 | 44. 53301 | -0. 26 | 1. 17 | 0. 91 |
| LZ2—LZ3 | 26. 56375 | 26. 56376 | 26. 56442 | 0. 01 | 0. 66 | 0. 67 |
| LZ3—LZ4 | 29. 14173 | 29. 14158 | 29. 14280 | -0. 15 | 1. 22 | 1. 07 |
| LZ4—LZ5 | 356. 14673 | 356. 14533 | 356. 14621 | -1. 40 | 0. 88 | -0. 52 |
| LZ5—LZ6 | 86. 81170 | 86. 81009 | 86. 81111 | -1. 61 | 1. 02 | -0. 59 |
| LZ6—LZ7 | 157. 31169 | 157. 31388 | 157. 31419 | 2. 19 | 0. 31 | 2. 50 |

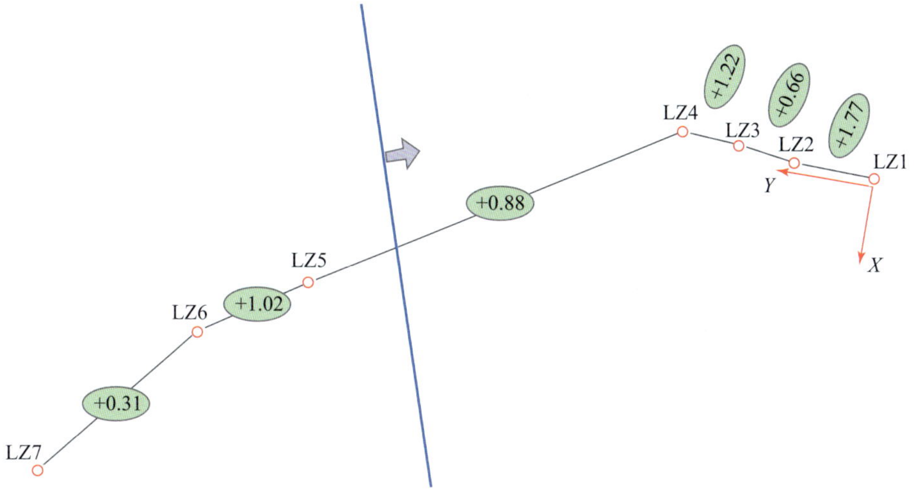


图 6.6.7　洛佐跨断层场地第三期相对第二期边长变化图

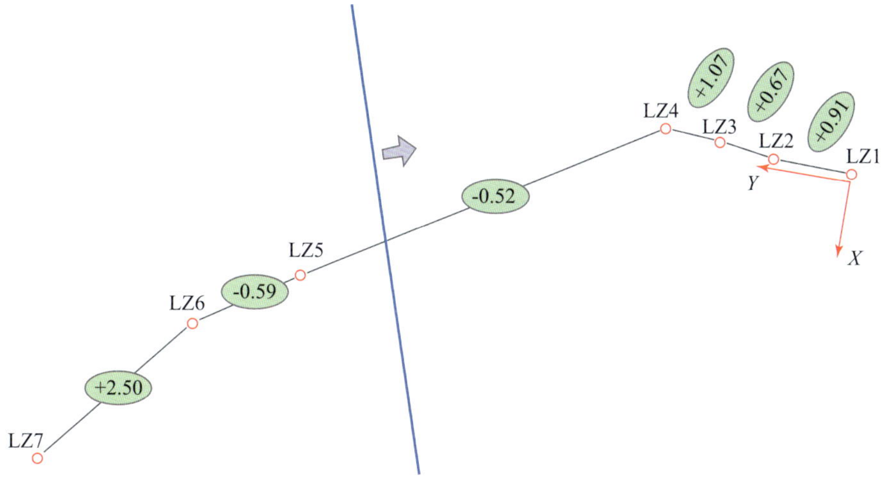


图 6.6.8　洛佐跨断层场地第三期相对第一期边长变化图

由表 6.6.9 及图 6.6.7、图 6.6.8，场地在第一期和第三期观测期间除 6—7 边累积变化 2.50mm 外，其余各边累积变化均小于 1.1mm，第二期和第三期观测期间各边变化均小于 1.3mm。

**2. 坐标变化分析**

选取 LZ1 点为坐标起算点，坐标值 $X_1=2918980$m，$Y_1=566479$m。考虑到场地各边长没有确定的显著性异常，在资料处理时，采用第一期测定的各水平角计算的坐标方位角来推算各点坐标。

洛佐跨断层场地蓄水前三期观测资料平差后的各点坐标及坐标变化量见表 6.6.10。场地第三期相对第二期以及第三期相对第一期测点相对坐标变化矢量见图 6.6.9、图 6.6.10。

**表 6.6.10　乌东德库区洛佐跨断层场地蓄水前三期各点坐标及坐标变化量**

| 坐标 | 点名 | 第一期 $XY_{2018[1]}$ (m) | 第二期 $XY_{2018[2]}$ (m) | 第三期 $XY_{2019}$ (m) | 坐标变化量 $XY_{2018[2]}-XY_{2018[1]}$ (mm) | 坐标变化量 $XY_{2019}-XY_{2018[2]}$ (mm) | 坐标变化量 $XY_{2019}-XY_{2018[1]}$ (mm) |
|---|---|---|---|---|---|---|---|
| $X$ | LZ1 | 2918980. 00000 | 2918980. 00000 | 2918980. 00000 | 0. 00 | 0. 00 | 0. 00 |
| | LZ2 | 2918980. 00000 | 2918980. 00000 | 2918980. 00000 | 0. 00 | 0. 00 | 0. 00 |
| | LZ3 | 2918980. 09460 | 2918980. 09460 | 2918980. 09460 | 0. 00 | 0. 00 | 0. 00 |
| | LZ4 | 2918978. 34818 | 2918978. 34819 | 2918978. 34812 | 0. 01 | −0. 07 | −0. 06 |
| | LZ5 | 2919248. 74188 | 2919248. 74082 | 2919248. 74142 | −1. 06 | 0. 60 | −0. 46 |
| | LZ6 | 2919316. 55469 | 2919316. 55238 | 2919316. 55377 | −2. 31 | 1. 39 | −0. 92 |
| | LZ7 | 2919447. 63251 | 2919447. 63202 | 2919447. 63368 | −0. 49 | 1. 66 | 1. 17 |
| $Y$ | LZ1 | 566479. 00000 | 566479. 00000 | 566479. 00000 | 0. 00 | 0. 00 | 0. 00 |
| | LZ2 | 566523. 53210 | 566523. 53184 | 566523. 53301 | −0. 26 | 1. 17 | 0. 91 |
| | LZ3 | 566550. 09568 | 566550. 09543 | 566550. 09726 | −0. 25 | 1. 83 | 1. 58 |
| | LZ4 | 566579. 18503 | 566579. 18462 | 566579. 18768 | −0. 41 | 3. 06 | 2. 65 |
| | LZ5 | 566810. 97748 | 566810. 97617 | 566810. 97980 | −1. 31 | 3. 63 | 2. 32 |
| | LZ6 | 566865. 17798 | 566865. 17566 | 566865. 17992 | −2. 32 | 4. 26 | 1. 94 |
| | LZ7 | 566952. 15828 | 566952. 15716 | 566952. 16160 | −1. 12 | 4. 44 | 3. 32 |

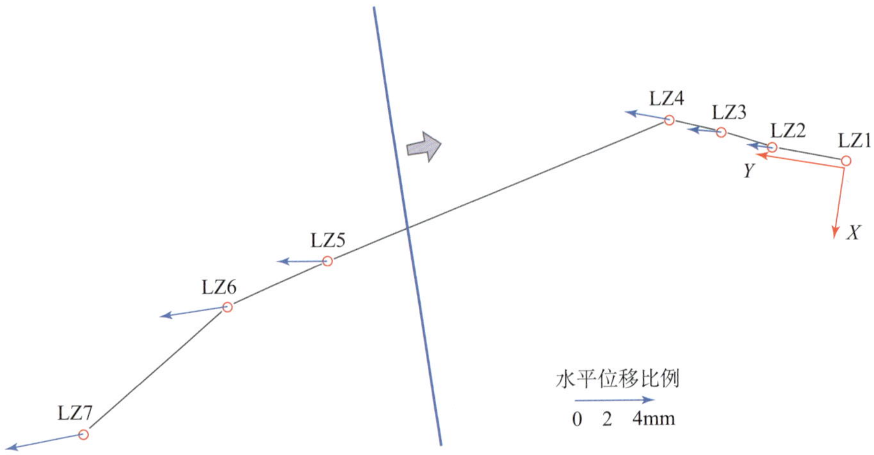


图 6.6.9　洛佐跨断层场地第三期相对第二期测点坐标变化矢量图

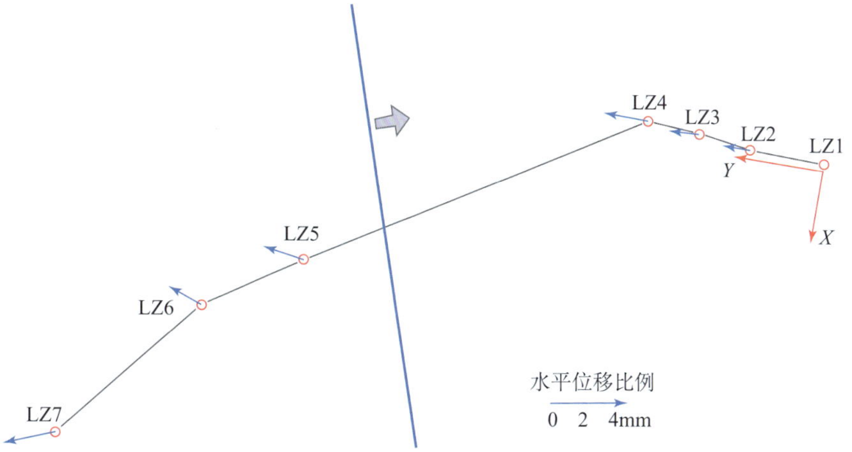


图 6.6.10 洛佐跨断层场地第三期相对第一期测点坐标变化矢量图

由表 6.6.10 及图 6.6.9、图 6.6.10，场地在水库蓄水前第一期和第三期观测期间各点 $X$ 坐标累积变化均小于 1.2mm。第二期和第三期观测期间各点 $X$ 坐标变化均小于 1.7mm，而 $Y$ 坐标具有明显的积累现象。

#### 6.6.4.2 红格跨断层基线测距

**1. 边长变化分析**

表 6.6.11 为场地蓄水前三期各边水平边长及边长变化量。据表 6.6.11，绘制图 6.6.11 和图 6.6.12。

**表 6.6.11 乌东德库区红格跨断层场地蓄水前三期各边水平边长及边长变化量表**

| 边名 | 第一期 $S_{2018[1]}$ (m) | 第二期 $S_{2018[2]}$ (m) | 第三期 $S_{2019}$ (m) | 边长变化量 $S_{2018[2]}-S_{2018[1]}$ (mm) | 边长变化量 $S_{2019}-S_{2018[2]}$ (mm) | 边长变化量 $S_{2019}-S_{2018[1]}$ (mm) |
|---|---|---|---|---|---|---|
| HG1—HG2 | 21.59800 | 21.59860 | 21.59932 | 0.60 | 0.72 | 1.32 |
| HG2—HG3 | 111.46701 | 111.46732 | 111.46726 | 0.31 | −0.06 | 0.25 |
| HG3—HG4 | 45.33027 | 45.33068 | 45.33143 | 0.41 | 0.75 | 1.16 |
| HG4—HG5 | 73.26084 | 73.26115 | 73.26573 | 0.31 | 4.58 | 4.89 |
| HG5—HG6 | 60.99791 | 60.99728 | 60.99503 | −0.63 | −2.25 | −2.88 |
| HG6—HG7 | 81.25476 | 81.25567 | 81.25869 | 0.91 | 3.02 | 3.93 |

由表 6.6.11 及图 6.6.11、图 6.6.12，场地在第二期和第三期观测期间 4—5 边、5—6 边和 6—7 边分别变化了 4.58mm、−2.25mm 和 3.02mm。第一期和第三期观测期间 4—5 边、5—6 边和 6—7 边分别累积变化了 4.89mm、−2.88mm 和 3.93mm，其余三条边（累积）变

化很小。

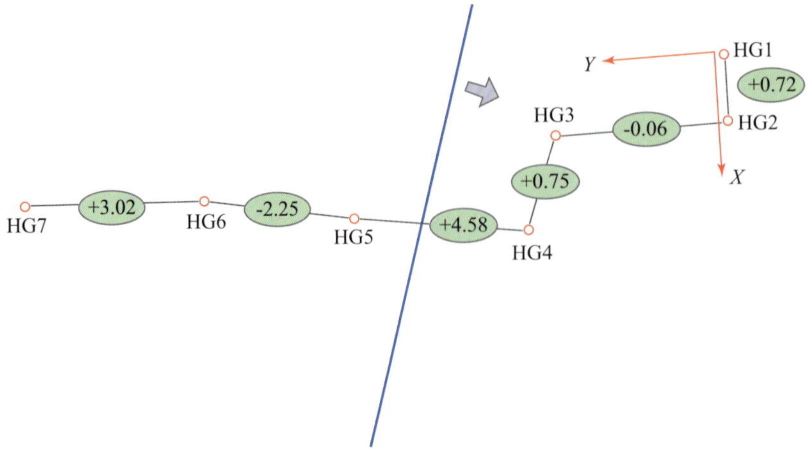


图 6.6.11　红格跨断层场地第三期相对第二期边长变化图

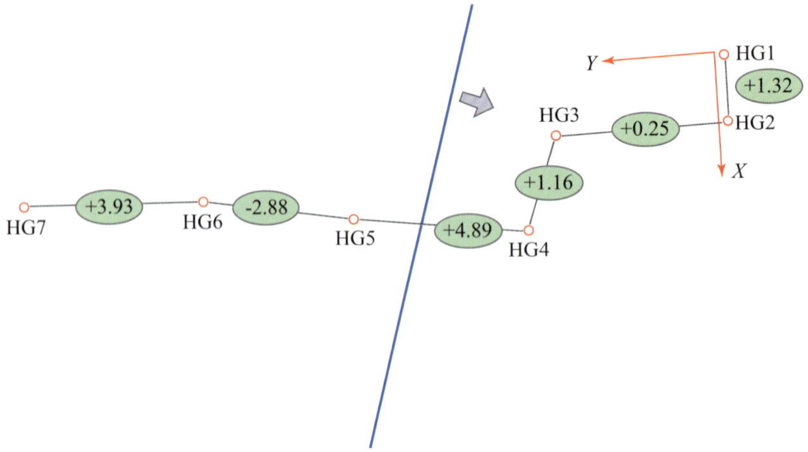


图 6.6.12　红格跨断层场地第三期相对第一期边长变化图

**2. 坐标变化分析**

选取 HG1 点为坐标起算点，坐标值 $X_1 = 2937648\text{m}$，$Y_1 = 493782\text{m}$。采用第一期测定的各水平角计算的坐标方位角来推算各点坐标。表 6.6.12 给出前三期观测资料平差后的各点坐标及坐标变化量。图 6.6.13 和图 6.6.14 分别给出第三期相对第二期以及第三期相对第一期测点相对坐标变化矢量。

**表 6.6.12　乌东德库区红格跨断层场地蓄水前三期各点坐标及坐标变化量表**

| 坐标 | 点名 | 第一期 $XY_{2018[1]}$ (m) | 第二期 $XY_{2018[2]}$ (m) | 第三期 $XY_{2019}$ (m) | 坐标变化量 $XY_{2018[2]}-XY_{2018[1]}$ (mm) | 坐标变化量 $XY_{2019}-XY_{2018[2]}$ (mm) | 坐标变化量 $XY_{2019}-XY_{2018[1]}$ (mm) |
|---|---|---|---|---|---|---|---|
| X | HG1 | 2937648. 00000 | 2937648. 00000 | 2937648. 00000 | 0. 00 | 0. 00 | 0. 00 |
| | HG2 | 2937669. 59800 | 2937669. 59860 | 2937669. 59932 | 0. 60 | 0. 72 | 1. 32 |
| | HG3 | 2937667. 13684 | 2937667. 13743 | 2937667. 13815 | 0. 59 | 0. 72 | 1. 31 |
| | HG4 | 2937706. 42686 | 2937706. 42781 | 2937706. 42918 | 0. 95 | 1. 37 | 2. 32 |
| | HG5 | 2937676. 25495 | 2937676. 25577 | 2937676. 25525 | 0. 82 | −0. 52 | 0. 30 |
| | HG6 | 2937664. 53917 | 2937664. 54011 | 2937664. 54003 | 0. 94 | −0. 08 | 0. 86 |
| | HG7 | 2937647. 45956 | 2937647. 46031 | 2937647. 45960 | 0. 75 | −0. 71 | 0. 04 |
| Y | HG1 | 493782. 00000 | 493782. 00000 | 493782. 00000 | 0. 00 | 0. 00 | 0. 00 |
| | HG2 | 493782. 00000 | 493782. 00000 | 493782. 00000 | 0. 00 | 0. 00 | 0. 00 |
| | HG3 | 493893. 43984 | 493893. 44015 | 493893. 44009 | 0. 31 | −0. 06 | 0. 25 |
| | HG4 | 493916. 04797 | 493916. 04848 | 493916. 04880 | 0. 51 | 0. 32 | 0. 83 |
| | HG5 | 493982. 80729 | 493982. 80808 | 493982. 81257 | 0. 79 | 4. 49 | 5. 28 |
| | HG6 | 494042. 66951 | 494042. 66969 | 494042. 67196 | 0. 18 | 2. 27 | 2. 45 |
| | HG7 | 494122. 10894 | 494122. 11001 | 494122. 11524 | 1. 07 | 5. 23 | 6. 30 |

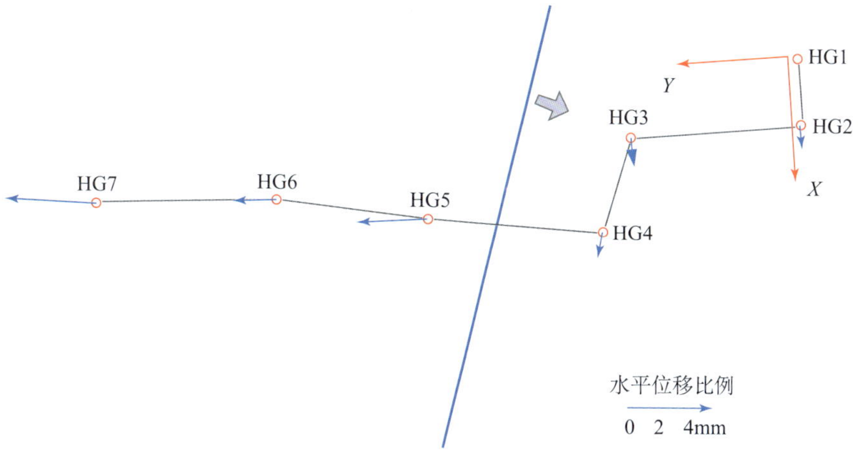


图 6.6.13　红格跨断层场地第三期相对第二期测点坐标变化矢量图

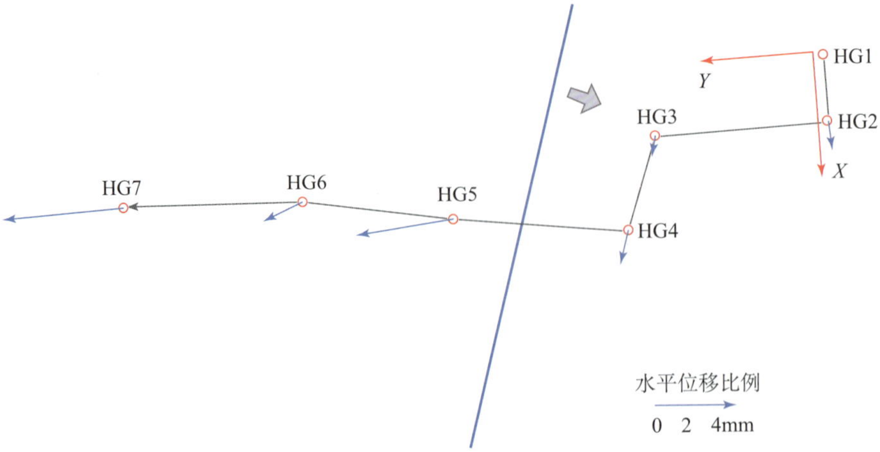


图 6. 6. 14　红格跨断层场地第三期相对第一期测点坐标变化矢量图

由表 6. 6. 12、图 6. 6. 13、图 6. 6. 14，第二期和第三期观测期间各点 *X* 坐标除 HG4 变化 1. 37mm 外，其余各点变化均小于 0. 8mm，HG5、HG6 和 HG7 三点 *Y* 坐标分别变化了 4. 49mm、2. 27mm 和 5. 23mm。第一期和第三期观测期各点 *X* 坐标除 HG4 累积变化 2. 32mm 外，其余各点累积变化均小于 1. 4mm，HG5、HG6 和 HG7 三点 *Y* 坐标累积变化分别为 5. 28mm、2. 45mm 和 6. 30mm。

#### 6. 6. 4. 3　己衣跨断层基线测距

**1. 边长变化分析**

成果见表 6. 6. 13、图 6. 6. 15 和图 6. 6. 16。

**表 6. 6. 13　乌东德库区己衣跨断层场地蓄水前三期各边水平边长及边长变化量表**

| 边名 | 第一期 $S_{2018[1]}$ (m) | 第二期 $S_{2018[2]}$ (m) | 第三期 $S_{2019}$ (m) | 边长变化量 $S_{2018[2]}-S_{2018[1]}$ (mm) | 边长变化量 $S_{2019}-S_{2018[2]}$ (mm) | 边长变化量 $S_{2019}-S_{2018[1]}$ (mm) |
|---|---|---|---|---|---|---|
| *A—B* | 46. 89240 | 46. 89194 | 46. 89265 | -0. 46 | 0. 71 | 0. 25 |
| *A—C* | 110. 58066 | 110. 58058 | 110. 58192 | -0. 08 | 1. 34 | 1. 26 |
| *A—D* | 32. 63069 | 32. 63060 | 32. 63148 | -0. 09 | 0. 88 | 0. 79 |
| *B—C* | 94. 03476 | 94. 03509 | 94. 03628 | 0. 33 | 1. 19 | 1. 52 |
| *B—D* | 67. 26973 | 67. 26962 | 67. 27104 | -0. 11 | 1. 42 | 1. 31 |
| *C—D* | 96. 71879 | 96. 71908 | 96. 72020 | 0. 29 | 1. 12 | 1. 41 |

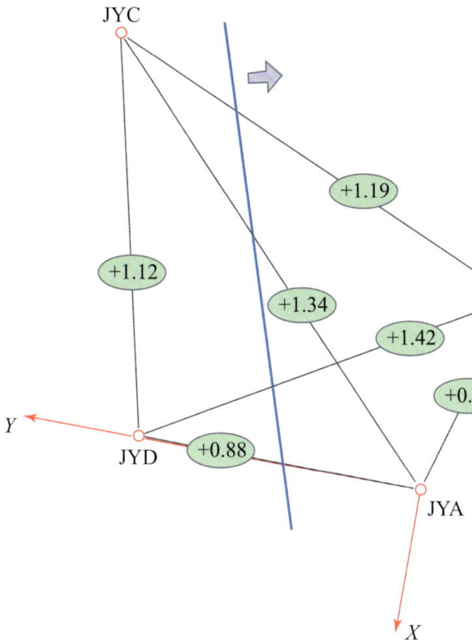


图 6.6.15　己衣跨断层场地第三期相对第二期边长变化图

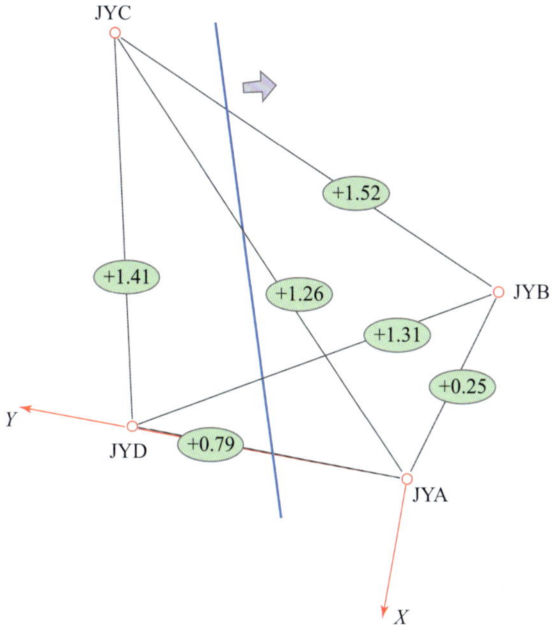


图 6.6.16　己衣跨断层场地第三期相对第一期边长变化图

由表 6.6.13 及图 6.6.15、图 6.6.16，第二期和第三期观测期间各边变化均小于 1.5mm，第一期和第三期观测期间各边累积变化均小于 1.6mm。

**2. 坐标变化分析**

选取 JYA 点为坐标起算点，坐标值 $X_B = 2889035\text{m}$，$Y_B = 526701\text{m}$。成果见表 6. 6. 14、图 6. 6. 17 和图 6. 6. 18。

**表 6. 6. 14　乌东德库区己衣跨断层场地蓄水前三期坐标成果及相对变化**

| 坐标 | 点名 | 第一期 $XY_{2018[1]}$ (m) | 第二期 $XY_{2018[2]}$ (m) | 第三期 $XY_{2019}$ (m) | 坐标变化量 $XY_{2018[2]}-XY_{2018[1]}$ (mm) | 坐标变化量 $XY_{2019}-XY_{2018[2]}$ (mm) | 坐标变化量 $XY_{2019}-XY_{2018[1]}$ (mm) |
|---|---|---|---|---|---|---|---|
| *X* | JYA | 2889035. 00000 | 2889035. 00000 | 2889035. 00000 | 0. 00 | 0. 00 | 0. 00 |
| | JYB | 2888992. 27746 | 2888992. 27823 | 2888992. 27766 | 0. 77 | −0. 57 | 0. 20 |
| | JYC | 2888942. 33750 | 2888942. 33692 | 2888942. 33563 | −0. 58 | −1. 29 | −1. 87 |
| | JYD | 2889035. 00000 | 2889035. 00000 | 2889035. 00000 | 0. 00 | 0. 00 | 0. 00 |
| *Y* | JYA | 526701. 00000 | 526701. 00000 | 526701. 00000 | 0. 00 | 0. 00 | 0. 00 |
| | JYB | 526681. 66916 | 526681. 66857 | 526681. 66809 | −0. 59 | −0. 48 | −1. 07 |
| | JYC | 526761. 34686 | 526761. 34582 | 526761. 34629 | −1. 04 | 0. 47 | −0. 57 |
| | JYD | 526733. 63069 | 526733. 63060 | 526733. 63148 | −0. 09 | 0. 88 | 0. 79 |

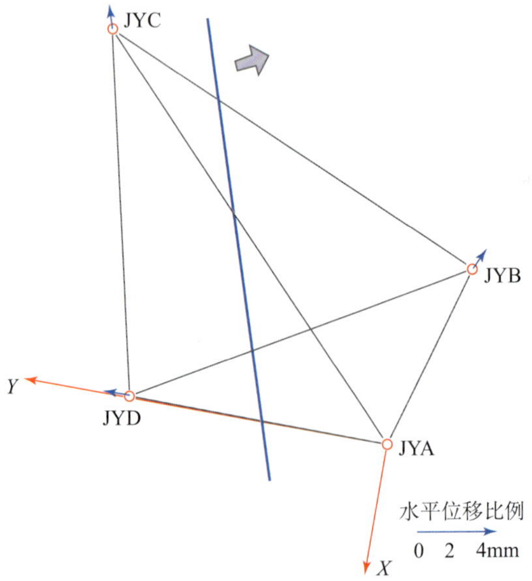


图 6. 6. 17　己衣场地第三期相对第二期测点坐标变化矢量图

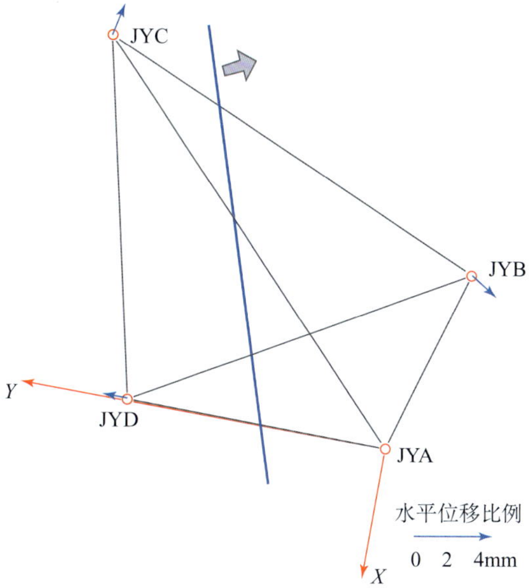


图 6.6.18　己衣场地第三期相对第一期测点坐标变化矢量图

由表 6.6.14 及图 6.6.17、图 6.6.18，第二期和第三期观测期间除 JYC 点 $X$ 坐标变化-1.29mm 外，其余各点坐标变化均小于 0.9mm。第一期和第三期观测期间除 JYC 点 $X$ 坐标累积变化-1.87mm 外，其余各点坐标累积变化均小于 1.1mm。

## 参 考 文 献


蔡琅、肖根如、王建强、田莎莎，2018，国产接收机在形变监测应用中的可靠性分析——以新丰江水库为例 [J]，测绘与空间地理信息，41 (11)：49~54

杜瑞林、乔学军、王琪、邢灿飞、游新兆，2004，长江三峡水库蓄水荷载地壳形变——GPS 观测研究 [J]，自然科学进展，(09)：47~52+122

杜瑞林、乔学军、邢灿飞、游新兆、王琪，2004，三峡二期工程蓄水后的垂直形变场 [J]，大地测量与地球动力学，(01)：41~45

杜瑞林、乔学军、杨少敏、王琪，2004，长江三峡 GPS 处理结果和应变背景场 [J]，武汉大学学报（信息科学版），(09)：768~771+751

杜瑞林、邢灿飞、伍中华、李胜乐、乔学军、游新兆、王琪、孙少安、申重阳、凌模，2004，长江三峡库区地震地形变监测研究 [J]，大地测量与地球动力学，(02)：23~29

杜瑞林、游新兆、乔学军，2001，长江三峡工程诱发地震监测系统中的 GPS 监测网及其观测结果 [J]，地壳形变与地震，(01)：46~52

樊启祥、苏立，2010，金沙江下游水电站水库地震监测系统的建设与项目管理 [J]，水力发电，36 (01)：38~41

龚凯虹、宋明英，2002，“长江三峡工程地壳形变监测网络”通过成果鉴定 [J]，大地测量与地球动力学，(04)：100

侯巍，2019，基于 InSAR 技术的丹江口坝区地表形变监测研究 [D]，河南大学

刘峰，1999，闽江水口库区垂直形变与大坝变形和断层活动性初析［J］，福建地理，(01)：12~14
刘峰，1999，水口库区垂直形变分析［J］，福建地震，(02)：33~36+38
刘峰，1999，水口水库诱震的环境条件和库区垂直形变特征［J］，华南地震，(04)：77~81
卢汝圻，1998，新丰江精密大地测量30年与地震关系研究［J］，测绘工程，(02)：9~16
罗振暖，1983，关于新丰江形变测量的讨论［J］，华南地震，(S1)：86~94 欧吉坤、刘烈昭、刘钢、陈俭德、瘳岭堂，1985，新丰江水库监测网的拟稳平差［J］，测绘学报，(03)：161~168
欧吉坤、刘烈昭、刘钢、陈俭德、瘳岭堂，新丰江水库监测网的拟稳平差［J］，测绘学报，1985（03）：161~168
尚红、刘天海、杨怀宁，2010，峡谷型水库地壳形变流动监测技术研究［J］，大地测量与地球动力学，30（04）：74~78
尚红、刘天海、张金城、张成强、于海生、孙柏成、杨怀宁、杜晓霞，2009，水电站库区地壳形变流动监测网络布设探索与实践［J］，震灾防御技术，4（04）：394~405
施一民，2008，现代大地控制测量，北京：测绘出版社
田晓、许明元、张品、苏广利、王家庆、郑洪艳，2020，白鹤滩和乌东德库区蓄水前形变分析［J］，大地测量与地球动力学，40（05）：457~463
王当强、伍中华、吴华清，2007，长江三峡工程地壳形变监测网络简介［J］，人民长江，(10)：63~64+76
文机星、杨云发、余家树，1985，葛州坝大坝近区的水平形变［J］，地震学刊，(02)：55~57
肖儒雅、何秀凤，2019，时序 InSAR 水库大坝形变监测应用研究［J］，武汉大学学报（信息科学版），44（09）：1334~1341
邢灿飞、龚凯虹、杜瑞林，2003，长江三峡工程地壳形变监测网络［J］，大地测量与地球动力学，(01)：114~118
许斌、何秀凤、岳建平、周祖权，2004，GPS 形变监测技术在天荒坪电站水库坝区的监测网试验［J］，水利水电科技进展，(05)：24~26+68
杨潇潇，2017，时序 InSAR 技术用于大坝形变监测与变形模式研究［D］，长安大学
姚瑶，2018，基于地面三维激光点云的形变监测技术研究［D］，华东师范大学
郑岳泽，2019，InSAR 技术在三峡库区滑坡监测中的应用研究［D］，中国地质大学（北京）
朱茂、沈体雁、黄松、葛春青、白书建、胡琼，2018，基于 COSMO-SkyMed 数据的水库边坡 InSAR 形变监测应用［J］，水力发电学报，37（12）：11~21
《白鹤滩和乌东德库区蓄水前形变分析》
《长江三峡工程地壳形变监测网络》
《长江三峡工程地壳形变监测网络简介》
《长江三峡库区地震地形变监测研究》
《长江三峡库首区重力场变化与构造活动》
《地壳形变测量研究与应用的若干问题》
《地壳形变测量用于地震预报的研究》
《地壳形变测量与数据处理》
《地壳形变数字观测技术》
《地壳形变与水库诱发地震》
《地震重力测量规范》，国家地震局，1997 年
《国家一、二等水准测量规范》，GB/T 12897—2006
《基线测量技术更新的实用化研究》
《金沙江乌东德水电站金坪子滑坡监测与变形分析》

《跨断层测量规范》，国家地震局，1991 年
《跨断层流动观测速报系统设计》
《跨断层形变监测场地布设研究》
《陆态网络连续重力观测资料质量分析》
《三峡水库水体荷载变化对地壳形变的影响》
《水电站库区地壳形变流动监测网络布设探索与实践》
《峡谷型水库地壳形变流动监测技术研究》
《中国地壳形变观测网络的建设与应用》
《中国西部盆地及周边地区区域重力场和地壳构造》

# 第 7 章　乌东德库区地层岩体和水库地震的分析

## 7.1　坝址区地层、岩体结构和散粒体（滑坡体、堆积体）各向异性的物理地质现象和力学性质分析

自然界中的岩土体是地质历史的产物，经由各种地质成因和地质作用而形成具有极大差异物理、力学性质的性状体，它们的基本特性、结构和构造可作定性描述，或以定量的物理、力学指标参数作出工程性能上的判断，也可用于地震强震台站的建设、地震现场调查和地脉动测试、判断震源破裂方向性、识别地震动特性等，从而更好地进行工程抗震设计。

本文所谓的“坝址区地层岩体结构、散粒体（滑坡体、堆积体）”指水电站双曲拱坝两岸上游导流洞至下游泄洪洞、尾水洞之间的各个枢纽布置和主要建筑物工程所处的边坡、山体和河床有限深度内的区域地层、岩体结构和区域内的金坪子、钱窝子滑坡体和堆积体，见图 7.1.1。在金坪子、钱窝子边坡和坝址两侧坝肩不同高程对称布设有短周期地震仪，能够实时对乌东德库坝区及其周边的地震和地震动进行监测。

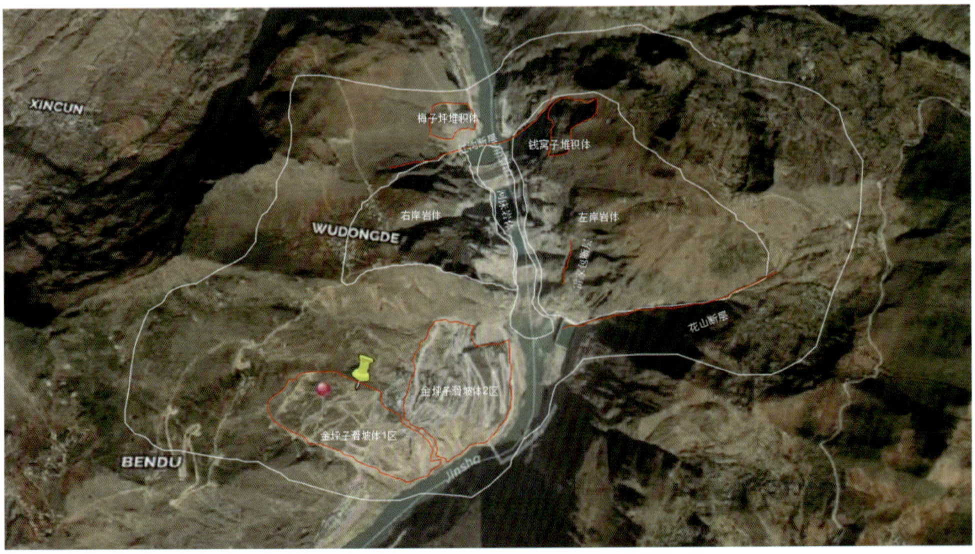


图 7.1.1　研究区域（最外侧白色曲线内）图

乌东德水电站坝址两岸边坡高、地形陡，河谷呈狭窄的“V”形，下部褶皱基底构成横向谷，上部盖层构成纵向谷。两岸谷坡基本对称，左岸谷肩高程 1836m，右岸谷肩高程 1630m，以河床底面算起，左右岸自然高边坡分别高达 1036m 和 830m；高程 1150～1200m 以上两岸谷坡较为开阔，岸坡陡缓相间，总体坡角约 43°～45°；高程 1150～1200m 以下，岸坡陡峻，坡角 60°～75°。坝址处金沙江河床底面高程 800～805m，见图 7.1.2 和图 7.1.3。

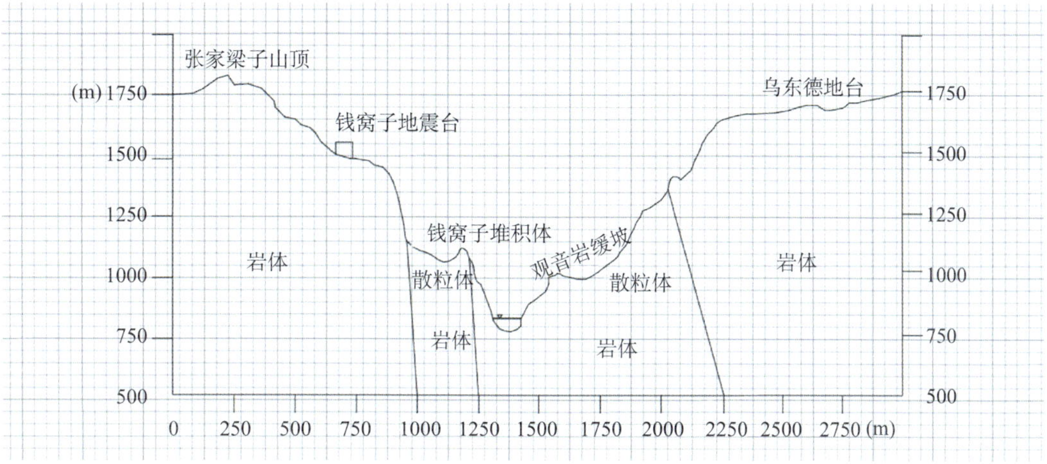


图 7.1.2　坝址区地层岩体横断面示意图（顺河向）

图 7.1.3　乌东德水电站拱形坝和岸坡地形地貌图

## 7.1.1 坝址区地层、岩体结构各向异性的物理地质现象和力学性质分析

### 7.1.1.1 坝址区地层岩体特性

#### 1. 区域地层岩体特性

区域乌东德水电站地区地层岩体主要属西部扬子地层区，分属盐源—丽江地层分区和康滇地轴分区。区域地层具基底和盖层双层结构，基底由结晶基底和褶皱基底组成，结晶基底为太古界—下元古界康定群、下元古界大红山群及苴林群深变质岩、混合岩和深熔岩浆（变质）杂岩；褶皱基底为冒地槽型建造昆阳群、会理群和优地槽型建造盐边群浅变质岩系。盖层主要属地台型沉积。

#### 2. 坝址区地层岩体特性

坝址区出露地层主要有中元古界前震旦系会理群浅变质岩、上元古震旦系及上古生界二叠系沉积岩、多期岩浆岩，见图 7.1.4。前震旦系地层构成褶皱基底，震旦系及二叠系为盖层。褶皱基底和盖层之间为角度不整合接触，前震旦系会理群（$Pt_{2H}$）地层整体呈单斜状，地层走向近 EW，为 260°~280°，倾向 S，倾角 60°~80°。震旦系澄江组（$Z_{1c}$）和观音崖组（$Z_{2g}$）及上覆灯影组（$Z_{2d}$）整体呈单斜状，地层走向 290°~320°、倾向 NE、倾角 16°~30°；盖层内震旦系与二叠系之间缺失寒武系—石炭系地层，为平行不整合接触。会理群（$Pt_{2H}$）地层主要分布于河谷中下部，地层主要出露因民组（$Pt_{2y}$）和落雪组（$Pt_{2l}$），为浅变质的碳酸盐岩，走向多为 260°~280°、倾向 S、倾角 60°~80°。

如表 7.1.1，坝址区地层年代主要是中元古界，岩体类型主要为灰岩、白云岩、大理石岩、千枚岩以及石英岩，这些岩体混合接触，地层厚度差异较大，左右岸分布不均匀。其中灰岩、白云岩、大理石岩、千枚岩、石英岩空间分别占比大致为：42.86%、33.33%、14.29%、7.94%、1.58%，如图 7.1.4、图 7.1.5。坝址区地层岩体地震弹性波测试值大多为 3500~4000m/s，占比大于 45%，见图 7.1.6。

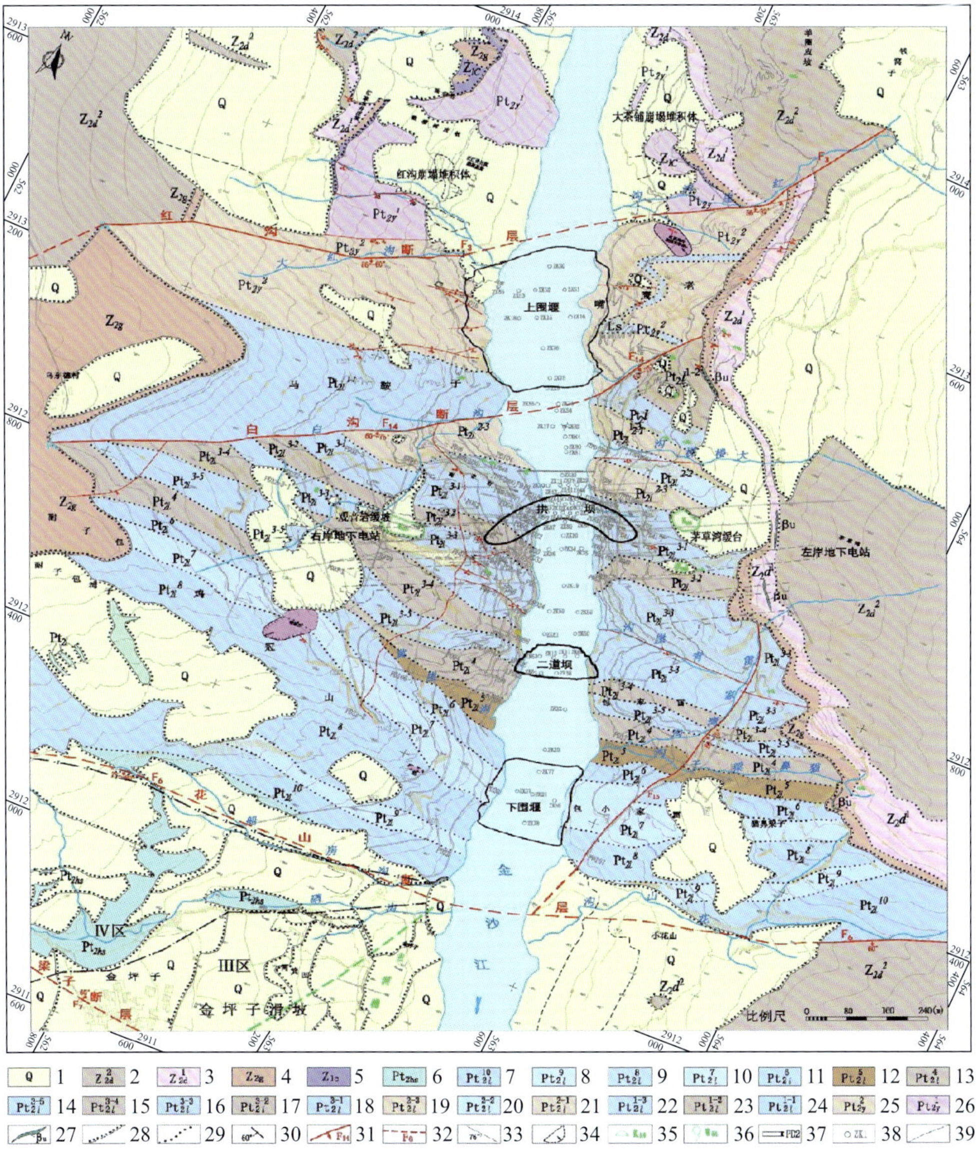


图 7.1.4　坝址地层岩体特性分布图

1. 第四系　2. 灯影组上段　3. 灯影组下段　4. 观音崖组　5. 澄江组　6. 黑山组　7. 落雪组第十段　8. 落雪组第九段　9. 落雪组第八段　10. 落雪组第七段　11. 落雪组第六段　12. 落雪组第五段　13. 落雪组第四段　14. 落雪组第三段第五亚段　15. 落雪组第三段第四亚段　16. 落雪组第三段第三亚段　17. 落雪组第三段第二亚段　18. 落雪组第三段第一亚段　19. 落雪组第二段第三亚段　20. 落雪组第二段第二亚段　21. 落雪组第二段第一亚段　22. 落雪组第一段第三亚段　23. 落雪组第一段第二亚段　24. 落雪组第一段第一亚段　25. 因民组第二段　26. 因民组第一段　27. 辉绿岩脉　28. 不整合地层界线　29. 岩性分界线　30. 岩层产状　31. 断层编号及产状　32. 推测断层编号　33. 裂隙　34. 变形体　35. 溶洞及编号　36. 泉点及编号　37. 平硐及编号　38. 钻孔编号　39. 勘探路

（长江勘测规划设计研究有限责任公司，金沙江乌德水电站可行性报告，第四篇，工程地质，2015. 7）

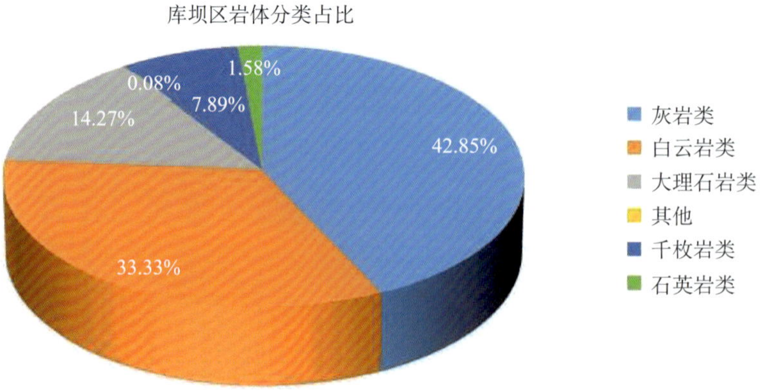


图 7.1.5　库坝区各类岩体空间占比图

**表 7.1.1　坝址区地层岩体基本特征表**

| 空间分布 | 地层年代 | 建筑空间分布 | 地层厚度（m） | 岩性简述 | 地震弹性波波速（m/s） |
|---|---|---|---|---|---|
| 左岸 | 中元古界 $Pt_2$ | 调压室 | 26.0 | 灰色厚层灰岩 | 4074 |
| | | | 41.8 | 浅灰色厚层夹中厚层灰岩含千枚岩条带，局部灰白色大理石岩 | 3917 |
| | | | 65.6 | 深灰色厚层灰岩 | 3999 |
| | | 主变洞和调压室 | 32.4 | 灰黑色巨厚层白云岩 | 2930 |
| | | | 4.7 | 灰色中厚层灰岩 | 3924 |
| | | | 5.0 | 浅灰色厚层石英岩夹白云岩 | 3738 |
| | | | 3.3 | 深灰色、灰黑色巨厚层白云岩 | 4038 |
| | | | 12.0 | 深灰色中厚层夹薄层灰岩 | 4076 |
| | | | 10.0 | 深灰色、灰黑色巨厚层白云岩 | 4038 |
| | | 坝肩、主厂房、主变洞、调压室 | 74.2~77.2 | 灰色中厚层灰岩，夹少量白云岩、薄层灰岩；灰色厚层灰岩、灰白色厚层大理岩 | 3932 |
| | | 主厂房、引水洞进口 | 47.7 | 灰白色互层夹薄层和中厚层大理岩化白云岩 | 3571 |
| | | 引水洞进口 | 64.7 | 灰色中厚层夹厚层灰岩，局部夹灰白色大理岩 | 3879 |
| | | | >169.6 | 灰色中厚—厚层白云岩、灰质白云岩 | 2930 |
| | | | >111.7 | 深灰色中厚层夹薄层灰岩，局部含泥质条带 | 3924 |

续表

| 空间分布 | 地层年代 | 建筑空间分布 | 地层厚度（m） | 岩性简述 | 地震弹性波波速（m/s） |
|---|---|---|---|---|---|
| | | 导流口，泄洪进口 | >50.0 | 灰色厚层白云岩 | 2930 |
| | | | >20.0 | 灰色中厚层灰岩 | 3924 |
| | | | >234.8 | 灰白色极薄—薄层大理岩化白云岩，层间夹有千枚岩薄膜，偶夹中厚层灰岩、白云岩 | 3229 |
| | | | >170.6 | 肉红色互层夹薄层和中厚层石英质大理岩化白云岩 | 3444 |
| | | 尾水及导流出口、泄洪出口 | >69.8 | 深灰色中厚层灰岩；底部为灰色厚层泥质条带灰岩 | 3313 |
| | | | 29.8 | 灰色薄层灰岩 | 3734 |
| | | | 99.2 | 灰色厚层灰岩、大理岩 | 3738 |
| 右岸 | | 主变洞、调压室 | 23.2~26.2 | 灰色中厚层夹薄层灰岩，灰白色中厚层大理岩，夹少量白云岩 | 3215 |
| | | | 13.7 | 深灰色厚层白云岩、灰质白云岩夹灰岩 | 3332 |
| | | 主厂房、主变洞和调压室 | 3.7 | 紫灰色中厚层石英岩 | 4062 |
| | | | 15.7 | 灰色厚层灰质白云岩 | 2930 |
| | | | 32.4 | 深灰色、灰黑色巨厚层白云岩 | 4038 |
| | | | 26.0 | 灰色厚层灰岩 | 3734 |
| | | | 41.8 | 浅灰色厚层夹中厚层灰岩含不连续千枚岩条带，局部见灰白色大理石岩 | 3924 |
| | | 坝肩、主厂房 | 65.6 | 深灰色、灰色厚层夹中厚层灰岩 | 3313 |
| | | | 4.7 | 灰色中厚层夹薄层灰岩 | 3924 |
| | | | 5.0 | 浅灰色厚层石英岩夹白云岩 | 4038 |
| | | | 3.3 | 深灰色、灰黑色巨厚层白云岩 | 2930 |
| 左岸 | | 坝肩、主厂房 | 12.0 | 深灰色中厚层夹薄层灰岩 | 3313 |
| | | 坝肩 | 10.0 | 深灰色、灰黑色巨厚层白云岩 | 4038 |
| | | | 74.2~77.2 | 灰色中厚层灰岩，夹少量白云岩、薄层灰岩；主要为灰色厚层灰岩、灰白色厚层大理岩 | 3598 |

续表

| 空间分布 | 地层年代 | 建筑空间分布 | 地层厚度（m） | 岩性简述 | 地震弹性波波速（m/s） |
|---|---|---|---|---|---|
| 右岸 | | 引水洞进口 | 47.7 | 灰白色互层夹薄层和中厚层大理岩化白云岩 | 3738 |
| | | | 64.7 | 灰色中厚层夹厚层灰岩，局部夹灰白色大理岩 | 3999 |
| | | | >169.6 | 浅灰色、灰色中厚—厚层白云岩、灰质白云岩 | 3484 |
| | | | >111.7 | 灰色、深灰色中厚层夹互层和薄层灰岩 | 3924 |
| | | 导流口 | >50.0 | 深灰色厚层白云岩 | 2930 |
| | | | >20.0 | 灰色中厚层灰岩 | 3924 |
| | | | >234.8 | 灰白色极薄—薄层大理岩化白云岩，偶夹中厚层灰岩、白云岩 | 4038 |
| | | | >170.6 | 肉红色互层夹薄层和中厚层石英质大理岩化白云岩 | 3738 |
| | | 尾水及导流出口 | >69.8 | 灰色、深灰色中厚层灰岩；底部为灰色厚层含泥质条带灰岩 | 3924 |
| | | | 29.8 | 灰色薄层灰岩 | 4076 |
| | | | 99.2 | 灰色厚层灰岩；灰白色厚层大理岩 | 4074 |

#### 7.1.1.2　岩体结构各向异性的物理地质现象分析

岩体结构的基本要素包括结构面和结构体。坝址区结构面分为原生结构面、构造结构面和次生结构面，原生结构面有沉积岩的层面和层理，局部有变质岩的片理；构造结构面主要有断层、裂隙、劈理和层间剪切带等；次生结构面主要有风化裂隙、卸荷裂隙。

坝址区出露的主要构造形迹，如褶皱、断层、裂隙、层间剪切带、层内劈理等物理地质现象，表现出各向异性的多样性。

**1. 褶皱**

包括基底褶皱和盖层褶皱。主要的基底褶皱是铜厂顶背斜南翼东延部分的一个次级向斜北翼，地层整体上呈单斜状。盖层褶皱地层发育不全，变形轻微，褶皱不明显，平缓单斜构造，倾向 NE，倾角 15°~30°。

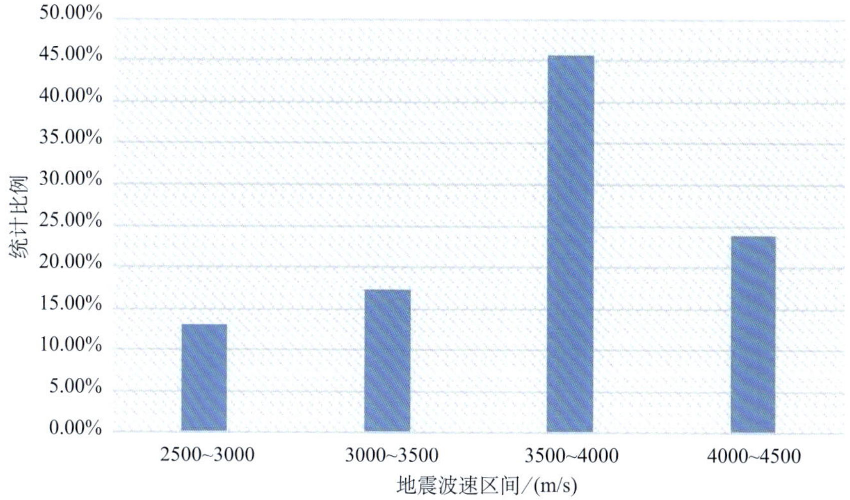


图 7.1.6　地震弹性波平均波速占比统计图

**2. 断层**

见图 7.1.4，从上游至下游主要的断层分别为红沟断层、白沟断层、花山断层、雷家湾沟断层、梁子断层，这 5 条断层长度均大于 1000m。雷家湾沟断层为 NNE 走向，倾向 110°，倾角 60°~70°，其余 3 个断层（不包括梁子断层）走向为 NEE，倾向 130°~190°，倾角 56°~80°，断层带宽度一般为 1.5~3m，花山断层宽度达到 8~10m。这 4 条主要断层特征见表 7.1.2。

**表 7.1.2　坝址区主要断层特征表**

| 断层名称 | 岸别 | 地震活动性 | 断层性质 | 走向与金沙江夹角（°） | 地震弹性波速（m/s） | 位置 |
|---|---|---|---|---|---|---|
| 白沟断层 | 两岸 | 非 | 走滑断层 | 66 | 3500~4000 | 右岸泄洪洞和两岸导流洞局部段 |
| 红沟断层 | 两岸 | 非 | 压性逆断层 | 73 | 3200~3600 | 两岸导流洞进口附近 |
| 花山断层 | 两岸 | 非 | 正断层 | 70 | 3300~3800 | 左岸泄洪洞消力池和左岸尾岸导出口明渠段 |
| 雷家湾沟断层 | 左岸 | 非 | 走滑断层 | 45 | 3300~3800 | 左岸尾水洞与导流洞局部小角度穿越 |

红沟断层：延展长度大于1700m，构造岩主要为碎裂岩，宽约2m~3m，见图7.1.7。上盘岩体为灰白色薄层大理岩，下盘岩体为肉红色薄层大理岩，断面较平直。

图7.1.7　红沟断层和构造岩细部

白沟断层：出露于左岸老鹰嘴和右岸白沟，如图7.1.8。构造岩石主要为岩粉夹岩屑或岩屑夹岩粉、破碎岩、角砾岩等，延展长度大于1300m，宽约1.5m。断层主要在基底地层中发育，未切穿盖层地层。

图7.1.8　白沟断层和构造岩细部

花山断层：在左岸花山沟、右岸船房沟出露，见图7.1.9，位于左岸泄洪洞口正上方，构造岩石主要为角砾岩，钙质、方解石胶结灰岩、白云岩角砾等，延展长度大于1800m，宽约8~10m。

图 7.1.9　花山断层

雷家湾沟断层：见图 7.1.10，位于左岸泄洪洞口上方，构造岩主要为碎裂岩夹岩粉，沿断层倾入 10~20cm 的辉绿岩脉，延展长度大于 800m，宽约 2m。

图 7.1.10　雷家湾沟断层和构造带

梁子断层：在左岸土地瓜梁子、右岸金坪子滑坡有出露。正断层，延展长度大于 1500m，构造岩为角砾岩。

除上述断层外，据长江勘测规划设计研究院资料，坝址区还有长度 10~100m 的断层 45 条，宽度一般 0.1~1.0m，产状各异，基底地层中在地表出露的断层 37 条，绝大部分倾向 SE 或 SW，以陡倾角为主，见图 7.1.11。

由表 7.1.2、图 7.1.11，坝址区不同区域、不同长度的断层由于其所处位置、产状、构造岩等不同，其断层性质、构造带破碎程度上表现出较明显的各向异性，在发育过程中，这些断层受到地震、风化等作用影响，形成了现今独特的物理地质构造现象，可将这些各向异

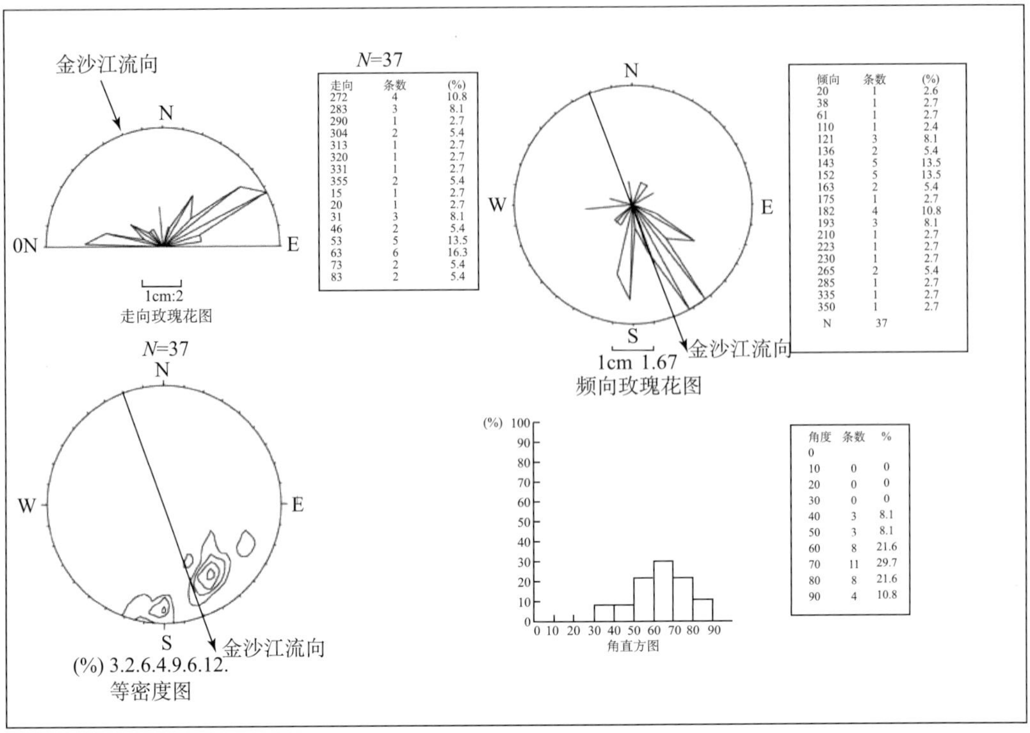


N=37

| 走向 | 条数 | (%) |
|---|---|---|
| 272 | 4 | 10.8 |
| 283 | 3 | 8.1 |
| 290 | 1 | 2.7 |
| 304 | 2 | 5.4 |
| 313 | 1 | 2.7 |
| 320 | 1 | 2.7 |
| 331 | 1 | 2.7 |
| 355 | 2 | 5.4 |
| 15 | 1 | 2.7 |
| 20 | 1 | 2.7 |
| 31 | 3 | 8.1 |
| 46 | 2 | 5.4 |
| 53 | 5 | 13.5 |
| 63 | 6 | 16.3 |
| 73 | 2 | 5.4 |
| 83 | 2 | 5.4 |

| 倾向 | 条数 | (%) |
|---|---|---|
| 20 | 1 | 2.6 |
| 38 | 1 | 2.7 |
| 61 | 1 | 2.7 |
| 110 | 1 | 2.4 |
| 121 | 3 | 8.1 |
| 136 | 2 | 5.4 |
| 143 | 5 | 13.5 |
| 152 | 5 | 13.5 |
| 163 | 2 | 5.4 |
| 175 | 1 | 2.7 |
| 182 | 4 | 10.8 |
| 193 | 3 | 8.1 |
| 210 | 1 | 2.7 |
| 223 | 1 | 2.7 |
| 230 | 1 | 2.7 |
| 265 | 2 | 5.4 |
| 285 | 1 | 2.7 |
| 335 | 1 | 2.7 |
| 350 | 1 | 2.7 |
| N | 37 | |

| 角度 | 条数 | % |
|---|---|---|
| 0 | | |
| 10 | 0 | 0 |
| 20 | 0 | 0 |
| 30 | 0 | 0 |
| 40 | 3 | 8.1 |
| 50 | 3 | 8.1 |
| 60 | 8 | 21.6 |
| 70 | 11 | 29.7 |
| 80 | 8 | 21.6 |
| 90 | 4 | 10.8 |

图 7.1.11　坝址区地表基底出露断层产状统计图

性的物理地质构造现象称为应力诱发各向异性。

**3. 裂隙**

按走向将坝址区裂隙分为 SN 组和 EW 组，SN 组略多，裂隙以中倾角为主，缓倾角裂隙不发育。

见图 7.1.12，统计到乌东德坝址区长短不一的裂隙 1036 条，其中长度≥5m 的裂隙约 512 条（考虑地震传播速度极快且传播影响距离远，因此暂时不考虑将长度≤5m 的裂隙列入分析范围）。统计结果呈现出裂隙长度越长，数量越少；长度越短，数量越多。其中左岸裂隙最长可达 46m，右岸裂隙最长可达 53m，且 30~60m 裂隙、5~30m 裂隙、1~5m 裂隙数量比约为 1 ∶ 19 ∶ 148，由此可见坝址区裂隙长度在 1~5m 的最多，其次为 5~30m 和 30~60m。

除裂隙数量随分类长度增加而减小，左岸右岸裂隙分布情况仍有不同，具体见表 7.1.3。

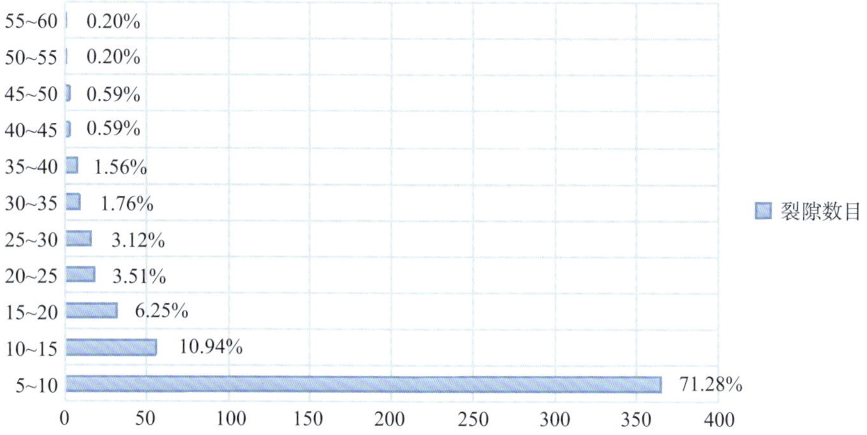


图7.1.12　不同长度区间的裂隙数目统计图

横坐标单位为“条”，纵坐标单位为“m”

**表7.1.3　左右岸裂隙分布情况统计表**

| 岸别 | 长度区间/m | 数量 | 占比 |
|---|---|---|---|
| 左岸 | 5~10 | 145 | 69.71% |
| | 10~15 | 19 | 9.13% |
| | 15~20 | 11 | 5.29% |
| | 20~25 | 8 | 3.85% |
| | 25~30 | 6 | 2.88% |
| | 30~35 | 8 | 3.85% |
| | 35~40 | 7 | 3.37% |
| | 40~45 | 1 | 0.48% |
| | 45~50 | 3 | 1.44% |
| 右岸 | 5~10 | 220 | 71.66% |
| | 10~15 | 37 | 12.05% |
| | 15~20 | 21 | 6.83% |
| | 20~25 | 10 | 3.26% |
| | 25~30 | 10 | 3.26% |
| | 30~35 | 1 | 0.33% |
| | 35~40 | 1 | 0.33% |
| | 40~45 | 3 | 0.97% |
| | 45~50 | 2 | 0.65% |
| | 50~55 | 1 | 0.33% |
| | 55~60 | 1 | 0.33% |

由表 7.1.3 绘制如图 7.1.13。

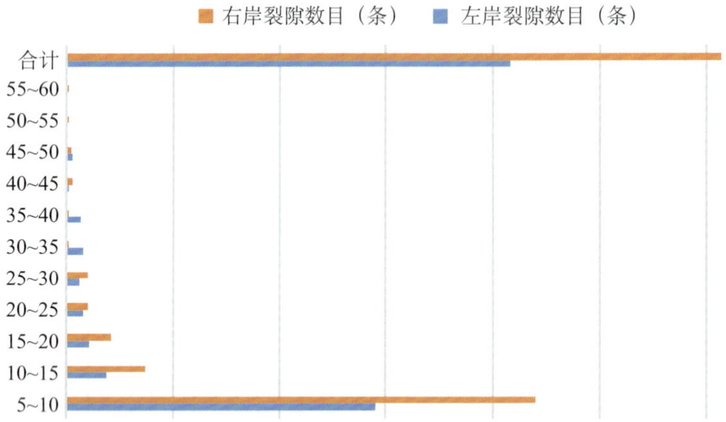


图 7.1.13　左、右岸裂隙数目统计图

从图 7.1.13，总体上右岸裂隙数明显多于左岸，且有两条长度范围为 50m～60m 的较长裂隙，表明相较于左岸，右岸岩体构造风化更严重且地层岩体更加破碎。这种裂隙在空间位置上就表现出来一定的各向异性，可将此称为初始各向异性。

此外，坝址区岩体结构层面的裂隙面充填物多为方解石或钙质胶结，次为泥钙质胶结，极少无充填物。岩屑、岩屑夹泥或泥夹岩屑等软弱结构面极少，这些充填软弱物质的层面裂隙多分布在岸坡附近。将坝址区层间裂隙结构面分为硬性结构面（胶结结构面，无填充结构面）和软弱结构面（碎裂岩、岩屑、岩屑夹泥或泥夹岩屑、泥钙质薄膜），见图 7.1.14。

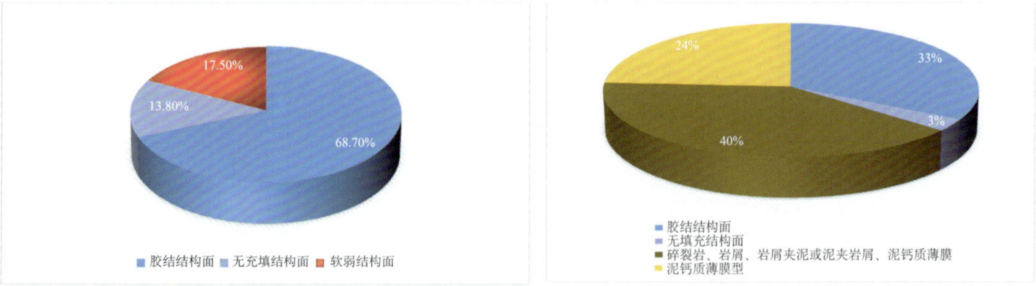


(a)　　(b)

图 7.1.14　坝址区裂隙分类情况图

（a）裂隙结构面分类图；（b）层间裂隙结构面分类图

（a）中，蓝色部分为硬性结构面，红色部分为软弱结构面；

（b）中，蓝色部分为硬性结构面，黄色和泥色为软弱结构面

据上判断坝址区的裂隙，包括层面裂隙和层间裂隙，为各个地质历史时期地质应力和风化的产物，极少是地震作用的结果，且裂隙数量、长度、产状在空间上的各向异性对地震波的传播和地震动作用产生的各向差异性极小，即地震波在此岩体结构面的传播过程中在空间

方向和同质地层所产生地震影响上的各向异性是微乎其微。

**4. 层间剪切带**

坝址区局部地段出露层间剪切带。层间剪切带多为岩质坚硬的角砾岩和碎裂岩，角砾大小不等，直径一般几 cm 左右，大者可达 1m 左右，皆棱状明显，多混杂排列，无定向痕迹。一是微新状角砾，多呈块石或大块石状，接触式胶结，方解石充填于块石之间，胶结紧密；二是弱风化~微风化状角砾，多呈碎石或块石状，方解石多呈基底式胶结，包裹角砾，胶结一般。见图 7.1.15，发育在左岸坝肩上游附近一条层间剪切带延伸长约 300m，剪切带宽2~5cm，主要由岩屑夹岩粉，性状较差。

(a)　　　　(b)

图 7.1.15　层间剪切带（a）和构造岩细部（b）

对此层间剪切带进行单轴压缩结构面变形试验，如表 7.1.4。

**表 7.1.4　左岸坝肩白云岩层间剪切带变形实验表**

| 岩体结构 | 洞深及位置 | 试验编号 | 弹性模量（GPa） | 变形模量（GPa） | 岩体构造简述 |
|---|---|---|---|---|---|
| 破碎—散体 | 山内壁 110~116m（主洞深 260m） | E1 | 4.00 | 0.44 | 发育左岸坝肩上游落雪组大理岩化白云岩中，宽 8~10cm，主剪切面宽 0.5~2cm，充填岩屑夹岩粉，面起伏、粗糙；主剪切面两侧为方解石胶结较好的角砾岩 |
| | | E2 | 4.77 | 0.66 | |
| | | E3 | - | 0.53 | |
| | | E4 | 6.76 | 0.99 | |
| | | E5 | 2.99 | 0.39 | |
| | | E6 | 2.66 | 0.78 | |

**5. 劈理**

坝址区的劈理多顺层发育，局部与层面小角度斜交而不切过层，主要发育在极薄层或互层大理岩化白云岩中，多充填约 0.5~1mm 千枚岩薄膜，见图 7.1.16。

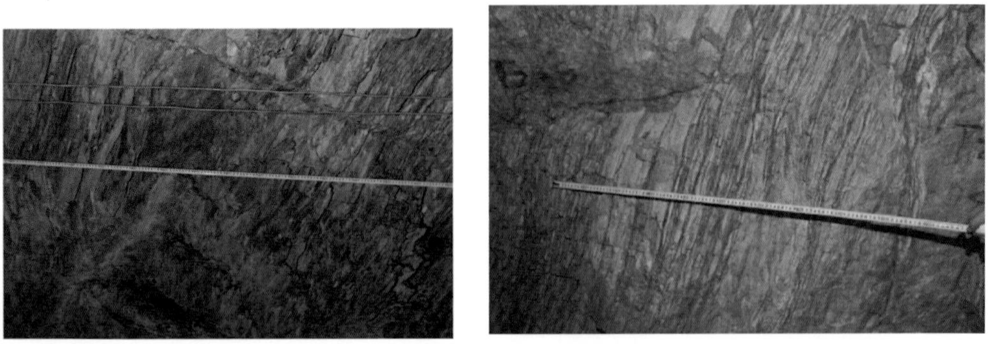

图 7.1.16 坝址区互层大理岩化白云岩劈理

由于坝址区劈理发育于多为厚度小于 1mm 的薄层岩体中，未有位移，在场地类别上的判断没有必要体现各向异性的差异，仅对整体地段进行场地划分和地基单元的动力设计。

根据坝址区断层、裂隙、层间剪切带、层面裂隙和层面的各向异性的主要性状特征，对坝址区结构面性状分类，见表 7.1.5。

**表 7.1.5 坝址区结构面各向异性的性状分类表**

| 结构面性状类型 | | | 充填物特征 | 嵌合程度 | 代表性结构面 |
|---|---|---|---|---|---|
| 成因类型 | 性状分类 | | | | |
| | 大类 | 小类 | | | |
| 断层<br>裂隙<br>层面 | 硬性结构面 | 胶结型 | 构造岩主要由方解石胶结的角砾岩，裂隙、层面间为方解石胶结 | 紧密—较紧密 | |
| | 软弱结构面 | 岩块岩屑型 | 构造岩主要为原岩碎块或碎裂岩 | 中等紧密—较松驰 | 红沟断层 |
| | | 岩屑夹泥型 | 构造岩主要为碎裂岩，呈岩屑状，岩屑间多为岩粉 | 较松驰—松驰 | 雷家湾沟断层 |
| | | 泥夹岩屑型 | 构造岩主要为碎粉岩，含一定量的粘粒，部分呈泥状 | 较松驰—松驰 | |
| | | 泥型 | 构造岩主要为粉岩或断层泥，粘粒含量较高—高，呈泥状 | 较松驰—松驰 | 白沟断层 |
| 层间剪切带 | 软弱结构面 | 岩屑夹泥型 | 主要为岩屑夹岩粉 | 中等紧密—较松驰 | |

### 7.1.1.3　地层岩体各向异性的力学性质分析

#### 1. 地应力

从坝址区岩体地应力测试分析来表征其内部结构和其完整性上的差异。按长江勘测规划设计院地应力测试资料，见图 7.1.17、图 7.1.18 测点位置分布，左岸 13 个，右岸 11 个，河床 3 个。高程 718m 以上的最大水平主应力方向除基岩顶面附近外，一般以 NNE—NE 或近 EW 为主。

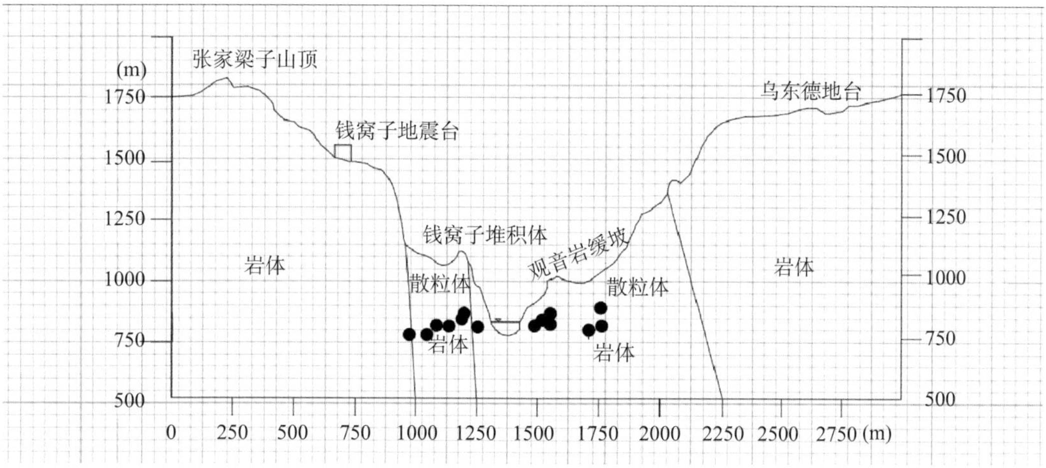


图 7.1.17　地应力测点高程位置图（横断面）

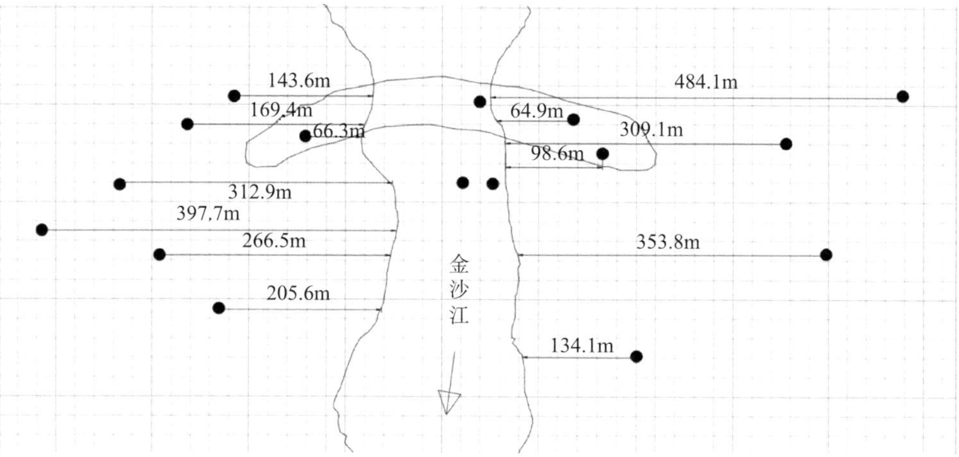


图 7.1.18　地应力测点平面位置示意图（俯视图）

1）*左岸测试数据分析和研究*

左岸厂房区三维地应力测试结果如表 7.1.6 和表 7.1.7，左岸整体统计及分析见图 7.1.19 至图 7.1.22。

**表 7.1.6　左岸厂房区三维地应力测试数据表**

| 位置 | 编号 | 高程（m） | 钻孔深度（m） | 第一主应力 $\sigma_1$ | | 第二主应力 $\sigma_2$ | | 第三主应力 $\sigma_3$ | |
|---|---|---|---|---|---|---|---|---|---|
| | | | | 值（MPa） | 倾角（°） | 值（MPa） | 倾角（°） | 值（MPa） | 倾角（°） |
| 左岸地下厂房 | 8 | 867 | 7.1 | 11.9 | 42 | 7.4 | 39 | 6.3 | 24 |
| | | | 8.6 | 13.7 | 50 | 8.3 | 32 | 6 | 22 |
| | | | 14.3 | 14.6 | 35 | 11.6 | 35 | 5.2 | 36 |
| | | | 17.3 | 14.9 | 56 | 10.4 | 32 | 5.9 | 8 |
| | | | 22.6 | 13.7 | 48 | 10.4 | 42 | 6.2 | 5 |
| | | | 23.4 | 13.6 | 52 | 9.7 | 22 | 6.6 | 30 |
| | | | 23.7 | 14.6 | 45 | 13.1 | 15 | 6.4 | 41 |
| | 9 | 867 | 7.4 | 14.4 | 38 | 12.2 | 34 | 9.6 | 33 |
| | | | 8.8 | 12.5 | 68 | 11.4 | 21 | 7.6 | 8 |
| | | | 10.4 | 12.0 | 18 | 10.5 | 59 | 7.2 | 24 |
| | | | 12.6 | 14.7 | 49 | 11.3 | 29 | 7.5 | 26 |
| | | | 13.7 | 11.3 | 7 | 10.6 | 71 | 6.5 | 18 |
| | | | 16.6 | 12.3 | 39 | 10.5 | 33 | 8.2 | 34 |
| | 518 | 848.9 | 8.4 | 8.4 | 50 | 6.9 | 34 | 3.1 | 19 |
| | | 846.3 | 11.0 | 8.2 | 72 | 6.2 | 9 | 5.2 | 16 |
| | | 841.4 | 15.9 | 9.3 | 64 | 6.5 | 26 | 3.6 | 3 |
| | | 838.9 | 18.4 | 9.9 | 72 | 6.8 | 13 | 3.3 | 13 |
| | 519 | 847.6 | 13.8 | 8.3 | 43 | 6.9 | 46 | 4.9 | 3 |
| | | 844.5 | 18.2 | 7.2 | 48 | 6.1 | 38 | 5.4 | 15 |
| | | 843.6 | 19.4 | 8.9 | 59 | 5.4 | 28 | 3.6 | 12 |
| | | 841.5 | 22.4 | 9.7 | 52 | 5.2 | 35 | 3.9 | 12 |
| | 520 | 849.7 | 10.8 | 8.4 | 41 | 5.0 | 45 | 3.3 | 17 |
| | | 848.2 | 12.9 | 8.2 | 67 | 6.1 | 21 | 3.1 | 8 |
| | | 844.8 | 17.7 | 8.2 | 45 | 4.7 | 21 | 4.4 | 38 |

续表

| 位置 | 编号 | 高程(m) | 钻孔深度(m) | 第一主应力 $\sigma_1$ | | 第二主应力 $\sigma_2$ | | 第三主应力 $\sigma_3$ | |
|---|---|---|---|---|---|---|---|---|---|
| | | | | 值(MPa) | 倾角(°) | 值(MPa) | 倾角(°) | 值(MPa) | 倾角(°) |
| 左岸预可原主厂房附近 | 6 | 866.6 | 6.7 | 17.2 | 67 | 11.0 | 23 | 8.9 | 1 |
| | | 866.6 | 10.5 | 15.0 | 43 | 14.2 | 47 | 9.0 | 2 |
| | | 866.6 | 11.6 | 16.6 | 56 | 14.2 | 33 | 9.5 | 7 |
| | | 866.6 | 13.2 | 19.2 | 70 | 12.7 | 19 | 8.6 | 5 |
| | | 866.6 | 14.0 | 19.5 | 53 | 13.4 | 35 | 9.9 | 11 |
| | | 866.6 | 19.0 | 18.9 | 41 | 13.7 | 49 | 11.7 | 1 |
| | 7 | 866.6 | 11.8 | 15.1 | 71 | 12.9 | 12 | 9.3 | 14 |
| | | 866.6 | 13.4 | 17.1 | 60 | 12.4 | 26 | 8.4 | 14 |
| | | 866.6 | 14.6 | 18.4 | 61 | 12.2 | 28 | 9.2 | 8 |
| | | 866.6 | 15.5 | 17.8 | 78 | 12.9 | 8 | 8.0 | 9 |
| | | 866.6 | 17.1 | 15.2 | 69 | 12.6 | 11 | 8.3 | 18 |
| | | 866.6 | 18.9 | 17.6 | 61 | 13.2 | 22 | 7.8 | 17 |
| | | 866.6 | 21.7 | 16.7 | 72 | 12.7 | 10 | 9.1 | 15 |

**表 7.1.7　左岸坝肩单孔压裂法地应力测试数据表**

| 位置 | 编号 | 高程(m) | 钻孔深度(m) | 最大水平主应力(MPa) | 最小水平主应力(MPa) | 垂直主应力(MPa) |
|---|---|---|---|---|---|---|
| 左坝肩 | 1 | 813.1 | 42.7 | 4.9 | 4.4 | 6.6 |
| | | 809.3 | 46.5 | 5.6 | 4 | 6.7 |
| | | 803.9 | 51.9 | 5.7 | 3.8 | 6.8 |
| | | 796.2 | 59.6 | 6.5 | 4 | 7 |
| | | 783.5 | 72.3 | 5.1 | 4.2 | 7.4 |
| | | 779.9 | 75.9 | 6.7 | 5.1 | 7.4 |
| | | 766.4 | 89.4 | 5.3 | 4.5 | 7.8 |
| | | 758.7 | 97.1 | 7.6 | 5.2 | 8 |
| | | 747.3 | 108.6 | 11.5 | 7.4 | 8.3 |
| | | 743.4 | 112.4 | 12.6 | 8.6 | 8.4 |
| | | 735.7 | 120.1 | 11.4 | 7.9 | 8.6 |
| | | 731.9 | 123.9 | 12.7 | 9.3 | 8.7 |

续表

| 位置 | 编号 | 高程（m） | 钻孔深度（m） | 最大水平主应力（MPa） | 最小水平主应力（MPa） | 垂直主应力（MPa） |
|---|---|---|---|---|---|---|
| | | 728.0 | 127.8 | 13.0 | 8.1 | 8.9 |
| | | 721.2 | 134.6 | 10.6 | 7.7 | 9 |
| | | 712.2 | 143.6 | 9.1 | 6 | 9.3 |
| | | 705.0 | 150.8 | 12 | 7.5 | 9.5 |
| | | 701.5 | 154.6 | 10.5 | 7.8 | 9.6 |
| | | 693.5 | 162.3 | 8.4 | 6.5 | 9.8 |
| | | 682.0 | 173.8 | 9.7 | 6.3 | 10.1 |
| | | 674.8 | 181.0 | 9.7 | 6.9 | 10.3 |
| | | 671.2 | 184.6 | 11.6 | 7.7 | 10.4 |
| 左岸地下厂房 | D1 | 890.5 | 57.5 | 6.6 | 4.2 | 7.5 |
| | | 861.7 | 86.3 | 6.8 | 5.0 | 8.3 |
| | | 853.3 | 94.7 | 8.9 | 6.1 | 8.5 |
| | | 840.1 | 107.9 | 6.2 | 4 | 8.9 |
| | | 831.6 | 116.4 | 8.1 | 4.5 | 9.1 |
| | | 823.0 | 125.0 | 7.0 | 4.1 | 9.3 |
| | | 813.4 | 134.6 | 12.7 | 7.4 | 9.6 |
| | | 796.2 | 151.8 | 5.9 | 4.2 | 10 |
| | | 784.1 | 163.9 | 13.7 | 9.4 | 10.4 |
| | | 763.5 | 184.5 | 14.4 | 8.8 | 10.9 |
| | | 756.8 | 191.2 | 9.1 | 5.9 | 11.1 |
| | 204 | 848.4 | 13.6 | 7.6 | 4.4 | 12.2 |
| | | 842.7 | 19.3 | 10.5 | 6.9 | 12.4 |
| | | 833.0 | 29.0 | 9.6 | 6.1 | 12.7 |
| | | 829.2 | 32.8 | 9.4 | 6.5 | 12.8 |
| | | 823.5 | 38.5 | 9.7 | 5.3 | 12.9 |
| | | 813.8 | 48.2 | 10.6 | 5.9 | 13.2 |
| | | 801.8 | 60.2 | 11 | 7.2 | 13.5 |
| | | 793.9 | 68.1 | 12.2 | 8.9 | 13.7 |
| | | 786.2 | 75.8 | 11.2 | 7.2 | 13.9 |
| | | 779.2 | 82.8 | 11 | 7.1 | 14.1 |

续表

| 位置 | 编号 | 高程(m) | 钻孔深度(m) | 最大水平主应力(MPa) | 最小水平主应力(MPa) | 垂直主应力(MPa) |
|---|---|---|---|---|---|---|
| | | 773 | 89.0 | 11.9 | 7.3 | 14.3 |
| | | 768.7 | 93.3 | 11.9 | 8.4 | 14.3 |
| | | 760.7 | 101.3 | 12.3 | 7.6 | 14.6 |
| | | 754.5 | 107.5 | 14.7 | 8.2 | 14.8 |
| | | 748.2 | 113.8 | 13 | 7.8 | 15 |
| | | 742.0 | 120.0 | 14.9 | 9.5 | 15.1 |
| | | 736.0 | 126.0 | 15 | 8.6 | 15.3 |
| | | 728.7 | 133.3 | 17.9 | 9.9 | 15.5 |
| | | 723.1 | 138.9 | 20.5 | 11.9 | 15.6 |
| | | 719.6 | 142.4 | 20.9 | 12.1 | 15.7 |
| 左岸地下厂房 | 207 | 852.7 | 12.9 | 10.8 | 6.5 | 13.6 |
| | | 848.8 | 16.8 | 12.3 | 6.7 | 13.7 |
| | | 845.5 | 20.1 | 7.3 | 5.1 | 13.8 |
| | | 839.2 | 26.4 | 11.1 | 6.1 | 13.9 |
| | | 835.2 | 30.4 | 10.2 | 5.7 | 14.1 |
| | | 828.2 | 37.4 | 10.6 | 5.9 | 14.2 |
| | | 824.7 | 40.9 | 11.3 | 6.8 | 14.3 |
| | | 819.1 | 46.5 | 12.0 | 6.6 | 14.5 |
| | | 815.1 | 50.5 | 11.4 | 6.9 | 14.6 |
| | | 808.2 | 57.4 | 8.1 | 5.2 | 14.8 |
| | | 797.8 | 67.8 | 10.9 | 6.4 | 15.1 |
| | | 790.7 | 74.9 | 7.6 | 5.0 | 15.3 |
| | | 782.8 | 82.8 | 8.5 | 5.4 | 15.5 |
| | | 773.3 | 92.3 | 7.1 | 5.7 | 15.7 |
| | | 765.9 | 99.7 | 7.9 | 5.4 | 15.9 |
| | | 752.2 | 113.4 | 11.8 | 7.2 | 16.3 |
| | | 747.3 | 118.3 | 14.1 | 8.0 | 16.4 |
| | | 740.9 | 124.7 | 13.5 | 7.9 | 16.6 |
| | | 734.8 | 130.8 | 13.4 | 7.6 | 16.8 |
| … | … | … | … | … | … | … |

**表 7.1.6　左岸厂房区三维地应力测试数据表**

| 位置 | 编号 | 高程（m） | 钻孔深度（m） | 第一主应力 $\sigma_1$ | | 第二主应力 $\sigma_2$ | | 第三主应力 $\sigma_3$ | |
|---|---|---|---|---|---|---|---|---|---|
| | | | | 值（MPa） | 倾角（°） | 值（MPa） | 倾角（°） | 值（MPa） | 倾角（°） |
| 左岸地下厂房 | 8 | 867 | 7.1 | 11.9 | 42 | 7.4 | 39 | 6.3 | 24 |
| | | | 8.6 | 13.7 | 50 | 8.3 | 32 | 6 | 22 |
| | | | 14.3 | 14.6 | 35 | 11.6 | 35 | 5.2 | 36 |
| | | | 17.3 | 14.9 | 56 | 10.4 | 32 | 5.9 | 8 |
| | | | 22.6 | 13.7 | 48 | 10.4 | 42 | 6.2 | 5 |
| | | | 23.4 | 13.6 | 52 | 9.7 | 22 | 6.6 | 30 |
| | | | 23.7 | 14.6 | 45 | 13.1 | 15 | 6.4 | 41 |
| | 9 | 867 | 7.4 | 14.4 | 38 | 12.2 | 34 | 9.6 | 33 |
| | | | 8.8 | 12.5 | 68 | 11.4 | 21 | 7.6 | 8 |
| | | | 10.4 | 12.0 | 18 | 10.5 | 59 | 7.2 | 24 |
| | | | 12.6 | 14.7 | 49 | 11.3 | 29 | 7.5 | 26 |
| | | | 13.7 | 11.3 | 7 | 10.6 | 71 | 6.5 | 18 |
| | | | 16.6 | 12.3 | 39 | 10.5 | 33 | 8.2 | 34 |
| | 518 | 848.9 | 8.4 | 8.4 | 50 | 6.9 | 34 | 3.1 | 19 |
| | | 846.3 | 11.0 | 8.2 | 72 | 6.2 | 9 | 5.2 | 16 |
| | | 841.4 | 15.9 | 9.3 | 64 | 6.5 | 26 | 3.6 | 3 |
| | | 838.9 | 18.4 | 9.9 | 72 | 6.8 | 13 | 3.3 | 13 |
| | 519 | 847.6 | 13.8 | 8.3 | 43 | 6.9 | 46 | 4.9 | 3 |
| | | 844.5 | 18.2 | 7.2 | 48 | 6.1 | 38 | 5.4 | 15 |
| | | 843.6 | 19.4 | 8.9 | 59 | 5.4 | 28 | 3.6 | 12 |
| | | 841.5 | 22.4 | 9.7 | 52 | 5.2 | 35 | 3.9 | 12 |
| | 520 | 849.7 | 10.8 | 8.4 | 41 | 5.0 | 45 | 3.3 | 17 |
| | | 848.2 | 12.9 | 8.2 | 67 | 6.1 | 21 | 3.1 | 8 |
| | | 844.8 | 17.7 | 8.2 | 45 | 4.7 | 21 | 4.4 | 38 |

续表

| 位置 | 编号 | 高程（m） | 钻孔深度（m） | 第一主应力 $\sigma_1$ | | 第二主应力 $\sigma_2$ | | 第三主应力 $\sigma_3$ | |
|---|---|---|---|---|---|---|---|---|---|
| | | | | 值（MPa） | 倾角（°） | 值（MPa） | 倾角（°） | 值（MPa） | 倾角（°） |
| 左岸预可原主厂房附近 | 6 | 866.6 | 6.7 | 17.2 | 67 | 11.0 | 23 | 8.9 | 1 |
| | | 866.6 | 10.5 | 15.0 | 43 | 14.2 | 47 | 9.0 | 2 |
| | | 866.6 | 11.6 | 16.6 | 56 | 14.2 | 33 | 9.5 | 7 |
| | | 866.6 | 13.2 | 19.2 | 70 | 12.7 | 19 | 8.6 | 5 |
| | | 866.6 | 14.0 | 19.5 | 53 | 13.4 | 35 | 9.9 | 11 |
| | | 866.6 | 19.0 | 18.9 | 41 | 13.7 | 49 | 11.7 | 1 |
| | 7 | 866.6 | 11.8 | 15.1 | 71 | 12.9 | 12 | 9.3 | 14 |
| | | 866.6 | 13.4 | 17.1 | 60 | 12.4 | 26 | 8.4 | 14 |
| | | 866.6 | 14.6 | 18.4 | 61 | 12.2 | 28 | 9.2 | 8 |
| | | 866.6 | 15.5 | 17.8 | 78 | 12.9 | 8 | 8.0 | 9 |
| | | 866.6 | 17.1 | 15.2 | 69 | 12.6 | 11 | 8.3 | 18 |
| | | 866.6 | 18.9 | 17.6 | 61 | 13.2 | 22 | 7.8 | 17 |
| | | 866.6 | 21.7 | 16.7 | 72 | 12.7 | 10 | 9.1 | 15 |

**表 7.1.7　左岸坝肩单孔压裂法地应力测试数据表**

| 位置 | 编号 | 高程（m） | 钻孔深度（m） | 最大水平主应力（MPa） | 最小水平主应力（MPa） | 垂直主应力（MPa） |
|---|---|---|---|---|---|---|
| 左坝肩 | 1 | 813.1 | 42.7 | 4.9 | 4.4 | 6.6 |
| | | 809.3 | 46.5 | 5.6 | 4 | 6.7 |
| | | 803.9 | 51.9 | 5.7 | 3.8 | 6.8 |
| | | 796.2 | 59.6 | 6.5 | 4 | 7 |
| | | 783.5 | 72.3 | 5.1 | 4.2 | 7.4 |
| | | 779.9 | 75.9 | 6.7 | 5.1 | 7.4 |
| | | 766.4 | 89.4 | 5.3 | 4.5 | 7.8 |
| | | 758.7 | 97.1 | 7.6 | 5.2 | 8 |
| | | 747.3 | 108.6 | 11.5 | 7.4 | 8.3 |
| | | 743.4 | 112.4 | 12.6 | 8.6 | 8.4 |
| | | 735.7 | 120.1 | 11.4 | 7.9 | 8.6 |
| | | 731.9 | 123.9 | 12.7 | 9.3 | 8.7 |

续表

| 位置 | 编号 | 高程（m） | 钻孔深度（m） | 最大水平主应力（MPa） | 最小水平主应力（MPa） | 垂直主应力（MPa） |
|---|---|---|---|---|---|---|
| 左坝肩 | 1 | 728. 0 | 127. 8 | 13. 0 | 8. 1 | 8. 9 |
| | | 721. 2 | 134. 6 | 10. 6 | 7. 7 | 9 |
| | | 712. 2 | 143. 6 | 9. 1 | 6 | 9. 3 |
| | | 705. 0 | 150. 8 | 12 | 7. 5 | 9. 5 |
| | | 701. 5 | 154. 6 | 10. 5 | 7. 8 | 9. 6 |
| | | 693. 5 | 162. 3 | 8. 4 | 6. 5 | 9. 8 |
| | | 682. 0 | 173. 8 | 9. 7 | 6. 3 | 10. 1 |
| | | 674. 8 | 181. 0 | 9. 7 | 6. 9 | 10. 3 |
| | | 671. 2 | 184. 6 | 11. 6 | 7. 7 | 10. 4 |
| 左岸地下厂房 | D1 | 890. 5 | 57. 5 | 6. 6 | 4. 2 | 7. 5 |
| | | 861. 7 | 86. 3 | 6. 8 | 5. 0 | 8. 3 |
| | | 853. 3 | 94. 7 | 8. 9 | 6. 1 | 8. 5 |
| | | 840. 1 | 107. 9 | 6. 2 | 4 | 8. 9 |
| | | 831. 6 | 116. 4 | 8. 1 | 4. 5 | 9. 1 |
| | | 823. 0 | 125. 0 | 7. 0 | 4. 1 | 9. 3 |
| | | 813. 4 | 134. 6 | 12. 7 | 7. 4 | 9. 6 |
| | | 796. 2 | 151. 8 | 5. 9 | 4. 2 | 10 |
| | | 784. 1 | 163. 9 | 13. 7 | 9. 4 | 10. 4 |
| | | 763. 5 | 184. 5 | 14. 4 | 8. 8 | 10. 9 |
| | | 756. 8 | 191. 2 | 9. 1 | 5. 9 | 11. 1 |
| | 204 | 848. 4 | 13. 6 | 7. 6 | 4. 4 | 12. 2 |
| | | 842. 7 | 19. 3 | 10. 5 | 6. 9 | 12. 4 |
| | | 833. 0 | 29. 0 | 9. 6 | 6. 1 | 12. 7 |
| | | 829. 2 | 32. 8 | 9. 4 | 6. 5 | 12. 8 |
| | | 823. 5 | 38. 5 | 9. 7 | 5. 3 | 12. 9 |
| | | 813. 8 | 48. 2 | 10. 6 | 5. 9 | 13. 2 |
| | | 801. 8 | 60. 2 | 11 | 7. 2 | 13. 5 |
| | | 793. 9 | 68. 1 | 12. 2 | 8. 9 | 13. 7 |
| | | 786. 2 | 75. 8 | 11. 2 | 7. 2 | 13. 9 |
| | | 779. 2 | 82. 8 | 11 | 7. 1 | 14. 1 |

续表

| 位置 | 编号 | 高程 (m) | 钻孔深度 (m) | 最大水平主应力 (MPa) | 最小水平主应力 (MPa) | 垂直主应力 (MPa) |
|---|---|---|---|---|---|---|
| | | 773 | 89. 0 | 11. 9 | 7. 3 | 14. 3 |
| | | 768. 7 | 93. 3 | 11. 9 | 8. 4 | 14. 3 |
| | | 760. 7 | 101. 3 | 12. 3 | 7. 6 | 14. 6 |
| | | 754. 5 | 107. 5 | 14. 7 | 8. 2 | 14. 8 |
| | | 748. 2 | 113. 8 | 13 | 7. 8 | 15 |
| | | 742. 0 | 120. 0 | 14. 9 | 9. 5 | 15. 1 |
| | | 736. 0 | 126. 0 | 15 | 8. 6 | 15. 3 |
| | | 728. 7 | 133. 3 | 17. 9 | 9. 9 | 15. 5 |
| | | 723. 1 | 138. 9 | 20. 5 | 11. 9 | 15. 6 |
| | | 719. 6 | 142. 4 | 20. 9 | 12. 1 | 15. 7 |
| 左岸地下厂房 | 207 | 852. 7 | 12. 9 | 10. 8 | 6. 5 | 13. 6 |
| | | 848. 8 | 16. 8 | 12. 3 | 6. 7 | 13. 7 |
| | | 845. 5 | 20. 1 | 7. 3 | 5. 1 | 13. 8 |
| | | 839. 2 | 26. 4 | 11. 1 | 6. 1 | 13. 9 |
| | | 835. 2 | 30. 4 | 10. 2 | 5. 7 | 14. 1 |
| | | 828. 2 | 37. 4 | 10. 6 | 5. 9 | 14. 2 |
| | | 824. 7 | 40. 9 | 11. 3 | 6. 8 | 14. 3 |
| | | 819. 1 | 46. 5 | 12. 0 | 6. 6 | 14. 5 |
| | | 815. 1 | 50. 5 | 11. 4 | 6. 9 | 14. 6 |
| | | 808. 2 | 57. 4 | 8. 1 | 5. 2 | 14. 8 |
| | | 797. 8 | 67. 8 | 10. 9 | 6. 4 | 15. 1 |
| | | 790. 7 | 74. 9 | 7. 6 | 5. 0 | 15. 3 |
| | | 782. 8 | 82. 8 | 8. 5 | 5. 4 | 15. 5 |
| | | 773. 3 | 92. 3 | 7. 1 | 5. 7 | 15. 7 |
| | | 765. 9 | 99. 7 | 7. 9 | 5. 4 | 15. 9 |
| | | 752. 2 | 113. 4 | 11. 8 | 7. 2 | 16. 3 |
| | | 747. 3 | 118. 3 | 14. 1 | 8. 0 | 16. 4 |
| | | 740. 9 | 124. 7 | 13. 5 | 7. 9 | 16. 6 |
| | | 734. 8 | 130. 8 | 13. 4 | 7. 6 | 16. 8 |
| … | … | … | … | … | … | … |

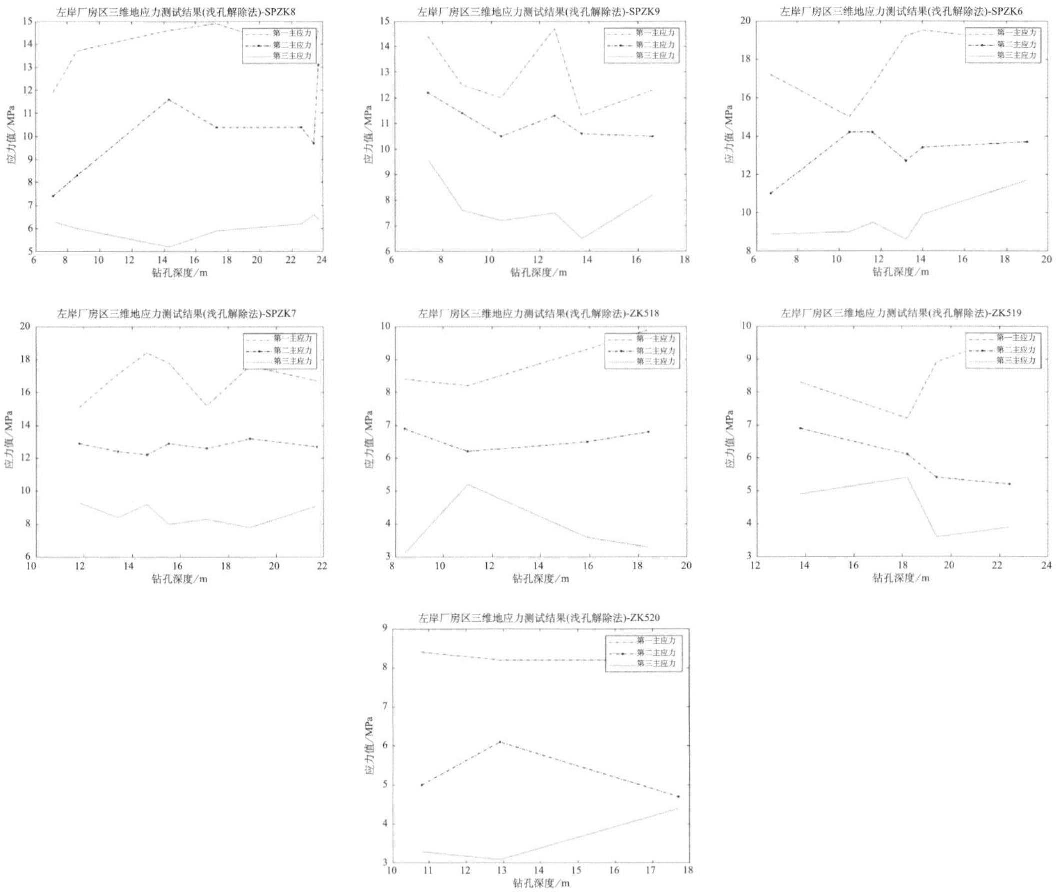


图 7.1.19　左岸解除法地应力随深度变化分析图

如图 7.1.19、图 7.1.21 以及图 7.1.20、图 7.1.22，单孔与单孔测试点的地应力值离散性较大，孔内数值随深度增加而增大，表明岩体在同一平面和同一空间位置不同高程上其地层岩体完整性的差异和趋势。从图 7.1.21 与图 7.1.22 对比分析，仅按钻孔深度依次排列时，统计曲线呈现杂乱的状态，地应力值与岸坡深度无明显相关关系。

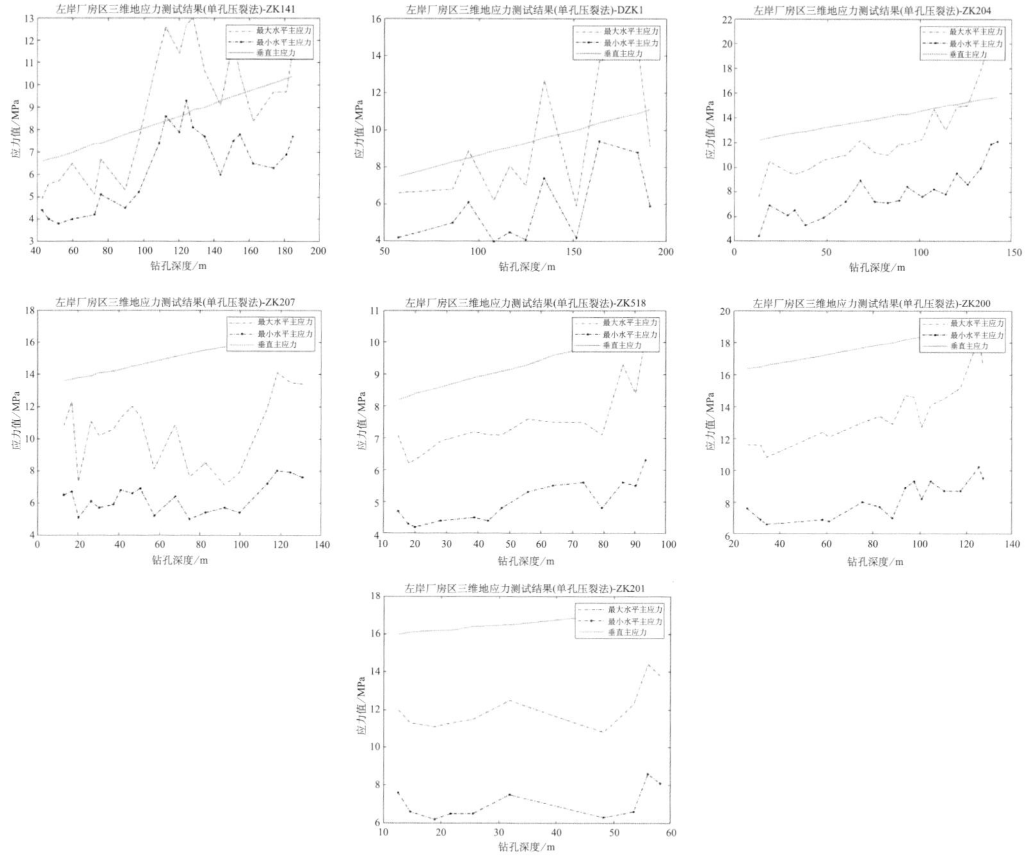


图 7.1.20　左岸压裂法地应力随深度变化分析图

**2）右岸测试数据分析和研究**

在右岸厂房区进行 13 个测点、71 个不同深度的三维地应力测试，统计分析见图 7.1.23 至图 7.1.26。

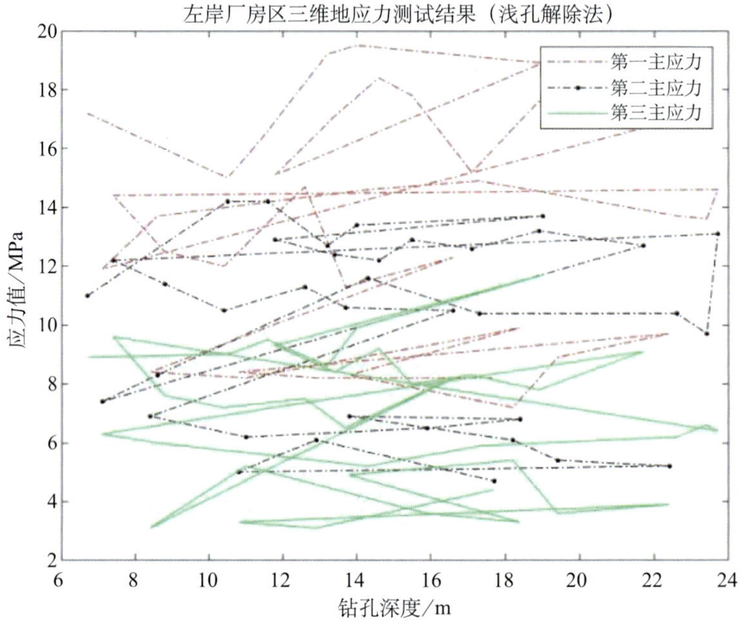


图 7.1.21　左岸测点地应力分析总图（1）

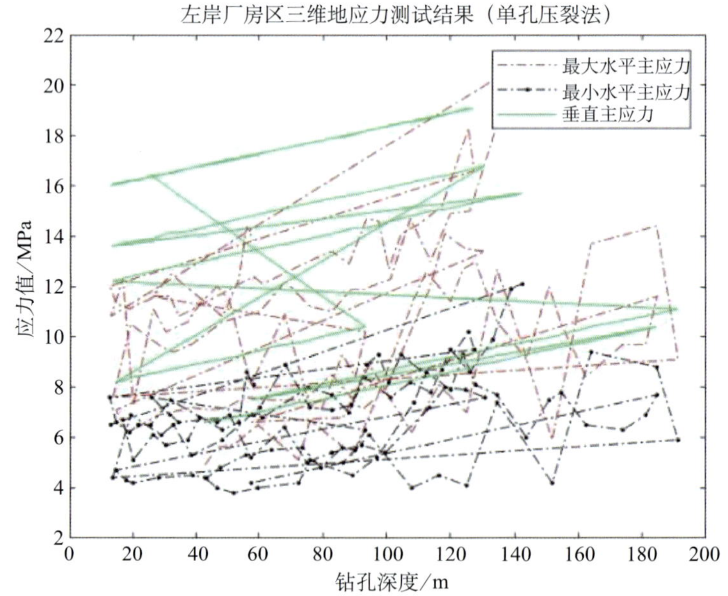


图 7.1.22　左岸测点地应力分析总图（2）

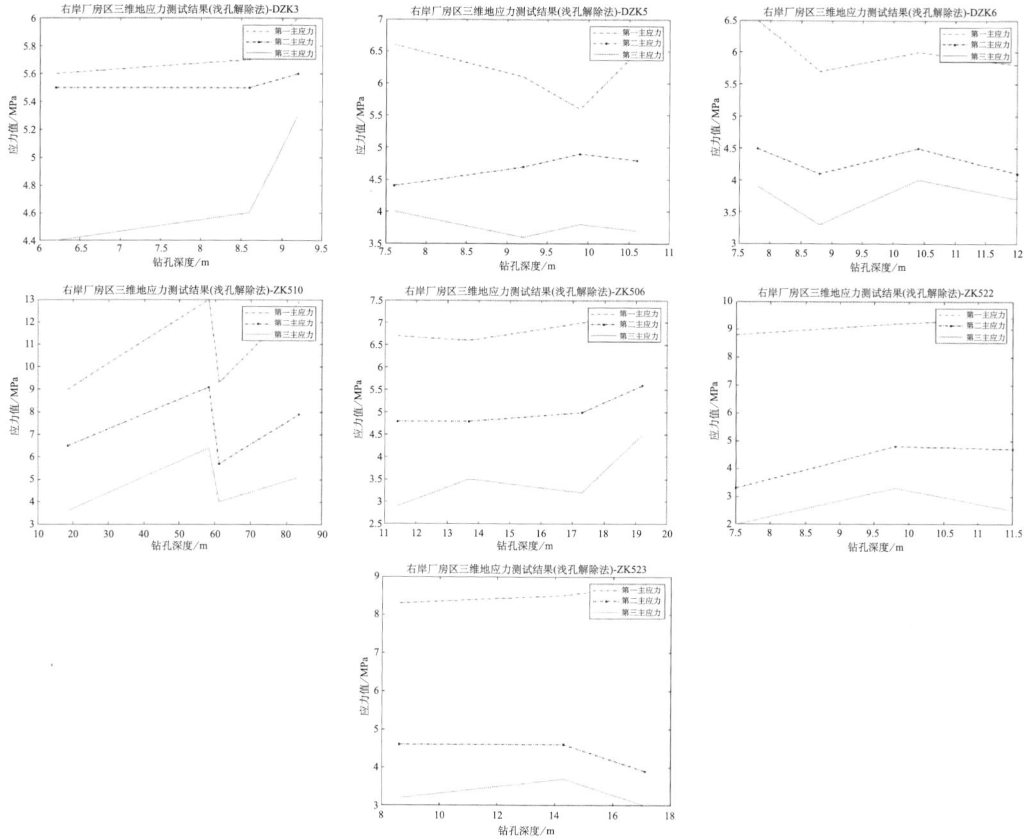


图 7.1.23　右岸解除法地应力分析曲线图

如图 7.1.19、图 7.1.20 和图 7.1.23、图 7.1.24，两岸相同高程、地层上的地应力值差别较大，测试值随深度的变化规律、幅值也相异。从图 7.1.21、图 7.1.22 与图 7.1.25、图 7.1.26 分析，左、右岸地应力变化性质、地应力数值上的变化与深度无明显关系，据此判定岩体初始各向异性对地应力值增大的影响大于随深度地应力值增大的幅度。

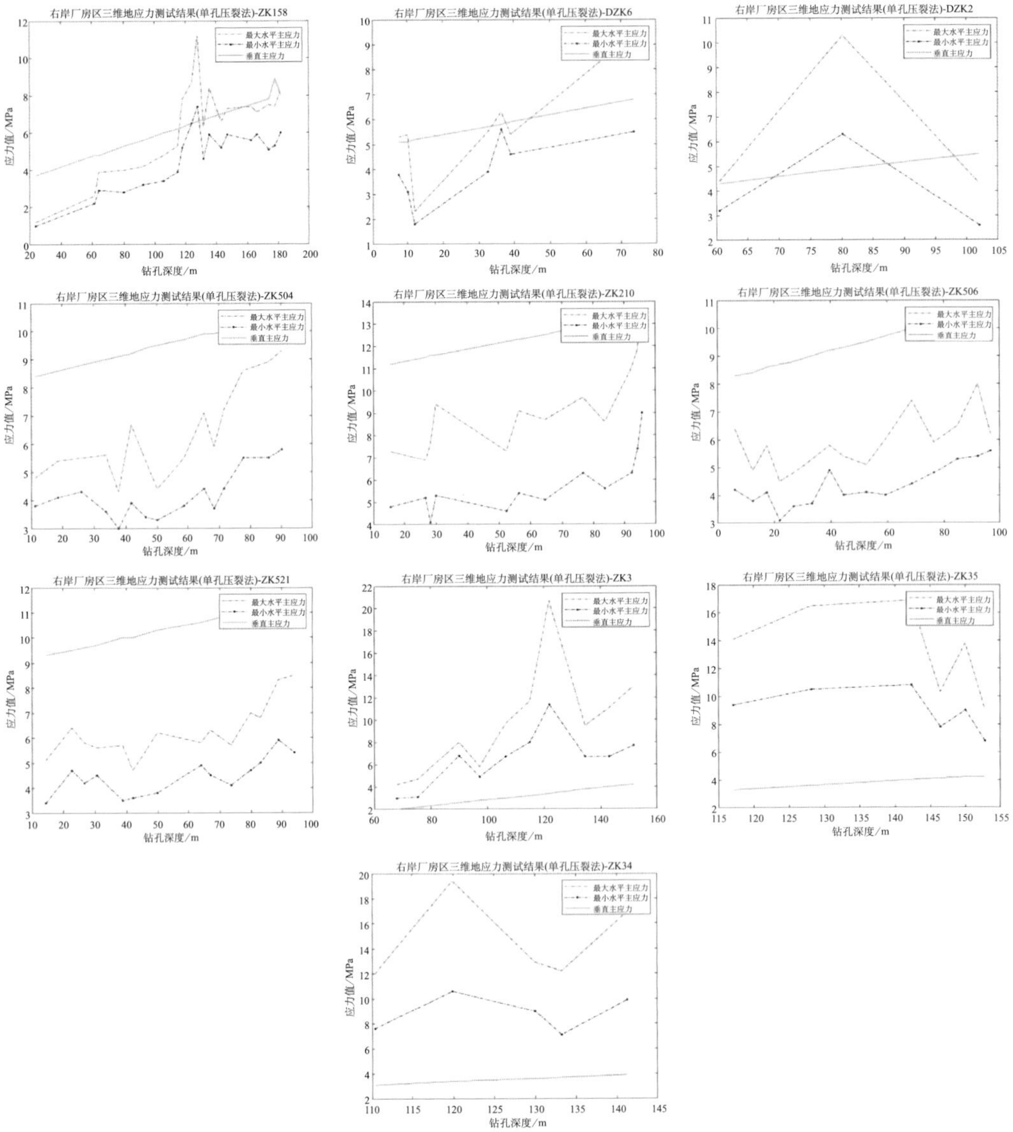


图 7.1.24　右岸压裂法地应力分析曲线图

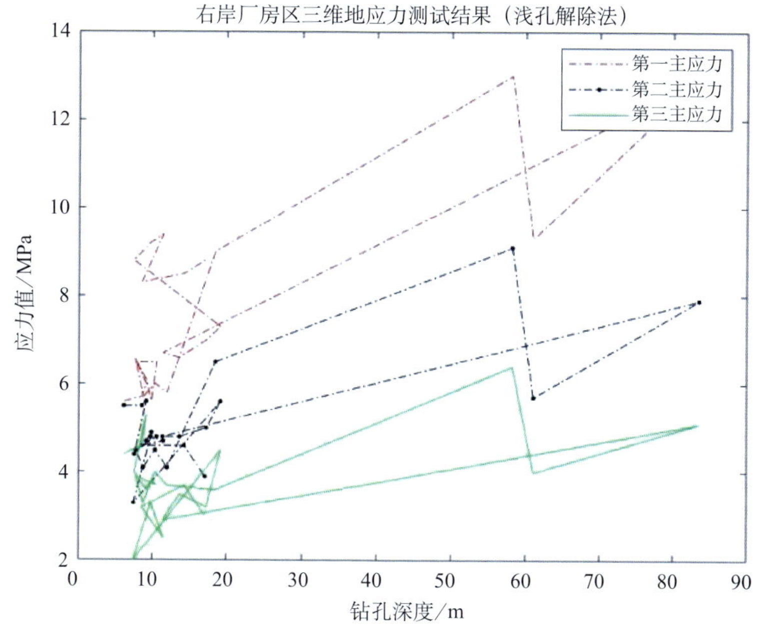


图 7.1.25　右岸测点地应力分析总图（1）

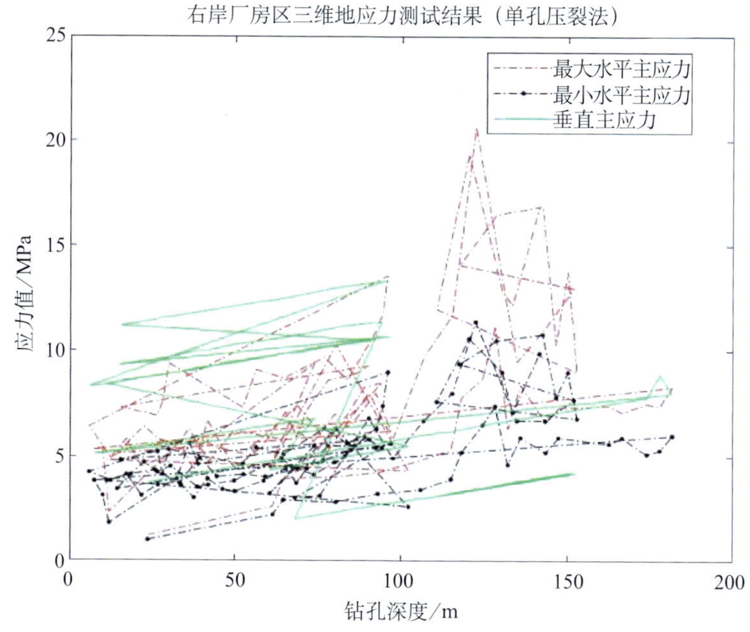


图 7.1.26　右岸测点地应力分析总图（2）

**2. 枢纽布置和主要建筑物所处区域地层岩体各向异性的微观力学性质分析**

把枢纽布置和主要建筑物所处区域代表性地层岩体的各项力学参数，包括岩石饱和抗压强度、变形模量、抗剪强度等绘制成图分析其各向异性特征，见图 7.1.27 至图 7.1.34。

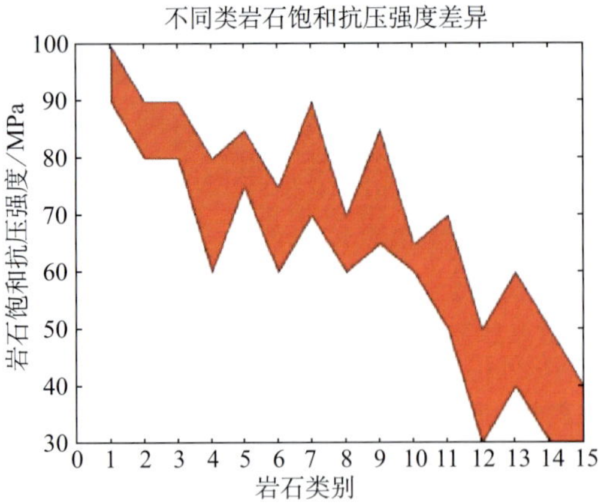


图 7.1.27　不同类岩石饱和抗压强度差异性分析图

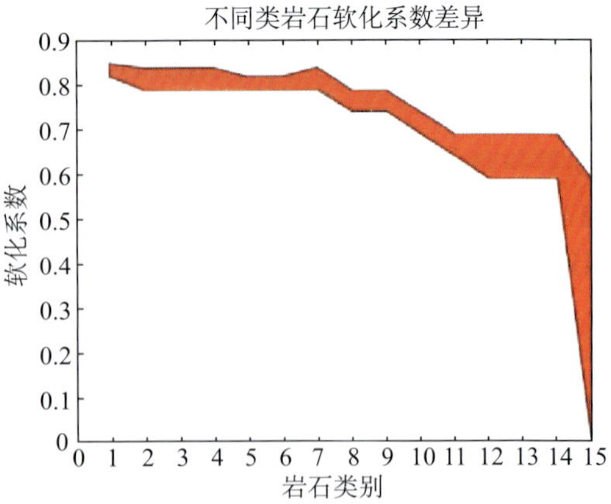


图 7.1.28　不同类岩石软化系数差异性分析图

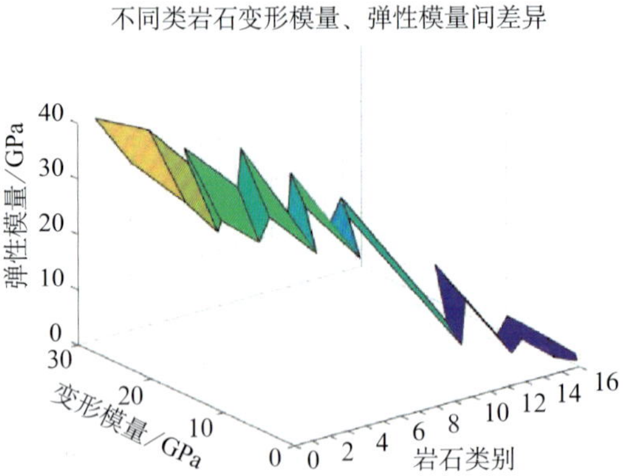


图 7.1.29　不同类岩石变形、弹性模量差异性分析图

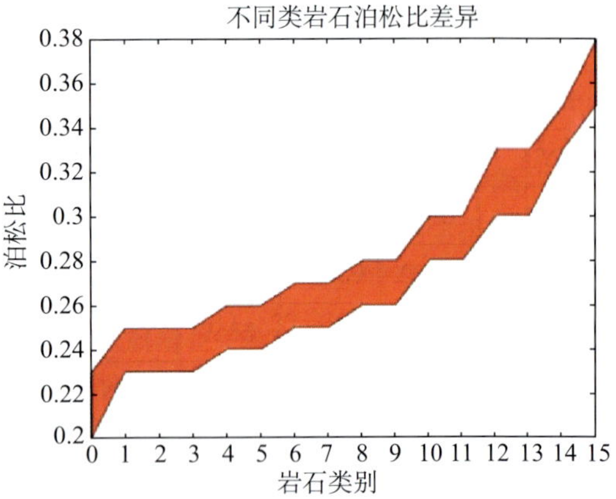


图 7.1.30　不同类岩石泊松比差异性分析图

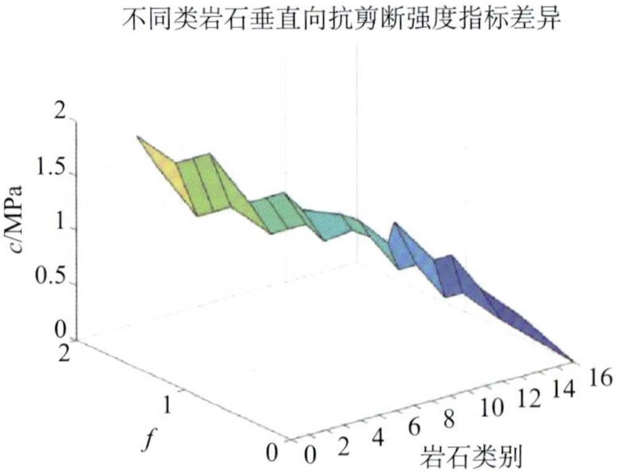


图 7.1.31　不同类岩石垂直向抗剪断强度差异性分析图

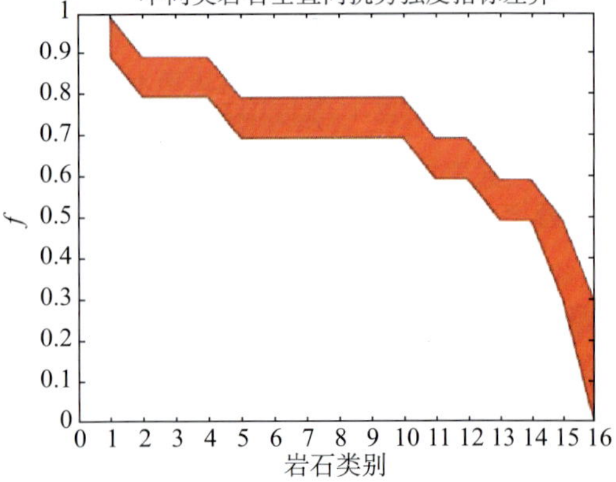


图 7.1.32　不同类岩石垂直向抗剪强度差异性分析图

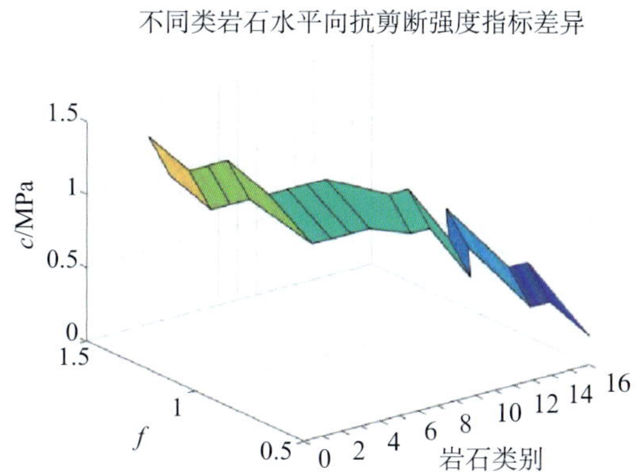


图7.1.33　不同类岩石水平向抗剪断强度指标差异性分析图

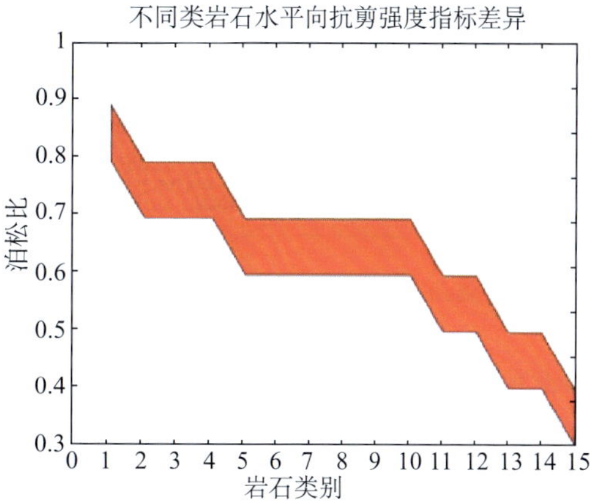


图7.1.34　不同类岩石水平向抗剪强度指标差异性分析图

注：图7.1.27至图7.1.34中水平坐标下的数字1～16分别表示：Ⅰ类厚层状岩石、Ⅰ类弱卸载厚层岩石、Ⅰ类中厚层岩石、Ⅰ类厚层/巨厚层岩石、Ⅱ类弱卸载中厚层岩石、Ⅱ类弱卸载厚层/巨厚层岩石、Ⅱ类互层状岩石、Ⅱ类薄层状岩石、Ⅲ类弱卸载互层状岩石、Ⅲ类弱卸载薄层状岩石、Ⅲ类薄层状岩石、Ⅲ类B类角砾岩、Ⅳ类弱卸载薄层状岩石、Ⅳ类绢云千枚岩、Ⅳ类极薄层状岩石、Ⅳ类极薄层状大理岩化白云岩夹千枚岩及部分断层构造破碎岩、Ⅴ类构造岩。

通过对图7.1.27至图7.1.34分析，坝址区典型岩体在饱和抗压强度、软化系数、垂直和水平向抗剪断、抗剪强度指标均在整体上呈现减小趋势的情况下，而泊松比却在整体上呈现增大趋势，表明了这些岩体非常明显的初始各向异性特征。

**3. 岩体卸荷和地震弹性波波速分析**

边坡岩体在边坡部位的临空边界，产生应力上升—应力集中—应力下降—应力松弛的变化过程，岩体风化主要以微新岩体为主，边坡卸荷岩体以弱卸荷带岩体为主。

表7.1.8和表7.1.9统计出各类岩体卸荷状态下的地震弹性波波速值，并以此绘制出卸荷岩体弹性波波速曲线（图7.1.35、图7.1.36）。

**表 7.1.8　各类岩体不同卸荷状态下地震弹性波波速统计表**

| 岩性 | 岩体结构 | 卸荷状态 | 地震弹性波波速/(m/s) | |
|---|---|---|---|---|
| | | | 一般值 | 平均值 |
| 灰岩 | 厚层 | 弱 | 2400~4000 | 3734 |
| | | 微 | 3600~4600 | 4074 |
| | | 非 | 3800~5200 | 4496 |
| | 中厚层 | 弱 | 2600~4000 | 3313 |
| | | 微 | 3400~4400 | 3924 |
| | | 非 | 3400~4400 | 4076 |
| 大理岩 | 厚层 | 弱 | – | 3401 |
| | | 微 | – | 3834 |
| | | 非 | 3800~5000 | 4168 |
| 白云岩 | 巨厚层 | 弱 | – | 2930 |
| | | 非 | 3600~4400 | 4038 |
| 大理岩化白云岩 | 互层 | 若 | – | 3444 |
| | | 微 | – | 3738 |
| | | 非 | 3600~5400 | 4334 |

**表 7.1.9　各类岩体不同卸荷状态下纵波波速统计表**

| 岩性 | 岩体结构 | 卸荷状态 | 纵波波速/(m/s) | | 岩体波速代表值(m/s) |
|---|---|---|---|---|---|
| | | | 一般值 | 平均值 | |
| 灰岩 | 厚层 | 弱 | 5100~6100 | 5386 | 6452 |
| | | 微 | 5100~6200 | 5557 | |
| | | 非 | 5300~6200 | 5693 | |
| | 中厚层 | 弱 | 4200~5700 | 5232 | |
| | | 微 | 5100~6100 | 5562 | |
| | | 非 | 4800~6000 | 5123 | |
| 大理岩 | 厚层 | 弱 | – | 5385 | 6421 |
| | | 微 | 5000~6300 | 5613 | |
| | | 非 | 5100~6300 | 5539 | |
| 大理岩化白云岩 | 互层 | 若 | – | 5419 | 6390 |
| | | 微 | – | 5192 | |
| | | 非 | 5000~6300 | 5674 | |

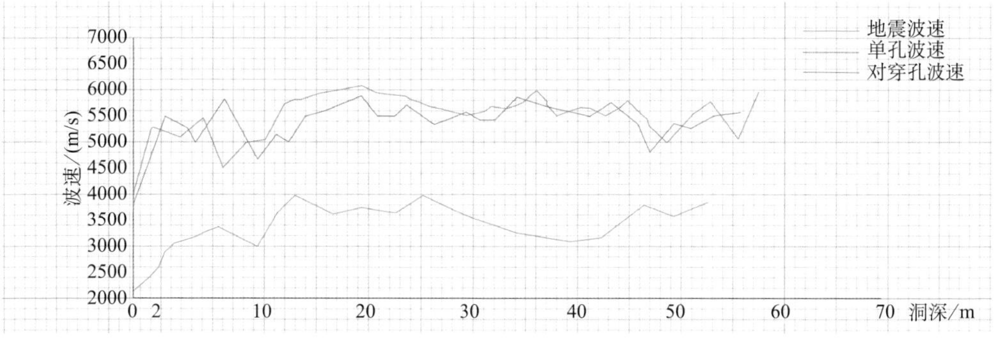


图 7.1.35　左岸 850m 高程处岩体弹性波波速曲线（0 处为边坡面）图

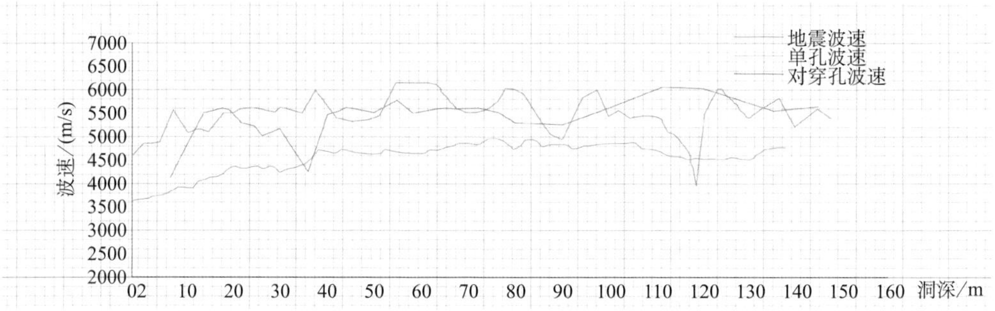


图 7.1.36　左岸 960m 高程处岩体弹性波波速曲线（0 处为边坡面）图

由图 7.1.35、图 7.1.36 和表 7.1.9，边坡朝向金沙江两侧岩体纵深，地震波速和弹性波曲线增大趋势并不明显。波速值在不同高程上的变化差异不大，结合两岸地应力特征、典型岩体的饱和抗压强度、软化系数、垂直和水平向抗剪断、抗剪强度等力学性质初始各向异性特征综合分析和研究，坝址区两侧岩体初始各向异性的力学性质对地震波的传播速度在水平方向上有一定影响，但不具有显著影响。

## 7.1.2　坝址区散粒体（滑坡体、堆积体）各向异性的物理地质现象和力学性质分析

### 7.1.2.1　散粒体（滑坡体、堆积体）地层特性

坝址区松散地层包括①残坡积层（$Q^{el+dl}$），主要以砾石、碎石为主，夹少量粉土。②滑坡堆积层（$Q^{del}$），主要为白云岩滑坡形成的“似角砾岩”。③崩塌堆积层（$Q^{col}$），主要以块石、碎石为主，夹少量粉土。④崩坡积层（$Q^{col+dl}$），主要以块石、碎石为主。⑤冲积层（$Q^{al}$），河床覆盖层，一般厚 55~65mm。

分析由以上松散地层构成的坝址区散粒体空间区域的钱窝子堆积体、金坪子滑坡体和梅子坪堆积体。这一类堆积体颗粒级配相近，堆积量较大，具有典型的散粒体特征，其基本特性见表 7.1.10。在金坪子滑坡体和钱窝子滑坡体后缘基岩体各建有自由场和平硐台强震监测台。

钱窝子堆积体位于左岸泄洪洞进口上方，见图 7.1.37 和图 7.1.38。

**表 7.1.10　坝址区散粒体（滑坡体、堆积体）地层基本特性及分类表**

| 名称 | 分布情况（沿河流方向） | 主要颗粒组成 | 空间分布 | 厚度（m） | 体积 | 现状 |
|---|---|---|---|---|---|---|
| 钱窝子堆积体 | 左岸 | 呈弱风化状态下的卵砾石、块石夹粉土层、白云岩碎块石夹粉土、碎石块夹菱形小团块分布的粉土、白云岩破碎块石因淋滤作用形成的“似角砾岩” | 泄洪洞进口上方 | 60~150 | 约 $2100\times10^4m^3$ | 整体基本稳定 |
| 金坪子滑坡体 | 右岸 | 坚硬灰岩、变质灰岩、坚硬和半坚硬板岩、千枚岩、结构致密的白云岩大块石、古冲沟块石、砂砾夹粉土层、千枚岩碎屑土、白云岩块石碎石夹少量粉土层 | 右岸古金沙江侵蚀平台上、阿摆-熊家水井大沟蠕滑体区域、坝址下游900m处右岸的古基岩滑坡体 | 260~400 | 约 $1955\times10^5m^3$ | 滑坡前缘向江心呈圆弧状凸出，滑坡体范围广、覆盖面积较大、地质条件复杂 |
| 梅子坪堆积体 | 右岸 | 主要为岩粉胶结或钙质胶结的“似角砾岩” | 右岸大红沟上游处 | 20~80 | $900\times10^4m^3$ | 整体处于稳定状态，可能产生规模很小的崩塌 |

图 7.1.37　钱窝子堆积体（卫片）分布图

图 7.1.38　钱窝子堆积体（局部）

金坪子滑坡体上距乌东德坝址约 900m，前后缘高差接近 1100～1200m，滑坡轴线 EW 走向，长约 3km，前缘宽度约 1.5km，后缘宽度约 1.2km，滑坡区面积约 4.5km$^2$，见图 7.1.39 和图 7.1.40、图 7.1.41。

图 7.1.39　金坪子堆积体（卫片）分布图

图 7.1.40　金坪子滑坡体Ⅱ区（局部）

图 7.1.41　金坪子滑坡体Ⅲ区（局部）

梅子坪堆积体位于右岸导流洞进口上方，见图 7.1.42 和图 7.1.43。

图 7.1.42　梅子坪堆积体分布位置图

图 7.1.43　梅子坪堆积体（局部）

#### 7.1.2.2　散粒体（滑坡体、堆积体）各向异性的物理地质现象分析

散粒体在形成过程中，由于在水平向各个方向和垂直向上存在应力、围压、温度、环境

条件、地震作用等差异，从而使其在地形、地貌、沉积韵律、物质成分、颗粒分选性、颗粒形状和排列等许多方面表现为各向异性，称这类各向异性特征为初始各项异性。形成后由于地震、冲刷、机械振动等外力作用，这些散粒体在各方向上同样存在着差异，因这些差异进而导致产生各种物理形态上新的各项异性，如：物质成分、颗粒分选性、颗粒形状和排列等，称这些差异为应力诱发各项异性。

坝址区散粒体（滑坡体、堆积体）空间分布点多、不连续、体态各异、高程位置不同等。对于这些散粒体的地层颗粒物，各向异性的物理地质现象特征可从颗粒形状、粒间接触和边界条件三个主要因素上考虑和分析。金坪子滑坡体和钱窝子、梅子坪堆积体的岩土颗粒基本都是具有一定棱角的非球形颗粒，不光滑，土颗粒存在长短轴的特性；颗粒间接触相对复杂，基本以圆（椭圆）盘和球（椭球）形为性态，一定规模震级地震作用后，这些颗粒会粘结成新岩土颗粒，即在进行土动力作用计算时有大量的如图 7. 1. 44 的椭圆盘和椭球体颗粒样态模型。

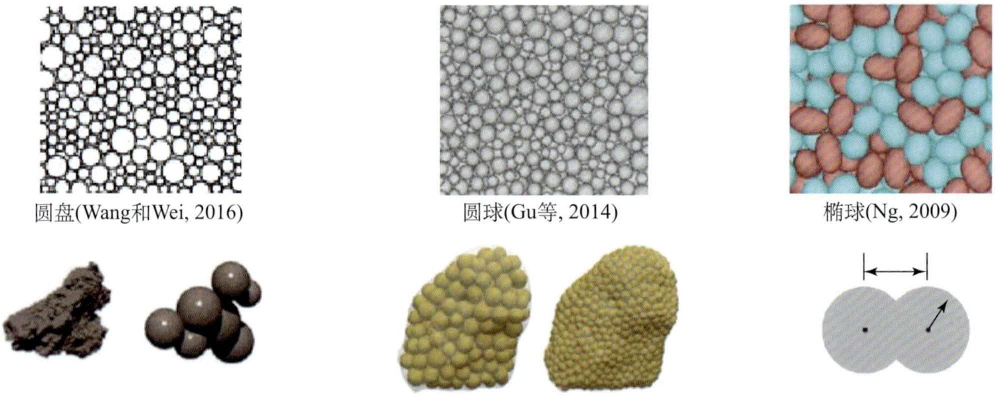

圆盘(Wang和Wei, 2016)　圆球(Gu等, 2014)　椭球(Ng, 2009)

模拟真实颗粒的粘接颗粒 (Matsushima等， 2009)　模拟真实颗粒的粘接颗粒 (徐文杰和王识， 2016)　双圆盘粘接颗粒 (Li和Yu， 2010)

图 7. 1. 44　一些离散元计算颗粒样态模型图

对金坪子滑坡体、钱窝子和梅子坪堆积体各向异性的物理地质现象特征分析，见表 7. 1. 11。

**1. 金坪子滑坡体**

见图 7. 1. 45，斜逆向～逆向斜坡，分为 5 个区——前缘Ⅴ区与中部Ⅳ区为基岩区，Ⅰ、Ⅱ、Ⅲ区是主要研究对象。

泊渡—当多古崩塌—滑坡堆积体（Ⅰ区），分布在高程 1400m 以上，堆积体总体积约 $6050\times10^4m^3$。多古滑坡堆积体位于Ⅱ区后缘；火地湾古滑坡堆积体，位于Ⅱ区侧后缘，该滑坡位移速率约 0. 07～0. 1mm/d。

阿摆—熊家水井大沟蠕滑体（Ⅱ区），分布高程 880～1400m，如图 7. 1. 46。按物质组成和成因，自下而上分为：$Q^{pl+col}$层、$Q^{del}$层、$Q^{del}$层和 $Q^{col}$层。

金坪子古滑坡堆积体（Ⅲ区），如图 7. 1. 47，主体为古基岩滑坡体，深嵌于古河槽底部的基岩中。由于拱形坝距离此堆积体仅 900m，因此对此区堆积体进行水库地震的动力研究很有必要。

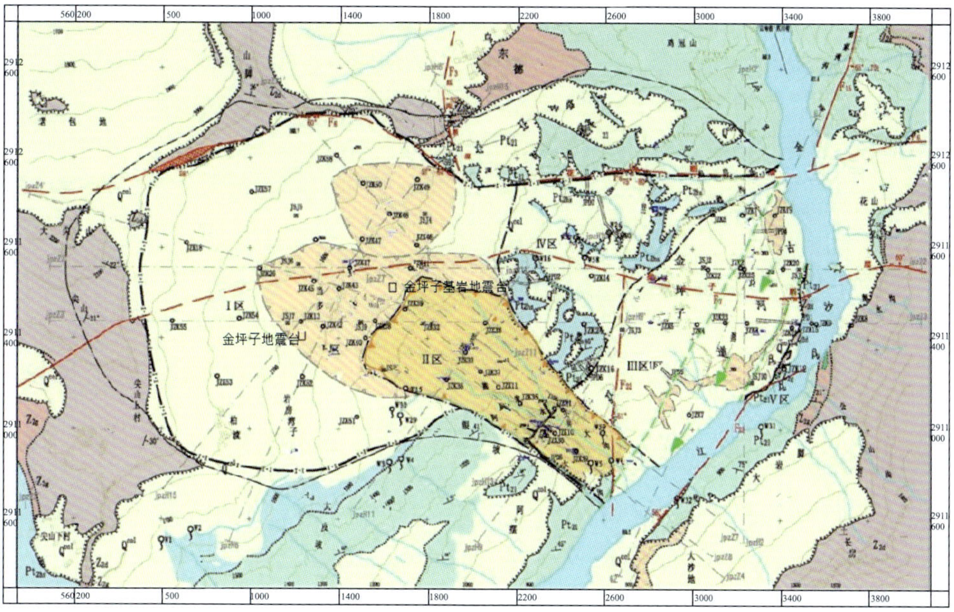


图 7.1.45　金坪子滑坡体区域地层分布图

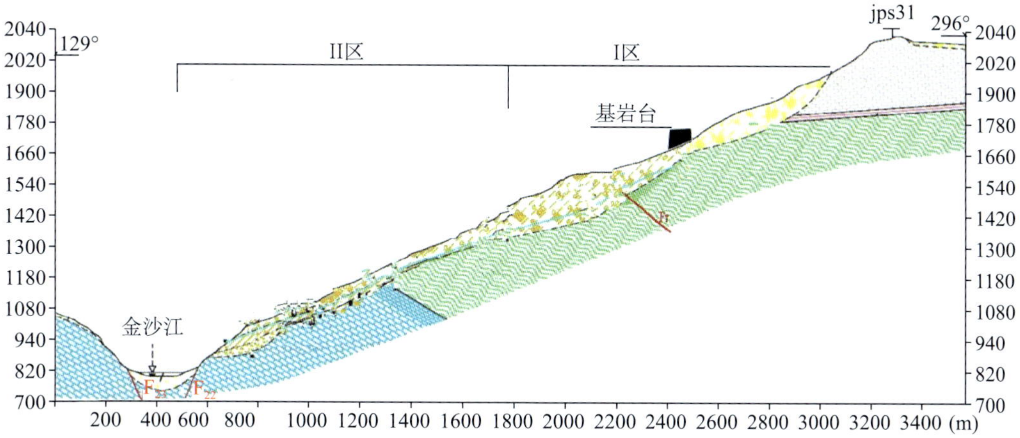


图 7.1.46　金坪子Ⅰ、Ⅱ区滑坡体断面图

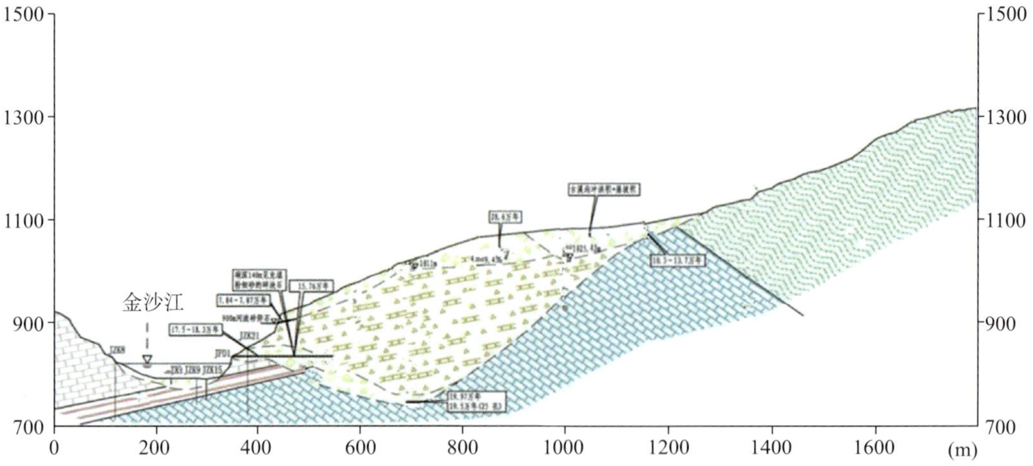


图 7. 1. 47　金坪子Ⅲ区滑坡体断面图

**2. 钱窝子堆积体**

高程 1230~1570m，从下至上分为 3 层：$Q^{al}$、$Q^{col+dl}$、$Q^{col+dl}$。在中部形成连续陡崖，基岩面在堆积体前缘形成一个垂向江的平台，后缘基岩面陡峭，如图 7. 1. 48。

**3. 梅子坪堆积体**

位于右岸大红沟断层上侧，高程 1140~1650m。中间厚度相对于上下游较大。图 7. 1. 49 为示意图。

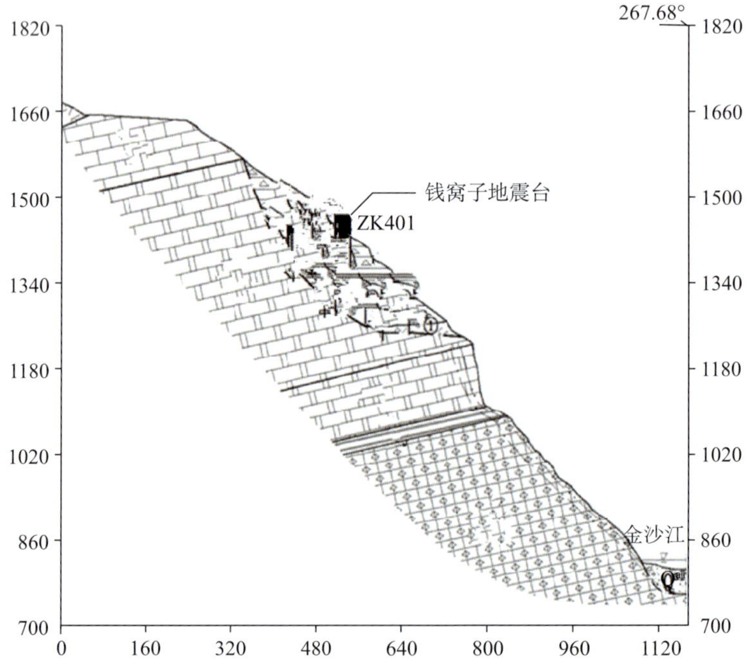


图 7. 1. 48　钱窝子堆积体断面图

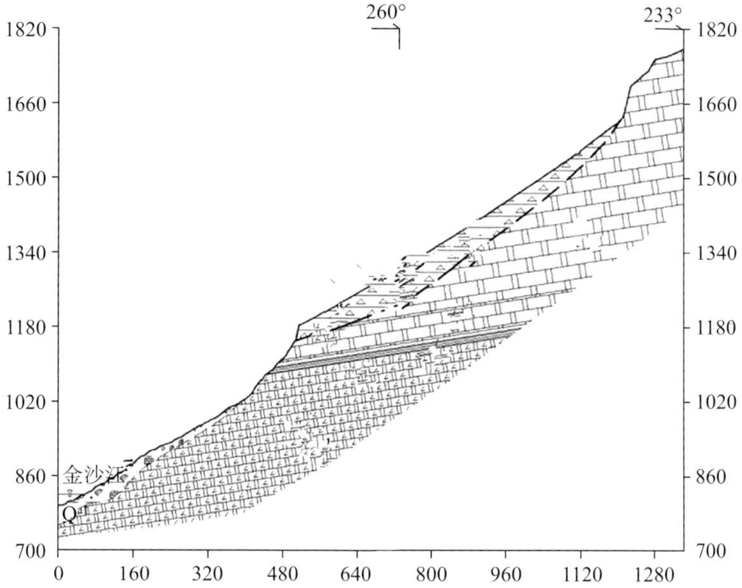


图 7.1.49　梅子坪堆积体断面图

**表 7.1.11　金坪子滑坡体、钱窝子堆积体各向异性特征表**

| 名称 | | 颗粒物主要成分差异 | 颗粒胶结形态模型类型 |
|---|---|---|---|
| 金坪子滑坡体 | Ⅰ区古崩塌堆积体 | 白云岩大块石（块石间相互咬合，结构紧密） | 椭球模型（2009） |
| | Ⅰ区当多古滑坡体 | 白云岩大块石（无明显滑带，块石间相互咬合，结构紧密） | 椭球模型（2009） |
| | Ⅰ区火地湾古滑坡堆积体 | 白云岩块石碎石土（结构松散） | 圆球模型（2014） |
| | Ⅱ区 | 古冲沟碎块石、砂砾夹少量粉土（成分混杂，粒径大小不一，结构松散~中密） | 圆球模型（2014） |
| | | 千枚岩碎屑土、粉质粘土夹杂少量砾石和碎石（结构密实，具有明显挤压错动特征） | 椭球模型（2009）+圆球模型（2014） |
| | | 千枚岩碎屑夹土（成分单一，结构松散） | 圆盘模型（2016） |
| | | 白云岩块石碎石夹少量粉土层（结构松散，有架空现象） | 椭球模型（2009）+圆盘模型（2016） |
| | Ⅲ区 | 白云岩块石、碎石及中下部“角砾岩”（结构紧密，强度较高） | 椭球模型（2009）+圆球模型（2016） |

续表

| 名称 | 颗粒物主要成分差异 | 颗粒胶结形态模型类型 |
|---|---|---|
| 钱窝子堆积体 | 鹅砾石、块石夹粉土 | 圆球模型（2014）+圆盘模型（2016） |
| | 白云岩碎块石夹粉土 | 椭球模型（2009）+圆盘模型（2016） |
| | “似角砾岩”（岩粉及钙质胶结的角砾岩） | 圆球模型（2014） |
| 梅子坪堆积体 | “似角砾岩” | 圆球模型（2014） |

综上分析，乌东德水电站坝址区散粒体（滑坡体、堆积体）各向异性的物理地质现象经过多期地质作用，现今主要表现为诱发各向异性：地层颗粒级配和形状差异产生的颗粒体优选排列方向不同、颗粒接触空间差异以及孔隙形状、大小变化等物理性质方面的各向异性。

#### 7.1.2.3　散粒体（堆积体、滑坡体）各向异性的力学性质

散粒体（堆积体+滑坡体）微观结构决定了其强度、剪胀、压缩等力学性质，微观结构不仅与原生形态有关，同时与外力荷载有着紧密联系。典型散粒体各向异性的力学性质，一是由于强震作用，二是在漫长的地质堆积和沉积过程中在内在重力荷载的作用下，区域范围内岩土散粒体发生弹塑性变形，而使其中颗粒产生再接触分离、滑动、颗粒转动重组甚至破碎，从而使得原生组构发生变化产生各向异性的力学性质。

## 7.2　乌东德水库地震基本赋存介质的空间特性

基于乌东德库区水库地震的赋存空间环境，对不同库段的地层岩体特性、岩体结构、水文地质条件分布规律研究，探索水库地震地层岩体复杂特性。研究重点空间范围为大坝上游30km，下游10km，左右两岸10km。

### 7.2.1　库段研究范围及其基本特征

乌东德水电站天然水位约822.27m，设计正常蓄水位为975m，回水至攀枝花市区以东密地村一带，相应库尾设计水位998.50m，干流回水线长206.7km；水库总库容约74.08亿立方米。据“金沙江乌东德水电站库坝区地震本底与水库诱发地震研究报告”，将库区水库地震环境划分为五个库段，见1.3节内容。见图7.2.1，各库段划分的依据见表7.2.1，各库段水库地震赋存介质基本特征见表7.2.2。

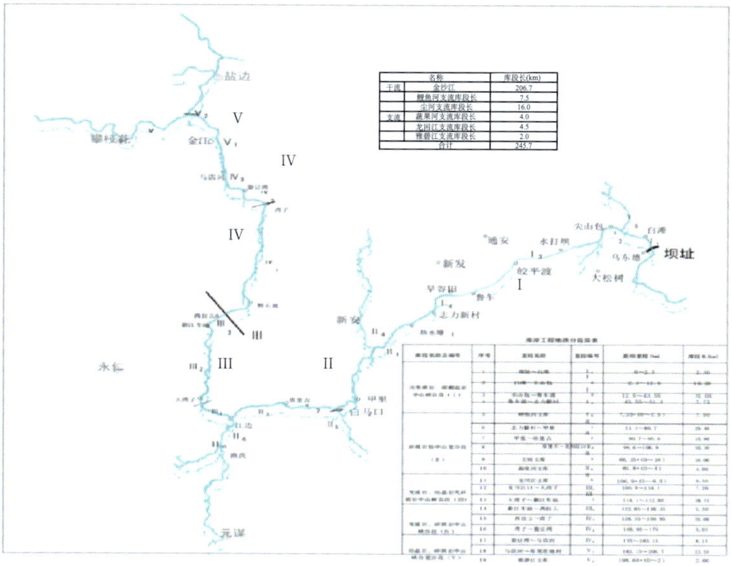


图 7.2.1　库区库段划分图

**表 7.2.1　水库地震基本环境划分依据表**

| 库段 | 地形地貌 | 地层岩体 | 岩体结构 | 水文地质条件 | 人工活动 |
|---|---|---|---|---|---|
| 发生水库地震可能性较大的库段 | 峡谷、V 形谷、纵向谷，岸坡陡立，基岩裸露，体峡谷、V 形谷纵向谷，岸坡陡立，基岩裸露 | 大面积质纯、层厚、产状平缓的灰岩、白云质灰岩、纯大理岩或块状岩体火成岩侵入体和巨厚火山熔岩或成块状岩体 | 背斜的核部、向斜的翼部，含水和透水的张性断裂构造部位，存在顺河向不连续面含水和透水的张性断裂构造部位 | 地下暗河、岩溶管通成河、活动断层基岩裸露地段，基岩中有连通性好的透水通道 | 大规模长期开采的沉积矿藏或存在大量已经采空废弃的矿洞矿坑 |
| 发生水库地震可能性较小的库段 | 宽谷、岸坡平缓、峡谷 | 中、薄层灰岩及中、薄层灰岩与碎屑岩、泥灰岩等互层或成层状岩体 | 断层、裂隙不发育 | 岩溶不太发育 | 大规模开采或已废弃的石料场 |
| 不易发生水库地震的库段 | 宽谷、岸坡平缓 | 变质岩中的片岩、板岩、砾岩的碎屑岩系；砂砾岩、页岩及松散岩 | 断层、裂隙不发育，层间连续性差 | | |

**表 7.2.2 各库段水库地震赋存介质基本特征一览表**

| 库段名称及编号 | 亚段名称 | 距离坝址（km） | 库段长（km） | 蓄水前岸坡主要类型 | 基本地质条件 | | | |
|---|---|---|---|---|---|---|---|---|
| | | | | | 蓄水前两岸地形地貌 | 蓄水后水位下地层岩性 | 蓄水后水位下岩体结构 | 水文地质条件 |
| I 库段 | 鲁家村—白滩 | -10~2.3 | 12.3 | 左岸：逆向坡、横向坡；右岸：斜向坡、横向坡 | 两岸坡角为40°~70°。局部呈陡崖状，河谷狭窄，蓄水前江面宽100~150m，为峡谷段。蓄水后江面宽546~575m，金沙江流向约156° | 左岸岸坡距离河床200m基岩为厚层块状含藻白云岩，高程600~975m，之外为震旦系碳酸盐岩，下伏前震旦系浅变质岩。右岸岸坡距离河床600m基岩为厚层块状含藻白云岩，高程600~975m | 主要有马鹿塘断裂，有5条长度大于1km的断层。裂隙发育一般，基底地层存在性状较差的层间剪切带，劈理多顺层发育 | 老鹰崖—白滩两岸岩溶较发育，基岩为相对透水层，基岩裂隙水为主，碳酸盐岩地层中存在岩溶裂隙水 |
| | 白滩—尖山包 | 2.3~12.5 | 10.2 | 左岸为逆向坡；右岸为顺向坡 | 蓄水前江面宽120~150m，蓄水后江面宽546~575m，岸坡地形坡角30°~45°。金沙江整体流向约156° | 左岸为中厚层块状白云岩、厚层块状砂岩夹泥岩、砾岩，高程670~945m。中厚层块状白云岩 | 热水塘断层在左岸沿江出露，褶皱不发育 | 两岸岩溶发育，岸线长度6.2km，基岩为相对透水层，三叠系—白垩系的砂岩、砾岩的裂隙存在裂隙水 |
| I 库段 | 尖山包—鲁车渡 | 12.5~43.55 | 31.05 | 主要为横向坡 | 岸坡30°~35°，局部为陡崖，河谷较狭窄，蓄水前江面宽120m~300m，蓄水后江面宽546~575m，金沙江整体流向约60° | 基岩为中元古界浅变质岩。左右岸盖层为绢云母千枚岩、石英千枚岩、灰岩、英安质凝灰熔岩及凝灰岩为主，高程为650~945m | 基底褶皱为铜厂顶背斜南翼，褶曲发育，变质岩层产状变化大，大于1km的断层3条，裂隙发育一般 | 基岩为相对透水层 |
| | 鲁车渡—志力新村 | 43.55~51.3 | 7.75 | 左岸为顺向坡。右岸为平叠坡、逆向坡 | 岸坡坡度30°~50°，右岸陡峻，峡谷较狭窄，蓄水前江面宽100~200m蓄水后江面宽562~546m，金沙江流向呈南—北—东折线形 | 左、右岸盖层为震旦系碳酸盐岩和砂砾岩，岩层倾向NW，高程650~945m | 易门—汤郎断裂带大角度切割库岸，受其影响，岩层倾角变化较大，一般10°~35°，形成多条阶梯状倾滑断层，层间相对错动形成局部层间剪切带 | 基岩为相对隔水层，震旦系碳酸盐岩地层中存在岩溶裂隙水 |

续表

| 库段名称及编号 | 亚段名称 | 距离坝址（km） | 库段长（km） | 蓄水前岸坡主要类型 | 基本地质条件 | | | |
|---|---|---|---|---|---|---|---|---|
| | | | | | 蓄水前两岸地形地貌 | 蓄水后水位下地层岩性 | 蓄水后水位下岩体结构 | 水文地质条件 |
| Ⅱ库段 | 志力新村—甲里 | 51.3~80.7 | 29.4 | 左岸主要为逆同坡。右岸主要为顺向坡 | 流向NNE，库岸坡度10°~35°，左岸较陡，右岸在热水塘、甲里一带较平缓，蓄水前江面宽约250m，蓄水后江面宽384~462m，河谷较开阔 | 基岩为三叠系—白垩系红色泥、砂岩，左岸为侏罗系杂色泥岩与钙质泥岩，互层，高程700~975m。右岸为白垩系厚层长石石英砂岩、页岩，下伏厚层钙质砂岩、砾岩 | 大黑山向斜东翼，尘河口至甲里间受构造影响，揉皱较强烈 | 岩溶不发育。基岩为相对隔水层，三叠系—白垩系的砂岩、砾岩的裂隙存在裂隙水 |
| | 甲里—依里古 | 80.7~96.6 | 15.9 | 左岸主要为顺向坡，右岸主要逆向坡 | 流向近EW，谷底宽900m~1500m，呈U形谷，高程1000m~1050m以下，坡角15°~20°，蓄水后水上岸坡变陡 | 高程为750~950m，左岸为白垩系砂泥岩、侏罗系泥岩、页岩、长石砂岩、粉砂岩；右岸为白垩系砂泥岩、侏罗系泥岩、页岩、粉砂岩 | 大黑山向斜轴部，受构造影响较剧烈，次级褶曲发育 | 岩溶不发育，基岩为相对隔水层，白垩系砂岩、砾岩存在裂隙水 |
| | 依里古—龙川江口 | 96.6~106.9 | 10.3 | 两岸主要为斜向坡、横向坡 | 金沙江近东流向，河谷较狭窄，谷底宽300~400m，蓄水前地形陡峻，坡角45°~70°，蓄水后岸坡变陡 | 左、右岸盖层基岩为侏罗系泥岩、页岩，高程为750~975m | 大黑山向斜西翼，磨盘山—绿汁江断裂带呈SN走向穿过龙川江口，受其影响，局部岩层陡倾，裂隙增多 | 岩溶不发育，基岩为相对隔水层 |

续表

| 库段名称及编号 | 亚段名称 | 距离坝址（km） | 库段长（km） | 蓄水前岸坡主要类型 | 基本地质条件 | | | |
|---|---|---|---|---|---|---|---|---|
| | | | | | 蓄水前两岸地形地貌 | 蓄水后水位下地层岩性 | 蓄水后水位下岩体结构 | 水文地质条件 |
| Ⅲ库段 | 龙川江口—大湾子 | 106.9~114.1 | 7.2 | | 岸坡30°~40°，局部地形陡峻，蓄水前江面宽200~300m，蓄水后江面宽234~384m，河谷较狭窄，流向约120° | 盖层基岩为混合岩化的角闪斜长变粒岩，高程840~975m | 位于磨盘山—绿汁江断裂带西侧，受断层影响，岸坡局部岩体较破碎，裂隙数量多 | 岩溶不发育，基岩为隔水层 |
| | 大湾子—新江车站 | 114.1~132.85 | 18.75 | 右岸为逆向坡 | 岸坡坡度20°~40°，右岸大湾子一带地形较缓，蓄水前江面宽150~300m，蓄水后江面宽234~384m，NS流向 | 左、右岸基岩为角闪斜变粒岩，高程为840~975m | 位于磨盘山—绿汁江断裂带西侧，受断层影响，岸坡局部岩体较破碎，裂隙多且大和长。蓄水后部分断裂位于水下 | 岩溶不发育，基岩为隔水层 |
| | 新江车站—西拉么 | 132.85~138.35 | 5.5 | 两岸为块状岸坡 | 岸坡坡度30°~45°，左岸稍缓，右岸较陡，蓄水前江面宽200m，蓄水后234~384m，河流向约210 | 两岸基岩为晋宁期花岗岩，变质岩、结晶岩位于水下，高程为844~970m | 受磨盘山—绿汁江断裂带影响，岸坡局部岩体较破碎。蓄水后大部分裂隙位于水下 | 岩溶不发育，基岩为隔水层 |

续表

<table>
<tr><th rowspan="2">库段名称及编号</th><th rowspan="2">亚段名称</th><th rowspan="2">距离坝址(km)</th><th rowspan="2">库段长(km)</th><th rowspan="2">蓄水前岸坡主要类型</th><th colspan="4">基本地质条件</th></tr>
<tr><th>蓄水前两岸地形地貌</th><th>蓄水后水位下地层岩性</th><th>蓄水后水位下岩体结构</th><th>水文地质条件</th></tr>
<tr><td rowspan="3">Ⅳ库段</td><td>西拉么—湾子</td><td>138.3~5169.95</td><td>31.6</td><td>两岸为逆向坡、横向坡</td><td>岸坡坡度25°~40°，在拉鲜—次格地一带，两岸地形稍缓，蓄水前江宽约200m，蓄水后234~384m。江整体呈NS流向</td><td>两岸基岩为前震旦系浅变质岩，震旦系白云岩、三叠系泥、砂岩，高程为840~979m</td><td>磨盘山—绿汁江断裂带在鲜石地—湾子段沿江左岸出露，受断裂影响，岩体较破碎，裂隙数量大幅度增加。蓄水后断层位于水下</td><td>可溶岩沿岸线分布于奥陶系巧家组地层，基岩为相对透水层，裂隙水主要赋存于三叠系砂岩</td></tr>
<tr><td>湾子—蚕豆湾</td><td>169.95~175</td><td>5.05</td><td>两岸主要为块状岩质岸坡</td><td>岸坡坡度30°~40°，蓄水前江面宽约200m，蓄水后234~384m。江整体流向弯曲向东</td><td>两岸基岩为细粒角闪斜长变粒岩，中粒角闪斜长片麻岩、花岗质混合岩、花岗质片麻岩等，高程为840~985m</td><td>受磨盘山—绿汁江断裂带影响，岩层较破碎，断裂发育</td><td>岩溶不发育，基岩为隔水层</td></tr>
<tr><td>蚕豆湾—马店河</td><td>175~183.15</td><td>8.15</td><td>左岸主要为横向坡</td><td>岸坡坡度10°~20°，蓄水前江面宽250~300m，蓄水后234~384m</td><td>主要为三叠系厚层块状砂岩夹泥岩、砾岩、砂岩互层，高程为850~983m</td><td>断层、褶皱不发育，岩层整体倾向南</td><td>岩溶不发育，基岩为隔水层，裂隙水主要赋存于三叠系砂岩中</td></tr>
<tr><td>Ⅴ库段</td><td>马店河—库尾密地村</td><td>183.15~206.7</td><td>23.55</td><td>两岸主要为块状岩土质岸坡</td><td>沿岸地形平缓，金江镇一带河谷较开阔，蓄水前江面宽150~400m，蓄水后江面宽200m</td><td>主要为晋宁期石英闪长岩，高程为850~996m</td><td>主要断裂有牛场坪断裂、马店河断层及石厂断层</td><td>岩溶不发育，基岩为隔水层</td></tr>
</table>

## 7.2.2　库区各段基本赋存介质特征分析

### 7.2.2.1　鲁家村至志立新村段（第Ⅰ库段）

**1. 地层岩性**

库段整体地势见图 7.2.2，库区各类岸坡结构分布见图 7.2.3。蓄水前水位以下地层主要有震旦系灯影组碳酸盐岩、澄江组砂砾岩，中元古界浅变质岩等。主要地层岩性见图 7.2.4。蓄水后大部分地段碳酸盐岩位于水下，碳酸盐岩是软岩，岩体较完整，主要成分碳酸钙，易软化。该库段典型断面白滩—尖山包、右岸河湾地段地层岩体特性，分别见图 7.2.5、图 7.2.6。

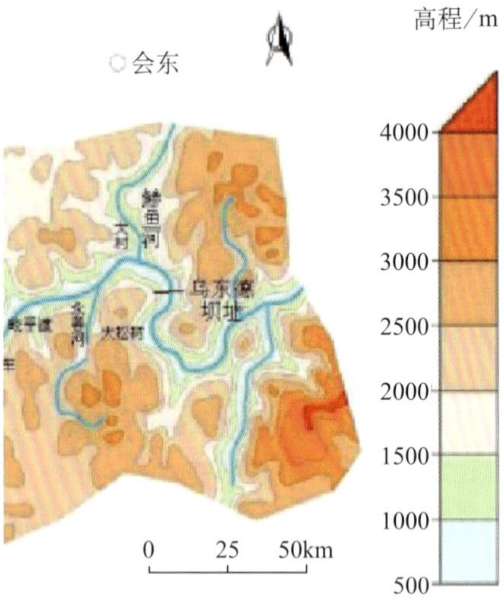


图 7.2.2　Ⅰ库段地势图

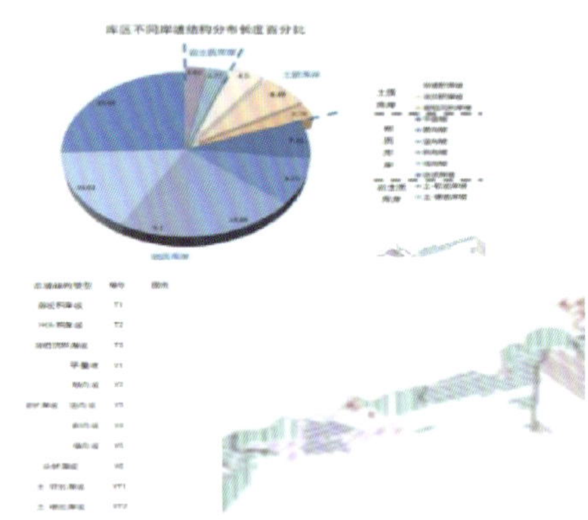

图 7.2.3　Ⅰ库段岸坡结构分布示意图

**2. 岩体结构**

出露的主要构造形迹有褶皱、断层、裂隙等，结合蓄水前后水位变化，分析断层和裂隙。影响库段水库地震的主要断裂分布见图 7.2.4。

1）断层

在坝址区较大的断层有红沟断层等，分析内容详见 7.1.1 节。厂沟—皎西断裂主要由竹青河—皎平、鲁魁山—皎西、热水塘断层三条断层组成，呈梯状正断层结构、北宽南窄发育；破碎带主要由碎裂岩、断层泥等，宽 10~30m，胶结较好；蓄水前热水塘断层在左岸沿江出露高程为 980m，共有南北两条分支断层平行排列发育，该库段白滩—尖山包断层见图 7.2.5 和图 7.2.6。马鹿塘至撒马基段断层发育于二叠系—震旦系间，半固结角砾岩带中有片理化现象，沿线发育小型溶蚀凹地和线性 V 形谷，在大凹戛断层破碎带宽约 35m，断裂破碎物质呈半胶结状。

现场勘查典型小断层有 18 条，断层走向多与金沙江呈大角度相交，多为陡倾角，少数断层面有叠加风化和溶蚀作用的现象，性状差；见表 7.2.3；蓄水后绝大部分微小断层露头

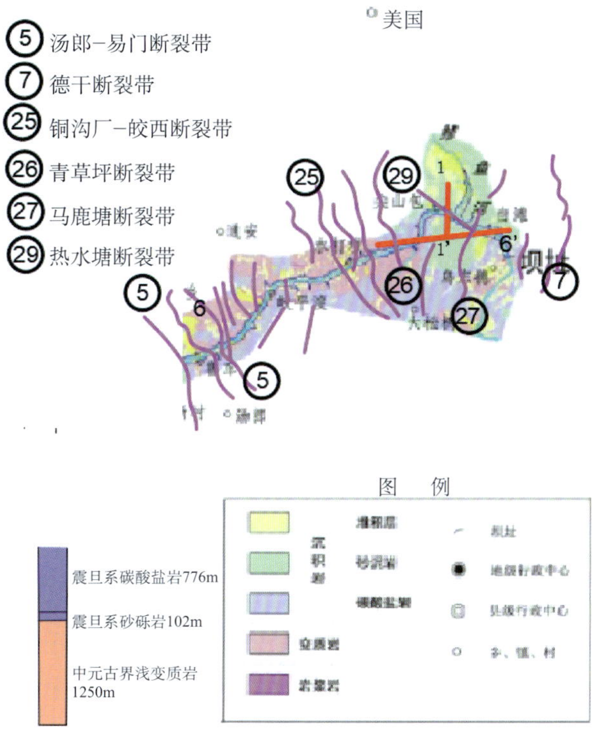


图 7.2.4　Ⅰ库段主要地层岩性和断裂分布简图

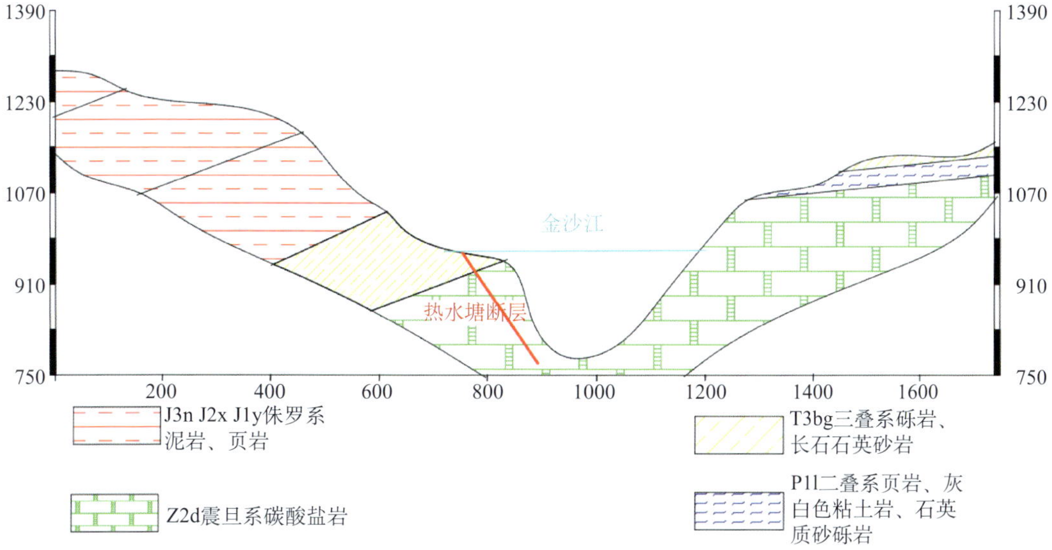


图 7.2.5　Ⅰ库段典型地层岩体和断层 1—1’ 断面图

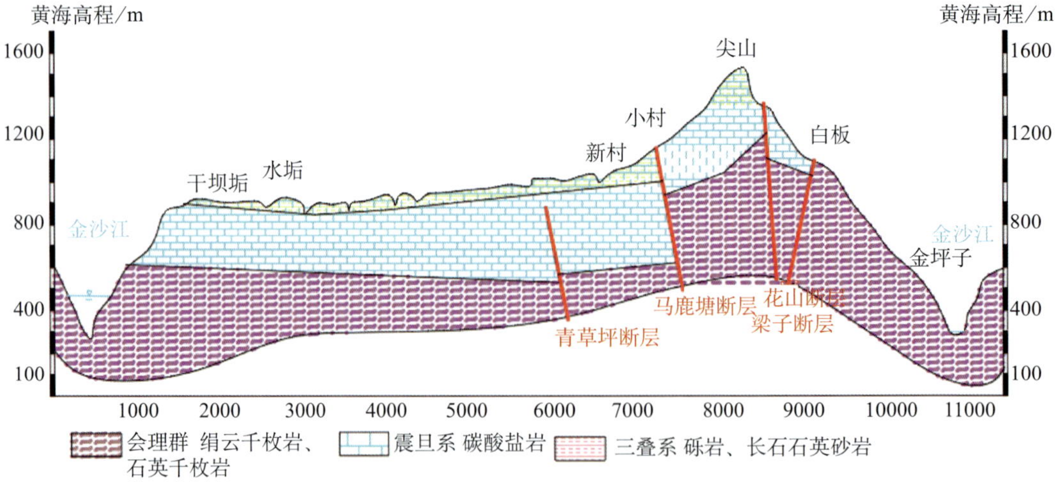


图 7.2.6 Ⅰ库段右岸河弯地层和断层 6—6’剖面图

处于设计水位以下，按地形将库坝区划分三个分区，见图 7.2.7，其分区典型断层断面见图 7.2.8、图 7.2.9。分析各分区断层的数量和产状，见图 7.2.10 至图 7.2.12。

**表 7.2.3 Ⅰ库段典型小断层特征表**

| 断层编号 | 出露高程（m） | 产状 | | | 延展长度/水下长度（m） | 断层宽度（m） | 断层面特征 |
|---|---|---|---|---|---|---|---|
| | | 走向（°） | 倾向（°） | 倾角（°） | | | |
| F4 | 830~930 | 40~52 | 130~142 | 50~64 | 93/93 | 0.15~0.2 | 方解石胶结的角砾岩，断层两侧岩体具挤压揉皱现象，较破碎 |
| F6 | 820~910 | 50 | 140 | 54 | 71/71 | 2~2.5 | 处于极薄层大理岩地层中 |
| F7 | 860~1120 | 40~90 | 130~180 | 60~70 | 256/5.2 | 0.2~0.5 | 大理岩、碎裂岩，软岩、易渗透 |
| F8 | 850~925 | 30 | 120 | 60~70 | 59/59 | 0.6 | 方解石胶结的角砾岩、极薄层大理岩，中厚层大理岩，岩体破碎 |
| F12 | 910~1140 | 56 | 146 | 50~70 | >192/11 | 2 | 主要为碎裂岩及方解石胶结的角砾岩 |
| F21 | 835~910 | 300 | 30 | 80 | >32/32 | 0.1~0.2 | 碎裂状泥质白云岩，局部张开 |
| F23 | 830（估）~840 | 15 | 285 | 56 | 380/380 | - | 方解石胶结的角砾岩 |
| F29 | 910~950 | 53~57 | 143~147 | 62~66 | 55/55 | 0.05~0.1 | 碎裂岩，薄层大理岩，中厚层灰岩，岩体较完整 |
| F30 | 950~1080 | 52~80 | 142~170 | 30~50 | 233/105 | 0.3~0.5 | 碎裂岩，局部沿断层风化严重，呈粉末状；较破碎易渗透 |

续表

| 断层编号 | 出露高程（m） | 产状 | | | 延展长度/水下长度（m） | 断层宽度（m） | 断层面特征 |
|---|---|---|---|---|---|---|---|
| | | 走向（°） | 倾向（°） | 倾角（°） | | | |
| F35 | 850~900 | 280 | 190 | 52 | >47/47 | 0.3~0.5 | 极薄层、薄层大理岩，碎裂岩，岩体较破碎 |
| F36 | 820~900 | 30 | 120 | 76 | 105/61 | 0.35~0.4 | 极薄层、薄层大理岩，胶结较好 |
| F40 | 830（估）~1250 | 275 | 185 | 70~80 | 445/17 | 1 | 灰岩、角砾岩，角砾多呈微风化状，嵌合较紧密 |
| F41 | 880~1110 | 73 | 163 | 83 | 200/11 | 1 | 左右断续状碎裂岩、角砾岩，角砾岩坚硬，嵌合较紧密 |
| F42 | 910~1190 | 343~0 | 253~270 | 40~60 | 79/45 | 0.2~1.6 | 角砾岩、碎裂岩，胶结紧密 |
| F44 | 970~1060 | 70 | 350 | 65 | 68/0.3 | 0.5~1 | 碎裂岩和角砾岩 |
| F50 | 820~1130 | 273 | 183 | 80~85 | 206/28 | 0.02~0.3 | 方解石胶结的角砾岩 |
| F60 | 810~1000 | 75~95 | 165~185 | 近直立 | 114/17 | 0.02~0.05 | 方解石胶结的角砾岩，局部为碎裂岩，地表受风化卸荷影响，充填泥夹碎屑 |

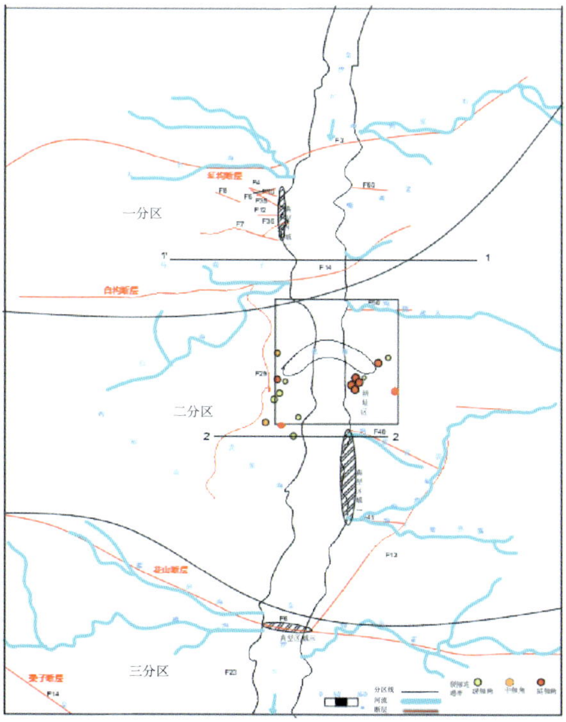


图 7.2.7　库坝区水位以下地表断层、裂隙平面分布示意图

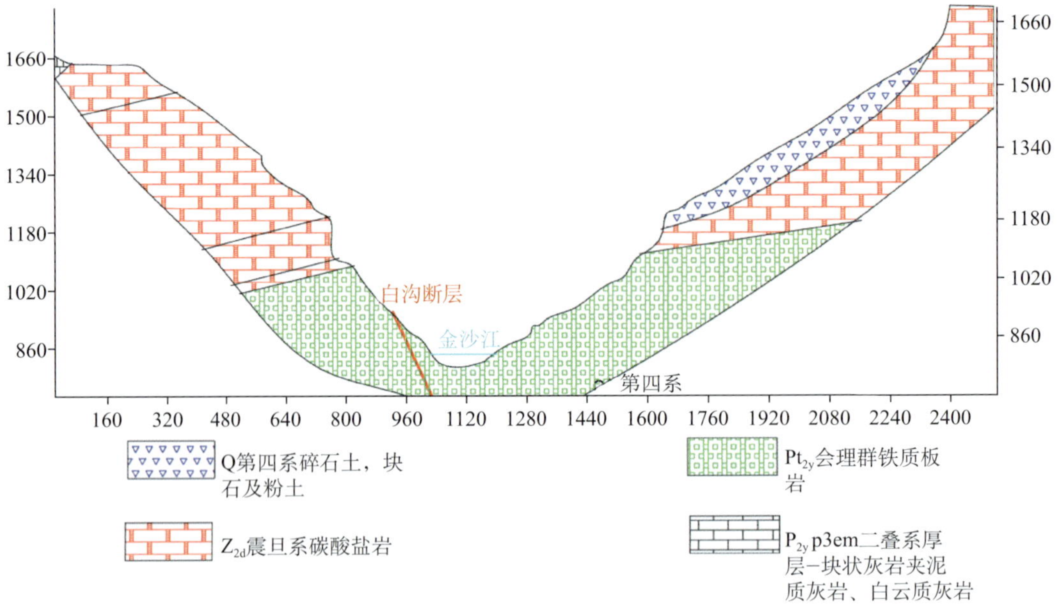


图 7.2.8　Ⅰ库段一分区断层 1—1’剖面图

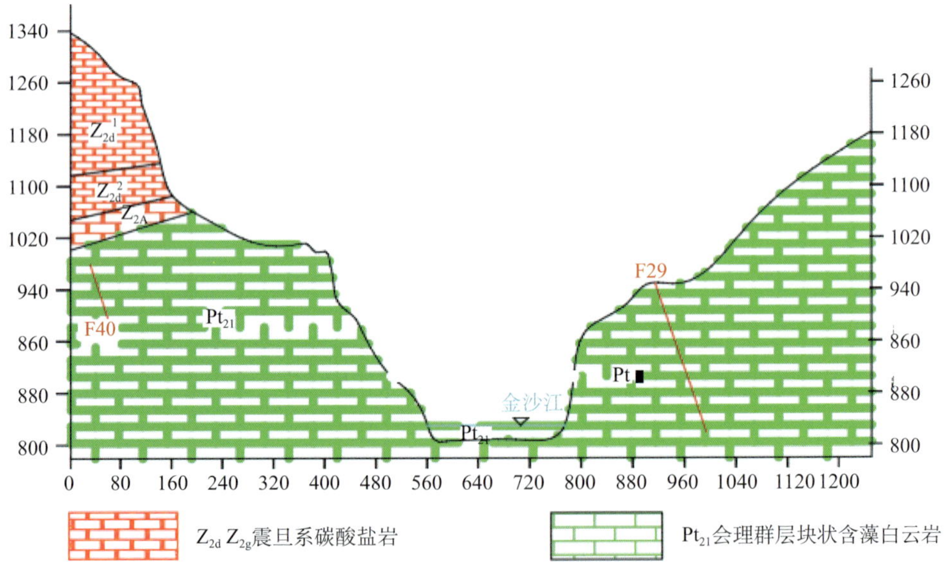


图 7.2.9　Ⅰ库段二分区断层 2—2’剖面图

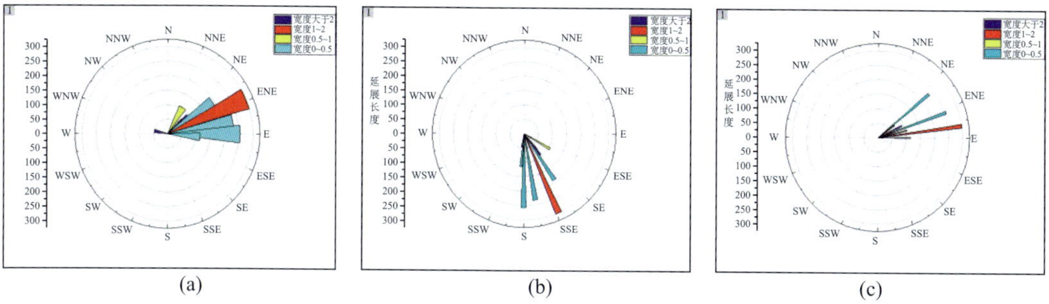


图 7.2.10　Ⅰ库段一分区断层产状玫瑰图

（a）走向；（b）倾向；（c）倾角

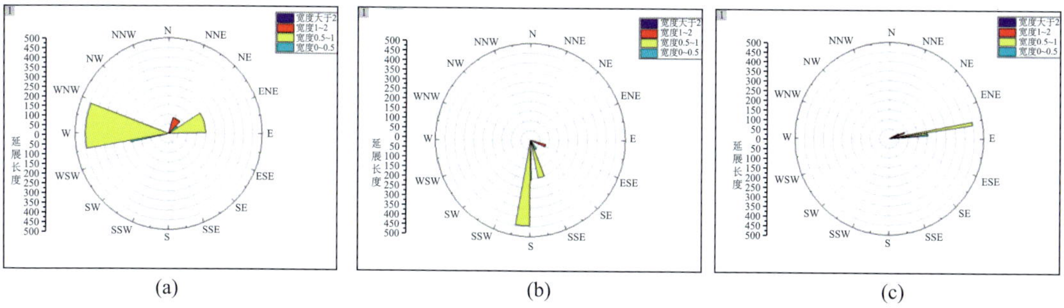


图 7.2.11　Ⅰ库段二分区断层产状玫瑰图

（a）走向；（b）倾向；（c）倾角

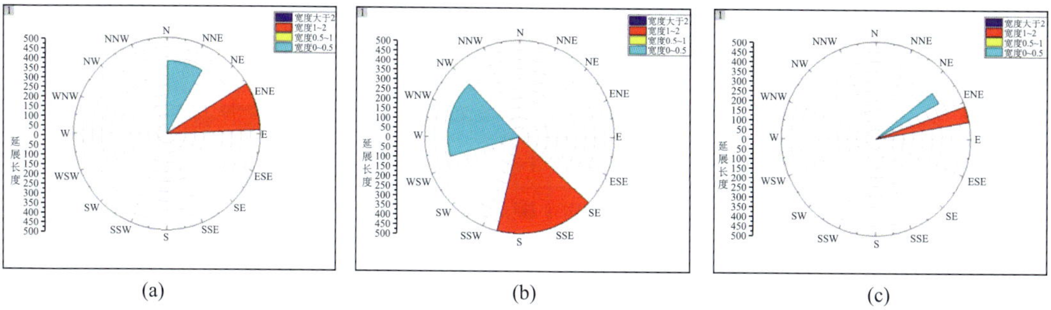


图 7.2.12　Ⅰ库段三分区断层产状玫瑰图

（a）走向；（b）倾向；（c）倾角

从图 7.2.10 至图 7.2.12 分析，一分区断层数量相较于二分区和三分区多，宽度较窄，延展长度大；二分区断层宽度较大；三分区断层延展长度大。

各分区选取一个典型地段，将水位下断层宽度和区域面积作比值，分析其断层破碎程度，三分区相对于其他 2 个分区，岩体结构较为破碎，见表 7.2.4。

表 7.2.4 典型地段水位下各分区断层宽度和区域面积分析表

| 分区 | 断层裂隙面积/$m^2$ | 典型区域面积/$m^2$ | 断层面积/区域面积/% |
|---|---|---|---|
| 一 | 320.6 | 630 * 975 | 0.052 |
| 二 | 28 | 650 * 22 | 0.195 |
| 三 | 220 | 352 * 22 | 0.284 |

2）裂隙

（1）构造裂隙。

选取库坝区的典型地段踏勘，见图 7.2.7，裂隙特征见 7.1.2 节内容。整体上Ⅰ库段蓄水后水下裂隙以短小为主，区域性裂隙连通率低。岩体优势裂隙为 SN 向，倾向 W，见表 7.2.5 至 7.2.7。由表 7.2.5 至表 7.2.7 分析，左右岸缓倾角裂隙倾向坡外的各高程段裂隙连通率均高于倾向下游；中倾角的裂隙连通率最大，占比 18.5%；陡倾角的裂隙连通率变异系数最大，说明其裂隙连通率低。总体上此地段岩体结构相对完整。

表 7.2.5 左右岸缓倾角裂隙连通率统计表

| 左岸高程（m） | 倾向下游的缓倾角裂隙连通率（%） | 倾向坡外的缓倾角裂隙连通率（%） | 右岸高程（m） | 倾向下游的缓倾角裂隙连通率（%） | 倾向坡外的缓倾角裂隙连通率（%） |
|---|---|---|---|---|---|
| 990~970 | 5.2 | 8.2 | 990~970 | 5.4 | 7.3 |
| 970~925 | 3.8 | 6.3 | 970~915 | 5.8 | 7.8 |
| 925~875 | 2.9 | 4.5 | 915~865 | 6.2 | 8.5 |
| 875~840 | 2.1 | 2.0 | 865~840 | 2.9 | 4.8 |
| 840 以下 | 3.3 | 6.3 | 840 以下 | 2.6 | 4.0 |

表 7.2.6 左右岸中倾角裂隙连通率统计表

| 左岸高程（m） | 倾向与各高程平洞优势裂隙倾向夹角±15°范围内的中倾角裂隙连通率 | 右岸高程（m） | 倾向与各高程平洞优势裂隙倾向夹角±15°范围内的中倾角裂隙连通率 |
|---|---|---|---|
| 990~970 | 12.7 | 990~970 | 4.6 |
| 970~925 | 16.1 | 970~915 | 10.8 |
| 925~875 | 12.2 | 915~865 | 11.1 |
| 875~840 | 18.5 | 865~840 | 9.4 |
| 840 以下 | 18.5 | 840 以下 | 10.7 |

表 7.2.7　左右岸陡倾角裂隙连通率统计成果表

| 左岸高程/m | 各高程连通率 | 右岸高程/m | 各高程连通率 |
|---|---|---|---|
| 990～970 | 5.8 | 990～970 | 3.9 |
| 970～925 | 9.1 | 970～915 | 13.4 |
| 925～875 | 16.8 | 915～865 | 5.6 |
| 875～840 | 7.0 | 865～840 | 5.9 |
| 840 以下 | 5.8 | 840 以下 | 6.1 |

表 7.2.8　左右岸裂隙变异系数统计表

| 缓倾角变异系数 | | 中倾角变异系数 | | 陡倾角变异系数 | | 左右岸变异系数 | |
|---|---|---|---|---|---|---|---|
| 左岸 | 右岸 | 左岸 | 右岸 | 左岸 | 右岸 | 左岸 | 右岸 |
| 0.456 | 0.36 | 0.20 | 0.29 | 0.50 | 0.94 | 0.64 | 0.61 |

对表 7.2.5 至表 7.2.7 数据进行各高程裂隙连通率在垂直向上的图形分析，见图 7.2.13 至图 7.2.15。

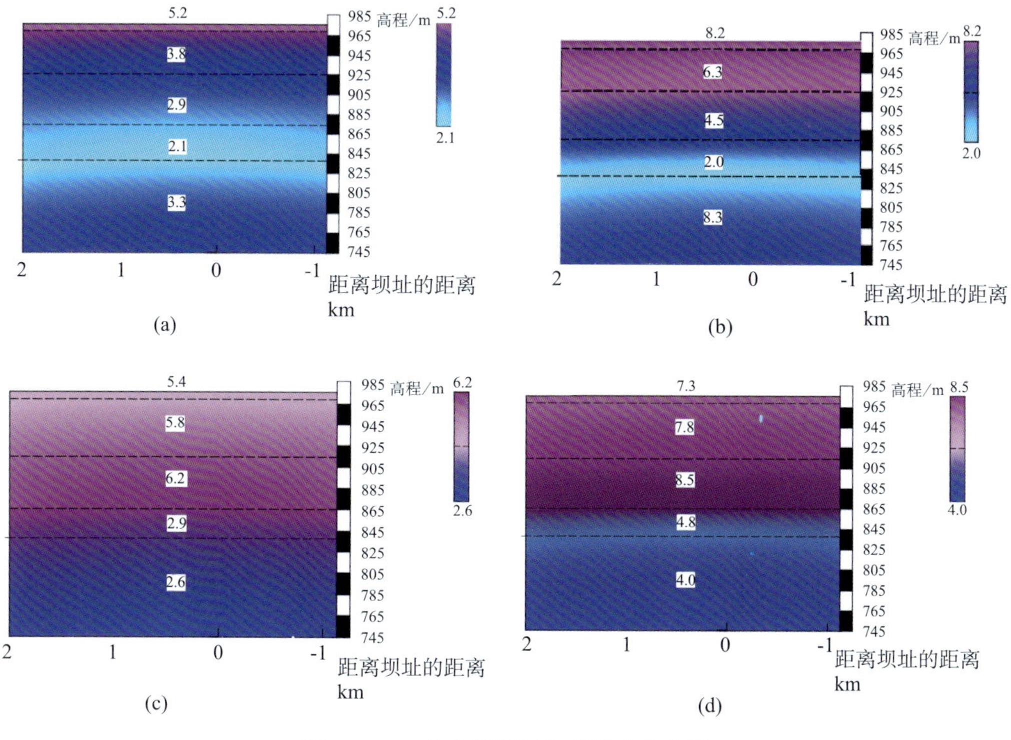


图 7.2.13　左右岸缓倾角裂隙连通率图

（a）左岸（倾向下游）；（b）左岸（倾向坡外）；（c）右岸（倾向下游）；（d）右岸（倾向坡外）

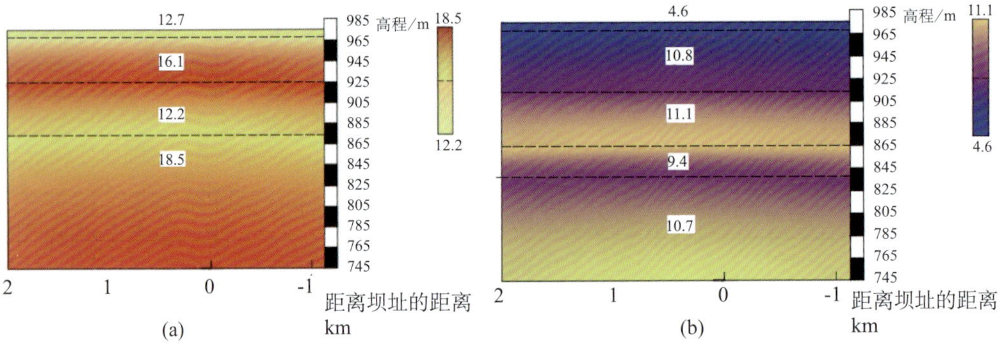


图 7.2.14　左右岸中倾角裂隙连通率图

(a) 左岸；(b) 右岸

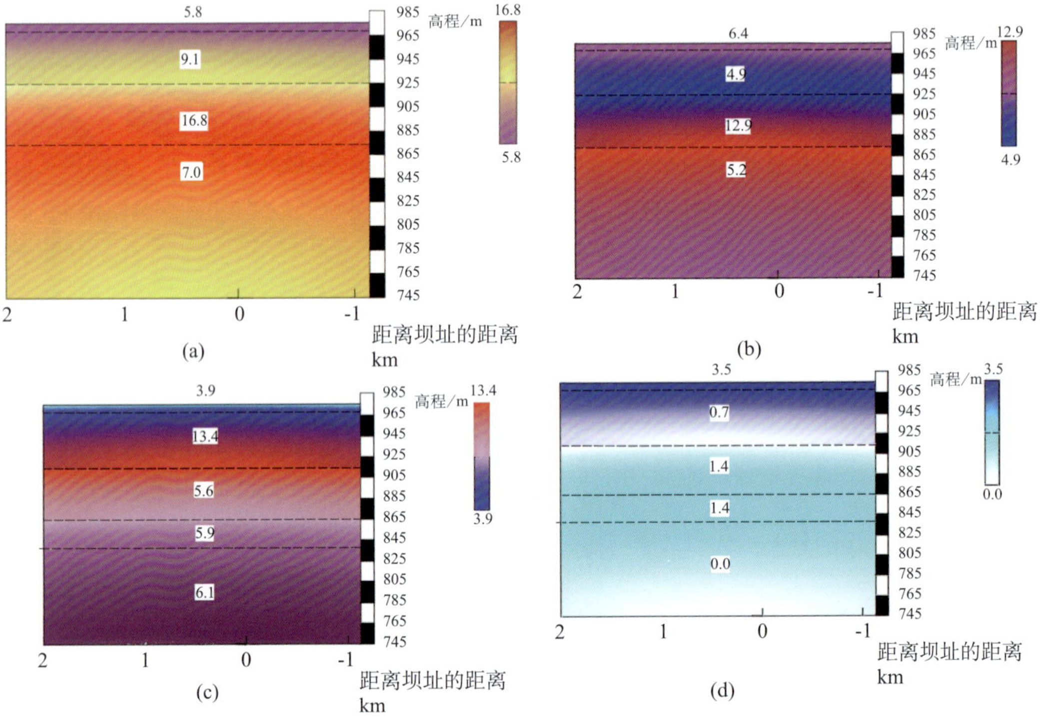


图 7.2.15　左右岸陡倾角裂隙连通率图

(a) 左岸（走向与岸坡夹角约±15°范围内的所有陡倾角裂隙的连通率）；

(b) 左岸（与较长大裂隙走向基本一致）；

(c) 右岸（走向与岸坡夹角约±15°）；

(d) 右岸（走向近垂直缓倾角裂隙走向）

按上图，库坝区蓄水后水位以下左右岸中倾角裂隙连通率变化较大，且中倾角越往下连通率越高，缓倾角和陡倾角越往下裂隙连通率越小。裂隙连通率的最大值多分布于高程 925~970m 处。

（2）蓄水后水下边坡卸荷裂隙。

边坡岩体卸荷主要是由于地震力、风化作用，谷坡岩体经历了一个应力上升至应力集中、应力下降至松弛的变化过程，为岩体向临空方向松弛变形的一种重力表生改造。

库坝区属基岩横向谷，岩质坚硬，平行岸坡的结构面不甚发育且延伸不长，因而边坡岩体卸荷变形微弱，卸荷作用不明显。

左岸：高程 900~950m，卸荷岩体下限水平深度一般 16~25m，卸荷裂隙稍发育—间断、零星发育，多微张开，一般 1cm 左右。高程 850m 以下，无卸荷裂隙发育。

右岸：高程 880~950m，卸荷岩体下限水平深度一般 10~25m，卸荷下限多见明显的卸荷裂隙，卸荷带岩体中卸荷裂隙稍发育—间断、零星发育，多微张开，张开宽度一般 1cm 以上，局部叠加溶蚀现象。高程 850m 以下，无卸荷裂隙发育。

库坝区边坡岩体卸荷揭露情况见表 7.2.9。左右岸边坡卸荷岩体下限水平深度对比见图 7.2.16。

**表 7.2.9　库坝区边坡岩体卸荷裂隙特征统计表**

| 岸别 | 平洞高程（m） | 洞口高程（m） | 下限水平深度（m） | 洞口至岸坡距离（m） | 下限平均水平深度（m） | 卸荷带内卸荷裂隙特征 |
|---|---|---|---|---|---|---|
| 左岸 | 950 | 936~945 | 7~28 | 1~3 | 17.8 | 裂隙不发育，岩体松弛不明显 |
| | 900 | 901~892 | 6~14 | 0~3 | 10.68 | 裂隙稍发育，未贯穿洞周，微张开，岩体松弛稍明显 |
| | 850 | 854~849 | 4 | 0~2 | 3.8 | 未见明显卸荷裂隙 |
| | 830 | 834~831 | – | 0~2 | 0 | 未见明显卸荷裂隙 |
| 右岸 | 960 | 967~966 | 12~21 | 1~2 | 18 | 裂隙稍发育，未贯穿洞周，微张开，岩体松弛稍明显 |
| | 930 | 925~939 | 10~20 | 1~2 | 14.27 | 裂隙稍发育，未贯穿洞周，微张开，岩体松弛稍明显 |
| | 880 | 884~892 | 2~12 | 0~6 | 7.13 | 洞口见相对较明显的卸荷裂隙 |
| | 860 | 844~865 | 3~9 | 2~14 | 6.0 | 裂隙不发育，岩体松弛不明显 |
| | 830 | 838~831 | 7.5 | 1~2.5 | 7.5 | 未见明显卸荷裂隙 |

由表 7.2.9 和图 7.2.15 进一步分析左右岸裂隙的空间分布规律，绘制出如图 7.2.17 在垂向上划分裂隙性质。由表 7.2.9 进一步分析左右岸边坡卸荷岩体下限水平深度与洞口高程、洞口至岸坡距离的关系，绘制出图 7.2.18、7.2.19。

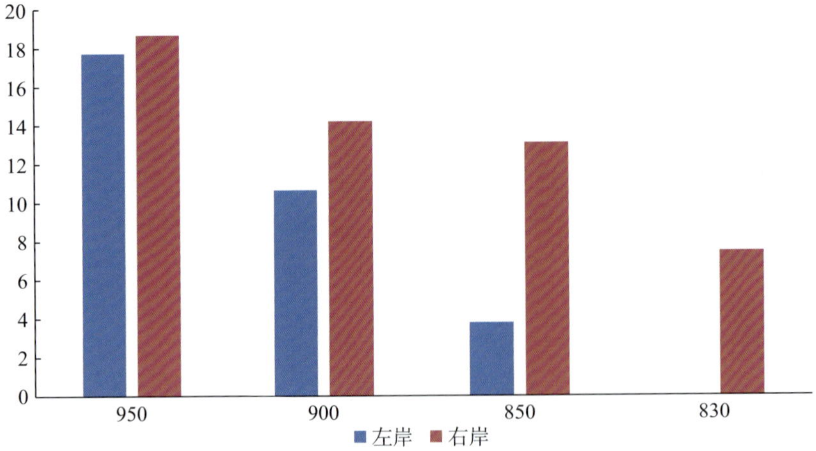


图 7. 2. 16　左右岸卸荷岩体下限平均水平深度对比图

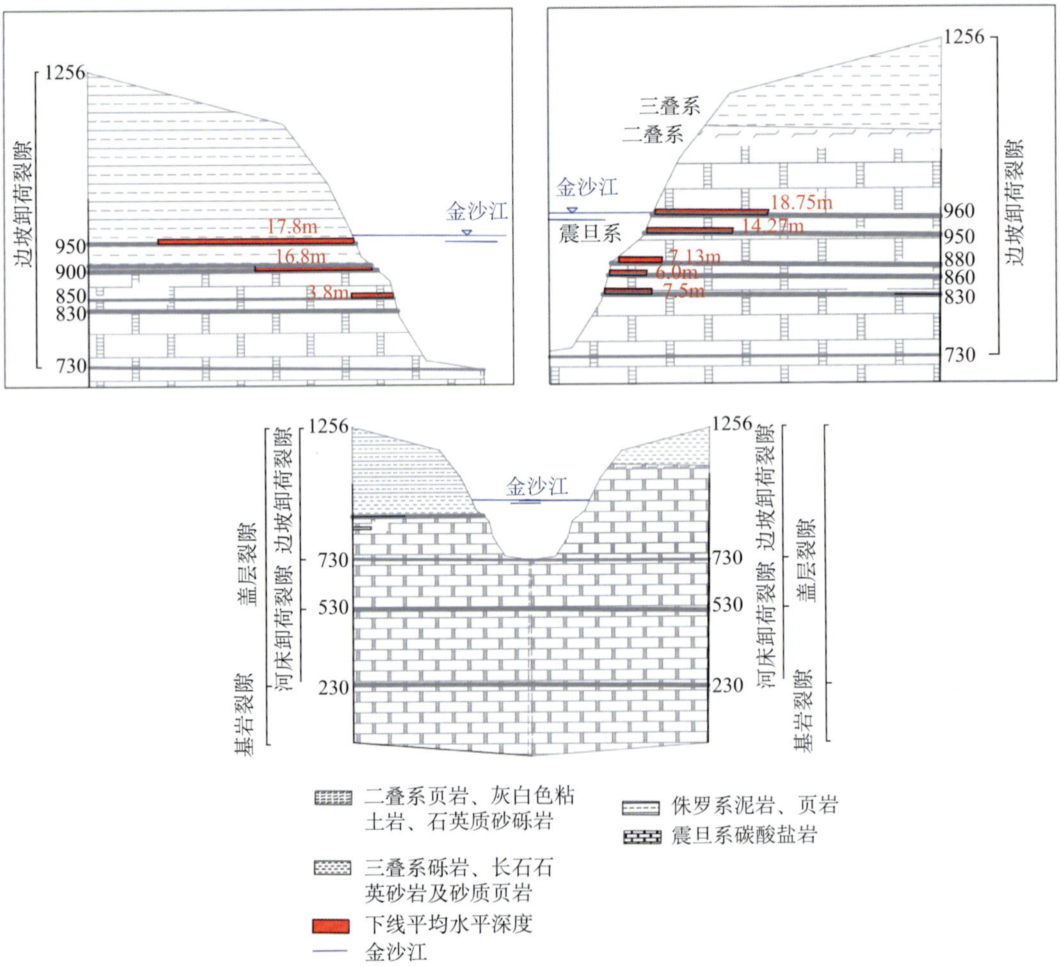


图 7. 2. 17　库坝区左右岸岩体裂隙性质剖面示意图

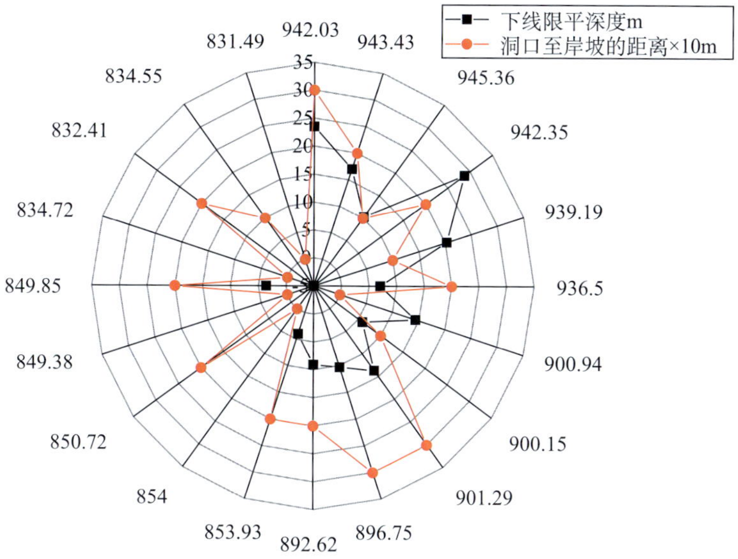


图 7. 2. 18　库坝区左岸边坡卸荷岩体下限平均水平深度与洞口至岸坡距离趋势图

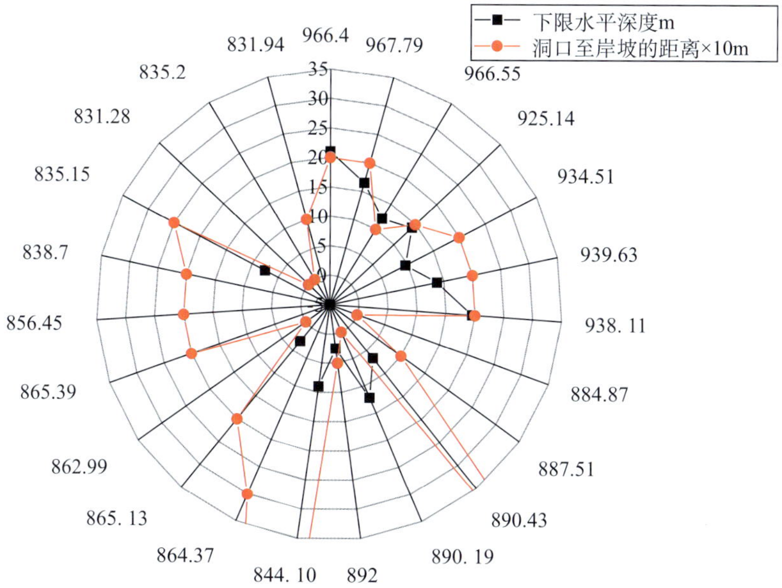


图 7. 2. 19　库坝区右岸边坡卸荷岩体下限平均水平深度与洞口至岸坡距离趋势图

由表 7. 2. 9、图 7. 2. 16、图 7. 2. 17 和图 7. 2. 18、图 7. 2. 19 可以看出，蓄水后从高到低，边坡卸荷岩体裂隙下限平均水平深度呈现由大变小的趋势，卸荷裂隙的数量、长度、张开厚度的发育变化趋势也是如此，岩体松弛程度的变化趋势是由局部明显到局部稍明显再到局部不明显，距离岸坡越远，裂隙长度、张开厚度越小、裂隙越不发育。

（3）河床岩体卸荷裂隙。

河床岩体卸荷裂隙主要是河床基岩在垂向上的卸荷回弹而松弛变形。库坝区河谷狭窄，岩质坚硬，缓倾角裂隙不发育，河床岩体卸荷作用不明显。河床基岩表层存在河床岩体卸荷带，卸荷岩体完整性差，较破碎，岩体中缓倾裂隙较发育且部分张开。岩体卸荷裂隙特征见表 7. 2. 10、图 7. 2. 20。

**表 7. 2. 10　库坝区河床岩体裂隙揭露特征统计表**

| 钻孔位置 | 河床卸荷岩体厚度（m） | 缓倾角卸荷裂隙发育特征 | | |
|---|---|---|---|---|
| | | 条数（条） | 裂隙性状 | 线密度（条/m） |
| 河床左岸 | 7 | 10 | 一般宽 1～2mm，最宽 4mm，沿裂隙有溶蚀 | 2. 0 |
| | 9 | 7 | 一般宽 2～6mm，最宽 12mm，沿裂隙有溶蚀 | 1. 3 |
| | 12 | 8 | 一般宽 2～5mm，最宽 13mm，沿裂隙有溶蚀，局部岩体稍破碎 | 0. 7 |
| 河心 | 4 | | 局部段裂隙发育，有溶蚀，岩体较破碎 | |
| | 5 | 7 | 一般宽 1～3mm，最宽 4mm，沿裂隙有溶蚀 | 21 |
| | 6 | 3 | 一般宽 2～4mm，最宽 10mm，沿裂隙有轻微溶蚀 | 13 |
| | 7 | 6 | 一般宽 1mm，宽者 4～7mm，局部沿裂隙有溶蚀 | 17 |
| 河床右岸 | 4 | | 一般宽 4～8mm，最宽 12mm，沿裂隙有溶蚀，岩体破碎 | 2. 9 |
| | 7 | 6 | 一般宽 2～8mm，最宽 10mm | 1. 6 |
| | 9 | 8 | 主要发育河床高程下 55～58m 处，一般宽 2～4mm，最宽 8mm，沿裂隙有溶蚀，岩体较破碎 | 1. 1 |

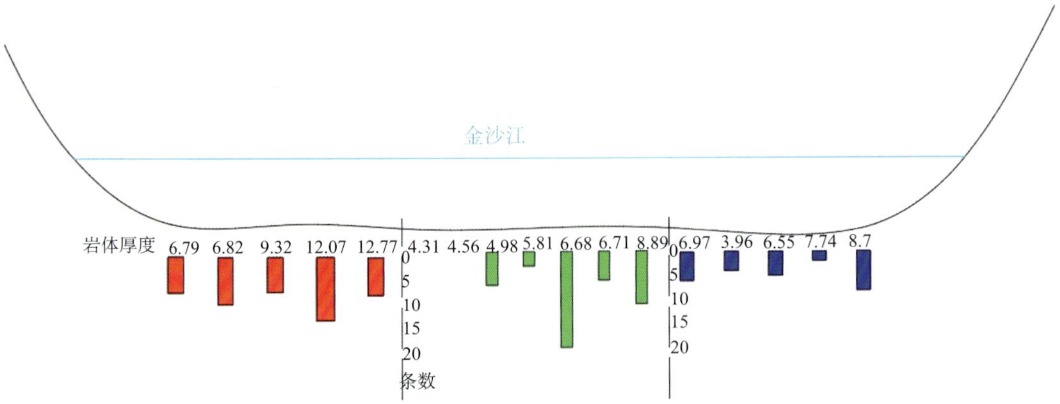


图 7. 2. 20　河床岩体卸荷裂隙发育分布图

由表 7.2.9、表 7.2.10，蓄水后水下两岸边坡和河床下一定深度、一定平面范围内的岩体，存在卸荷岩体裂隙。图 7.2.16、图 7.2.17 和图 7.2.20 表明卸荷岩体裂隙物理特性（数量、长度、厚度、胶结程度等）随深度的变化规律，图 7.2.18、图 7.2.19 表征卸荷岩体裂隙物理特性在空间上的变化趋势。由这些卸荷岩体裂隙物理特性可判断蓄水后水下两岸边坡和河床下一定深度、一定平面范围内的岩体在一定时间内可产生孔隙水压力，且孔隙水压力在空间、深度上存在一些力学性质（饱和水压力、渗透速率、岩体松弛变形）上的变化，这些力学性质的变化会随蓄水后的时间、水头高度等物理量的变化而存在变化差异和显示出一定趋势。由孔隙水压力和其变化的一些微观物理、力学性质参数值，进而可为水库地震的研究和分析提供量化的数据支持和模型的建立。

**3. 岩溶**

出露最老地层为中元古界会理群浅变质的陆源碎屑岩夹碳酸盐岩，岩溶洞穴和岩溶管道不发育。河谷中下部（高程 600m 以下）呈近横河向陡倾下游展布的褶皱基底地层，可溶岩与非可溶岩呈带状相间分布；盖层可溶岩与非可溶岩地层在河谷中上部呈近顺河向缓倾左岸偏上游展布，左岸出露较全，发育高程集中在 1000~1310m；右岸仅出露震旦系地层，发育高程在 825~1170m。水位以下岩溶在垂直向上占岩溶总深度的 20%，从高程 950m 平切面分析，研究区岩溶发育区占Ⅰ库段区域总面积的 90%，见图 7.2.21。

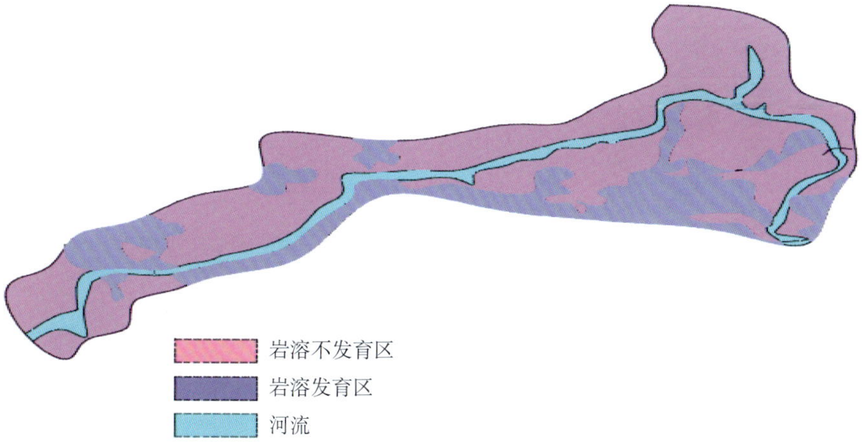


图 7.2.21　Ⅰ库段高程 950m 平切面岩溶发育区分布图

现场调查Ⅰ库段典型地段，统计到 45 个溶洞，多发育在中元古界—前震旦系—会理群—落雪组厚层灰岩中，见图 7.2.22。按控制溶洞发育结构面类型统计，设计水位以下，顺着裂隙发育 24 个，顺着断层发育 21 个；按溶洞充填情况统计，无充填 14 个，块石碎石土充填 9 个，方解石或钙华充填 22 个；据钻探资料分析，河床及近岸岩溶发育下限高程在 640m 左右，远离河岸，岩溶发育下限逐渐往高抬移，多在高程 850m~710m。

如图 7.2.7，对库坝区二分区中 144 个钻孔资料统计，共有 15 个钻孔揭露到溶洞，其中：左岸 3 个，河床 4 个，右岸 8 个，见图 7.2.23。钻孔揭露的溶洞规模均较小，从溶洞发育的高程分析，主要集中在 726~753m；从溶洞发育层位分析，主要发育于中等岩溶化岩体的落雪组第1段第1亚段、落雪组第3段第1亚段的灰岩地层中，和现场溶洞发育地层调查结果很一致。

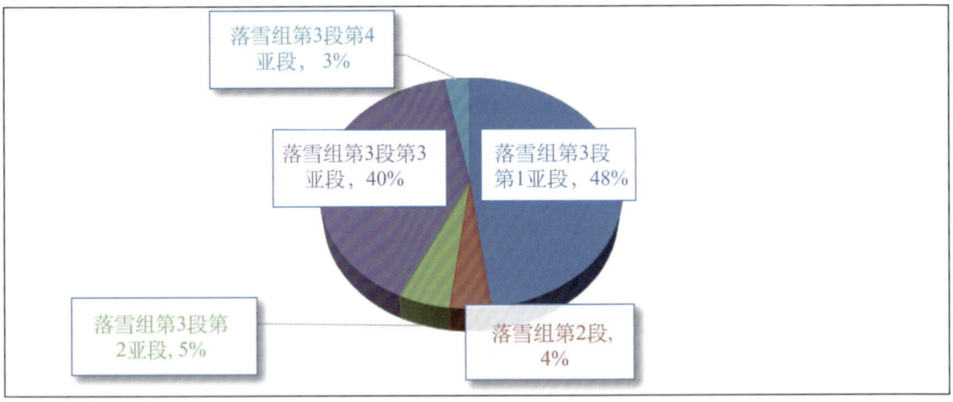


图 7.2.22　Ⅰ库段典型地段地层岩体发育溶洞比例图

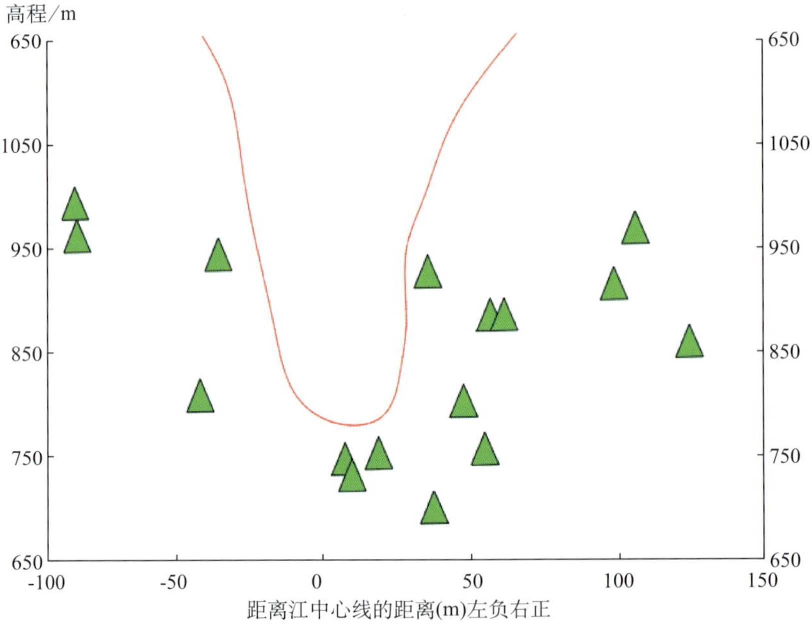


图 7.2.23　钻探资料揭露到的溶洞高程分布图

野外调查库段岩溶发育在较纯且厚度大的灰岩中，并以相邻的非可溶岩或弱、微可溶岩为界，两岸岩溶发育程度不对称，左岸较右岸弱；沿断层未见溶蚀现象，岩溶发育的结构面主要为断层面，少数为裂隙。地下水的流向和流量对岩溶的发育起控制作用，两岸厚度200~800m为包气带，地下水近垂直流动，形成近垂直的溶缝及岩溶管道，可以判断，蓄水后水位交替变化，在潜水位变幅带地下水表现以近水平运动为主，发育水平溶洞，在潜水位以下，会形成斜向的溶蚀管道。

**4. 水文地质条件**

按地层岩性及其岩体结构关系，Ⅰ库段隔水层及相对隔水层主要为晋宁期石英闪长岩，中（下）元古界浅变质岩，二叠系的页岩、玄武岩，三叠系—白垩系及第三系碎屑岩。相对透水层主要为中元古界、震旦系的碳酸盐岩。

总体上褶皱基底与盖层为两个相对独立的含水体系，其水文地质特征分别是：基底在水平向上呈带状，盖层具层状结构特征。受二叠系梁山组石英砾岩相对隔水层阻隔，Ⅰ库段盖层中震旦系白云岩含水岩和二叠系灰岩含水岩为两个相对独立的含水岩层。

区域内地下水为裂隙水，包括基岩和岩溶裂隙水。基岩裂隙水主要赋存于各时代砂（砾）岩、陆相碎屑岩等岩体的裂隙中，岩体的透水性受断裂等构造控制，呈现各向异性；岩溶裂隙水主要赋存于震旦系碳酸盐岩地层中，岩体透水性主要取决于岩溶发育程度，各向异性明显。

由于地层岩体和岩体结构各向异性，导致各方向上地下水的渗透系数差异性很大，裂隙水沿着最快渗水路径渗透，从而使岩体中孔隙水压力增大，改变了外力地质作用的条件，由此在一定深度，局部岩体发生相对变形、位移、破坏，从而伴生微小地震现象。

据现场调查，统计到Ⅰ库段平切面在 950m 高程渗透性差的岩体面积占比 85.7%，见图 7.2.24。

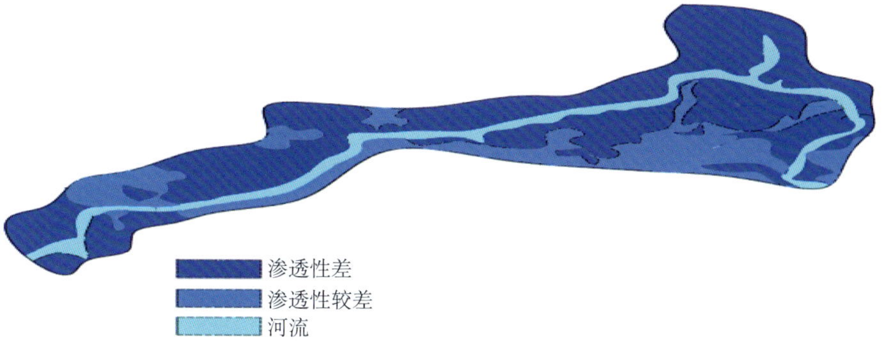


图 7.2.24　Ⅰ库段 950m 高程平切面岩体渗透性划分示意图

现场开展了压水试验，成果如表 7.2.11，天然状态河床高程 850~950m 的水位下岩体的渗透性以 3Lu~1Lu 居多，如图 7.2.25，岩体饱水性好，可迅速饱和；高程 850m 以下的岩体渗透性以<1Lu 为主，其饱水性差，饱和速度慢。弱透水和微透水占比大于 90%，透水（强透水性和一般透水性）占比小于 10%，总体上岩体的透水性主要表现为弱透水。

此外，赋存在卸荷裂隙岩体内的地下水渗透性特征是靠近岸坡，渗透性强；高程越大，渗透性越强，孔隙水压力越大，渗透速率越快。

表 7.2.11 库坝区钻孔压水试验成果统计表

| 层厚特征 | 地层岩体 | 岩体渗透性分级与比例/% | | 渗透性差合计占比 |
|---|---|---|---|---|
| | | 透水性分级 | | |
| | | 弱透水 | 微透水 | |
| | | 10~1 | <1 | |
| 厚层 | 白云岩、石英岩及少量灰岩 | 43.19 | 46.81 | 90 |
| 中厚层 | 灰岩 | 72.95 | 17.05 | 90 |
| 极薄层 | 大理岩化白云岩 | 53.16 | 36.84 | 90 |
| 薄层 | 灰岩 | 67.53 | 22.47 | 90 |

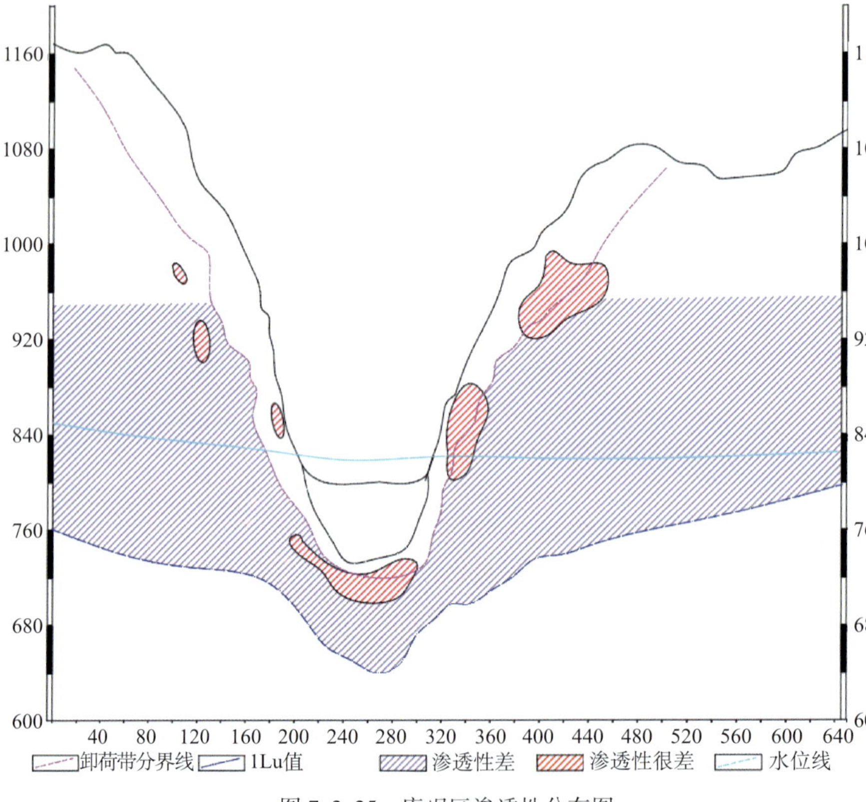


图 7.2.25 库坝区渗透性分布图

#### 7.2.2.2 志力新村至龙川江口库段（第Ⅱ库段）

**1. 地层岩性**

库岸主要地层为三叠系—白垩系红色泥岩、砂岩，龙川江口以上库段以下元古界变质岩和晋宁期石英闪长岩为主，见图 7.2.26。各种地质时代岩石互层，具有软硬相间、交互成层的多元层状结构，岩性上有明显的不均匀性。库段的总体地势见图 7.2.27，库段各类岸坡整体结构分布见图 7.2.28。典型地层岩性断面为志立新村—甲里，见图 7.2.29。

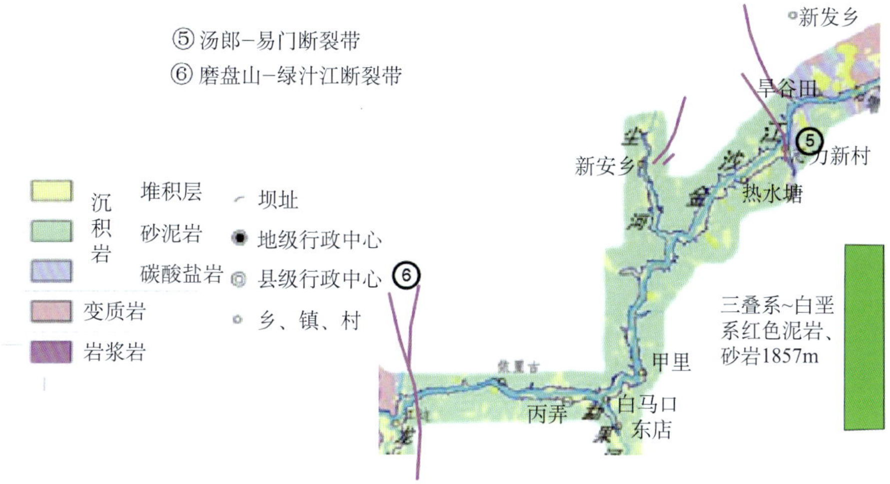

图 7.2.26　Ⅱ库段主要地层岩性分布简图

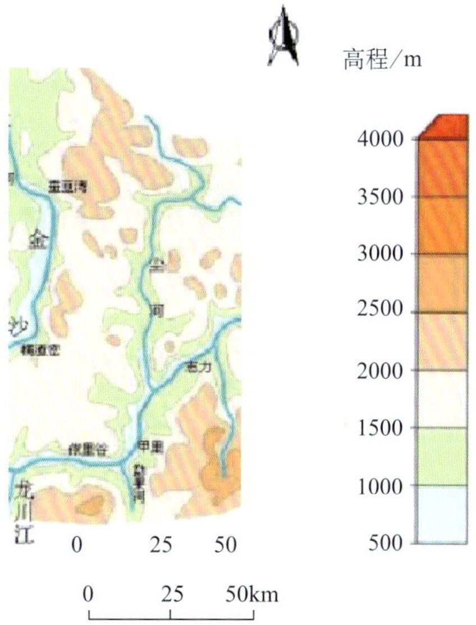

图 7.2.27　Ⅱ库段库区地势图

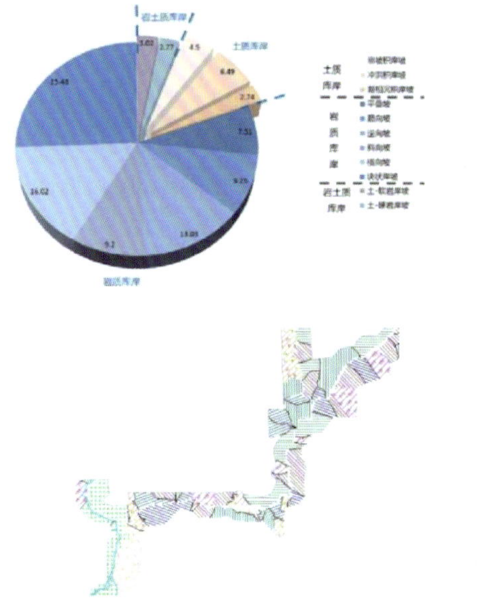

图 7.2.28　Ⅱ库段各类岸坡结构分布示意图

**2. 岩体结构**

汤郎—易门断裂、磨盘山—绿汁江断裂分别发育于本段东、西两端，为本段的控制性边界，段内断层发育少且规模小。汤郎—易门断裂在库区志力老村至鲁车渡一带河段，以一组近 SN 向阶梯状正断层的形式大角度切割库岸，地表可见的破碎带最大宽度约 300m，主要由糜棱岩、碎裂岩及断层泥组成，胶结较好，以走滑断层为主的局部地段破碎带宽约 30m，呈压扭性。库区断裂带分布见图 7.2.26。库段地层岩体解理、节理和裂隙发育，解理、裂隙中充填泥质物，有崩解性，节理贯通性良好。

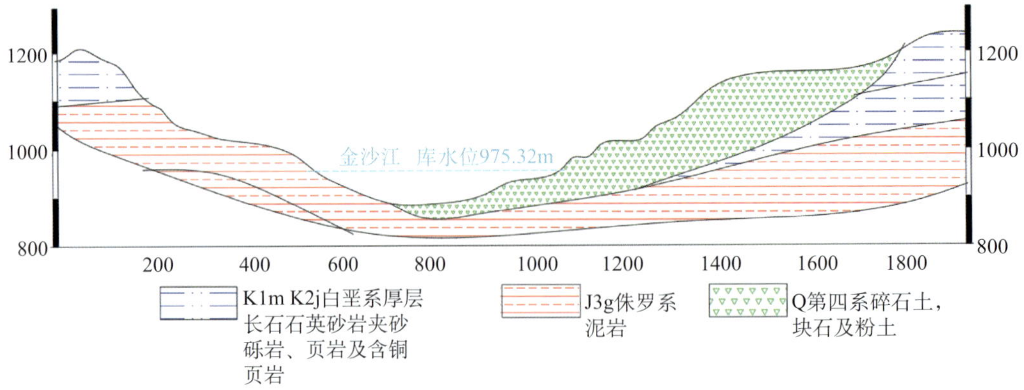


图 7. 2. 29　Ⅱ库段典型地层岩性断面图

**3. 岩溶**

库岸岩溶中等发育，近河谷 10km 以内无岩溶暗河等岩溶系统发育，分布高程大于 1000m，见图 7. 2. 30。

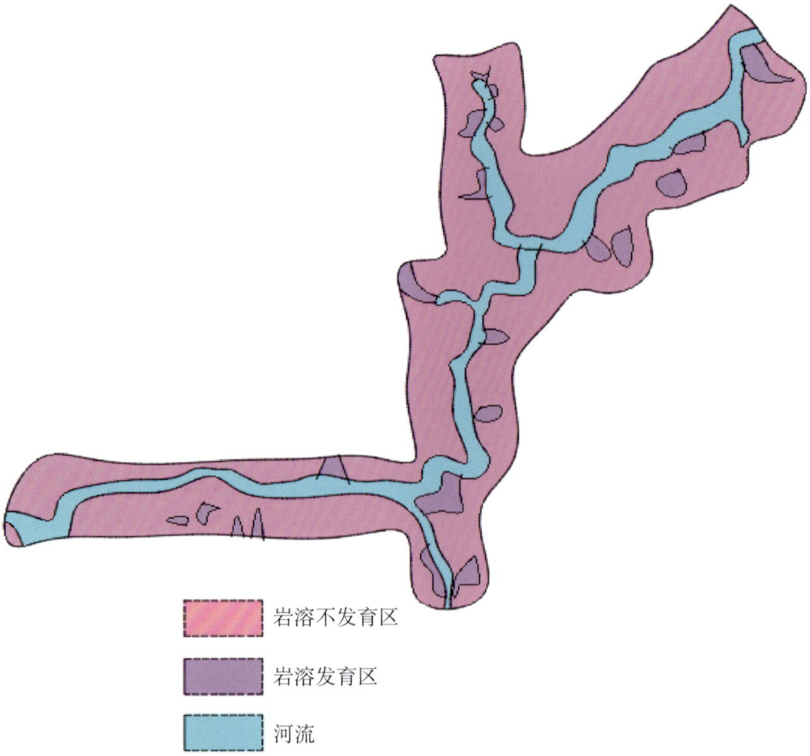


图 7. 2. 30　Ⅱ库段高程 1170m 平切面岩溶发育示意图

**4. 水文地质条件**

库段内地下水主要为裂隙水和岩溶裂隙水。裂隙水主要赋存于砂岩、砾岩和各时代岩浆岩的裂隙中，岩体的透水性受断裂等构造控制，具不均一性；岩溶裂隙水主要赋存于震旦系碳酸盐岩地层中，岩体透水性主要取决于岩溶发育程度，不均一性明显。浅层部位为包气带水，深层为承压水。

Ⅱ库段的岩体渗透性如图 7.2.31。按图，Ⅱ库段高程在 1000m 处渗透性差的岩体面积占 98%。

### 7.2.2.3 第Ⅲ库段~第Ⅴ库段

**1. 地层岩性**

1）龙川江口至西拉么库段（第Ⅲ库段）

岸坡岩体主要是三叠系—白垩系砂、泥岩、页岩，阶地零星分布，仅在龙街附近见有Ⅰ、Ⅱ级基座阶地连续分布。见图 7.2.32。本库段无岩溶地层分布，典型地层岩性断面为大湾子—新江车站段，见图 7.2.33。

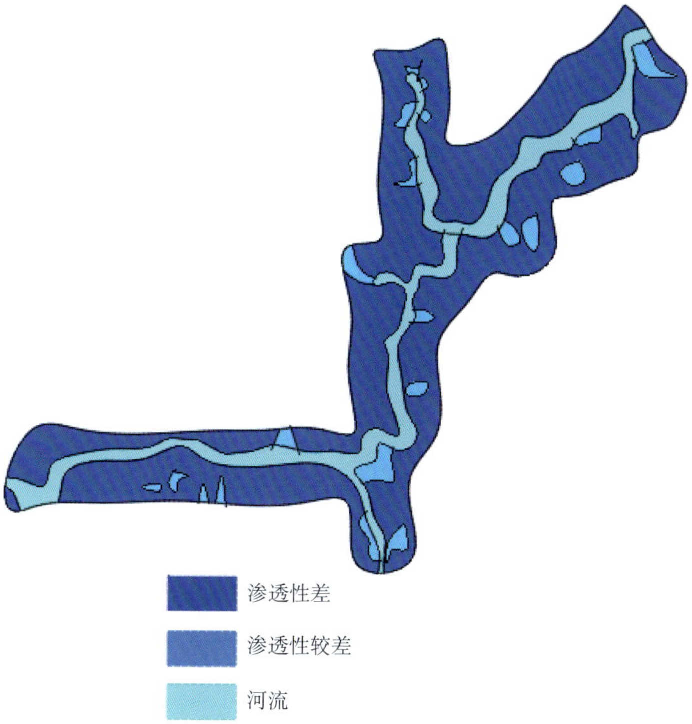


图 7.2.31 Ⅱ库段高程 1000m 平切面岩体渗透性示意图

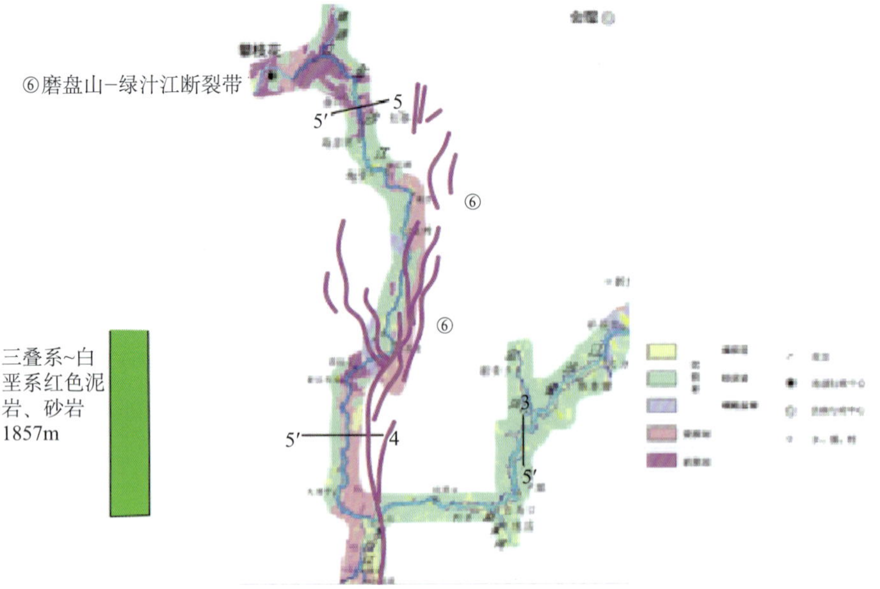


图 7.2.32　Ⅲ－Ⅴ库段主要地层岩性、断裂带分布简图

2）小汉头至马店河库段（第Ⅳ库段）

地层岩性与Ⅲ库段相近，龙川江口至马店河段库岸岩性复杂，主要有前震旦系咱里组角闪斜长变粒岩、震旦系观音崖组砂岩、灯影组白云岩及三叠系碎屑岩等，变质岩较坚硬、层状、薄层状，岩石各项物理、力学差异较明显，不同岩性接触带有片理、风化作用，岩体较为破碎，见图 7.2.32。西拉么~湾子段为典型地层岩性，断面见图 7.2.34。

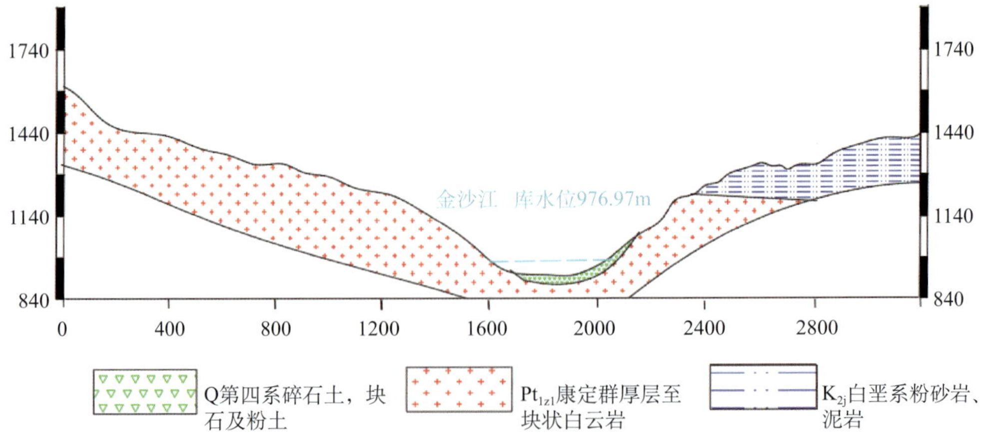


图 7.2.33　Ⅲ库段典型地层岩性 3—3’断面图

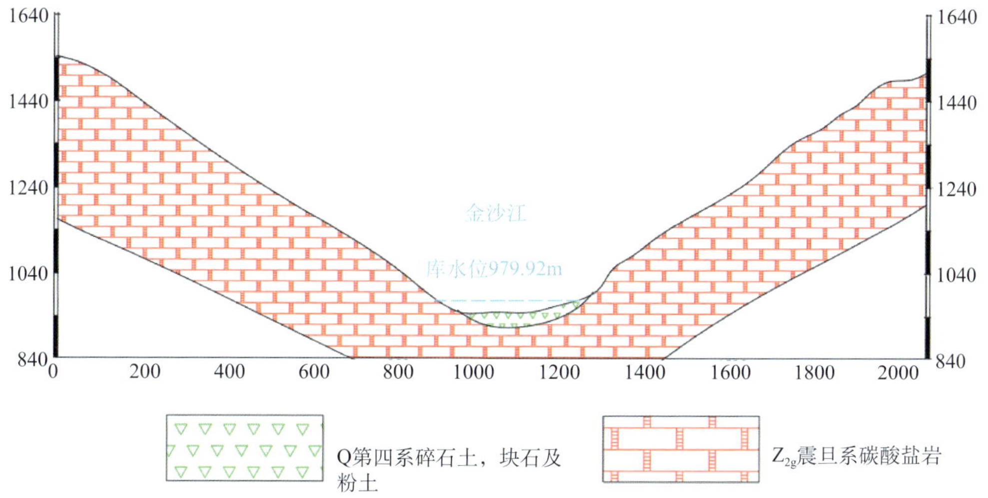


图 7.2.34　Ⅳ库段典型地层岩性 4—4’断面图

3）马店河至库尾蜜地库段（第Ⅴ库段）

库岸基岩主要为晋宁期石英闪长岩，岩体坚硬、较完整；局部地段有三叠系宝鼎组红色泥砂、页岩和第三系昔格达组泥砂岩覆盖，岩体的强度各向异性明显，岩体较完整，见图 7.2.32。典型地层岩性断面为马店河—库尾密地村段，见图 7.2.35。

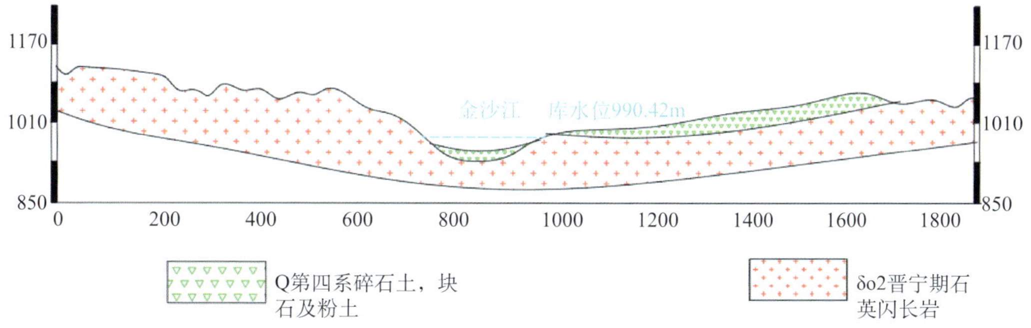


图 7.2.35　Ⅴ库段典型地层岩性 5—5’断面图

第Ⅲ库段～第Ⅵ库段地势和岸坡结构分布分别见图 7.2.36、图 7.2.37。

**2. 岩体结构和岩溶**

磨盘山—绿汁江断裂以 SN 向近平行于金沙江展布，距金沙江左岸约 5km，对志力至小汉头库段（第Ⅲ库段）河谷、地形、地质条件起控制作用，见图 7.2.32，Ⅲ库段断层发育少且规模小，仅有少数 NE 或 NW 向零星小断层发育；小汉头至马店河库段（第Ⅳ库段）岸坡岩体较破碎，部分库段岩溶呈中等—较弱发育，具备岩溶水文地质条件，发育区占比 3.34%，见图 7.2.38。

无大规模活动断层穿过马店河至库尾蜜地库段（第Ⅴ库段），主要有马店河断层及石厂山断层。岩溶不发育。

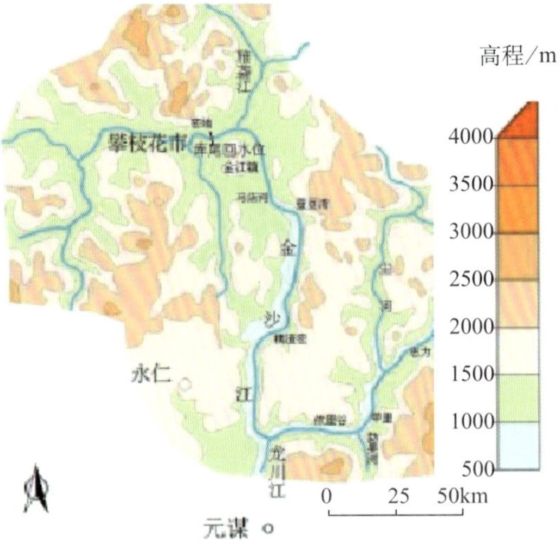


图 7.2.36 Ⅲ—Ⅴ库段地势示意图

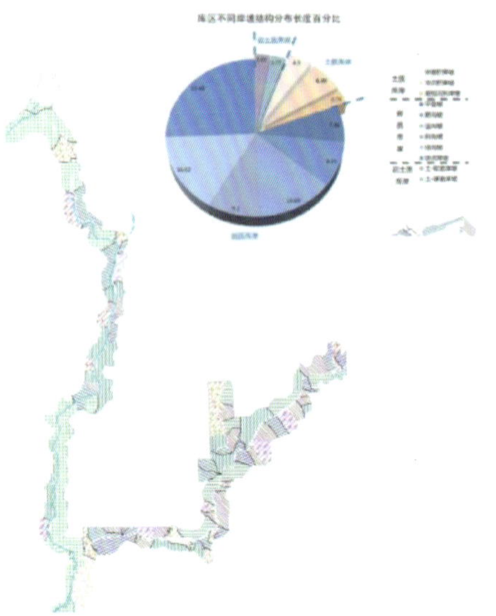

图 7.2.37 Ⅲ—Ⅴ库段各类岸坡结构分布示意图

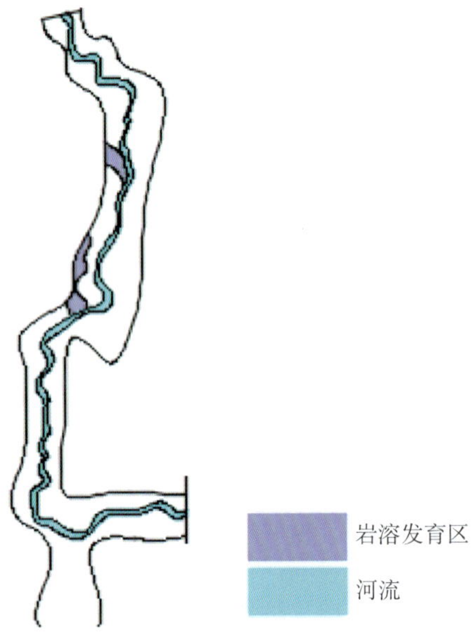


图 7.2.38 Ⅳ库区岩溶发育区

## 7.3 蓄水诱发水库地震条件的分析

以乌东德水库地震监测区已经发生的地震作为研究对象，分析库区区域内地震的基本赋存介质条件，包括金沙江河床下一定深度和一定平面范围内的地层岩体性质、岩体结构、岩溶、水文地质条件，并由此外延至一定区域对库区内地震的基本赋存介质有影响的区域性地震地质构造；发生水库地震库区蓄水前后库水位的变化。收集蓄水设计水位和蓄水前的地震资料，将蓄水期分成 4 个阶段，计算 4 个代表性地段（震源处）孔隙水压力随时间变化的规律，研究蓄水前后库水位的变化与地震活动性之间的关系。

## 7. 3. 1　建立简化库水位模型

按蓄水前后诱发地震的影响因素、库水位的变化数值等，选取典型断面，分析资料，水位划分，建立简化的库水位模型。

乌东德库区上游河床地面高程 805~960m，下游河床地面高程 792~805m 天然水深 10~15m，河床纵坡坡降 0. 88‰，蓄水后库区江面高程约为 810~980m，正常蓄水位 975m，水库回水长 20km。库区干流回水见表 7. 3. 1。

**表 7. 3. 1　库区干流回水简表**

<table>
<tr><th>序号</th><th>断面名称</th><th>距坝里程<br>(km)</th><th>天然水位</th><th>975m 方案</th></tr>
<tr><td>1</td><td>乌东德近场</td><td></td><td>822</td><td rowspan="9">975</td></tr>
<tr><td>2</td><td></td><td>16</td><td>834</td></tr>
<tr><td>3</td><td></td><td>71</td><td>898</td></tr>
<tr><td>4</td><td></td><td>87</td><td>910</td></tr>
<tr><td>5</td><td></td><td>105</td><td>923</td></tr>
<tr><td>6</td><td>龙街水文站、龙川江（下）</td><td>109</td><td>926</td></tr>
<tr><td>7</td><td>大湾子车站</td><td>118</td><td>931</td></tr>
<tr><td>8</td><td>新江车站</td><td>136</td><td>940</td></tr>
<tr><td>9</td><td>上疙瘩</td><td>158</td><td>957</td></tr>
<tr><td>10</td><td>拉鲊车站</td><td>166</td><td>962</td><td rowspan="5">975~980</td></tr>
<tr><td>11</td><td>迤资车站（下）</td><td>179</td><td>972</td></tr>
<tr><td>12</td><td>老渡口</td><td>184</td><td>975</td></tr>
<tr><td>13</td><td>金江车站（下）</td><td>190</td><td>976</td></tr>
<tr><td>14</td><td>金江镇</td><td>192</td><td>978</td></tr>
<tr><td>15</td><td>三堆子站</td><td>196</td><td>980</td><td rowspan="3">980~981</td></tr>
<tr><td>16</td><td></td><td>197</td><td>980</td></tr>
<tr><td>17</td><td></td><td>197</td><td>980</td></tr>
</table>

建立简化库水位模型，如图 7. 3. 1。预计蓄水后 4 个阶段的水位变化如图 7. 3. 2 至图 7. 3. 5。

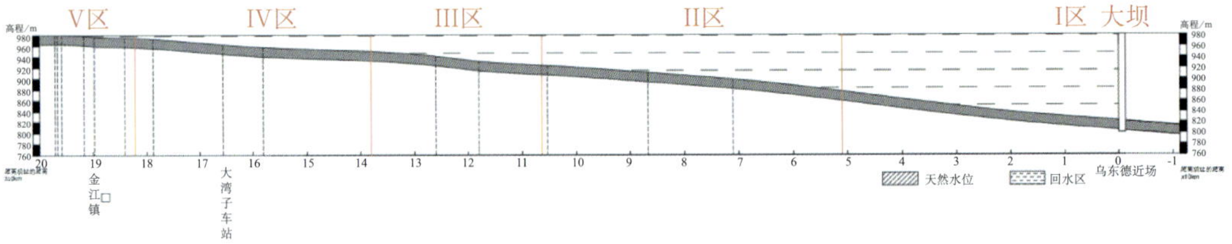


图 7.3.1　简化库水位变化模型图

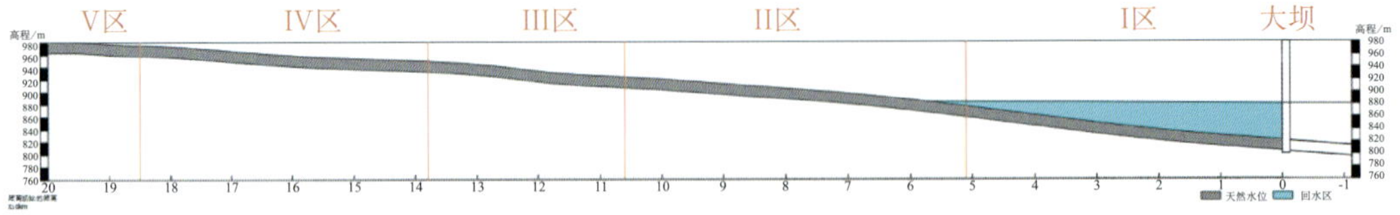


图 7.3.2　水位为 822-882m 库区蓄水变化简图

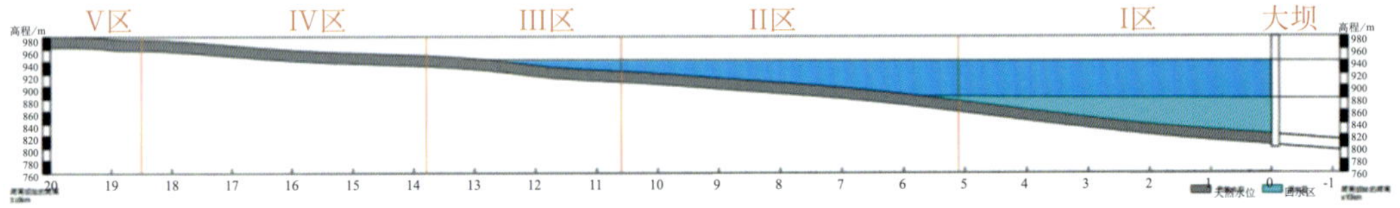


图 7.3.3　水位为 882-945m 库区蓄水变化简图

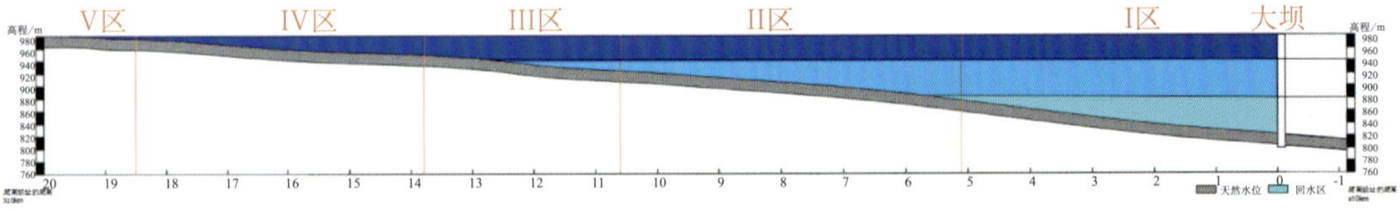


图 7.3.4　水位为 945-975m 库区蓄水变化简图

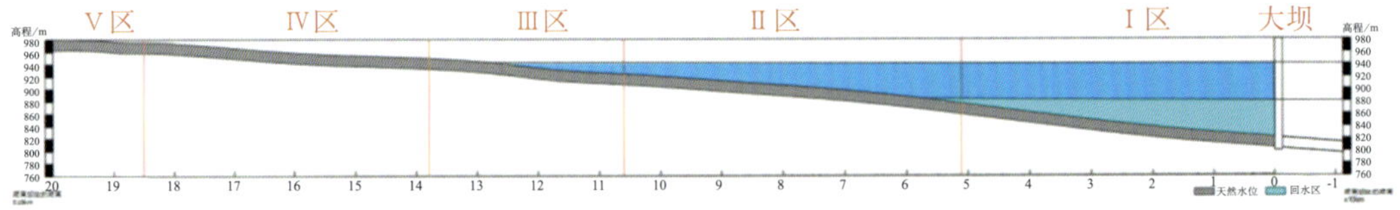


图 7.3.5　水位为 975-945m 库区蓄水变化简图

## 7.3.2　蓄水应力荷载的影响

库水对河床的静水压力为：

$$P = \gamma h = 10 \times 145 = 1450\text{kN/m} \tag{7.3.1}$$

式中，$\gamma$ 为谁的重度，取 $10\text{kN/m}^2$；$h$ 为蓄水后水头高度，取 145m。

岩体边坡弱透水、金沙江水位上涨时，将岸坡简化为坡面外邻水且坡面不透水，如图 7.3.6，边坡静水压力计算如式（7.3.2）、式（7.3.3）。

假设岸坡坡角为 45°：

$$L_p = \sqrt{145^2 + 145^2} = 205\text{m} \tag{7.3.2}$$

$$P_w = \frac{1}{2}\gamma_w h L_p = \frac{1}{2} \times 10 \times 145 \times 205 = 148.63 \times 10^3 \text{kN/m} \tag{7.3.3}$$

式中，$L_p$ 为坡面长；$P_w$ 为静水压力；$\gamma_w$ 为水的容重；$h$ 为水位高度。

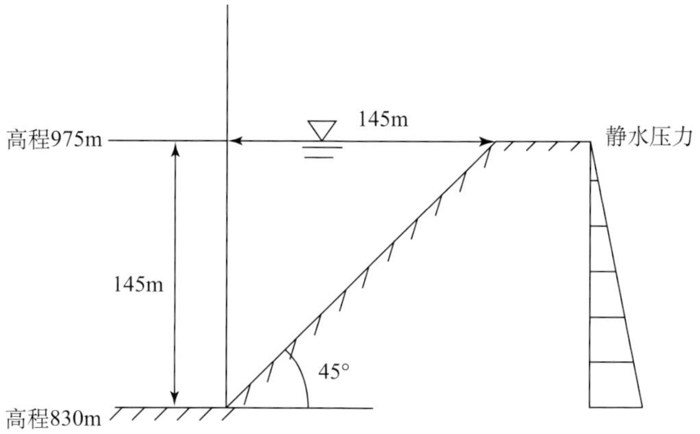


图 7.3.6　边坡静水压力剖面示意图

假设横向流速分布趋于二次函数分布，则按抛物线曲线拟合推求岸边流速系数，见图 7.3.7。

流速分布曲线为：　$v(x) = \bar{v} - cx^2$

式中，$\bar{v}$ 为垂线平均流速（m/s）。

$$\tan\alpha = H_m / B_0$$

面积：

$$A = \int_0^{B_0} \frac{B_0 - x}{B_0} H_m \mathrm{d}x \tag{7.3.4}$$

式中，$B_0$ 为近边壁水面宽（m）；$H_m$ 为垂线对应的水深（m）；$A$ 为近边壁面积（$\text{m}^2$）。

则第一条垂线至边坡的流量为：

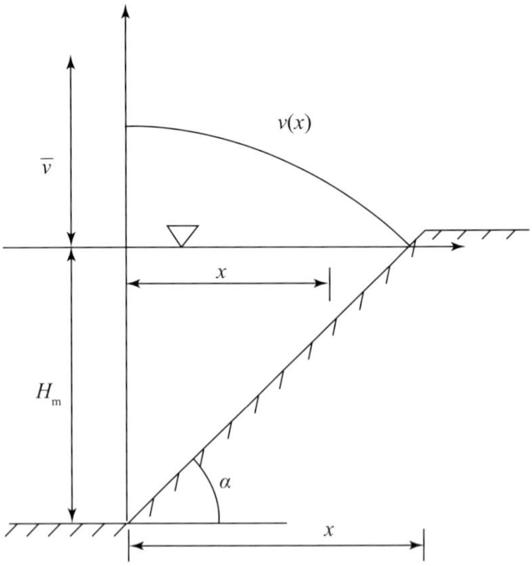


图 7.3.7　横向流速分布为二次抛物线型简图

$$Q = \int_{0}^{B_0} \left(\bar{v} - \frac{\bar{v}}{B_0^2}x^2\right)\left(\frac{B_0 - x}{B_0}\right) \mathrm{d}x = \frac{2}{15}\bar{v}H_{\mathrm{m}}B_0 \tag{7.3.5}$$

式中，$Q$ 为近坡处流量（$\mathrm{m^3/s}$）。

假设水面与边坡的交点处流速为 0，则 $x = B_0$，$v(B_0) = 0$ 代入流速分布曲线公式得常数 $c$：

$$c = \frac{\bar{v}}{B_0^2} \tag{7.3.6}$$

则横向流速公式为：

$$v(x) = \bar{v} - \frac{\bar{v}}{B_0^2}x^2 \tag{7.3.7}$$

式中，$v(x)$ 为距第一条垂线 $x$ 处的流速。

流体的压力 $P$ 与速度势 $\Phi$ 的关系为：

$$V = \nabla \Phi$$

$$P = -\rho \cdot \dot{\Phi} \tag{7.3.8}$$

由于坡度增大，斜坡坡度为 45°的模型比斜坡坡度为 15°的模型整体动水压力更大。河道两侧附近的动水压力相对河道中间部分的动水压力明显更大，且斜坡越陡，河岸附近的动水压力越大，因此取 $x=0$ 沿 $y$ 轴方向各测点的动水压力峰值。

根据图 7.3.8 可以看出动水压力峰值随水深的增加而增大，为线性相关。

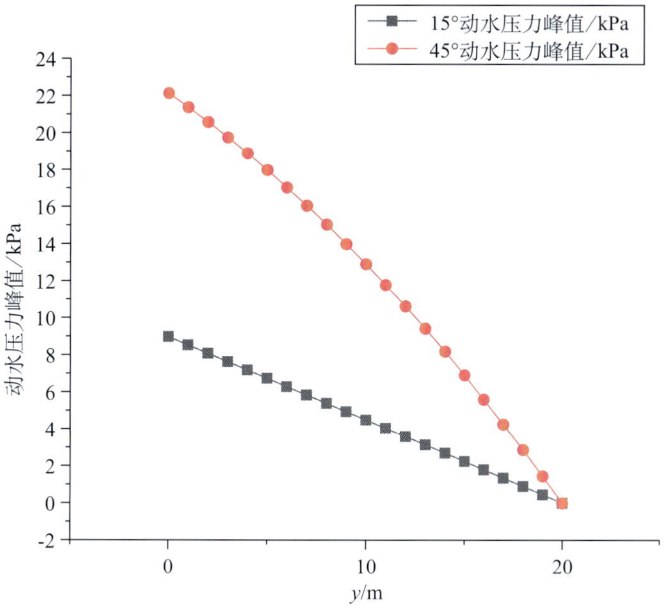


图 7.3.8　不同斜坡坡度下左侧 $x=0$ 河岸动水压力峰值图

如图 7.3.8，经计算，库水压力水平影响范围大于 13km，以此角度看，乌东德库区 19 个水库地震站台布设在金沙江两岸 10km 内是合理的。库水压力（包括孔隙水压力）在竖直方向影响深度不大于 17km，从 2013~2021 年乌东德库区监测到的水库诱发地震震源深度在 17km 内，也与实际符合。

蓄水后由于水位大幅度升高而使水体本身的重量对库区岩体短时间内增加产生一定库水压力，它可使库区一定范围内的岩体发生变形，这种形变的理论计算模型可与本书 6.4 节、6.5 节内容中的实侧数值相互映证。经简单估算，见图 7.3.6，库水压力的值随库中心的距离增加而减小，而在库岸附近随深度增加而增大，其分布区随水位升高向库岸外围推移，如图 7.3.9。在河床底部，库水压力随深度增加而降低，如图 7.3.10。

蓄水后由于水位大幅度升高，库水水体压力在一定空间范围内对库区岩体产生的岩体变形（沉降）如下式：

$$S = \frac{P}{E} z\alpha \tag{7.3.9}$$

式中，$S$ 为岩体沉降量；$P$ 为岩体表面以上的荷载，经计算取 148.63MPa；$E$ 为岩石的弹性

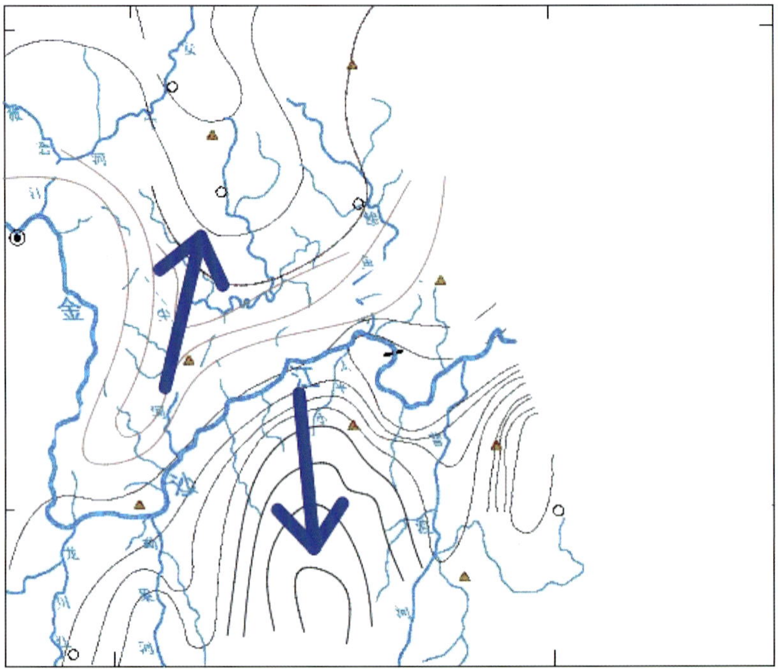

图 7. 3. 9　库区库水压力水平向趋势图

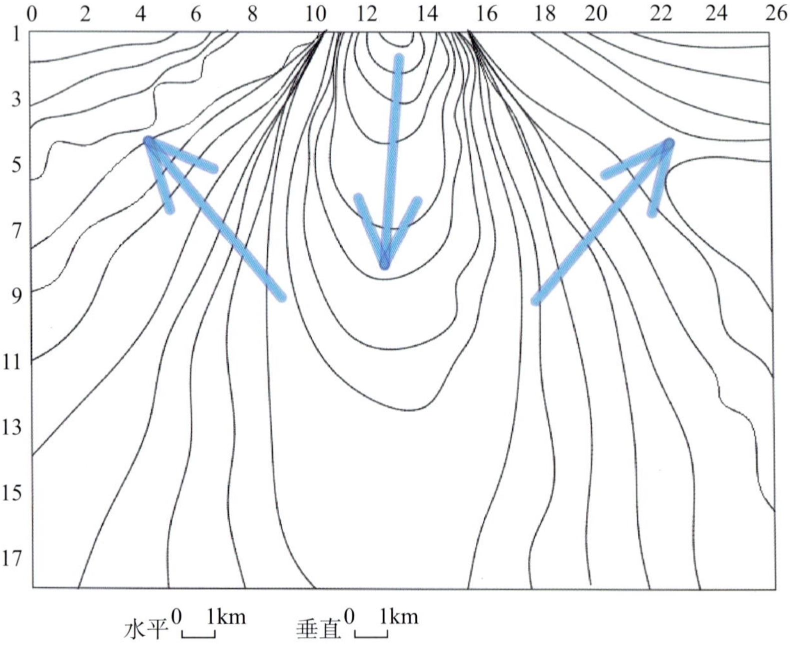


图 7. 3. 10　库区库水压力垂向趋势图

模量，经计算取 60GPa；$Z$ 为岩层的厚度，简化成单一层，取值为 7km；$\alpha$ 为附加应力系数，按矩形法，取 0.013。

经计算，从金沙江河床底部算起往下 7km 深度处的沉降量为 22cm。这些估算数值还要和库区重力监测到的数值相互对应进行进一步分析。但从变形变化分析，变形过程属于蠕变型，其变形对应的单位应力要远远小于完整岩石破裂时的抗压强度。

假定垂直应力对震源深度为 7km 的震源（乌东德库区水库诱发地震大部分震源深度）做功，发生位移为 22cm，则做功能量为 $1.32\times10^4$J。

假定发生 0.1 级水库地震，其能量按照公式：$E=10^{4.8}\times10^{1.5M}$J 为 $0.89\times10^5$J；0.5 级水库地震的能量为 $3.5\times10^5$J；1.0 级水库地震的能量为 $2.0\times10^6$J。

从上分析，蓄水后库水压力对震源做功积累的能量远远小于引发水库地震所需的能量，因此库水压力引发地震的可能性微乎其微。尽管如此，但它对谷宽、谷底的重力分布却起到很小的扰动作用。

蓄水后水位上升的过程中，每个库段蓄水深度的不同，导致库水中心底部和库岸的沉降不一致，在水体荷载作用下库水中心底部岩体沉降最大，而库岸边缘岩体沉降则相对较小，可能会造成库水中心与库岸之间的地层岩体产生差异性位移（或错动），此时地层岩体内的应力方向改变和应力值集中，加速岩体在水平或竖直方向裂隙增大或者联通，从而使这一区域地层岩体内孔隙水压力随蓄水时间增加而增大。如果库水影响到库区内活动断层，其增加的应力有可能增大岩体中原有的断层破裂面、裂隙面或长度、地层不整合面以及陡倾岩层等，也会使破裂向深部扩展，甚至相互贯通。

## 7.3.3　孔隙水压力的估算和分析

结合库区各库段的地层岩性和岩体构造，分析其岩体孔隙水压力在蓄水前后的变化。水库蓄水时，库水的孔隙水重力载荷使库区岩体应力增大，增大的应力和原有应力叠加有可能超过岩体的强度，从而使水库诱发地震；另外由库水增加而使增大的孔隙水增强润滑作用而降低断层的强度，从而使水库诱发地震；其三，库水沿断层渗透时，形成较高的孔隙水压力，降低断层强度，从而使水库诱发地震。

库水能否沿断层渗透又与断层的性质、强度有着密切关系。孔隙水压力的增加有两种方式，其一是岩体的压缩导致孔隙水压力的增加，可以称之为不排水效应；其二是库水在裂隙中渗流形成扩散孔隙水压力，可以称之为扩散效应。孔隙水压力估算如下式。

根据 Durá-Gómez 和 Talwani 改写的公式进行计算：

$$p(r,\ t)=\sum_{i=1}^{n}\alpha\delta p_i\mathrm{erf}\left(\frac{r}{(4c\delta t_i)^{1/2}}\right)+\sum_{i=1}^{n}\delta p_i\mathrm{erfc}\left(\frac{r}{4c\delta t_i}\right) \tag{7.3.10}$$

式中，$\alpha$ 为和 Skempton 系数有关的弹性系数；$c$ 为水力扩散系数；$\Delta p_i$ 为 $t=i$ 时水库底部的水压力。

由于不排水孔隙水压力值远远小于扩散孔隙水压力，因此，在计算孔隙水压力时，忽略了不排水效应产生的孔隙水压力，即孔隙水压力大小可写为：

$$p = \delta p_i \operatorname{erfc}\left(\frac{r}{(4cn\delta t)^{1/2}}\right) + \delta p_2 \operatorname{erfc}\left(\frac{4}{(4c(n-1)\delta t)^{1/2}}\right)$$
$$+ \delta p_{n-1} \operatorname{erfc}\left(\frac{r}{(4c2\delta t)^{1/2}}\right) + \delta p_n \operatorname{erfc}\left(\frac{r}{(4c\delta t)^{1/2}}\right) \quad (7.3.11)$$

式中，$\delta t$ 为时间步长（一天）；$n$ 为时间总步数；$\delta p_i$ 为第 $i$ 天的库底水压力增量；$t$ 为任意时刻；$r$ 为与库底距离。

水力扩散系数表征含水层水位变化传播速度的参数，其值等于导水系数与给水度的比值，量纲为 $L^2/T$。$c$ 可以根据蓄水和诱发地震的时间间隔估算，公式为：

$$c = \frac{r^2}{4\Delta t} \quad (7.3.12)$$

式中，$r$ 为震源相对于水库最深点的距离；$\Delta t$ 为诱发地震相对于蓄水达到较高水位时的滞后时间。

取库区 2020 和 2021 年度 4 次典型水库地震 $M_{max1}$、$M_{max2}$、$M_{max3}$ 和 $M_{max4}$ 进行计算，见表 7.3.2，分析水力扩散系数 $c$ 和震源深度处的扩散孔隙水压力。

**表 7.3.2 水力扩散系数和震源深度处孔隙水压力估算表**

| 地震 | 时间 | 经纬度 | 震级 | 震源深度 $z$ (km) | $r$ (km) | $\Delta t$ (d) | 计算 $C$ 值 ($m^2/s$) | 震源处地震发生时扩散孔隙水压力值 $P$ (kPa) |
|---|---|---|---|---|---|---|---|---|
| $M_{max1}$ | 2020. 2. 18 | 26°18′43″<br>102°27′21″ | 1. 2 | 8 | 8 | 7 | 26. 4 | 460. 1 |
| $M_{max2}$ | 2020. 6. 23 | 26°18′50″<br>102°27′18″ | 1. 1 | 6 | 8 | 8 | 23. 1 | 1221. 3 |
| $M_{max3}$ | 2020. 10. 5 | 26°19′26″<br>102°26′38″ | 1. 2 | 6 | 8 | 5 | 37. 0 | 1674. 4 |
| $M_{max4}$ | 2021. 5. 6 | 26°18′43″<br>102°27′21″ | 1. 5 | 7 | 8 | 6 | 30. 8 | 973. 7 |

**1. 一阶段（水位为 822~882m）**

第 1 阶段为蓄水初期，该阶段水位从约 822m 开始上升，逐步增加到约 882m，水位变幅约为 60m，考虑到地震台网的精度，只考虑大于 $M_L1.0$ 的地震。当水位达到 882m，记为 $H_{max1}$，7d 后发生第一个水库诱发地震，震级 $M_L1.2$，记为 $M_{max1}$，震源深度 8km，震源深度观测精度为±5km。分析如图 7. 3. 11 至图 7. 3. 13。

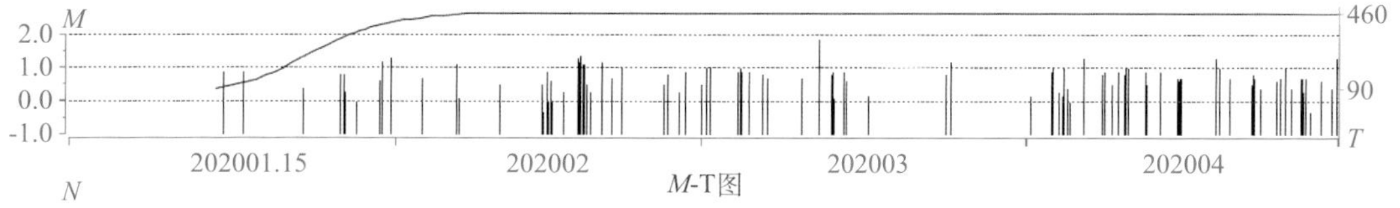


图 7. 3. 11　一阶段 $M_{max1}$震源处孔隙水压力变化与地震周期图

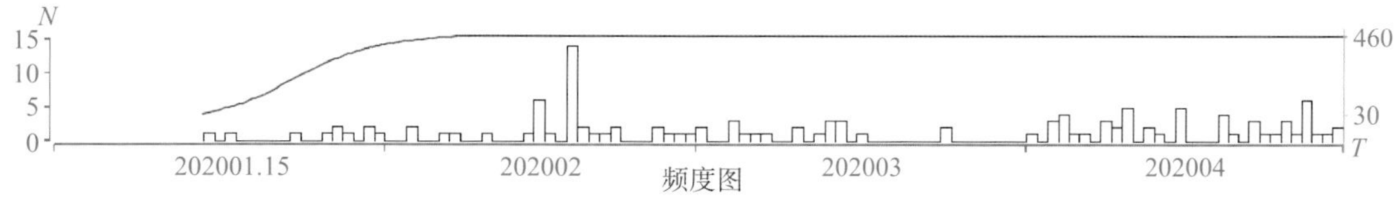


图 7. 3. 12　一阶段 $M_{max1}$震源处孔隙水压力变化与地震频度图

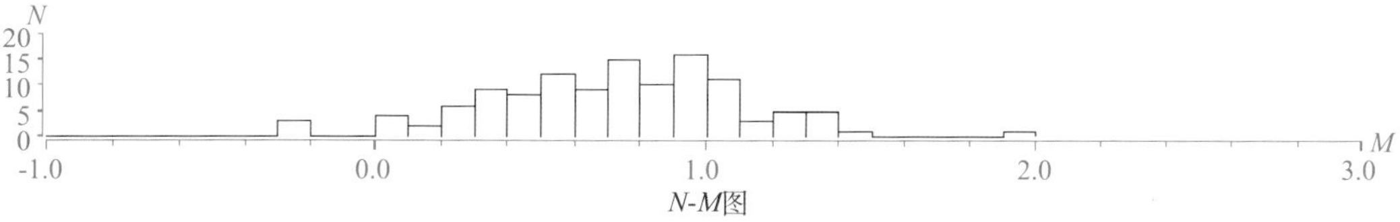


图 7. 3. 13　一阶段 $M_{max1}$震源处孔隙水压力变化与震级频度图

## 2. 二阶段（水位为 882~945m）

该阶段水位从约 882m 逐步增加到约 945m，水位变幅约为 63m。当水位达到 945m，记为 $H_{max2}$，8d 后发生此阶段第一个水库诱发地震，震级 $M_L$1. 1，记为 $M_{max2}$，震源深度 8km，震源深度观测精度为±5km，分析如图 7. 3. 14 至图 7. 3. 16。

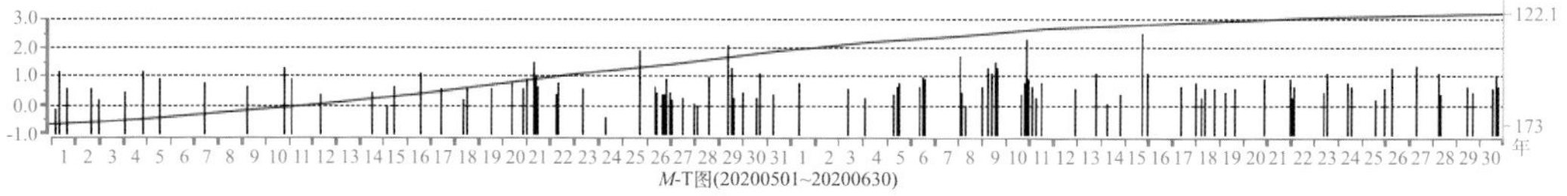


图 7. 3. 14　二阶段 $M_{max2}$震源处孔隙水压力变化与地震周期图

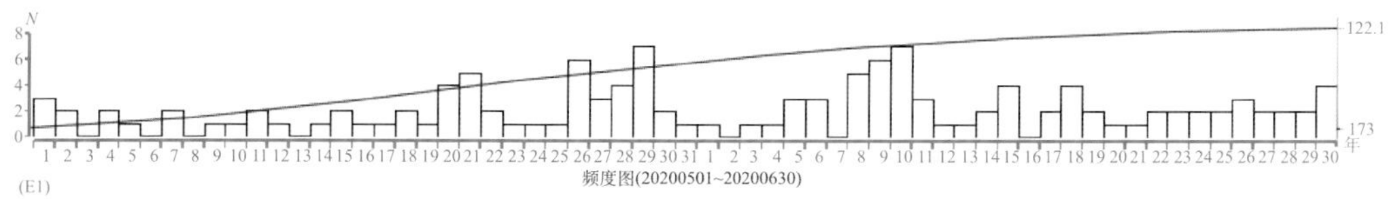


图 7. 3. 15　二阶段 $M_{max2}$震源处孔隙水压力变化与地震频度图

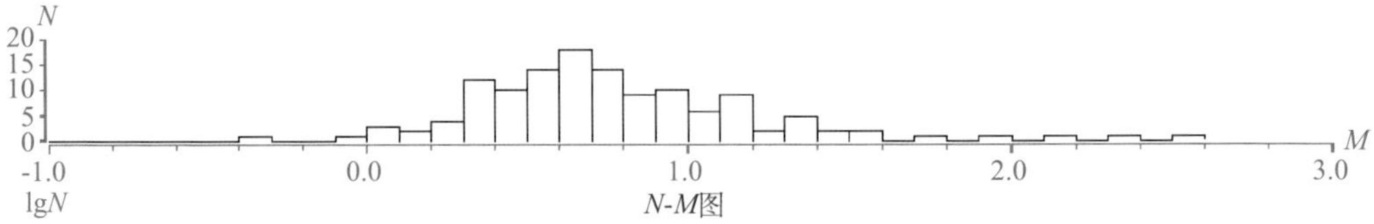


图 7. 3. 16　阶段 $M_{max2}$震源处孔隙水压力变化与震级频度图

**3. 三阶段（水位为 945~975m）**

该阶段水位从约 882m 到约 975m 上升，水位变幅约为 30m。当水位达到 975m，记为 $H_{max3}$，5d 后发生该阶段第一个水库诱发地震，震级 $M_L$1. 2，记为 $M_{max3}$，震源深度 8km，震源深度观测精度为±5km，分析如图 7. 3. 17 至图 7. 3. 19。

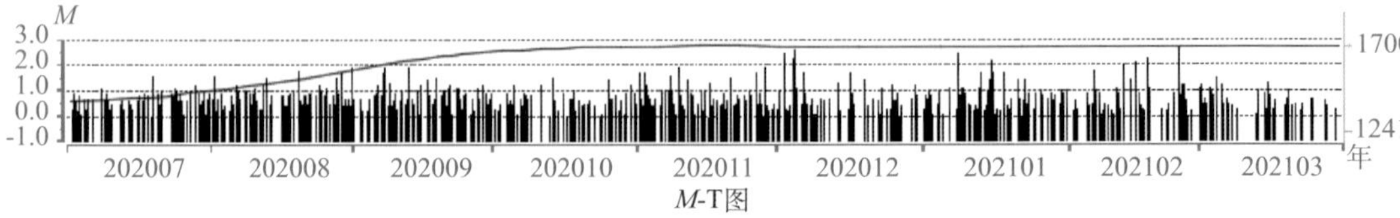


图 7. 3. 17　三阶段 $M_{max3}$震源处孔隙水压力变化与地震周期图

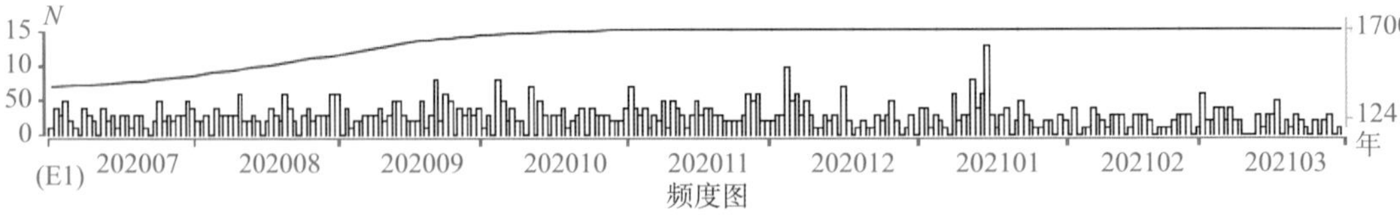


图 7. 3. 18　三阶段 $M_{max3}$震源处孔隙水压力变化与地震频度图

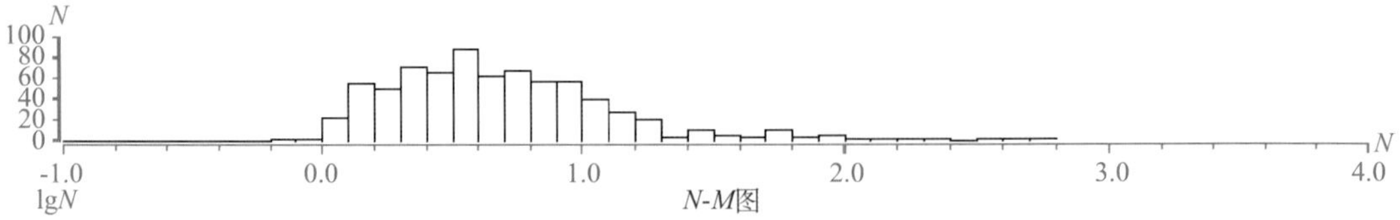


图 7. 3. 19　三阶段 $M_{max3}$震源处孔隙水压力变化与震级频度图

**4. 四阶段（水位为 975~945m）**

本阶段较第 3 阶段水位降低，水位降幅约为 30m，当水位降低到 945m，记为 $H_{max4}$，6d 后发生该阶段第一个水库诱发地震，震级 $M_L$1. 5，记为 $M_{max4}$，震源深度 7km，震源深观度测精度为±5km，监测期间该阶段地震活动强度和频度减弱。分析如见图 7. 3. 20 至图 7. 3. 22。

从上图分析，蓄水的第一、二两个阶段，尽管蓄水水位变幅很大，但是地震强度和频度并不高，见图 7. 3. 17，表明前期孔隙水对库区地层形成的孔隙水压力（应力）在岩体或岩体结构中积累的能量，使其处于新平衡状态初始破坏旧平衡状态；当水位再连续上涨到一定高度，即第三阶段，短时间内积累新的能量加上未释放出的残余能量，使地层一定深度的岩体处于新平衡状态消弭旧平衡状态时，还会发生水库诱发地震，此阶段地震震级可能高于前阶段。

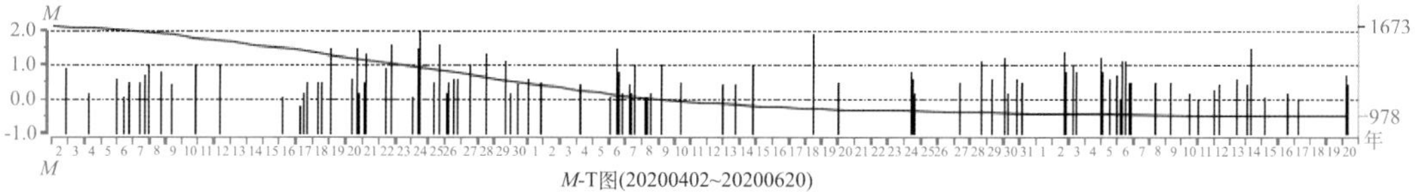


图 7.3.20　四阶段 $M_{max4}$ 震源处孔隙水压力变化与地震周期图

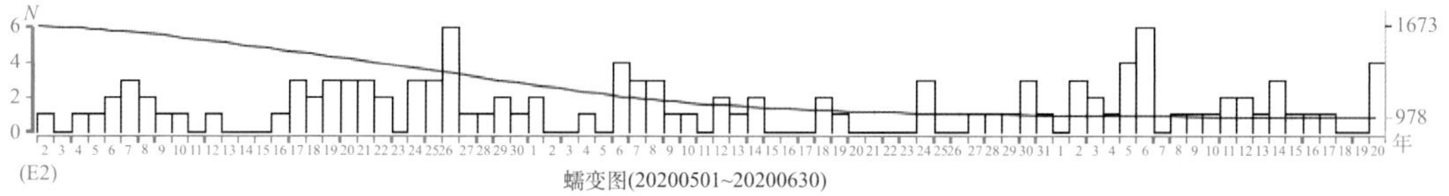


图 7.3.21　四阶段 $M_{max4}$ 震源处孔隙水压力变化与地震频度图

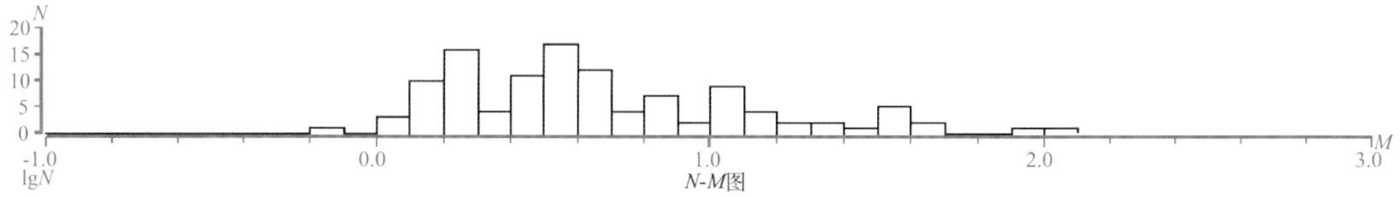


图 7.3.22　四阶段 $M_{max4}$ 震源处孔隙水压力变化与震级频度图

按图 7.3.11、图 7.3.14 和图 7.3.17，在蓄水过程中水库诱发地震并不发生在库水达到最大水位的时间，而是在水位上升至最高水位后得一段时间，这种滞后的时间步长为 5d～8d，分析原因是由于蓄水后水位上涨过程中孔隙水压力要经过一段时间扩散，才能达到震源处，也表明扩散孔隙水压力是水库诱发地震的根本原因。

水库诱发地震的强度应该和蕴含在库区地层岩体中的孔隙水压力（应力）大小、库区地层岩体特性和岩体结构各向异性的力学性质、水库地震基本赋存介质等有着直接的关系。直观说，浅部孔隙水压力（应力）大，但地层岩体完整性好，岩体结构的各向异性好和联通性差，水库未必诱发地震，水库诱发地震的强度未必大。

## 7.3.4　岩体蠕变和孔隙水压力的关系

按图 7.3.23 至图 7.3.26，由于库水位快速上升，一部分地表水渗透到地层岩体中变成地下水，这部分地下水以孔隙承压水方式在岩体产生渗流运动，引起地下水渗流场的变化，增大渗透压力，改变孔隙水压力大小和方向，从而对岩体产生蠕动变化，使得岩体内应力场（能量）发生变化，随着地层岩体中能量不断积累，就有可能诱发地震，但这是个缓慢的过程。

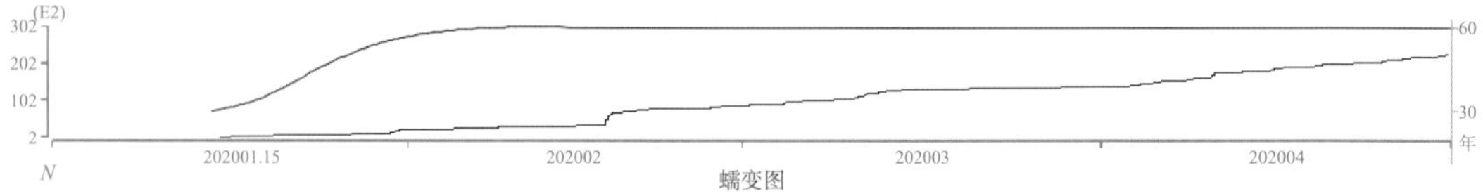


图 7.3.23　一阶段 $M_{max1}$ 震源处孔隙水压力变化与蠕变图

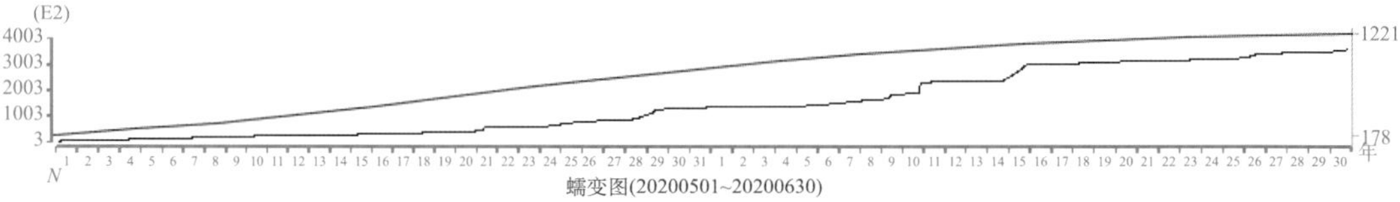


图 7.3.24　二阶段 $M_{max2}$ 震源处孔隙水压力变化与蠕变图

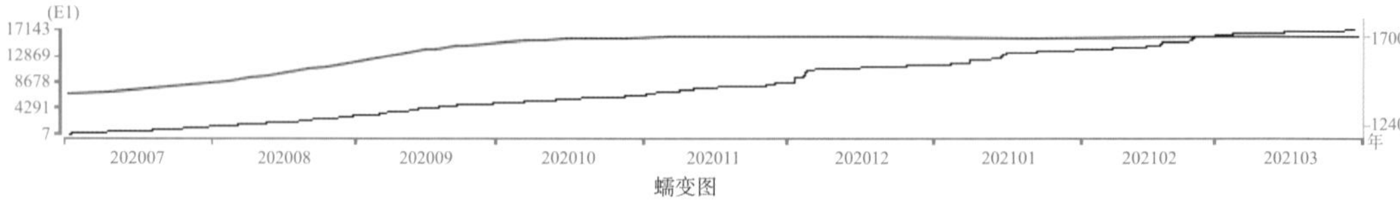


图 7.3.25　三阶段 $M_{max3}$ 震源处孔隙水压力变化与蠕变图

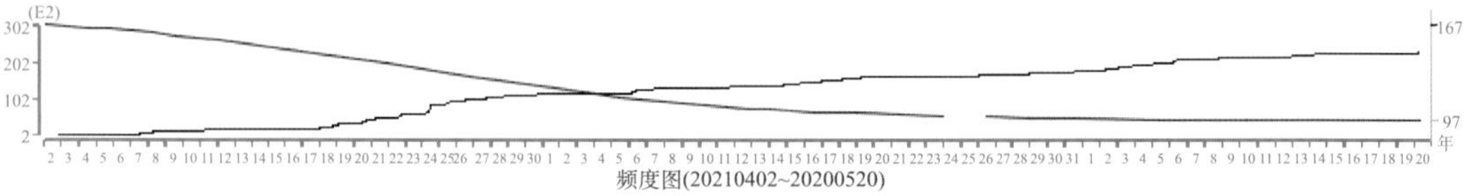


图 7.3.26　四阶段 $M_{max4}$ 震源处孔隙水压力变化与蠕变图

## 7.4　水库地震活动强度的判断和分析

本节将改进层次分析法引入水库诱发地震，提出使用改进层次分析法与模糊综合评价相结合评估水库诱发地震的震级上限。首先使用改进层次分析法处理诱震因子，使各因子的权重分配更为合理；然后应用模糊数学理论将诱震因子的权重与处理震例资料得到的评价矩阵相结合，根据最大隶属度原则评价水库诱发地震的震级上限。由于受乌东德水库资料收集规定的限制，本节内容仅介绍评价方法。

### 7.4.1　改进层次分析法

#### 1. 建立递阶层次结构模型

首先要使问题具有条理化和层次化，构造出一个有层次的结构模型。最高层为目标层，表示的是预测的目标或结果；上一层次作为准则对下一层次的关元素起支配作用；最底层为指标层。

根据水库地震基本赋存介质特性（地层岩性、岩体结构、水文地质条件）、构造应力环境（区域活动断裂、库区活动断层）、地震活动性、水库特征（库深、库容）的指标，建立如图 7.4.1 所示的水库诱发地震震级上限评估的递阶层次结构模型。

**2. 构造 0~2 标度比较矩阵间接求出九标度判断矩阵**

层次分析法的核心是判断矩阵的构建，层次分析法改进中最关键的一点是在进行两种元素的重要性比较时，用人们容易给出的三标度比较矩阵间接求出的九标度判断。

假设在同一层次有 $n$ 个元素，用三标度可得到如下比较矩阵 $C$：

$$C=\begin{bmatrix} C_{11} & C_{12} & \cdots & C_{n4} \\ C_{21} & C_{22} & \cdots & C_{2n} \\ \vdots & \vdots & \vdots & \vdots \\ C_{n1} & C_{n2} & \cdots & C_{nn} \end{bmatrix} \tag{7.4.1}$$

式中：

$$C_{ij}=\begin{cases} 2 \text{ 第 } i \text{ 元素比第 } j \text{ 元素重要} \\ 1 \text{ 第 } i \text{ 元素和第 } j \text{ 元素同样重要} \\ 0 \text{ 第 } i \text{ 元素没有第 } j \text{ 元素重要} \end{cases} \qquad (i,\ j=1,\ 2,\ \cdots,\ n)$$

各元素的重要性程度排序指数可用下式计算：

$$r_i=\sum_{j=1}^{n} C_{ij} \qquad (i=1,\ 2,\ 3\cdots\cdots,\ n) \tag{7.4.2}$$

若用 $r_{\max}$ 表示最大的排序指数，用 $r_{\min}$ 表示最小的排序指数，可由下式确定间接判断矩阵的元素：

$$b_{ij}=\begin{cases} \dfrac{r_i-r_j}{r_{\max}-r_{\min}}(b_{\mathrm{m}}-1)+1 & r_i \geqslant r_j \\ 1 & r_{\max}=r_{\min} \\ \left[\dfrac{r_j-r_i}{r_{\max}-r_{\min}}(b_{\mathrm{m}}-1)+1\right]^{-1} & r_i < r_j \end{cases} \tag{7.4.3}$$

$$B=\begin{bmatrix} B_{11} & B_{12} & \cdots & B_{n4} \\ B_{21} & B_{22} & \cdots & B_{2n} \\ \vdots & \vdots & \vdots & \vdots \\ B_{n1} & B_{n2} & \cdots & B_{nn} \end{bmatrix} \tag{7.4.4}$$

式中，$b_{\mathrm{m}}=\dfrac{r_{\max}}{r_{\min}}$ 进而得到九标度判断矩阵 B：

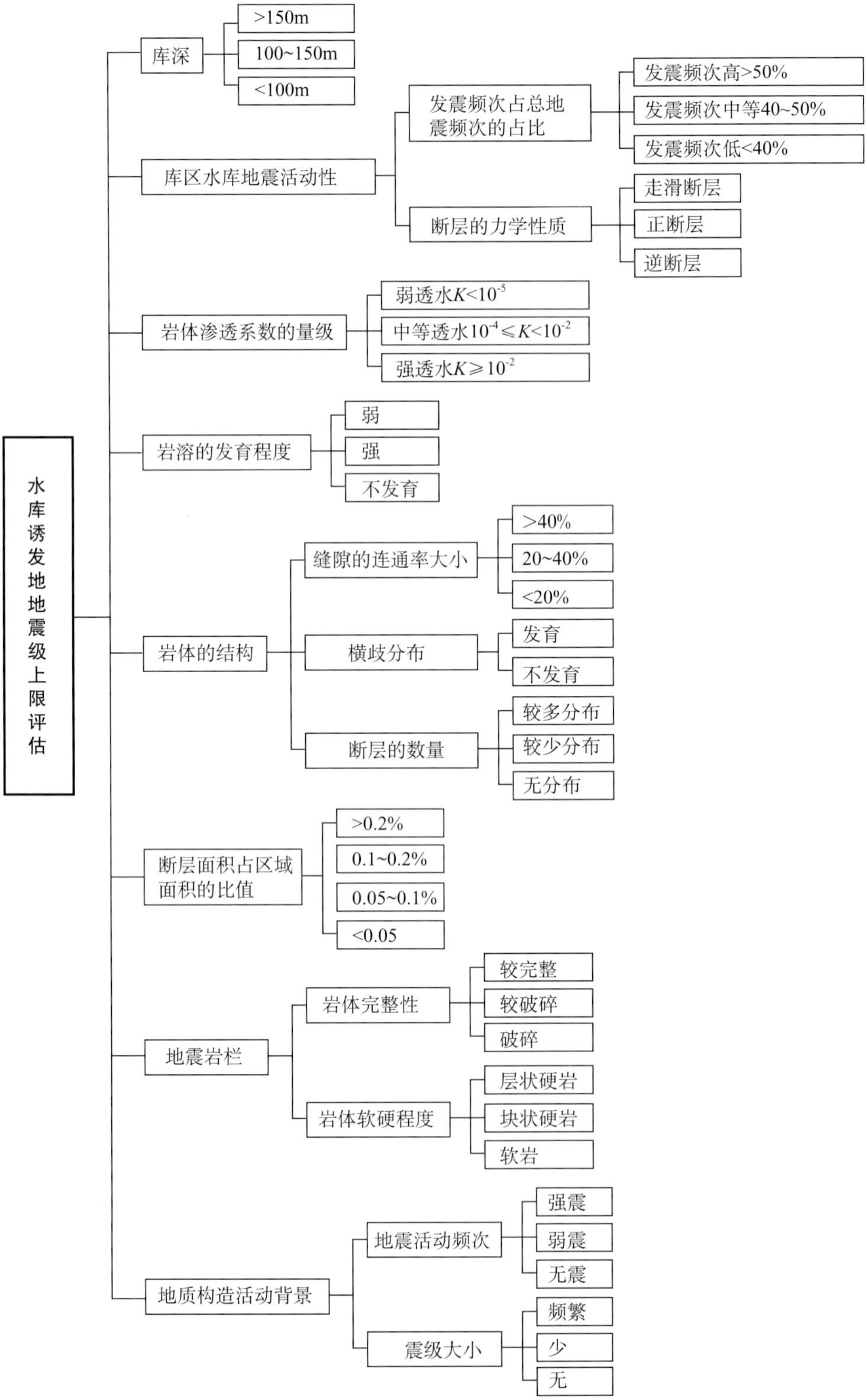


图 7.4.1　水库诱发地震震级上限评估的层次结构模型图

**3. 计算单一准则下元素的相对权重及一致性检验**

基于判断矩阵的权重计算，本质上是计算矩阵的最大特征值及对应的特征向量为：

$$BW = \lambda_{max} W \tag{7.4.5}$$

式中，$\lambda_{max}$是判断矩阵的最大特征值；$W$ 是最大特征值所对应的特征向量；求得的 $W$ 便是要求的权重向量。

计算一致性指标 $C.I$：

$$C.I = \frac{\lambda_{max} - n}{n - 1} \tag{7.4.6}$$

式中，$\lambda_{max}$是判断矩阵的最大特征值；$n$ 是判断矩阵的阶数。

平均随机一致性指标 $R.I$ 可参照表 7.4.1。

**表 7.4.1　平均随机一致性指标 $R.I$ 表**

| $n$ | 1 | 2 | 3 | 4 | 5 | 6 | 7 | 8 | 9 | 10 | 11 |
|---|---|---|---|---|---|---|---|---|---|---|---|
| $R.I$ | 0 | 0 | 0.58 | 0.9 | 1.12 | 1.21 | 1.32 | 1.41 | 1.45 | 1.49 | 1.51 |

一致性比例（$C.R$）的计算：

$$C.R = \frac{C.I}{R.I} \tag{7.4.7}$$

当 $C.R<0.10$ 时，认为判断矩阵的一致性是可接受的。

**4. 计算各层元素的组合权重**

计算得到层次结构模型中每一元素的相对权重之后，需要将每一层的元素与其子元素进行适当的整合，并进行总的判断一致性检验。最终得出最低层次元素对于整体评价结果影响的相对权重。

由于受资料的限制，仅统计水库震例的统计资料中断层的力学性质、地质构造活动背景、岩性和库深诱震因子对发震的影响程度。见表 7.4.2 至和表 7.4.5。

**表 7.4.2　国内外水库诱发地震与断层的力学性质表**

| 震级 $M_S$ | 断层的力学性质（$S$） | | | 小计 |
|---|---|---|---|---|
| | 正断层 | 逆断层 | 走滑断层 | |
| ≥6 | 0 | 2 | 2 | 4 |
| 4.9~4.5 | 1 | 4 | 5 | 10 |
| 4.4~3.0 | 3 | 8 | 2 | 13 |
| <3.0 | 6 | 9 | 3 | 18 |
| 小计 | 10 | 23 | 12 | 45 |

**表 7.4.3　国内外水库诱发地震与地质构造活动背景表**

| 震级 $M_S$ | 蓄水之前地震活动背景（$E$） | | | 小计 |
|---|---|---|---|---|
| | 强震 | 弱震 | 无震 | |
| ≥6 | 0 | 1 | 2 | 3 |
| 4.9~4.5 | 1 | 11 | 12 | 24 |
| 4.4~3.0 | 2 | 11 | 14 | 28 |
| <3.0 | 1 | 10 | 18 | 29 |
| 小计 | 4 | 33 | 46 | 84 |

**表 7.4.4　国内外水库诱发地震与岩性关系表**

| 震级 $M_S$ | 发震区岩体类型（$G$） | | | 小计 |
|---|---|---|---|---|
| | 块状硬岩 | 层状硬岩 | 软岩 | |
| ≥6 | 3 | 1 | 0 | 4 |
| 4.9~4.5 | 18 | 7 | 16 | 41 |
| 4.4~3.0 | 24 | 8 | 14 | 46 |
| <3.0 | 25 | 8 | 10 | 43 |
| 小计 | 70 | 24 | 40 | 134 |

**表 7.4.5　国内外水库诱发地震与库深的关系表**

| 震级 $M_S$ | 库深（$D$） | | | 小计 |
|---|---|---|---|---|
| | >150m | 100~150m | <100m | |
| ≥6 | 1 | 3 | 0 | 4 |
| 4.9~4.5 | 7 | 10 | 19 | 42 |
| 4.4~3.0 | 10 | 11 | 20 | 49 |

续表

| 震级 $M_S$ | 库深（$D$） | | | 小计 |
|---|---|---|---|---|
| | >150m | 100~150m | <100m | |
| <3.0 | 7 | 14 | 28 | 52 |
| 小计 | 25 | 38 | 67 | 130 |

准则层中 3 标度比较矩阵 $C_u$、9 标度间接判断矩阵 $B_u$ 和各诱震因子的相对权重 $W_u$ 见下式：

$$C_u=\begin{bmatrix}1&0&0&0\\2&1&2&2\\2&0&1&0\\2&0&2&1\end{bmatrix}\qquad B_u=\begin{bmatrix}1&0&0&0\\2&1&2&2\\2&0&1&0\\2&0&2&1\end{bmatrix}\qquad W_u=\begin{bmatrix}0.057\\0.525\\0.139\\0.279\end{bmatrix}\tag{7.4.8}$$

判断矩阵的一致性指标为 $C.I=0.0466$，一致性比例为 $C.R=0.0517<0.10$。即认为判断矩阵 $B_u$ 满足一致性检验，表明以 $W_u$ 作为准则层中各诱震因子的权重值分配是合理的。

指标层中库深（$D$）对水库诱发地震的影响包括 3 个子因素，其判断矩阵为：

$$C_u=\begin{bmatrix}1&0&0\\2&1&0\\2&2&1\end{bmatrix}\qquad B_u=\begin{bmatrix}1&1/3&1/5\\3&1&1/3\\5&3&1\end{bmatrix}\qquad W_u=\begin{bmatrix}0.105\\0.258\\0.637\end{bmatrix}\tag{7.4.9}$$

经过对判断矩阵 $B_u$ 计算，判断矩阵的一致性指标为 $C.I=0.0193$，一致性比例为 $C.R=0.0332<0.10$。即认为判断矩阵 $B_u$ 满足一致性检验，表明以 $W_u$ 作为库深差异造成的诱震因子的权重值分配是合理的。

分别对单一准则层中各诱震因子的子元素（即指标层）进行两两重要性比较，构造出比较矩阵，间接求出判断矩阵，各判断矩阵都得到满意的一致性，说明在水库诱发地震震级上限评价的层次结构模型中，指标层中以每个判断矩阵的特征向量的分量作为各子元素的权值是合理的。同时，层次总排序的一致性检验中 $C.R<0.10$，可以认为层次总排序通过一致性检验，层次结构模型各评价指标的最终权重值见表 7.4.6。

**表 7.4.6　水库地震震级预测各因素的相对权重表**

| 准则层 | 权重 | 指标层 | 权重 | 组合权重 |
|---|---|---|---|---|
| 断层的力学性质（$S$） | 0.057 | 正断层 $S_1$ | 0.105 | 0.006 |
| | | 逆断层 $S_2$ | 0.637 | 0.036 |
| | | 走滑断层 $S_3$ | 0.258 | 0.015 |

续表

| 准则层 | 权重 | 指标层 | 权重 | 组合权重 |
|---|---|---|---|---|
| 地质构造活动背景($E$) | 0.525 | 强震 $E_1$ | 0.105 | 0.055 |
| | | 弱震 $E_2$ | 0.258 | 0.135 |
| | | 无震 $E_3$ | 0.637 | 0.334 |
| 发震区岩体类型($G$) | 0.139 | 块状硬岩 $G_1$ | 0.637 | 0.089 |
| | | 层状硬岩 $G_2$ | 0.105 | 0.015 |
| | | 软岩 $G_3$ | 0.258 | 0.036 |
| 库深($D$) | 0.279 | >150m　$D_1$ | 0.105 | 0.029 |
| | | 100~150m　$D_2$ | 0.258 | 0.072 |
| | | <100m　$D_3$ | 0.637 | 0.178 |

## 7.4.2　模糊综合评价

### 1. 建立因素集及评价集因素集

$U$ 是以影响评判对象的各种因素为元素组成的集合，$U=\{U_1, U_2, U_3, \cdots, U_n\}$，因素集又可细分为子因素集。

评价集是评价者对被评价对象可能做出的各种总的评价结果组成的集合，用 $V$ 表示：$V=\{V_1, V_2, \cdots, V_n\}$，$V$ 可以按照以下标准划分：$V$ = {强震($M_S \geqslant 6.0$)；中等强度地震($4.5 \leqslant M_S \leqslant 5.9$)；弱震($3.0 \leqslant M_S \leqslant 4.4$)；微震($M_S < 3.0$)}。

### 2. 构造模糊评价矩阵

在因素集 $U$ 和评价集 $V$ 给定之后，首先从因素集 $U$ 中的单个因素出发进行评价，确定评价对象对因素集 $U$ 中各元素的隶属程度。然后将 $n$ 个因素的评价集组成一个总的模糊评价矩阵，通常以 $R$ 表示：

$$R=\begin{bmatrix} R_{11} & R_{12} & \cdots & R_{n4} \\ R_{21} & R_{22} & \cdots & R_{2n} \\ \vdots & \vdots & \vdots & \vdots \\ R_{n1} & R_{n2} & \cdots & R_{nn} \end{bmatrix} \tag{7.4.10}$$

式中，$0 \leqslant R_{ij} \leqslant 1$，$R_{ij}$表示第 $i$ 个因素对第 $j$ 级风险等级的隶属度。

### 3. 合成运算

多层次模糊综合评价法是一种逐层分析的方法，利用合适的合成算子将 $W$ 与模糊评价矩阵 $R$ 合成得到被评价对象的模糊综合评价结果向量 $S$，对 $S$ 进行归一化处理后得 $S$，后按照最大隶属度原则确定评价对象的结果。

模糊综合评价法的合成法则可以用下式来表示：

$$S = W \cdot R \tag{7.4.11}$$

式中，“·”是模糊矩阵中常见的运算符号。

参照因素集的概念，选取层次结构模型指标层中影响水库诱发地震震级上限评价的 12 个评价指标构成评价因素集 $U$。评价矩阵见表 7.4.7。

**表 7.4.7　评价矩阵 $R$ 表**

| 诱震因子 | 强震 $M1$ | 中等强度地震 $M2$ | 弱震 $M3$ | 微震 $M4$ |
|---|---|---|---|---|
| 正断层 $S1$ | 0.000 | 0.100 | 0.300 | 0.600 |
| 逆断层 $S2$ | 0.087 | 0.174 | 0.348 | 0.391 |
| 走滑断层 $S3$ | 0.230 | 0.385 | 0.154 | 0.231 |
| 强震 $E1$ | 0.00 | 0.25 | 0.5 | 0.25 |
| 弱震 $E2$ | 0.03 | 0.333 | 0.333 | 0.304 |
| 无震 $E3$ | 0.043 | 0.261 | 0.304 | 0.391 |
| 块状硬岩 $G1$ | 0.043 | 0.257 | 0.343 | 0.357 |
| 层状硬岩 $G2$ | 0.042 | 0.292 | 0.333 | 0.333 |
| 软岩 $G3$ | 0.000 | 0.400 | 0.350 | 0.500 |
| >150m　$D1$ | 0.04 | 0.28 | 0.4 | 0.28 |
| 100~150m　$D2$ | 0.079 | 0.263 | 0.289 | 0.368 |
| <100m　$D3$ | 0 | 0.284 | 0.298 | 0.418 |

乌东德水库Ⅰ库段诱震条件为｛$S2$，$E2$，$G3$，$D1$｝，Ⅱ库段诱震条件为｛$S1$，$E1$，$G3$，$D1$｝，将各指标因子对应的组合权重 $W$ 与模糊关系矩阵 $R$ 进行整合得到表 7.4.8 和表 7.4.9。

**表 7.4.8　Ⅰ库段模糊关系矩阵 $R$**

| 目标层 | 指标因子 | 组合权重 $W$ | 模糊关系矩阵 $R$ | | | |
|---|---|---|---|---|---|---|
| | | | $M1$ | $M2$ | $M3$ | $M4$ |
| $M1$ | $S2$ | 0.036 | 0.087 | 0.174 | 0.348 | 0.391 |
| $M2$ | $E2$ | 0.135 | 0.03 | 0.333 | 0.333 | 0.304 |
| $M3$ | $G3$ | 0.036 | 0.000 | 0.400 | 0.350 | 0.500 |
| $M4$ | $D1$ | 0.029 | 0.04 | 0.28 | 0.4 | 0.28 |

表 7.4.9　Ⅱ库段模糊关系矩阵 *R*

| 目标层 | 指标因子 | 组合权重 *W* | 模糊关系矩阵 *R* | | | |
|---|---|---|---|---|---|---|
| | | | *M*1 | *M*2 | *M*3 | *M*4 |
| *M*1 | *S*1 | 0. 006 | 0. 000 | 0. 100 | 0. 300 | 0. 600 |
| *M*2 | *E*1 | 0. 055 | 0. 00 | 0. 25 | 0. 5 | 0. 25 |
| *M*3 | *G*3 | 0. 036 | 0. 000 | 0. 400 | 0. 350 | 0. 500 |
| *M*4 | *D*1 | 0. 029 | 0. 04 | 0. 28 | 0. 4 | 0. 28 |

根据模糊综合评价的合成法则得Ⅰ库段模糊综合评价结果向量 *S*：

$$S = W \cdot R = \begin{bmatrix} W_1 \\ W_2 \\ W_3 \\ W_4 \end{bmatrix}^{\mathrm{T}} \cdot \begin{bmatrix} R_{11} & R_{12} & R_{13} & R_{14} \\ R_{21} & R_{22} & R_{23} & R_{24} \\ R_{31} & R_{32} & R_{33} & R_{34} \\ R_{41} & R_{42} & R_{43} & R_{44} \end{bmatrix} = \begin{bmatrix} 0.036 \\ 0.135 \\ 0.036 \\ 0.029 \end{bmatrix}^{\mathrm{T}} \cdot \begin{bmatrix} 0.087 & 0.174 & 0.348 & 0.391 \\ 0.03 & 0.333 & 0.333 & 0.304 \\ 0 & 0.4 & 0.35 & 0.5 \\ 0.04 & 0.28 & 0.4 & 0.28 \end{bmatrix}$$
$$= \{0.05,\ 0.067,\ 0.081,\ 0.062\} \tag{7.4.12}$$

归一化后得 {0. 194，0. 257，0. 312，0. 237}

根据最大隶属度原则，认为若有水库诱发地震发生，Ⅰ库段地震强度为微震（*M*3）的可能性最大，最大震级（$3.0 \leqslant M_S \leqslant 4.4$）。

Ⅱ库段模糊综合评价结果向量 *S*：

$$S = W \cdot R = \begin{bmatrix} W_1 \\ W_2 \\ W_3 \\ W_4 \end{bmatrix}^{\mathrm{T}} \cdot \begin{bmatrix} R_{11} & R_{12} & R_{13} & R_{14} \\ R_{21} & R_{22} & R_{23} & R_{24} \\ R_{31} & R_{32} & R_{33} & R_{34} \\ R_{41} & R_{42} & R_{43} & R_{44} \end{bmatrix} = \begin{bmatrix} 0.006 \\ 0.055 \\ 0.036 \\ 0.029 \end{bmatrix}^{\mathrm{T}} \cdot \begin{bmatrix} 0 & 0.1 & 0.3 & 0.6 \\ 0 & 0.25 & 0.5 & 0.25 \\ 0 & 0.4 & 0.35 & 0.5 \\ 0.04 & 0.28 & 0.4 & 0.28 \end{bmatrix}$$
$$= \{0.001,\ 0.037,\ 0.054,\ 0.043\} \tag{7.4.13}$$

归一化后得 {0. 004，0. 142，0. 206，0. 167}

根据最大隶属度原则，认为若有水库诱发地震发生，Ⅱ库段地震强度为微震（*M*3）的可能性最大，最大震级（$3.0 \leqslant M_S \leqslant 4.4$）。

### 7.4.3　评估层次结构的指标选取

基于对水库诱发地震形成条件和机制的认识，考虑搜集资料的可能性，在水库诱发地震的预测中，选用下列 7 个诱震因素作为分析的指标，见表 7.4.10。

**表 7.4.10　水库诱发地展影响因素及分类标准**

| 准则层 | | 指标层 | | | |
|---|---|---|---|---|---|
| 地质构造活动背景 | 震级大小 | 强震 | 弱震 | 无震 | — |
| | 地震活动频次 | 频繁 | 少 | 无 | — |
| 地层岩体特性 | 岩体完整性 | 较完整 | 较破碎 | 破碎 | — |
| | 岩体软硬程度 | 层状硬岩 | 块状硬岩 | 软岩 | — |
| 岩体的结构 | 断层面积占区域面积的比值 | >0.2% | 0.1%~0.2% | 0.05%~0.1% | <0.05% |
| | 裂隙的连通率大小 | >40% | 20%~40% | <20% | — |
| | 褶皱的分布 | 发育 | 不发育 | — | — |
| | 断层的数量 | 较多分布 | 较少分布 | 无分布 | — |
| 岩溶发育程度 | | 强 | 弱 | 不发育 | — |
| 岩体渗透系数的量级 | | 弱透水 $K<10^{-5}$ | 中等透水 $10^{-4}\leqslant K<10^{-2}$ | 强透水 $K\geqslant 10^{-2}$ | — |
| 库区水库地震活动性 | 发震频次占总地震频次的占比 | 发震频次高 >80% | 发震频次中等 40%~80% | 发震频次低 <40% | — |
| | 断层的力学性质 | 走滑断层 | 正断层 | 逆断层 | — |
| 库深 | | >150m | 100~150m | <100m | — |

**1. 地震地质构造活动背景**

一个水库的地震地质构造活动背景对水库诱发地震的危险性有重要影响，地质构造条件被认为是确定是否将要发生水库地震有决定意义的因素。根据仪器测得的地震和以往有感地震记录的分析，能够作出未来地震的大致预测，这种方法对短期预测区域地震活动水平是有一定价值的。按照震级大小可分为无震、弱震、强震，按照活动频次分为无、少、频繁。

Ⅰ库段的热水塘断层附近历史上无中强地震记载，现今也只有少量 4.5 级以下地震发生。马鹿塘断裂具备诱发水库地震的可能。受库水影响的断裂北段活动较弱，历史至今无中强地震记载，现今地震活动也较少。

Ⅱ库段该库段分布有汤郎—易门断裂带和铜沟厂—皎西断裂带，其中汤郎—易门断裂带规模较大，历史上发生过多次中强地震。在这两条断裂带附近现今也时有地震发生，最大为 6.5 级地震。

Ⅲ库段无断裂带，历史至今无中强地震记载。

Ⅳ库段历史上曾发生过多次中强地震，现今地震活动也较频繁。磨盘山—绿汁江断裂带，地震活动性较强，历史上曾发生过 5 次中强地震，最大震级为 6.7 级地震。

Ⅴ库段无断裂带，历史至今无中强地震记载。

**2. 地层岩体特性**

乌东德库区脆性岩体在构造运动的作用下，容易形成脆性变形，形成断层、节理和破碎带等。碳酸盐岩类易溶于水，会形成溶洞、暗河等，使完整地层遭受破坏，岩石强度降低，也使浅部应力应变和重力分布变得更不均一，有利于变形和能量的储存。按照岩体完整性分为较完整、较破碎、破碎，按照岩体软硬程度分为层状硬岩、块状硬岩、软岩。

Ⅰ库段岩性以浅变质岩为主，夹碳酸盐岩，岩体较完整，软岩占比97%。

Ⅱ库段岩体较破碎，浅变质岩为主，夹碳酸盐岩，软岩占比98%。

Ⅲ库段该库段为碎屑岩库段，岩体为泥砂岩，岩组结构疏松，遇水后易崩解，易风化剥蚀，岩体较破碎，为软岩。

Ⅳ库段主要由前震旦系咱里组角闪斜长变粒岩、震旦系观音崖组砂岩、灯影组白云岩及三叠系碎屑岩等，较坚硬层状，岩体较为破碎。

Ⅴ库段主要为晋宁期石英闪长岩，岩体块状坚硬、较完整。

**3. 岩体结构**

乌东德库区岩体构造结构面主要分为褶皱、断层、裂隙，按照褶皱的分布可分为不发育、发育。

按照断层的数量可分为无分布、较少分布、较多分布。按断层的力学性质分为走滑断层、正断层、逆断层，以此划分水库地震作用区域。①正断层作用区：最大主应力为垂直向，无论是地表水荷载引起的效应还是地下水孔隙压力引起的效应，都将加大地层岩体稳定性弹塑性变形的力度和速度（处在莫尔圆包络线边际）；②逆断层作用区：垂直方向为最小主应力区，对于乌东德条形水库，蓄水水位显著抬升，使得快速增大的地下水荷载效应改变岩体结构受力方向，断层上盘孔隙挤压力增加，而孔隙压力增加将使有效应力减小，表现出莫尔圆直径减小，但当孔隙压力增加的效应超过地表水荷载的效应时，逆断层环境将对断层岩体稳定不利；③走滑断层作用区：中间主应力几为垂直方向，就单纯水库蓄水荷载引起的效应对地层稳定减弱或有利的程度有限，不可能诱发地震。按照断层面积占区域面积的比值分为<0.05%，0.05%~0.1%、0.1%~0.2%、>0.2%，按照裂隙的连通率大小分为<20%、20%~40%、>40%。

Ⅰ库段褶皱不发育，大断层数量6条，小断层18条，断层分布较多，断层面积占区域面积最大为的0.28，裂隙连通率最大为18.5%。

Ⅱ库段褶皱发育，段内断层发育少且规模小。

Ⅲ库段褶皱发育，仅有少数NE或NW向零星小断层发育。

Ⅳ库段大黑山向斜轴部，受构造影响较剧烈，次级褶曲发育，内断层发育少。

Ⅴ库段褶皱不发育，无大规模活动断层穿过，主要马店河断层及石厂山断层，断层分布较少。

**4. 岩溶**

乌东德库区碳酸盐岩有一定区域分布，具备合适的岩溶水文地质结构（主要由地层岩性、厚度、可溶岩与非可溶岩的组合关系以及地质构造、地貌形态和水动力条件等因素决定），有诱发岩溶塌陷型水库地震的可能。不同的岩溶水文地质结构下岩溶发育的程度不同，其水动力特征不同，对水库诱发地震的影响也不同。按照岩溶发育程度分为强、弱、不发育。

Ⅰ库段地下岩溶洞穴和岩溶管道不发育，水位以下岩溶的垂直方向占岩溶的总深度为 43%，岩溶发育区占Ⅰ库段总面积的 44.5%，总体来说该库段岩溶发育程度强，水库蓄水后发生岩溶塌陷型水库地震的可能性不大。

Ⅱ库段库岸岩溶中等发育，其他岩溶层组的岩溶程度较弱，库区内无岩溶暗河等管道岩溶系统发育。总体来说该库段岩溶发育程度弱，可能诱发强度较小的岩溶塌陷型地震。

Ⅲ库段地层以变质岩为主，无岩溶层组分布，岩溶不发育。

Ⅳ库段部分库段岩溶呈中等—较弱发育，具备岩溶水文地质条件，岩溶发育区占比 3.34%，岩溶发育程度弱，有发生岩溶塌陷型和地壳表层卸荷型水库地震。

Ⅴ库段该库段无地下溶洞，岩溶的裂隙，地下暗河，岩溶不发育。

**5. 水文地质条件**

水文地质条件是与地质构造条件一样对水库诱发地震有着决定性作用的因素。岩体的透水性是水库诱发地震的重要影响因素。水库水位的抬高，常伴随下伏岩体中孔隙压力（应力）、孔隙水压力的增大，改变地应力的状态，可能会诱发地震。对那些隔水性能很好的岩体，孔隙水压力的形成可忽略不计。按照岩体渗透系数的量级可分为弱透水 $K<10^{-5}$，中等透水 $10^{-4}\leqslant K<10^{-2}$，强透水 $K\geqslant10^{-2}$。

Ⅰ库段有褶皱基底，上部有盖层，褶皱基底不透水，盖层为浅变质岩和碳酸盐，裂隙连通率小，碳酸盐岩岩溶水主要赋存碳酸盐岩岩溶层组孔隙、裂隙中，此地层岩体渗透系为 $1.25\times10^{-2}$cm/s，是强透水层。

Ⅱ库段基岩为中元古界浅变质，夹杂碳酸盐岩，存在碳酸岩盐岩溶水。库区岩体是由渗透性较好的岩体如碳酸盐岩，渗水路径沿着裂隙增加，孔隙水压力增大，也会破坏地层原有应力状态进而诱发地震，是强透水层。

Ⅲ库段基岩为基岩为泥、砂岩，蓄水后设计水位以下右岸处出露石英砂岩、砾岩，结构面破碎，此类库段主要为变质岩，为弱水层。

Ⅳ库段河床基岩为花岗岩，天然水位以下为左右岸均为中深变质岩，岩体坚硬、较完整，为弱透水层。

Ⅴ库段河床基岩主要为晋宁期石英闪长岩，岩体坚硬、较完整，左右岸均为洪积成因的砂砾石层与粘土层。此类库段存在结晶岩孔隙裂隙水为弱透水层。

**6. 库区水库地震活动性**

库区监测到水库地震在剔除矿震（爆破）和天然构造地震的基础上，按照地震最大震级分为强震、弱震、微震、不发震，按照各段发震频次占总地震频次的占比分为：发震频次高>80%、发震频次中等 40%~80%、发震频次低<40%。

截流前乌东德库区监测到 2021 年的水库地震分析如下：

Ⅰ库段最大震级为 $M1.4$，该库段发震频次占比 14.89%。

Ⅱ库段最大震级为 $M2.7$，该库段发震频次占比 80.55%。

Ⅲ库段最大震级为 $M1.1$，该库段发震频次占比 1.82%。

Ⅳ库段最大震级为 $M1.0$，该库段发震频次占比 3.65%。

Ⅴ库段最大震级为 $M1.4$，该库段发震频次占比 0.91%。

**7. 库深和库容**

各库段有其各自的库水深度，选用库水深度作为独立诱震因素之一是恰当的。按照库深分为>150m、100~150m、<100m。

Ⅰ库段库深 214~231m；Ⅱ库段库深 159~214m；Ⅲ库段库深 104~159m；Ⅳ库段库深 40~104m；Ⅴ库段库深 22~40m。

## 7.5 金坪子滑坡体 Terzaghi 一维固结和 Newmark 位移模型

### 7.5.1 Tezaghi 一维固结模型

Tezaghi 于 1925 年提出一维固结理论。如图 7.5.1，基于饱和土体的线弹性变形、Darcy 定律、渗流连续条件和荷载瞬时施加且不随时间变化等，Tezaghi 一维固结模型（竖向）如以下基本假设：

（1）土层均匀且饱和，外加荷载一次施加并保持不变。

（2）土粒和水不可压缩。

（3）水的渗出和土层的压缩只沿竖向发生。

（4）水的渗流服从达西定律，渗透系数 $k$ 为常数。

（5）孔隙比的变化与有效应力的变化成正比，且压缩系数 $\alpha$ 保持不变。

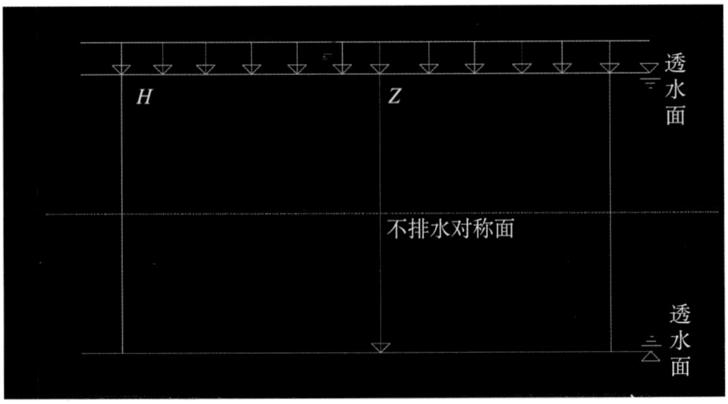


图 7.5.1 弹性饱和土体一维固结模型图

一维固结问题的微分方程为：

$$C_v \frac{\partial^2 u}{\partial^2 z} = \frac{\partial u}{\partial t} \tag{7.5.1}$$

式中，

$$C_v = k\frac{(1+e)}{\gamma_w \alpha} \tag{7.5.2}$$

式中，$z$、$t$、$C_v$、$u$ 分别为距排水边界的距离、时间、土的竖向固结系数与土中任意点孔隙水压力；$k$、$e$、$\gamma_w$、$\alpha$ 分别为渗透系数、孔隙比、水的重度、压缩系数。

如果土层厚度为 $H$ 且单面排水，则边界条件可以表示成表 7.5.1 结果。

**表 7.5.1　单面排水土层边界条件表**

| 编号 | 时间 | 距离 | 条件 |
|---|---|---|---|
| 1 | $t=0$ | $0\leqslant z\leqslant H$ | $u=u_0=p$ |
| 2 | $0<t\leqslant\infty$ | $z=0$ | $u=0$ |
| 3 | $0<t\leqslant\infty$ | $z=H$ | $\frac{\partial u}{\partial z}=0$ |
| 4 | $t=\infty$ | $0\leqslant z\leqslant H$ | $u=0$ |

通过分离变量法可以得到相应的幂级数解，即为土层平均固结度，如下式：

$$u(z,\ t) = \frac{4p}{\pi}\cdot e^{-\frac{\pi^2}{4}T_V}\sin\frac{\pi z}{2H} \tag{7.5.3}$$

式中，$p$ 为初始压力，也就是 $t$ 时刻初始孔隙压力 $u=p$ 转化为有效应力 $\sigma'$的过程；$T_V$ 为时间因数，其表达式为：

$$T_V = \frac{C_V t}{H^2} \tag{7.5.4}$$

Terzaghi 从土体内部的受力和传力机制上认为施加在饱和土体上的总应力包括两部分，如式（7.5.5），一部分由孔隙水承受，谓之孔隙水压力，另一部分由土体骨架承受，谓之有效应力。

$$\sigma = \sigma' + \mu \tag{7.5.5}$$

式中，$\sigma$ 为总应力；$\sigma'$为有效应力；$\mu$ 为孔隙水压力。

金坪子滑坡体土层为可塑—硬塑土，属正常固结—超固结状态，沉积韵律差，大部分区域土体具非饱和土特征，散粒体，显各向异性，一般情况下总应力 $\sigma$ 不随时间变化而变化，考虑到金坪子滑坡体整个土体的地质成因和现时的稳定性较好，这种状态下，滑坡体土体的有效应力实质上是相对于总应力 $\sigma$ 作用面积上的经过土体颗粒传递的粒间应力垂直分量的平均值，土体的最大固结压力 $u(z, t)$ 就是有效应力 $\sigma'$，土颗粒的基本骨架无变形，故有效应力 $\sigma'$ 基本不发生变化。在静力状态下，当滑坡体雨季遇水饱和，土体的强度变化和变形只决定于土中孔隙压力变化，即表现出土颗粒间的超静孔压消散。对式（7.5.5）进行时间微分可得式（7.5.6）、式（7.5.7）：

$$\frac{\partial \sigma}{\partial t}=\frac{\partial \sigma'}{\partial t}+\frac{\partial \mu}{\partial t} \tag{7.5.6}$$

$$\frac{\partial \sigma'}{\partial t}=-\frac{\partial \mu}{\partial t} \tag{7.5.7}$$

建立金坪子滑坡体 Terzaghi 一维固结模型，将其滑坡体简化成为一个直角三角形，如图 7.5.2，计算滑坡体的假设各类参数如表 7.5.2。

**表 7.5.2　金坪子滑坡体土体参数一览表**

| 堆积体性质 | 地下水位 | 土层厚度 | 土层初始孔隙比 | 地面排水情况 |
|---|---|---|---|---|
| 一维饱和均匀线弹性体 | 地表 | 10.0m | 1.2 | 不排水 |
| 弹性模量 | 泊松比 $v$ | 渗透系数 | $\gamma_w$ | 坡度角 $\beta$（°） |
| 10MPa | 0.3 | $1\times10^{-7}$m/s | 10kN/m$^3$ | 24.77 |

按固结模型，此种状态下，土体固结应力值即为孔隙压力变化值。孔隙压力随重力作用时间变化情况如图 7.5.3，可计算出金坪子滑坡体天然固结模型的孔隙压力变化值 $\Delta\mu$，因此可取固结模型中孔隙压力变化差值求得固结过程中的固结应力值 F。

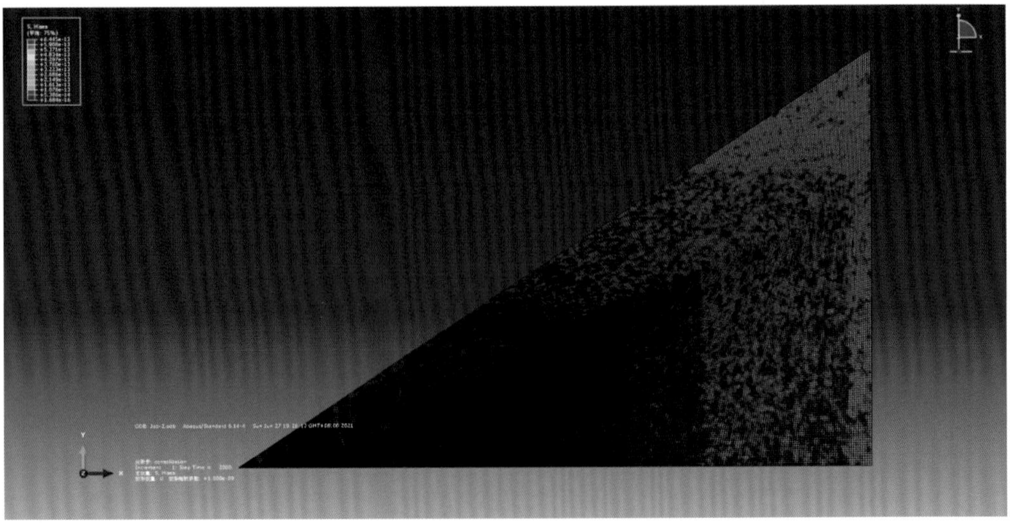

图 7.5.2　金坪子滑坡体 Terzaghi 一维固结模型图

这种基于 Tezaghi 一维固结理论建立的单向固结度计算模型，可用来建立和计算静力作用下乌东德坝址区散粒体（滑坡体、堆积体）的岩土体固结稳定程度。可将这些散粒体视为饱和压缩土层表面作用着面积无穷大的超载，其宽度远大于可压缩土层的厚度，对应的附加应力沿土层深度不变，即初始孔压分布图形为矩形。

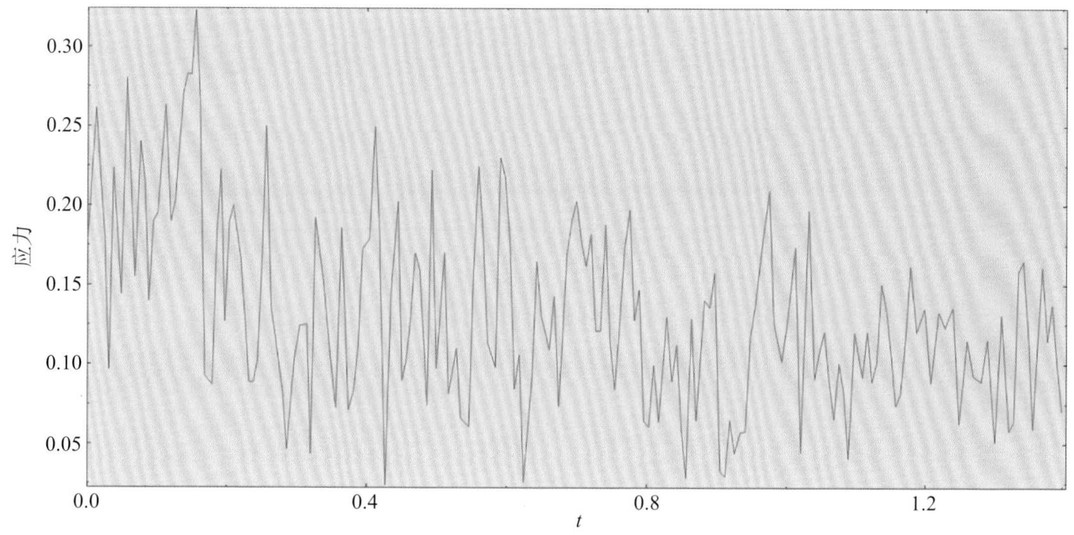


图 7. 5. 3　孔隙压力随时间变化图

## 7. 5. 2　Newmark 位移模型

Tezaghi 一维固结模型是单面排水的静态模型，而 Newmark 位移模型则是目前适用较广、精度较高的计算滑坡体整体位移的模型，原理在于将滑坡体模拟为已经临界加速度的刚性塑块，当作用于刚性塑块上的加速度大于其静摩擦阻力时，刚性塑块开始沿滑动面滑动，而其临界加速度取决于滑动面与地面的夹角、有效内摩擦角、滑坡体内水的重度、孔隙水压力等等因素。如图 7. 5. 4。

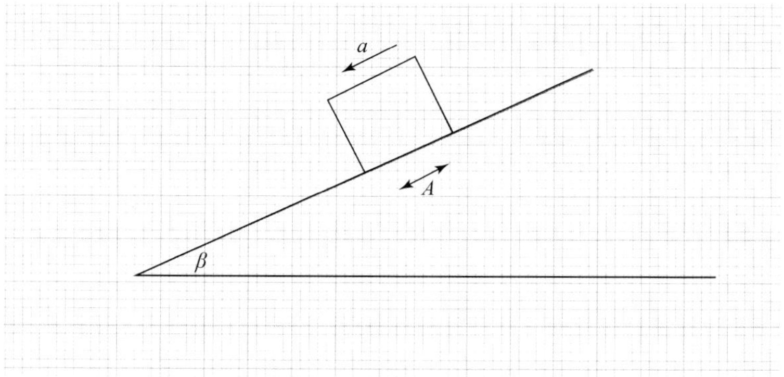


图 7. 5. 4　Newmark 位移模型示意图

按理论模型，当实际加速度 $a$ 大于临界加速度 $A$ 时，滑坡体产生永久性位移 $D$，但实际上，金坪子滑坡体是以一个稳定的状态存在；现场监测数据分析，滑动速率为毫米级，没有超过规范规定的速率，判定属于稳定状态。因此永久性位移 $D$ 的计算，要注意与实测的滑动速率相比较，判定滑坡体的稳定—滑动的边界状态和临界值，计算过程如下：

$$D = \iint (a(t) - A)\,\mathrm{d}t\mathrm{d}t \tag{7.5.8}$$

$A$ 为临界加速度，其计算如下：

$$A = (F_s - 1)g\sin\beta \tag{7.5.9}$$

$F_s$ 为静态安全系数，$\beta$ 为坡度角，$g$ 为重力加速度，$F_s$ 的计算如下：

$$F_s = \frac{c'}{\gamma d_{f-s}\sin\beta} + \frac{\tan\vartheta'}{\tan\beta} - \frac{m\gamma_w\tan\vartheta'}{\gamma\tan\beta} \tag{7.5.10}$$

式中，$c'$为有效黏聚力；$\vartheta'$为有效内摩擦角；$\beta$ 为坡度角；$\gamma$ 为岩土体重度；$d_{f-s}$为破坏面深度；$\gamma_w$ 为水的重度；$m$ 表示孔隙水压力。

## 7.5.3 金坪子滑坡体一维固结和 Newmark 位移模型的耦合及边坡失稳阈值的分析

Terzaghi 一维固结理论是基于固结体静止状态下的分析，优点是计算方便，仅考虑单侧排水情况，能够快速模拟计算出固结体的临界失稳条件，可用来建立和计算静态下乌东德库坝区滑坡及堆积体的固结稳定程度。Newmark 位移模型基于刚性塑块体的力学分析建立，可用于计算刚性塑块体在动态条件下的失稳条件。

按 Tezaghi 一维固结理论模型，为模拟在地震监测台站下方堆积体固结力的变化情况，进行数据输出时选择地震台位置下方为结点。其临界失稳状态如图 7. 5. 5。

由图 7. 5. 4 模型进行力学分析，沿滑动面上可将力简化为抗滑力和滑动力，假定当地震波传播到金坪子滑坡体，使得边坡体处于将要滑动、还不滑动的临界状态时，如图 7. 5. 5 模型，可得到公式（7. 5. 11）：

$$F_e + F_x = F_k \tag{7.5.11}$$

式中，$F_e$ 为瞬间地震作用力；$F_x$ 为土体自身沿滑动面产生的下滑力；$F_k$ 为土体在该瞬时的抗滑力。

此时，我们认为土体自身产生的抗滑力绝大部分来自边坡体重土体在自重作用下产生的固结力 $F$ 固，即为土颗粒与土颗粒间的摩擦力的宏观表示。因此有：

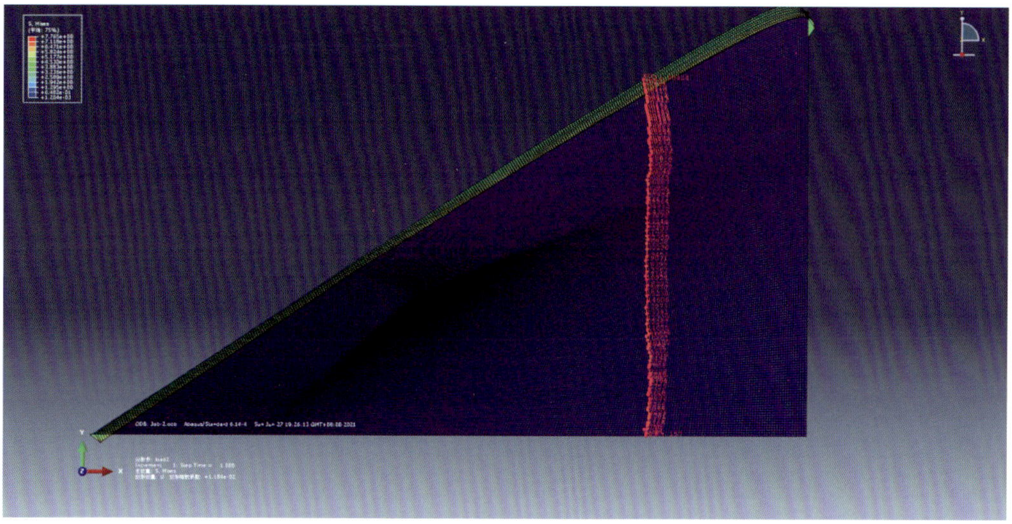

图 7.5.5　金坪子滑坡体 Terzaghi 一维固结临界失稳状态模型图

$$F_k = F_{固} \tag{7.5.12}$$

将式（7.5.12）代入式（7.5.11）中，可解出：

$$F_e = F_{固} - F_x \tag{7.5.13}$$

在此模型中：

$$F_x = G_{滑坡体} \times \sin\beta \tag{7.5.14}$$

联立式（7.5.13）、式（7.5.14）可求得 $F_e$。

由以上过程，考虑到乌东德坝址区金坪子滑坡体实际情况，我们可将 Terzaghi 一维固结模型和 Newmark 位移模型相结合，即先采用 Terzaghi 一维固结模型计算出金坪子滑坡体及堆积体的固结稳定程度，寻找在静态下滑坡及固结体失稳的临界状态，再将临界状态下的工况代入 Newmark 位移模型中，反向验算使得金坪子滑坡体及堆积体发生临界失稳的动态力，将此临界失稳的动态力再转化成临界失稳的加速度，再把此加速度分解成水平、垂直方向上矢量分量，金沙江水库地震监测在金坪子滑坡体上方布设有 1 处强震动地震监测台站（自由场），分别将将加速度矢量分量、动态力转换为地震震级，即为金坪子滑坡体及堆积体的失稳震级阈值。

## 参 考 文 献


常廷改、胡晓，2018，水库诱发地震研究进展［J］，水利学报，9：1109~1122

陈永新，2015，基于 KiK-net 强震动记录对不同土层条件下场地非线性反应的研究［D］，中国地震局地球物理研究所

丁原章，1989，中国的水库诱发地震［J］，华南地震，1：64~72

高士钧、曾心传、陈永成等，1990，水库诱生的孔压变化及应力特征［J］，西北地震学报，1：87~95

葛明明、卢羽平，2011，水库滑坡体不同工况下的抗剪强度参数取值探讨［J］，水电站设计，27（04）：60~62+66

龚钢延，1988，孔隙压力扩散与水库诱发地震活动性的初步研究［J］，西北地震学报，10（1）：52~59

冀昆、任叶飞、温瑞智，2017，谱比法场地分类研究综述［J］，世界地震工程，33（01）：91~99

李建兴，2019，散粒体颗粒破碎过程离散元分析及程序设计［D］，东南大学

李克、曹丽，1995，层次分析方法在水库诱发地震预测中的应用［J］，东北地震研究，11（2）：39~45

李顺群、潘林娜、刘烨璇、夏锦红，2020，Terzaghi 一维固结理论的相似准则和模型试验［J］，广西大学学报（自然科学版），45（05）：1006~1014

李伟、朱德懋、胡选利、黄协清，1999，不连续散粒体的离散单元法［J］，南京航空航天大学学报，（01）：89~95

刘远征、马瑾、姜彤等，2010，库水渗流与荷载对水库地震形成的影响分析［J］，地震地质，4：570~585

马泉坤，2019，基于颗粒离散元方法的散粒体剪切带形成分析［D］，中国地震局兰州地震研究所

马文涛、蔺永、苑京立等，2013，水库诱发地震的震例比较与分析［J］，地震地质，35（4）：914~929

马志江、钟羽云、韩用兵等，2016，温州珊溪水库诱发地震构造条件［J］，地球科学，8：1413~1423

任叶飞，2014，基于强震动记录的汶川地震场地效应研究［D］，中国地震局工程力学研究所

隋明坤，2018，谈水库地震的风险评估及有效预测［J］，工程建设与设计，21：139~140，143

陶立为，2011，软土中水位升降引发的固结解析理论研究［D］，浙江大学

温瑞智、冀昆、任叶飞、王宏伟，2015，基于谱比法的我国强震台站场地分类［J］，岩石力学与工程学报，34（06）：1236~1241

夏金梧、李长安、王旭，2007，基于神经网络理论的三峡水库诱发地震预测研究［J］，水文地质工程地质，5：17~20，24

夏其发，2012，水库地震评价与预测［M］，中国水利水电出版社，0~1

鑫鑫，2017，利用强震动记录的谱比分析场地非线性反应［D］，中国地震局工程力学研究所

薛龙，2019，主应力三维旋转条件下散粒体变形规律与本构模型研究［D］，清华大学

杨清源、胡毓良、陈献程等，1996，国内外水库诱发地震目录［J］，地震地质，18（4）：453~461

余松、吴建超、张丽芬等，2019，灰色聚类方法预测西藏忠玉水电站水库诱发地震的震级上限［J］，水利水电技术，4：102~106

袁国庆、高建祥、李静，2016，基于贝叶斯方法的双江口水电站水库诱发地震危险性预测评估［J］，水电站设计，32（3）：73~75，79

张铎，2018，考虑组构演化的散粒体各向异性力学特性数值分析与本构模拟［D］，北京科技大学

赵万松、耿淑伟，2016，基于 H/V 谱比法的场地分类研究［A］，中国土木工程学会，中国工程院土木、水利与建筑工程学部，中国土木工程学会防震减灾工程技术推广委员会，合肥工业大学、安徽省住房和城乡建设厅，工程防震减灾新技术、新进展和新应用（上）［C］，中国土木工程学会

邹乐乐、金菊良、周玉良，2010，基于遗传模糊层次分析法的水库诱发地震综合风险评价指标体系筛选模

型［J］，地震地质，32（4）：628~637
左军，1988，层次分析法中判断矩阵的间接给出法［J］，系统工程，6（6）：56~63
Alessandro C D, Bonilla L F, Boore D M et al.，Predominant Period Site Classification for Response Spectra Prediction Equations in Italy［J］, Bulletin of the Seismological Society of America, 102（2）：680–695
Pradeep Talwan, Pore pressure diffusion and the mechanism of reservoir-induced seismicity［J］, Pure and Applied Geophysics, 122（6）：947–965